上海普通高校优秀教材奖

上海市高校精品课程教材

高等院校规划教材　　计算机科学与技术系列

网络安全技术及应用
第 2 版

主编　贾铁军

副主编　陈国秦　苏庆刚　沈学东

参　编　王　坚　王小刚　宋少婷

机 械 工 业 出 版 社

本书内容包括网络安全技术基础知识、网络安全体系结构、无线网络安全技术、网络安全管理、黑客攻防技术、入侵检测与防御技术、身份认证与访问控制技术、密码及加密技术、数据库安全技术、计算机病毒及恶意软件防护技术、防火墙技术、操作系统与站点安全技术、电子商务安全技术、网络安全解决方案等，涉及"攻（攻击）、防（防范）、测（检测）、控（控制）、管（管理）、评（评估）"等多方面的基础理论和实用技术。本书着重突出"实用、特色、新颖、操作性"的特点，力求技术先进、实用性强。

本书通过上海市精品课程网站提供多媒体课件、动画视频、同步实验等教学资源，便于师生实践教学、课外延伸学习和网络安全综合解决方案练习。

本书可作为本科院校计算机类、信息类、电子商务类和管理类各专业的网络安全相关课程的教材（高职院校也可选用），也可作为培训及参考用书。

本书配套授课电子课件，需要的教师可登录 www.cmpedu.com 免费注册，审核通过后下载，或联系编辑索取（QQ：2966938356，电话：010 - 88379739）。

图书在版编目（CIP）数据

网络安全技术及应用/贾铁军主编. —2 版. —北京：机械工业出版社，2014.8（2017.8重印）
高等院校规划教材·计算机科学与技术系列
ISBN 978-7-111-46983-4

Ⅰ.①网… Ⅱ.①贾… Ⅲ.①计算机网络 - 安全技术 - 高等学校 - 教材
Ⅳ.①TP393.08

中国版本图书馆 CIP 数据核字（2014）第 122187 号

机械工业出版社（北京市百万庄大街22号 邮政编码100037）
责任编辑：郝建伟 吴超莉 责任校对：张艳霞
责任印制：李 洋
北京宝昌彩色印刷有限公司印刷
2017 年 8 月第 2 版第 6 次印刷
184mm×260mm·22.75印张·565千字
12701-15700册
标准书号：ISBN 978-7-111-46983-4
定价：59.00元

读者需求调查表

亲爱的读者朋友：

您好！为了提升我们图书出版工作的有效性，为您提供更好的图书产品和服务，我们进行此次关于读者需求的调研活动，恳请您在百忙之中予以协助，留下您宝贵的意见与建议！

个人信息

姓名		出生年月		学历	
联系电话		手机		E-mail	
工作单位				职务	
通讯地址				邮编	

1. 您感兴趣的科技类图书有哪些？
□自动化技术 □电工技术 □电力技术 □电子技术 □仪器仪表 □建筑电气
□其他（   ）以上各大类中您最关心的细分技术（如 PLC）是：（   ）

2. 您关注的图书类型有：
□技术手册 □产品手册 □基础入门 □产品应用 □产品设计 □维修维护
□技能培训 □技能技巧 □识图读图 □技术原理 □实操 □应用软件
□其他（   ）

3. 您最喜欢的图书叙述形式：
□问答型 □论述型 □实例型 □图文对照 □图表 □其他（   ）

4. 您最喜欢的图书开本：
□口袋本 □32 开 □B5 □16 开 □图册 □其他（   ）

5. 图书信息获得渠道：
□图书征订单 □图书目录 □书店查询 □书店广告 □网络书店 □专业网站
□专业杂志 □专业报纸 □专业会议 □朋友介绍 □其他（   ）

6. 购书途径：
□书店 □网络 □出版社 □单位集中采购 □其他（   ）

7. 您认为图书的合理价位是（元/册）：
手册（   ）图册（   ）技术应用（   ）技能培训（   ）基础入门（   ）其他（   ）

8. 每年购书费用：
□100 元以下 □101～200 元 □201～300 元 □300 元以上

9. 您是否有本专业的写作计划？
□否 □是（具体情况：   ）

非常感谢您对我们的支持，如果您还有什么问题欢迎和我们联系沟通！

地址：北京市西城区百万庄大街 22 号 机械工业出版社电工电子分社 邮编：100037
联系人：张俊红 联系电话：13520543780 传真：010-68326336
电子邮箱：buptzjh@163.com（可来信索取本表电子版）

编著图书推荐表

姓名		出生年月		职称/职务		专业	
单位				E-mail			
通讯地址						邮政编码	
联系电话			研究方向及教学科目				

个人简历（毕业院校、专业、从事过的以及正在从事的项目、发表过的论文）：

您近期的写作计划有：

您推荐的国外原版图书有：

您认为目前市场上最缺乏的图书及类型有：

地址：北京市西城区百万庄大街 22 号　机械工业出版社，电工电子分社

邮编：100037　网址：www.cmpbook.com

联系人：张俊红　电话：13520543780　010-68326336（传真）

E-mail：buptzjh@163.com（可来信索取本表电子版）

出 版 说 明

　　计算机技术在科学研究、生产制造、文化传媒、社交网络等领域的广泛应用，极大地促进了现代科学技术的发展，加速了社会发展的进程，同时带动了社会对计算机专业应用人才的需求持续升温。高等院校为顺应这一需求变化，纷纷加大了对计算机专业应用型人才的培养力度，并深入开展了教学改革研究。

　　为了进一步满足高等院校计算机教学的需求，机械工业出版社聘请多所高校的计算机专家、教师及教务部门针对计算机教材建设进行了充分的研讨，达成了许多共识，并由此形成了教材的体系架构与编写原则，策划开发了"高等院校规划教材"。

　　本套教材具有以下特点：

　　1）涵盖面广，包括计算机教育的多个学科领域。

　　2）融合高校先进教学理念，包含计算机领域的核心理论与最新应用技术。

　　3）符合高等院校计算机及相关专业人才培养目标及课程体系的设置，注重理论与实践相结合。

　　4）实现教材"立体化"建设，为主干课程配备电子教案、素材和实验实训项目等内容，并及时吸纳新兴课程和特色课程教材。

　　5）可作为高等院校计算机及相关专业的教材，也可作为从事信息类工作人员的参考书。

　　对于本套教材的组织出版工作，希望计算机教育界的专家和老师能提出宝贵的意见和建议。衷心感谢广大读者的支持与帮助！

机械工业出版社

前　言

进入 21 世纪，随着全球互联网和计算机网络技术的快速发展，世界各国和行业机构在网络化建设方面取得了令人瞩目的成就。电子银行、电子商务和电子政务等得到了广泛应用，使计算机网络已经深入到国家的政治、经济、文化和国防建设的各个领域，遍布现代信息化社会工作和生活的各个层面，"数字化经济"和全球电子交易一体化正在形成。计算机网络安全不仅关系到国计民生，还与国家安全密切相关，不仅涉及国家政治、军事和经济各个方面，而且影响到国家的安全、主权和社会稳定。随着计算机网络的广泛应用和网络之间数据传输量的急剧增大，网络安全的重要性尤为突出。因此，网络技术中最关键也最容易被忽视的安全问题，正在危及网络的发展和应用，而且已经成为各国关注的焦点，也成为研究热点和人才需求的新领域。

随着信息技术的发展与应用，网络安全的内涵在不断地延伸。从最初的信息保密性发展到信息的完整性、可用性、可控性和不可否认性，进而又发展为"攻（攻击）、防（防范）、测（检测）、控（控制）、管（管理）、评（评估）"等多方面的基础理论和实施技术。网络安全是一个综合、交叉学科领域，要综合利用数学、物理、通信和计算机等诸多学科的长期知识积累和最新发展成果，不断发展和完善。为满足高校应用型人才培养的需要，作者编写了这本教材，同时配套了配套教材《网络安全技术及应用实践教程》。这次再版《网络安全技术及应用》，从新知识、新技术、新方法、新成果和新应用等方面都作了重大更新、修改和完善，并在每章增加了相应的同步实验指导、新的典型案例和新应用实例等。本书的主要作者 30 多年来，在公安和高校从事计算机网络与安全等领域的教学、科研和学科专业管理工作，特别是多次主持过计算机网络安全方面的科研项目研究，积累了大量的宝贵实践经验。

本书为上海市教育高地暨特色专业建设项目、上海市重点课程建设项目成果之一。

本书共分 12 章，主要介绍了计算机网络安全常用的新技术和新应用，基本知识、基本理论、新技术和新方法，主要包括：计算机网络安全概论、网络面临的威胁及隐患和学习网络安全的必要性、网络安全研究现状及趋势、物理安全与隔离技术等；网络协议安全及IPv6 的安全性、虚拟专用网（VPN）技术、无线网络安全技术及应用和常用网络安全管理命令等；网络安全体系结构、网络安全管理技术、安全服务与安全机制、网络安全法律法规、网络安全管理规范、评估准则及方法，网络安全管理的原则、制度、策略和规划等；入侵检测与防御技术、黑客的攻击与防范技术；身份认证与访问控制技术；网络安全中的密码与加密技术；计算机病毒及恶意软件的防护技术；防火墙技术及应用；操作系统与站点安全技术、数据与数据库安全技术；电子商务网站安全技术及应用、网络安全解决方案和综合应用实例等。书中增加了很多生动的典型案例，以及作者经过多年的实践总结出来的知识体系、企事业应用实例和研究成果。书中带"＊"部分为选学内容。

本书重点介绍了最新成果、防范技术、处理技术、方法和实际应用。本教材主要是专门针对应用型人才培养编写的，其特点如下：

1）内容先进，结构新颖。书中吸收了国内外大量的新知识、新技术、新应用、新成果、新方法和国际通用准则，注重科学性、先进性、操作性。

2）注重实用性和特色。坚持"实用、特色、规范"原则，突出实用及素质能力培养，在内容安排上，通过大量案例将理论知识与网络安全技术的实际应用有机结合，并配有同步实验。

3）资源配套，便于教学。上海市精品课程网站配有动画模拟演练视频、教学视频、实验交流实例、实用程序及代码、课件、习题集、试卷库、知识拓展等，便于资源共享。为了方便师生教学，本书配有电子教案，并在配套的《网络安全技术及应用实践教程》提供更为详尽的同步实验指导、学习指导、练习测试等资源，可以根据需要进行选用。

上海市精品课程"网络安全技术"资源网站：http:jiatj. sdju. edu. cn/webanq/。

本书由贾铁军教授任主编、统稿并编写了1、2、4、5、6、11、12章。陈国秦（腾讯公司）任副主编并编著第3章，苏庆刚（上海电机学院）任副主编并编著第9章，沈学东（上海电机学院）任副主编并编著第10章，王坚（辽宁对外经贸学院）编著第7章，王小刚及宋少婷编著第8章，同时完成了部分习题解答和课件制作。于淼参加本书大纲的讨论、编著审校等工作，邹佳芹对全书的文字、图表进行了校对编排并完成了查阅资料等工作。

非常感谢机械工业出版社为本书的编著提供了许多重要帮助、指导意见和参考资料。同时，感谢对本书编著给予大力支持和帮助的有关领导和同仁。对编著过程中参阅的大量重要文献资料的作者，在此深表谢意。

因作者水平所限，书中难免存在不妥之处，欢迎广大读者提出宝贵意见和建议。

编　者

第1版前言

随着计算机网络技术的快速发展，我国在信息化建设方面取得了令人瞩目的成就。电子银行、电子商务和电子政务的广泛应用，使计算机网络已经深入到国家的政治、经济、文化和国防建设的各个领域，遍布现代信息化社会工作和生活的各个层面，"数字化经济"和全球电子交易一体化正在形成。计算机网络安全不仅关系到国计民生，还与国家安全密切相关，不仅涉及国家政治、军事和经济各个方面，而且影响到国家的安全和主权。随着计算机网络的广泛应用和网络之间数据传输量的急剧增大，网络安全的重要性尤为突出。因此，网络技术中最关键也最容易被忽视的安全问题，正在危及网络的发展和应用，现在已经成为各国关注的焦点，也成为研究热点和人才需求的新领域。

随着信息技术的发展与应用，网络安全的内涵在不断地延伸。从最初的信息保密性发展到信息的完整性、可用性、可控性和不可否认性，进而又发展为"攻（攻击）、防（防范）、测（检测）、控（控制）、管（管理）、评（评估）"等多方面的基础理论和实施技术。网络安全是一个综合、交叉学科领域，要综合利用计算机、通信、数学和管理等诸多学科的长期知识积累和最新发展成果，不断发展和完善。为满足高校应用型人才培养的需要，我们编著了本书，同时配备了配套教材《网络安全技术及应用实践教程》。本书的主要作者30多年来，在高校一直从事计算机网络与安全等领域的教学、科研和学科专业管理工作，特别是在公安院校多次主持过计算机网络安全方面的科研项目研究，积累了大量的宝贵实践经验。

本书共分12章，重点介绍了计算机网络安全的基本知识、原理及其应用技术，主要内容包括：计算机网络安全概述和基本安全问题；网络安全技术的基本概念、内容和方法；网络协议安全、安全体系结构、网络安全管理技术、安全服务与安全机制、无线网络安全技术及应用；入侵检测技术、黑客的攻击与防范技术；身份认证与访问控制技术；网络安全中的密码与压缩技术；病毒及恶意软件的防护技术；防火墙技术及应用；操作系统与站点安全技术、数据与数据库安全技术；电子商务网站安全技术及应用等。书中给出了很多实例，以及作者经过多年的实践总结出来的案例及研究成果。书中带"＊"部分为选学内容。

本书重点介绍了最新成果、防范技术、处理技术、方法和实际应用。其特点如下：

（1）内容先进，结构新颖。书中吸收了国内外大量的新知识、新技术、新方法和国际通用准则，注重科学性、先进性、操作性。

（2）注重实用性和特色。坚持"实用、特色、规范"原则，突出实用及素质能力培养，在内容安排上，通过实例将理论知识与实际应用有机结合。

（3）资源配套，便于教学。为了方便教学，本书配有多媒体课件、电子教案、动画演练视频、常用软件等，并在配套的教材《网络安全技术及应用实践教程》中提供了同步实验、学习要点与指导、练习测试与复习等内容，供师生选用。

本书由贾铁军教授任主编、统稿并编写1~6、8、11、12章，上海理工大学叶春明教授对全书进行了审阅。沈学东副教授任副主编并编写了第10章、苏庆刚任副主编并编写了第9章、王小刚及王坚编写了第7章，完成了部分习题解答和课件制作。于淼参加本书大纲的讨论、审校等工作，邹佳芹对全书的文字、图表进行了校对编排并完成了查阅资料等工作，在此一并表示感谢。

感谢对本书编著给予大力支持和帮助的有关领导和同仁，也对编著过程中参阅的大量重要文献资料的作者深表谢意。

因作者水平所限，书中难免存在不妥之处，欢迎广大读者提出宝贵意见和建议。

编　者

目　　录

第1章　网络安全概论

随着21世纪信息技术的快速发展和广泛应用，信息资源共享给人们的工作和生活带来了极大的便利，同时网络安全问题更加突出。现在，网络安全问题已经成为世界热点问题之一，其重要性更加突出，不仅关系到企事业的顺利发展及用户资产和信息资源的风险，也关系到国家安全和社会稳定，并成为热门研究和人才需求的新领域。

📖 **教学目标**
- 掌握网络安全的概念、特征、目标及内容。
- 了解网络面临的威胁及其因素分析。
- 掌握网络安全模型、网络安全体系和常用网络安全技术。
- 了解实体安全技术的概念、内容、措施和隔离技术。
- 理解构建设置虚拟局域网的同步实验。

1.1　网络安全的概念、特征和内容

【**案例1-1**】网络安全的威胁触目惊心。21世纪是信息时代，信息成为国家的重要战略资源。世界各国都不惜巨资，优先发展和强化网络安全。强国推行信息垄断和强权，依仗信息优势控制弱国的信息技术。正如美国未来学家托尔勒所说："谁掌握了信息，谁控制了网络，谁就将拥有整个世界。"科技竞争的重点是对信息技术这一制高点的争夺。据2013年6月日本《外交学者》报道，即使美国监控各国网络信息的"棱镜"事件已经引起世界轰动，印度政府仍在进行类似的项目。信息、资本、人才和商品的流向逐渐呈现出以信息为中心的竞争新格局。网络安全成为决定国家政治命脉、经济发展、军事强弱和文化复兴的关键因素。

1.1.1　网络安全的概念及特征

1. 信息安全及网络安全的概念

目前，国内外对信息安全尚无统一确切的定义。国际标准化组织（ISO）提出**信息安全**（Information Security）的定义是：为数据处理系统建立和采取的技术及管理保护，保护计算机硬件、软件、数据不因偶然及恶意的原因而遭到破坏、更改和泄露。

我国《计算机信息系统安全保护条例》定义**信息安全**为：计算机信息系统的安全保护，应当保障计算机及其相关的配套设备、设施（含网络）的安全，运行环境的安全，保障信息的安全，保障计算机功能的正常发挥，以维护计算机信息系统安全运行。主要防止信息被非授权泄露、更改、破坏或使信息被非法的系统辨识与控制，确保信息的完整性、保密性、可用性和可控性。

信息安全的发展经历了通信保密、信息安全（以保密性、完整性和可用性为目标）和信息保障3个阶段：

1）通信保密阶段（Communication Security）。20世纪初期，对安全理论和技术的研究只侧重于密码学，这一阶段的信息安全可以简单称为通信安全。

2）信息安全阶段（Information Security）。20世纪60年代后，人类将信息安全的关注扩展为以保密性、完整性和可用性为目标的信息安全阶段。

3）信息保障阶段（Information Assurance）。20世纪90年代，也称网络信息系统安全阶段，信息安全的焦点衍生出可控性、可审查性、真实性等其他的原则和目标，信息安全也转化为从整体角度考虑其体系建设的信息保障阶段。

目前，信息安全的内涵在不断地延伸和变化，从最初的信息保密性发展到信息的完整性、可用性、可控性和可审查性，进而又发展为"攻（攻击）、防（防范）、测（检测）、控（控制）、管（管理）、评（评估）"等多方面的基础理论和实施技术。

计算机网络安全（Computer Network Security）简称**网络安全**（Network Security），是指利用计算机网络管理控制和技术措施，保证网络系统及数据的保密性、完整性、网络服务可用性和可审查性受到保护。即保证网络系统的硬件、软件及系统中的数据资源得到完整、准确、连续运行与服务不受干扰破坏和非授权使用。**狭义上**，网络安全是指计算机及其网络系统资源和信息资源不受有害因素的威胁和危害。**广义上**，凡是涉及计算机网络信息安全属性特征（保密性、完整性、可用性、可控性、可审查性）的相关技术和理论，都是网络安全的研究领域。实际上，**网络安全问题**包括两方面的内容，一是网络的系统安全，二是网络的信息安全，而网络安全的最终目标和关键是保护网络的信息安全。

📖 **拓展阅读**：计算机网络安全是一门涉及计算机科学、网络技术、信息安全技术、通信技术、计算数学、密码技术和信息论等多学科的综合性交叉学科，是计算机与信息科学的重要组成部分，也是近20年发展起来的新兴学科。需要综合信息安全、网络技术与管理、分布式计算、人工智能等多个领域知识和研究成果，其概念、理论和技术正在不断发展完善中。

2. 网络安全的特征及目标

网络安全定义中的保密性、完整性、可用性、可控性、可审查性，反映了网络信息安全的基本特征和要求，反映了网络安全的**基本属性**、**要素**与技术方面的**重要特征**。

（1）保密性

保密性也称**机密性**，是指网络信息按规定要求不泄露给非授权的个人、实体或过程，或提供其利用的特性，即保护有用信息不泄露给非授权个人或实体，强调有用信息只被授权对象使用的特征。

（2）完整性

完整性是指网络数据在传输、交换、存储和处理过程中保持非修改、非破坏和非丢失的特性，即保持信息原样性，使信息能正确生成、存储、传输，是最基本的安全特征。

（3）可用性

可用性是指网络信息可被授权实体正确访问，并按要求能正常使用或在非正常情况下能恢复使用的特征，即在系统运行时能正确存取所需信息，当系统遭受攻击或破坏时，能迅速恢复并投入使用。可用性是衡量网络信息系统面向用户的一种安全性能。

（4）可控性

可控性是指对流通在网络系统中的信息传播及具体内容能够实现有效控制的特性，即网络系统中的任何信息要在一定传输范围和存放空间内可控。除了采用常规的传播站点和传播内容监控这种形式外，最典型的如密码的托管政策，当加密算法交由第三方管理时，必须严格按规定可控执行。

（5）可审查性

可审查性又称**不可否认性**，指网络通信双方在信息交互过程中，确信参与者本身，以及参与者所提供信息的真实同一性，即所有参与者都不可能否认或抵赖本人的真实身份，以及提供信息的原样性和完成的操作与承诺。

网络安全研究的目标是：在计算机和通信领域的信息传输、存储与处理的整个过程中，提供物理上、逻辑上的防护、监控、反应恢复和对抗的能力，以保护网络信息资源的保密性、完整性、可控性和抗抵赖性。网络安全的最终目标是保障网络上的信息安全。解决网络安全问题需要安全技术、管理、法制、教育并举，从安全技术方面解决信息网络安全问题是最基本的方法。

1.1.2 网络安全涉及的主要内容及相互关系

1. 网络安全涉及的主要内容

可以从不同角度划分网络安全研究的主要内容。

通常，网络安全的内容从技术方面包括：操作系统安全、数据库安全、网络站点安全、病毒与防护、访问控制、加密与鉴别等几个方面。具体内容将在以后章节中分别进行详细介绍。从层次结构上，也可将网络安全所涉及的内容概括为以下 5 个方面。

（1）实体安全

实体安全（Physical Security）也称**物理安全**，指保护计算机网络设备、设施及其他媒介免遭地震、水灾、火灾、有害气体、盗窃和其他环境事故破坏的措施及过程。包括环境安全、设备安全和媒体安全 3 个方面。实体安全是信息系统安全的基础，包括：机房安全、场地安全、机房环境（温度、湿度、电磁、噪声、防尘、静电及振动等）、建筑安全（防火、防雷、围墙及门禁安全）、设施安全、设备可靠性、通信线路安全性、辐射控制与防泄露、动力、电源/空调、灾难预防与恢复等。

（2）运行安全

运行安全（Operation Security）包括计算机网络运行和网络访问控制的安全，如设置防火墙实现内外网的隔离、备份系统实现系统的恢复。运行安全包括：内外网的隔离机制、应急处置机制和配套服务、网络系统安全性监测、网络安全产品运行监测、定期检查和评估、系统升级和补丁处理、跟踪最新安全漏洞、灾难恢复机制与预防、安全审计、系统改造、网络安全咨询等。

（3）系统安全

系统安全（System Security）主要包括操作系统安全、数据库系统安全和网络系统安全。主要以网络系统的特点、实际条件和管理要求为依据，通过有针对性地为系统提供安全策略机制、保障措施、应急修复方法、安全建议和安全管理规范等，确保整个网络系统的安全运行。

（4）应用安全

应用安全（Application Security）由应用软件开发平台的安全和应用系统的数据安全两部分组成。应用安全包括：业务应用软件的程序安全性测试分析、业务数据的安全检测与审计、数据资源访问控制验证测试、实体的身份鉴别检测、业务现场的备份与恢复机制检查、数据的唯一性/一致性/防冲突检测、数据的保密性测试、系统的可靠性测试和系统的可用性测试等。

（5）管理安全

管理安全（Management Security）也称**安全管理**，主要指对人员及网络系统安全管理的各种法律、法规、政策、策略、规范、标准、技术手段、机制和措施等内容。管理安全包括：法律法规管理、政策策略管理、规范标准管理、人员管理、应用系统使用管理、软件管理、设备管理、文档管理、数据管理、操作管理、运营管理、机房管理、安全培训管理等。

2. 网络安全内容的相互关系

网络安全所涉及的主要相关内容及其关系如图1-1所示。在网络信息安全法律法规的基础上，以管理安全为保障，实体安全为基础，以系统安全、运行安全和应用安全确保网络正常运行与服务。

网络安全与信息安全相关内容及其相互关系，如图1-2所示。

图1-1　网络安全主要内容

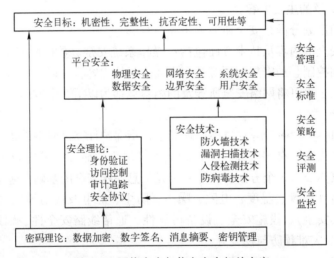

图1-2　网络安全与信息安全相关内容

📖 讨论思考：

1）网络安全的概念和主要特征是什么？

2）网络安全研究的目标是什么？

3）网络安全研究的主要内容有哪些？

1.2　网络安全的威胁和风险

【案例1-2】美国网络间谍活动公诸于世。2013年6月曾经参加美国安全局网络监控项目的斯诺登披露"棱镜事件"，在中国香港公开爆料美国多次秘密利用超级软件监控包括其盟友政要在内的网络用户和电话记录，包括谷歌、雅虎、微软、苹果、Facebook、美国在线、PalTalk、Skype、YouTube等大公司帮助提供漏洞参数、开放服务器等，使其轻而易举地监控有关国家机构或上百万网民的邮件、即时通话及相关数据。据称，思科参与了中国几乎所有大型网络项目的建设,涉及政府、军警、金融、海关、邮政、铁路、民航、医疗等要害部门,以及中国电信、联通等电信运营商的网络基础建设。

1.2.1 网络安全的主要威胁

1. 网络安全的威胁及其途径

掌握网络安全威胁的现状及途径,有利于更好地掌握网络安全的重要性、必要性和重要的现实意义,有助于深入讨论和强化网络安全。

【案例1-3】我国网络遭受攻击近况。根据国家互联网应急中心(CNCERT)抽样监测结果和国家信息安全漏洞共享平台(CNVD)发布的数据,2014年1月20日至26日一周境内被篡改网站数量为4781个;境内被植入后门的网站数量为2031个;针对境内网站的仿冒页面数量为258个。该周境内被篡改政府网站数量为385个;境内被植入后门的政府网站数量为72个;针对境内网站的仿冒页面涉及域名259个。该周境内感染网络病毒的主机数量约为60.3万个,其中包括境内被木马或被僵尸程序控制的主机约30.2万个,以及境内感染飞客(Conficker)蠕虫的主机约30.1万个。

📖 拓展阅读:据国家互联网应急中心(CNCERT)的数据显示,中国遭受境外网络攻击的情况日趋严重。CNCERT抽样监测发现,2013年1月1日至2月28日,境外6747台木马或僵尸网络控制服务器控制了中国境内190万余台主机;其中,位于美国的2194台控制服务器控制了中国境内128.7万台主机,无论是按照控制服务器数量还是按照控制中国主机数量排名,美国都名列第一。

目前,随着信息技术的快速发展和广泛应用,国内外网络被攻击或病毒侵扰等威胁的状况,呈现出上升的态势,威胁的类型及途径变化多端。一些网络系统及操作系统和数据库系统、网络资源和应用服务都成为黑客攻击的主要目标。目前,网络的主要应用包括电子商务、网上银行、股票证券、网游、下载软件或流媒体等,都存在大量安全隐患。一是这些网络应用本身的安全性问题,特别是开发商都将研发的产品发展成更开放、更广泛的支付/交易营销平台、网络交流社区,用户名、账号和密码等信息成为黑客的主要目标;二是这些网络应用也成为黑客攻击、病毒传播等**威胁的主要途径**,如图1-3所示。

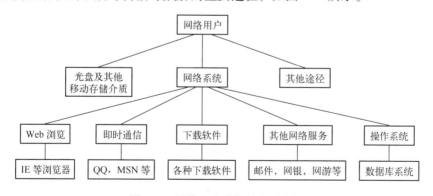

图1-3 网络安全威胁的主要途径

2. 网络安全威胁的类型

鉴于计算机网络安全面临的主要威胁类型及情况比较复杂,为了简便,概括成一个表格形式进行描述,见表1-1。

表 1-1　各种类型网络安全的主要威胁

威 胁 类 型	情 况 描 述
网络窃听	网络传输信息被窃听
窃取资源	盗取系统重要的软件或硬件、信息和资料等资源
讹传信息	攻击者获得某些信息后，发送给他人
伪造信息	攻击者将伪造的信息发送给他人
篡改发送	攻击者对合法用户之间的通信信息篡改后，发送给他人
非授权访问	通过口令、密码和系统漏洞等手段获取系统访问权
截获/修改	网络系统传输中数据被截获、删除、修改、替换或破坏
拒绝服务攻击	攻击者以某种方式使系统响应减慢甚至瘫痪，使网络难以正常服务
行为否认	通信实体否认已经发生的行为
旁路控制	攻击者发掘系统的缺陷或安全脆弱性
截获信息	攻击者从有关设备发出的无线射频或其他电磁辐射中提取信息
人为疏忽	已授权人为了利益或由于粗心将信息泄露给未授权人
信息泄露	信息被泄露或暴露给非授权用户
物理破坏	通过计算机及其网络或部件进行破坏，或绕过物理控制非法访问
病毒木马	利用计算机病毒或木马等恶意软件进行破坏或恶意控制他人系统
服务欺骗	欺骗合法用户或系统，骗取他人信任以便谋取私利
设置陷阱	设置陷阱"机关"系统或部件，骗取特定数据以违反安全策略
资源耗尽	故意超负荷使用某一资源，导致其他用户服务中断
消息重发	重发某次截获的备份合法数据，达到信任非法侵权目的
冒名顶替	假冒他人或系统用户进行活动
媒体废弃物	利用媒体废弃物得到可利用信息，以便非法使用
网络信息战	为国家或集团利益，通过信息战进行网络干扰破坏或恐怖袭击

1.2.2　网络安全的风险因素

在过去的 2013 年，网络安全各类事件频频发生。美国监控"棱镜门"事件让世界网民震惊，也激醒了中国信息安全产业最弱神经，自主可控被提到前所未有的高度，数据泄露在各领域频繁上演，Java 漏洞、Struts 系统高危漏洞和路由器后门漏洞，以其影响面之广、危害之大而特别令人担忧，拒绝服务攻击（Denial of Service，DoS）愈演愈烈，出现了史上流量最大的攻击，手机安卓系统安全问题频出，高级持续性威胁（Advanced Persistent Threat，APT）攻击也渐显扩张态势。

【案例 1-4】中国黑客利益产业链正在形成。根据 2010 年数据调查显示，中国的木马产业链一年的收入已经达到了上百亿元。湖北麻城市警方就破获了一个制造传播木马的网络犯罪团伙。这也是国内破获的第一个上下游产业链完整的木马犯罪案件。犯罪嫌疑人杨某年仅 20 岁，以网名"雪落的瞬间"，编写贩卖木马程序。犯罪嫌疑人韩某年仅 22 岁，网上人称"黑色靓点"，是木马编写作者"雪落的瞬间"的总代理。原本互不相识的几位犯罪嫌疑人，从 2008 年10 月开始，在不到半年的时间就非法获利近 200 万元。灰鸽子产业链如图 1-4 所示。

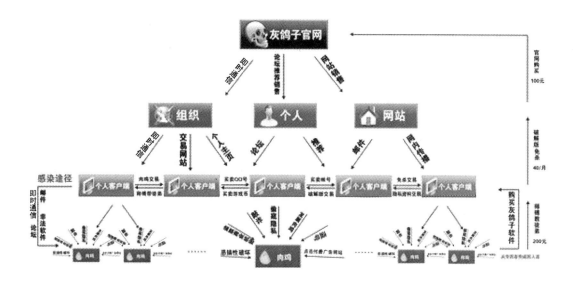

图 1-4 灰鸽子产业链

随着计算机网络的广泛应用，人们更加依赖网络系统，同时也出现了各种各样的安全问题，致使网络安全风险更加突出。认真分析各种风险和威胁的因素和原因，对于更好地防范和消除风险，确保网络安全极为重要。

1）网络系统本身的缺陷。国际互联网最初的设计考虑是该网不会因局部故障而影响信息的传输，基本没有考虑安全问题，由于网络的共享性、开放性和漏洞，致使网络系统和信息的安全存在很大风险和隐患，而且网络传输的 TCP/IP 协议簇缺乏安全机制，所以因特网在安全可靠、服务质量、带宽和方便性等方面都存在着风险。

2）软件系统的漏洞和隐患。软件系统人为设计与研发无法避免地遗留一些漏洞和隐患，随着软件系统规模的不断增大，系统中的安全漏洞或"后门"隐患难以避免，包括常用的操作系统，都存在一些安全漏洞，而且各种服务器、浏览器、桌面系统软件也都存在各种安全漏洞和隐患。

3）黑客攻击及非授权访问。由于黑客攻击的隐蔽性强、防范难度大、破坏性强，已经成为网络安全的主要威胁。实际上，目前针对网络攻击的防范技术滞后，而且还缺乏极为有效的快速侦查跟踪手段，由于强大利益链的驱使黑客技术逐渐被更多的人掌握。目前，据不完全统计，世界上有几十万个黑客网站，介绍一些攻击方法、系统漏洞扫描和攻击工具软件的使用方法等，致使网络系统和站点遭受攻击的可能性增大。

【案例1-5】中国已经成为重要被监控目标，不联网也可能被攻击。《环球时报》综合报道"没有连接因特网？没关系，美国国家安全局（NSA）照样可以监控你"。美国《纽约时报》2014 年 1 月 15 日曝光的美国国家安全局"量子"项目让舆论大吃一惊，NSA 可以将一种秘密技术成功植入没有联网的计算机，对其数据进行任意更改。这一技术自 2008 年以来一直在使用，主要依靠事先被装置在计算机内的微电路板和 USB 连接线发出的秘密无线电波实现监视，NSA 已经在全球 10 万台计算机上植入其软件，其最重要的监控对象是中国军方。"肆无忌惮"，美国专家 15 日这样评价 NSA 的行为，"白宫曾经义正词严地批评中国黑客盗取我们的军事、商业机密，原来，我们一直在对中国做同样的事情"。

📖 **拓展阅读**：据美国"天主教在线"网站15日称，NSA设计的装置很小，可以植入 USB连接线的插头内，或在生产阶段植入计算机内。即使该计算机完全不联网，NSA特工操控的计算机也可在8英里之外与该计算机"交流"，传输恶意软件，篡改窃取资料，NSA 也可通过设置在监视目标附近的中继站接收无线电波。

　　《纽约时报》网站15日刊文称，尽管多数情况下植入软件需要进入计算机网络内操作，但NSA能够用一种秘密技术成功进入没有联网的计算机，并对其数据进行任意更改。NSA 和五角大楼网络司令部等情报机构已在全球近10万台计算机中植入"计算机网络攻击"软件，一方面能够对这些计算机进行实时监视，另一方面则为美国发起大规模全球网络攻击修建"数字高速路"。NSA认为，其监视行为属于针对外国网络攻击的"主动防卫"行为，而非进攻性工具。该机构发言人维尼斯拒绝将此行为与中国对比，称美国"从不用自己的情报能力偷窃他国的商业机密，或将收集的情报传给本国公司"。《纽约时报》还称，该报早在2012年就掌握了"量子"项目的有关情况，但一直未发表。

　　据透露，"量子"项目最经常的攻击目标即中国军方的计算机系统。《纽约时报》称，美国情报机构已将设在上海的61398部队作为网络攻击目标，这一机构被认为专门负责对美方发动网络攻击。另外，斯诺登披露的资料还显示，美国已通过个别企业在中国设立了两个数据中心，以方便情报机构将恶意软件植入中国的目标计算机系统。

　　4）网络病毒。利用网络传播计算机病毒，其破坏性、影响性和传播性远远高于单机系统，而且各种病毒的变异和特性变化，使网络用户防范的难度增加。

　　5）防火墙缺陷。网络防火墙可以较好地阻止外网基于IP包头的攻击和非信任地址的访问，但是，却无法控制内网的攻击行为，也无法阻止基于数据内容的黑客攻击和病毒入侵。

　　6）法律及管理不完善。加强法律法规和管理，对于企业、机构及用户的网络安全至关重要。实际上，很多网络安全出现问题的企业、机构及用户，基本都是由于疏忽网站安全设置与管理。据IT界企业团体ITAA的调查显示，美国90%的IT企业对黑客攻击准备不足。

　　【案例1-6】 中国是遭受网络攻击最严重的国家之一。2013年6月28日中国外交部发言人指出，自1994年互联网正式引入中国以来，经过十几年快速发展，互联网已经成为中国重要的社会基础设施，为促进经济社会发展发挥了重要作用。但是，中国互联网始终面临黑客攻击、网络病毒等违法犯罪活动的严重威胁。

　　据统计，仅2012年中国被境外控制的计算机主机就达1420余万台。在上述受攻击的计算机中，不仅涉及大量网民，而且涉及金融、交通、能源等多个部门，对我国经济发展和人民正常生产生活造成严重危害。

　　2014年初开始，IT技术和变革将进一步深入发展，网络安全威胁也将出现新的变化，安全产业由此加速转型。预计移动安全、大数据、云安全、社交网络、物联网等话题仍将热度不减。针对性攻击将变得更加普遍，云端数据保护压力变得更大，攻击目标将向离线设备延伸，甚至利用计算机及其网络相关部件在脱网状态下远程控制，围绕社交网络展开的网络欺诈数量也将继续增加。各种变化表明，在现代的网络世界中，需要以更积极主动的方式应对新的威胁，并有效保护和管理信息。

　　云计算、移动互联、物联网、自防御网络（Self-Defending Network，SDN）、新型网络创新架构的软件定义网络（Software Defined Network，SDN）、大数据等技术的应用，带来了安全技术的新一轮变革。网络威胁的不断演进，也促使安全防御走向新的发展阶段。新技术受到了广泛关注，运用大数据进行安全分析，实现智能安全防护、APT 检测和防御技术、移动设备和数据安全防护、云数据中心安全防护等。不容忽视的是，网络安全厂商与用户对技术的关注点依然冷热不均，用户对一些新技术的理解和接受尚需时日。

📖 **拓展阅读**：据艾瑞网 2013 年度十大网络安全威胁盘点。除了传统的木马病毒，伪基站、GSM 短信监听、路由器劫持等新兴威胁也开始显现。

1）伪基站诈骗短信，克隆银行电话。"伪基站"成为一种新兴的诈骗方式，伪装通信服务供应商、银行等短信或电话诱骗用户，可携带随意移动车载伪基站一天发送几十万条诈骗短信，可在人群密集的街道和小区自动搜索附近手机卡信息，向用户发送诈骗短信或广告。

2）网购成为网络诈骗重灾区。当前网购欺诈转向"人工骗术 + 技术手段"结合，如在仿制网站或正规网站挂上低价商品等引诱网民上钩，然后通过 QQ、手机等方式发送钓鱼链接等。仅"双 11"期间，根据 360 安全卫士公布的数据，日均拦截到的钓鱼网站次数就达 7000 万到 1 亿次，"双 11"当天共拦截超过 2.6 亿次钓鱼网站攻击。

3）路由器成为黑客攻击新目标。黑客大规模攻击 WiFi 等路由器，主要是篡改 DNS 设置，从而劫持受害用户访问钓鱼网站和广告，甚至监控链接路由器网络的计算机、手机、平板电脑等，如浏览的网站、网银和网购账号密码，甚至挟持用户访问钓鱼网站和其他恶意网站。只要不使用路由器默认的账号密码，通过安全软件 WiFi 体检功能，就能有效防止路由器被黑客攻击。

4）Android 木马猖獗，手机安全需重视。第三季度国内新增 Android 等木马同比增长超 500%、传播量高达 1.9 亿、超过 70% 手机木马带有吸费能力，出现了可盗取网银和支付账号的手机木马，安全问题十分严峻。窃隐私、扣费、恶意广告不断侵蚀 Android 手机用户等。

5）个人隐私泄密严重。2013 年就有 7000 多万 QQ 群用户个人信息泄露，大批酒店开房记录泄露等，相关法规、自我保护意识以及企业道德缺一不可。

6）利用系统漏洞或钓鱼邮件定向攻击。有组织、有目标、隐蔽性强、破坏力大、持续时间长的攻击开始增多。近期，某国产办公软件漏洞就被利用，攻击对象为政府机构等。

7）近 80% 国内网站有漏洞，中小企业面临考验。安全厂商在首届中国互联网安全大会上披露，国内有近八成网站存在安全漏洞，至少百万网站存在后门，存在时间最长的后门已达 5 年多。

8）网络敲诈类木马入侵中国。2013 年出现开机密码或计算机中的文档等多种文件被加密，想打开就要向黑客交"赎金"或比特币买密码。

9）GSM 制式或智能手机容易被监听。运营商对一些 GSM 制式或智能手机的通信无加密，黑客可监听所在基站覆盖范围内的这类手机的通信内容。一旦手机短信内容被黑客获取，手机号码所绑定的网上支付、电子邮箱、聊天账号等重要账户信息也将面临被盗风险。

10）不法分子提取贩卖重要个人信息的 Cookie。"Cookie 大盗"木马开始现身网络，窃取 Cookie 信息，并借此对 QQ 账号密码和用户的社会关系及财产发动袭击，Cookie 提取和倒卖已经成为木马黑色产业链"洗号"的重要手段。需要网民通过安全工具定期清理相关信息。

📖 **讨论思考**：

1）网络安全威胁的主要途径是什么？
2）网络安全的主要威胁类型有哪些？
3）网络安全的风险因素是什么？

1.3 网络安全体系结构及模型

学习掌握网络安全体系结构和模型，可以更好地理解网络安全相关的各种体系、结构、关系和构成要素等，有助于构建网络安全体系和结构，进行具体的网络安全方案的制定、规划、设计和实施等，也可以用于实际应用过程的描述和研究。

1.3.1 网络安全的体系结构

1. 网络安全的保障体系

（1）网络安全保障要素及关系

网络安全保障要素包括 4 个方面：网络安全策略、网络安全管理、网络安全运作和网络安全技术，如图 1-5 所示。

网络安全策略是核心，包括：网络安全的战略、网络安全的政策和标准。网络安全管理、网络安全运作和网络安全技术则是"企业、人与系统"的三元关系：网络安全管理是企业管理行为，主要包括安全意识、组织结构和审计监督。网络安全运作是日常管理的行为（包括运作流程和对象管理）；网络安全技术是基础，是信息系统的行为（包括安全技术手段、安全服务和安全基础设施等）。

图 1-5 网络安全保障要素

网络安全是在企业管理机制下，通过运作机制借助技术手段实现的。网络安全运作是网络安全管理和网络安全技术手段在日常工作中的执行，是网络安全工作的关键，即"七分管理，三分技术，运作贯穿始终"。其中，网络安全技术包括网络安全管理技术。

对于网络安全管理技术内容，将在第 3 章进行具体介绍。

（2）网络安全保障体系

【案例 1-7】网络安全的整体保障体系。主要作用体现在整个系统生命周期对风险进行整体的应对和控制。某银行网络信息安全的整体保障体系如图 1-6 所示。

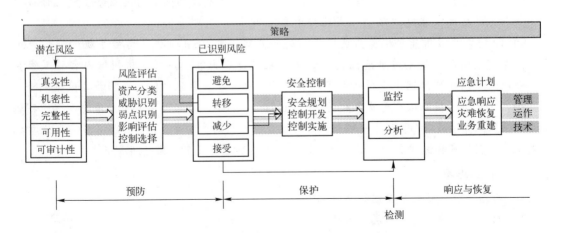

图 1-6 网络信息安全的整体保障体系

通常，企业需要先对网络系统进行风险评估，确定各类潜在风险及等级，并针对各类风险确定相应的策略和方案。经过有效的安全控制降低风险发生的可能性，残留风险将通过监控和分析，并在意外发生时做出应急响应和灾难恢复，最终实现业务的持续运行。

（3）网络安全保障体系框架

实际上，原有的一些传统网络安全技术，通常可以使企事业机构在检测攻击、发现漏洞、防御病毒、访问控制等方面取得较为满意的效果，然而，却无法从根本上彻底解决网络信息系统整体防御的问题。面对新的网络环境和新的威胁，促使各国为具体的安全技术建立一个以深度防御为重点的整体网络安全平台——网络安全保障体系。

【案例1-8】 我国某金融机构的**网络安全保障体系总体框架**，如图1-7所示。网络安全保障体系框架的外围是风险管理，法律法规、标准的符合性。

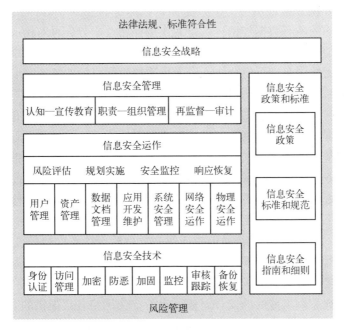

图1-7　网络安全保障体系框架

📖 **拓展阅读：风险管理**是金融机构业务管理的关键，主要指在对风险的不确定性和可能性等因素进行考察、预测、收集、分析的基础上，制定识别风险、衡量风险、积极管理风险、有效处置风险及妥善处理风险等一整套系统而科学的管理方法，使之避免和减少风险损失，促进长期稳定发展。网络安全管理的本质，可以看做是动态地对网络安全风险的管理，即要实现对信息和信息系统的风险进行有效管理和控制。

网络安全技术提供网络安全运作所需的网络安全基础服务和基础设施。网络安全技术为网络安全运作提供良好的技术基础，先进完善的技术可以大大提高网络安全运作的有效性，从而达到网络安全保障体系的目的。

网络安全保障体系架构包括5个部分：网络安全策略、网络安全政策和标准、网络安全运作、网络安全管理、网络安全技术。详见3.1.2节介绍。

2. OSI网络安全体系结构

1982年，作为基本参考模型OSI的新补充，发布了OSI安全体系结构，即ISO 7498 - 2

标准。1990 年，国际电信联盟（ITU）决定采用并作为 OSI 的 X. 800 推荐标准，我国相应制定了 GB/T 9387. 2 – 1995《信息处理系统　开放系统互连基本参考模型　第 2 部分：安全体系结构》。其实，OSI 安全体系结构是设计标准的标准，并非实现标准。其体系结构建立了一些重要的结构性准则，并定义了一些专用术语和概念，包括安全服务和安全机制。

（1）安全服务

在 OSI 安全体系结构中，主要定义了 5 大类安全服务，也称为安全防护措施。

1）鉴别服务。在网络通信中，提供对等实体和数据源发鉴别。对等实体鉴别主要提供对实体本身的身份鉴别，数据源发鉴别主要提供对数据项实际来自于某个特定实体的鉴别。

2）访问控制服务。对网络数据资源的访问进行安全保护，以免非授权使用和侵扰。

3）保密性服务。保护网络信息不被泄露或暴露给未授权的实体。保密性服务又分为数据保密性服务和业务流保密性服务。①数据保密性服务包括 3 个方面：一是连接保密性服务，可对连接上传输的所有数据加密；二是无连接保密性服务，可对构成一个无连接数据单元的所有数据进行加密；三是选择字段保密性服务，只对某个数据单元中所指定的字段进行加密。②业务流保密性服务，可使非法入侵者无法通过网络的业务流窃取信息。

4）完整性服务。主要对数据提供完整性保护，以防范非授权对数据进行改变、删除或替代。完整性服务有 3 种类型：①连接完整性服务，对连接上传输的所有数据进行完整性保护，确保收到的数据没被插入、篡改、重排序或延迟。②无连接完整性服务，对无连接数据单元的数据进行完整性保护。③选择字段完整性服务，对数据单元中所指定的字段进行完整性保护。完整性服务还分为具有恢复功能和不具有恢复功能两种类型。前者指只能检测和报告信息的完整性是否被破坏，而不能采取进一步措施的服务；后者指能检测到信息的完整性是否被破坏，并能将信息正确恢复的服务。

5）可审查服务。主要防止参与通信的任何一方事后否认本次通信及其内容。主要分为两种形式：一是数据源发证明的审查，使发送者必须承认曾经发送过数据或其内容；二是交付证明的审查，使接收者必须承认收到的数据或内容真实可信。

表 1-2 为防范典型网络威胁的安全服务，表 1-3 为网络各层提供的安全服务。

表 1-2　防范典型网络威胁的安全服务

网　络　威　胁	安　全　服　务
假冒攻击	鉴别服务
非授权侵犯	访问控制服务
窃听攻击	数据保密性服务
完整性破坏	数据完整性服务
服务否认	抗抵赖性服务
拒绝服务	鉴别服务、访问控制服务和数据完整性服务等

表 1-3　网络各层提供的安全服务

安全服务	网络层次	物理层	数据链路层	网络层	传输层	会话层	表示层	应用层
鉴别	对等实体鉴别			✓	✓			✓
	数据源发鉴别			✓	✓			✓

安全服务	网络层次	物理层	数据链路层	网络层	传输层	会话层	表示层	应用层
	访问控制			✓	✓			
数据保密性	连接保密性	✓	✓	✓	✓		✓	✓
	无连接保密性		✓	✓	✓		✓	✓
	选择字段保密性						✓	✓
	业务流保密性	✓		✓				✓
数据完整性	可恢复的连接完整性				✓			✓
	不可恢复的连接完整性			✓	✓			✓
	选择字段的连接完整性							✓
	无连接完整性			✓	✓			✓
	选择字段的无连接完整性							✓
抗抵赖性	数据源发证明的抗抵赖性							✓
	交付证明的抗抵赖性							✓

（2）安全机制

以 OSI 安全体系结构为指南，提出用于实现上述安全服务的安全机制，见表1-4。基本的机制包括：加密机制、数字签名机制、访问控制机制、数据完整性机制、认证交换机制、通信业务流填充机制和公证机制（将数据向可信第三方注册，以便使人相信数据的内容、来源、时间和传递过程）等。OSI 网络安全体系结构如图1-8所示。

表1-4 安全服务与安全机制的关系

安全服务	协议层	加密	数字签名	访问控制	数据完整性	认证交换	通信业务流填充	公证
鉴别	对等实体鉴别	✓	✓			✓		
	数据源发鉴别	✓	✓					
	访问控制			✓				
数据保密性	连接保密性	✓					✓	
	无连接保密性	✓					✓	
	选择字段保密性	✓						
	业务流保密性	✓				✓	✓	
数据完整性	可恢复的连接完整性	✓			✓			
	不可恢复的连接完整性	✓			✓			
	选择字段的连接完整性	✓			✓			
	无连接完整性	✓	✓		✓			
	选择字段的无连接完整性	✓	✓		✓			
抗抵赖性	数据源发证明的抗抵赖性	✓	✓		✓			✓
	交付证明的抗抵赖性	✓	✓		✓			✓

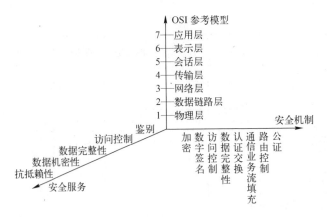

图 1-8　OSI 网络安全体系结构

3. 网络安全的攻防体系

网络安全的攻防体系主要包括两大方面：攻击技术和防御技术。该体系主要结构及内容如图 1-9 所示。通常，对于网络安全技术的基础，需要先学习一些网络基础知识，一是主流操作系统，Windows、UNIX、Linux 等；二是常用的网络安全协议，其中包括 IP、TCP、UDP、ARP 等；三是常用的网络命令，如 ping、net、telnet 等，具体见第 2 章介绍。

网络安全的攻防体系有助于更好地"知己知彼，百战不殆"。为了更好地掌握网络安全防御技术，需要掌握各种网络攻击技术，主要的网络攻击技术包括隐藏 IP

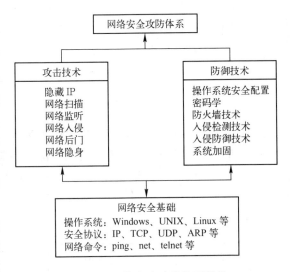

图 1-9　网络安全攻防体系结构

（地址）、网络扫描、网络监听、网络入侵、网络后门和网络隐身等。

1）隐藏 IP。非授权不法者在入侵目标计算机网络前，首先利用各种手段隐藏自己的 IP 地址。

2）网络扫描。借助网络漏洞扫描工具软件去扫描目标计算机或网站的操作系统、开放的端口和漏洞，为入侵该网络系统做好"踩点"准备。

3）网络监听。主要指一些不法者借助计算机网络，利用监听程序去探测窃听目标计算机与其他计算机之间的通信情况及重要信息。

4）网络入侵。通常指各种不法分子利用不同的攻击技术和手段，入侵到目标计算机或网站中，窃取保密信息或进行数据篡改、破坏等活动。

5）网络后门。不法者成功入侵到目标计算机或网站以后，为了以后再次入侵方便和控制，在目标计算机或网站种植后门程序，以便对其进行长期控制。

6）网络隐身。入侵结束后，为了防止被管理员等发现，不法者会清除入侵痕迹。

其中，网络防御技术，主要包括系统加固、操作系统安全配置、密码学、防火墙技术、入侵检测技术和入侵防御技术等。

1.3.2 常用的网络安全模型

借助网络安全模型可以描述和构建网络安全体系及结构，进行具体的网络安全方案的制定、规划、设计和实施等，也可以用于实际应用过程的描述和研究。构建网络安全系统时，**网络安全模型**主要有 4 个**基本任务**：选取一个秘密信息或报文；设计一个实现安全的转换算法；开发一个分发和共享秘密信息的方法；确定两个主体使用的网络协议，以便利用秘密算法与信息，实现特定的安全服务。

1. P2DR 模型

图 1-10　P2DR 模型

P2DR 模型同美国 ISS 公司提出的动态网络安全体系的代表模型的雏形 P2DR 相似。该模型包含 4 个主要部分：Policy（安全策略）、Protection（防护）、Detection（检测）和 Response（响应），如图 1-10所示。

P2DR 模型是在整体的安全策略的控制和指导下，在综合运用防护工具（如防火墙、操作系统、身份认证、加密等）的同时，利用检测工具（如漏洞评估、入侵检测等）了解和评估系统的安全状态，通过恰当处理将系统调整到"最安全"和"风险最低"的状态。防护、检测和响应组成一个完整动态的安全循环，在安全策略的指导下保证信息系统的安全，而此模型忽略了其内在的变化因素。

2. 网络安全通用模型

通过国际互联网将数据报文从源站主机传输到目的站主机，需要经过传输、处理与交换。借助建立安全的通信信道，通过从源站经网络到目的站的路由及各方主体交互使用 TCP/IP 的通信协议进行传输。其网络安全通用模型如图 1-11 所示，其实并非所有情况都通用。

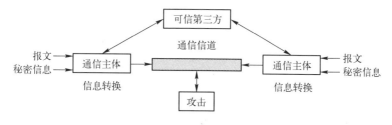

图 1-11　网络安全通用模型

通常，需要可信的第三方对网络信息进行安全处理，主要是对各主体在报文传输中的身份认证。为保障网络信息传输安全所提供的安全服务和安全机制，需要两方面技术：一是对发送的信息通过安全技术进行转换。如报文加密，使非授权用户对加密的报文不可读，或附加一些基于报文内容的密码，用于审查发送者的身份等。二是由两个主体共享的秘密信息，要求加密开放网络。如加密转换的密钥，加密后发送，解密后接收审阅。

3. 网络访问安全模型

对非授权访问的安全机制可分为两类：一是网闸功能，包括基于口令的登录过程，以拒绝所有非授权访问，以及屏蔽逻辑检测，拒绝病毒、蠕虫和其他类似攻击；二是内部的安全控制，一旦非授权用户或软件攻击窃取访问权，第二道防线将对其进行防御，包括各种内部控制的监控和分析，对入侵者进行检测，如图 1-12 所示。

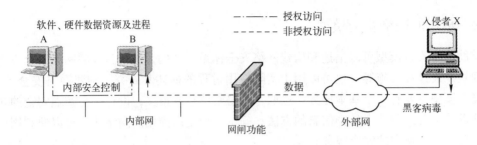

图 1-12　网络访问安全模型

4. 网络安全防御模型

网络安全的关键是预防，"防患于未然"是最好的保障，同时做好内网与外网的隔离保护。通过如图 1-13 所示的网络安全防御模型，可以构建保护内网的系统。

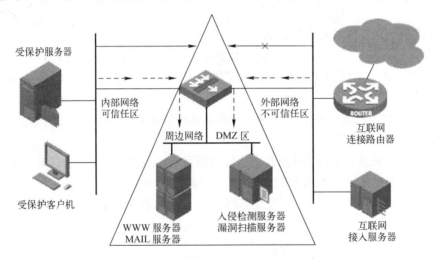

图 1-13　网络安全防御模型

📖 讨论思考：

1）概述网络安全保障体系要素及框架。

2）OSI 安全体系结构包括哪些方面？

3）网络安全的攻防体系包括哪些内容？

4）常用的网络安全模型有哪些？

1.4　常用网络安全技术概述

常用的网络安全技术涉及很多方面，先简单概述一下有关的种类、关键技术、国内外网络安全技术研究现状，以及我国在网络安全技术方面的差距。

1.4.1　常用网络安全技术的种类

在实际工作中，经常采用的网络安全技术包括：身份认证、访问管理、加密技术、病毒防范、系统加固、网络安全监控、审核跟踪和备份恢复 8 种。具体技术将在后面章节进行系统的详细介绍。

【案例1-9】 某银行以网络安全业务价值链的概念，可以将网络安全的技术手段分为预防保护类、检测跟踪类和响应恢复类3大类，如图1-14所示。

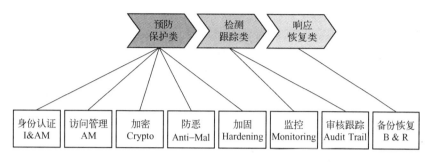

图1-14 网络安全关键技术

图1-14中常用的网络安全关键技术如下。

1）身份认证（Identity and Authentication Management）。是指通过对网络使用过程中的主客体进行认定确认身份，并提供适当的标志、标签、证书等，为下一步的授权奠定基础。可解决主客体之间访问的信任问题，是对用户身份和认证信息的生成、存储、同步、验证和维护的全生命周期的管理。

2）访问管理（Access Management）。是指对系统资源访问的授权管理和控制。授权是指由认证的主体信息判别所拥有的权限，并对其授权。认证是授权的基础和依据，访问控制是指在主体访问客体的过程中，根据访问控制手段或规则，对访问过程有效控制。

3）加密（Cryptograghy）。是指利用加密、解密等技术手段和密钥管理，对系统中数据的保密性、完整性进行保护，并提高应用系统服务和数据访问的可审查性。

4）防恶意代码（Anti - Malicode）。主要防范计算机病毒或恶意软件。各种恶意代码有不同的特点，需要通过建立预防、检测、隔离和清除机制，保护系统的安全。

5）加固（Hardening）。是指对客体（网络系统）的自身弱点进行解决的一种安全保护措施，包括系统漏洞扫描、渗透性测试、安全补丁、关闭不必要的服务、对特定的攻击防范等技术或管理方法，增强系统自身的安全。

6）监控（Monitoring）。是指在管理用户对网络访问过程中，通过各种技术手段，对用户各种访问行为进行检测和监控，以便发现问题及时处理，确保系统安全运行。

7）审核跟踪（Audit Trail）。是指针对操作系统、数据库、应用系统和用户活动等操作事件的审计跟踪。一个系统可以有多个审核跟踪，都针对特定的相关活动类型，其记录可以保存在日志文件或相关的日志数据库中，对不法分子具有强大的威慑作用。

8）备份恢复（Backup and Recovery）。网络安全的预防、防范控制措施不可能完全避免意外安全事件的发生，必须采取相应的应急措施，最大限度地降低意外发生的网络安全事件产生的影响。根据不同业务需求和信息资产价值，建立相应的响应恢复机制。

1.4.2 国内外网络安全技术研究现状

1. 国外网络安全技术的现状

（1）构建完善的网络安全保障体系

针对未来网络信息战和各种网络威胁、安全隐患越来越暴露的安全问题，新的安全需求、新的网络环境、新的威胁，促使美国和其他很多发达国家为具体的技术建立一个以深度防御为特点的整体网络安全平台——网络安全保障体系。

（2）改进常用安全防护技术

美国等国家对入侵检测、漏洞扫描、入侵防御技术、防火墙技术、病毒防御、访问控制、身份认证等传统的网络安全技术进行更为深入的研究，改进其实现技术，为国防等重要机构研发了新型的智能入侵防御系统、检测系统、漏洞扫描系统、防火墙等多种安全产品。

另外，美国等发达国家还结合生物识别、PKI和智能卡技术来研究访问控制技术。美国军队将生物测量技术作为一个新的研究重点。美国发生恐怖袭击事件，进一步意识到生物识别技术在信息安全领域的潜力。除利用指纹、声音成功鉴别身份外，还发展了远距人脸扫描和远距虹膜扫描的技术，弥补了传统识别方法易丢失、易欺骗等许多缺陷。

（3）强化云安全信息监控和关联分析

目前，针对各种更加复杂及频繁的网络攻击，加强对单个入侵监测系统数据和漏洞扫描分析等层次的云安全技术的研究，及时地将不同安全设备、不同地区的信息进行关联性分析，快速而深入地掌握攻击者的攻击策略等信息。美国在捕获攻击信息和监控扫描系统弱点及关联分析等技术上取得了很大的进展。

【案例1-10】美情报网监控全球地下设施，中国是监控重点。据美国国家安全档案馆文件披露，美国实施一项长达数十年的任务，旨在侦察、监视甚至在某些情况下策划摧毁"全世界范围内1万多处地下设施，其中许多位于其敌国境内，这些设施很可能威胁到美国及其盟友的利益。另据报道，近期有21份文件被解密，以在中国、俄罗斯、叙利亚、伊朗和朝鲜等被美国排除在"盟友"范围之外的国家中发现的秘密设施为例，实施重点监控。

（4）加强安全产品测评技术

系统安全评估技术包括安全产品评估和信息基础设施安全性评估技术。

美国受"9.11"恐怖袭击事件以来，进一步加强了安全产品测评技术，军队的网络安全产品逐步采用在网络安全技术上有竞争力的产品，需要对其进行严格的安全测试和安全等级的划分，作为选择的重要依据。

（5）提高网络生存（抗毁）技术

美军注重研究当网络系统受到攻击或遭遇突发事件、面临失效的威胁时，尽快使系统关键部分能够继续提供关键服务，并能尽快恢复所有或部分服务。结合系统安全技术，从系统整体考虑安全问题，使网络系统更具有韧性、抗毁性，从而达到提高系统安全性的目的。

主要研究内容包括进程的基本控制技术、容错服务、失效检测和失效分类、服务分布式技术、服务高可靠性控制、可靠性管理、服务再协商技术。

（6）优化应急响应技术

在美国"9.11"事件五角大楼被炸的灾难性事件中，应急响应技术在网络安全体系中不可替代的作用得到了充分的体现。仅在遭受袭击后几小时就基本成功地恢复其网络系统的正常运作，主要是得益于事前在西海岸的数据备份和有效的远程恢复技术。在技术上有所准备，是五角大楼的信息系统得以避免致命破坏的重要原因。

（7）新密码技术的研究

美国政府在进一步加强传统密码技术研究的同时，还在研究和应用改进新椭圆曲线和AES等对称密码，积极进行量子密码新技术的研究。量子技术在密码学上的应用分为两类：

一是利用量子计算机对传统密码体制进行分析；二是利用单光子的测不准原理在光纤一级实现密钥管理和信息加密，即量子密码学。

2. 我国网络安全技术方面的差距

虽然，我国对网络安全技术方面的研究取得了一些新成果，但是，与先进的发达国家的新技术、新方法、新应用等方面相比还有差距，需要尽快赶上，否则"被动就要挨打"。

（1）安全意识差，忽视风险分析

目前，我国较多企事业机构在进行构建及实施网络信息系统前，经常忽略或简化风险分析，导致无法全面地认识系统存在的威胁，很可能导致安全策略、防护方案脱离实际。

（2）急需自主研发的关键技术

现在，我国计算机软硬件包括操作系统、数据库系统等关键技术严重依赖国外，而且缺乏网络传输专用安全协议，这是最大的安全隐患、风险和缺陷，一旦发生信息战，非国产的芯片、操作系统都有可能成为敌方利用的工具。所以，急需进行操作系统等安全化研究，并加强专用协议的研究，增强内部信息传输的保密性。

对于已有的安全技术体系，包括访问控制技术体系、认证授权技术体系、安全 DNS 体系、IA 工具集合、公钥基础设施 PKI 技术体系等，应该制订持续性发展研究计划，不断发展完善，为网络安全保障充分发挥更大的作用。

（3）安全检测薄弱

网络安全检测与防御是网络信息有效保障的动态措施，通过入侵检测与防御、漏洞扫描等手段，定期对系统进行安全检测和评估，及时发现安全问题，进行安全预警，对安全漏洞进行修补加固，防止发生重大网络安全事故。

我国在安全检测与防御方面比较薄弱，应研究将入侵检测与防御、漏洞扫描、路由等技术相结合，实现跨越多边界的网络入侵攻击事件的检测、防御、追踪和取证。

（4）安全测试与评估不完善

测试评估的标准还不完整，测试评估的自动化工具匮乏，测试评估的手段不全面，渗透性测试的技术方法贫乏，尤其在评估网络整体安全性方面几乎空白。

（5）应急响应能力弱

应急响应就是对网络系统遭受的意外突发事件的应急处理，其应急响应能力是衡量系统生存性的重要指标。网络系统一旦发生突发事件，系统必须具备应急响应能力，使系统的损失降至最低，保证系统能够维持最必需的服务，以便进行系统恢复。

我国应急处理的能力较弱，缺乏系统性，对系统存在的脆弱性、漏洞、入侵、安全突发事件等相关知识研究不够深入。特别是在跟踪定位、现场取证、攻击隔离等方面的技术，缺乏相应的研究和产品。

（6）需要强化系统恢复技术

网络系统恢复指系统在遭受破坏后，能够恢复为可用状态或仍然维持最基本服务的能力。我国在网络系统恢复方面的工作，主要从系统可靠性角度进行考虑，以磁盘镜像备份、数据备份为主，以提高系统的可靠性。然而，系统可恢复性的另一个重要指标是当系统遭受毁灭性破坏后的恢复能力，包括整个运行系统的恢复和数据信息的恢复等。我国在这方面的研究明显存在差距，应注重远程备份、异地备份与恢复技术的相关研究，包括研究远程备份中数据一致性、完整性、访问控制等关键技术。

📖 讨论思考：

1) 常用的网络安全技术有哪3大类（8种）？
2) 国外网络安全技术的现状具体怎样？
3) 我国在网络安全技术方面的差距有哪些？

*1.5 实体安全与隔离技术

实体安全是整个网络系统安全的基础，实施隔离技术是网络安全的一项重要举措。

1.5.1 实体安全的概念及内容

1. 实体安全的概念

实体安全（Physical Security）也称物理安全，指保护计算机网络设备、设施及其他媒体免遭地震、水灾、火灾、有害气体和其他环境事故破坏的措施及过程。主要是对计算机及网络系统的环境、场地、设备和人员等方面，采取的各种安全技术和措施。

实体安全是整个计算机网络系统安全的重要基础和保障。主要侧重环境、场地和设备的安全，以及物理访问控制和应急处置计划等。计算机网络系统受到的威胁和隐患，很多是与计算机网络系统的环境、场地、设备和人员等方面有关的实体安全问题。

实体安全的**目的**是保护计算机、网络服务器、交换机、路由器、打印机等硬件实体和通信设施免受自然灾害、人为失误、犯罪行为的破坏，确保系统有一个良好的电磁兼容工作环境，将有害的攻击进行有效隔离。

2. 实体安全的内容及措施

实体安全的内容主要包括环境安全、设备安全和媒体安全3个方面，主要指**5项防护**（简称5防）：防盗、防火、防静电、防雷击、防电磁泄露。特别是，应当加强对重点数据中心、机房、服务器、网络及其相关设备和媒体等实体安全的防护。

1) 防盗。由于计算机（服务器）及网络核心部件是偷窃者的主要目标，而且这些设备存放大量重要资料，被偷窃所造成的损失可能远远超过计算机及网络设备本身的价值，因此，必须采取严格防范措施，以确保计算机及网络设备不丢失。

2) 防火。计算机网络中心的机房发生火灾一般是由电气原因、人为事故或外部火灾蔓延等引起的。电气设备和线路因为短路、过载接触不良、绝缘层破坏或静电等原因，引起电打火而导致火灾；人为事故是指由于操作人员不慎，吸烟、乱扔烟头等，使存在易燃物质（如纸片、磁带、胶片等）的机房起火，当然也不排除人为故意放火；外部火灾蔓延是指因为外部房间或其他建筑物起火而蔓延到机房而引起火灾。

3) 防静电。一般静电是由物体间的相互摩擦、接触而产生的，计算机显示器也会产生很强的静电。静电产生后，由于未能释放而保留在物体内，会有很高的电位，其能量不断增加，从而产生静电放电火花，造成火灾，可能使大规模集成电器损坏。

4) 防雷击。由于传统避雷针防雷，不仅增大雷击可能性，而且产生感应雷，可能使电子信息设备被损坏，也是易燃易爆物品被引燃起爆的主要原因。因此，应采取新防雷击措施。

防范雷击主要措施包括：根据电气、微电子设备的不同功能及不同受保护程序和所属保护层，确定防护要点、分类保护、安装避雷保护设施等。根据雷电和操作瞬间超电压危害的可能，对从电源线到数据通信线路通道做多层保护。

5）防电磁泄露。计算机（服务器）及网络设备，工作时会产生电磁发射。电磁发射主要包括辐射发射和传导发射。可能被高灵敏度的接收设备进行接收、分析、还原，造成信息泄露。屏蔽是防电磁泄露的有效措施，屏蔽主要有电屏蔽、磁屏蔽和电磁屏蔽 3 种类型，机要保密部门必须通过安装屏蔽等设施严防电磁泄露。

1.5.2 媒体安全与物理隔离技术

1. 媒体及其数据的安全保护

媒体及其数据的安全保护，主要是指对媒体数据和媒体本身的安全保护。

（1）媒体安全

媒体安全主要指对媒体及其数据的安全保护，目的是保护存储在媒体上的重要资料。

保护媒体的安全措施主要有两个方面：媒体的防盗与防毁，防毁指防霉和防砸及其他可能的破坏。

（2）媒体数据安全

媒体数据安全主要指对媒体数据的保护。为了防止被删除或被销毁的敏感数据被他人恢复，必须对媒体机密数据进行安全删除或安全销毁。

保护媒体数据安全的措施主要有 3 个方面。

1）媒体数据的防盗，如防止媒体数据被非法复制。

2）媒体数据的销毁，包括媒体的物理销毁（如媒体粉碎等）和媒体数据的彻底销毁（如消磁等），防止媒体数据删除或销毁后被他人恢复而泄露信息。

3）媒体数据的防毁，防止意外或故意的破坏使媒体数据丢失。

2. 物理隔离技术

物理隔离技术是在原有安全技术的基础上发展起来的一种安全防护技术。物理隔离技术的**目的**是通过将威胁和攻击进行隔离，在可信网络之外和保证可信网络内部信息不外泄的前提下，完成网间数据的安全交换。

（1）物理隔离的安全要求

在安全上，**物理隔离的要求**主要有 3 点。

1）隔断内外网络传导。在物理传导上使内外网络隔断，确保外部网不能通过网络连接而侵入内部网；同时防止内部网信息通过网络连接泄露到外部网。

2）隔断内外网络辐射。在物理辐射上隔断内部网与外部网，确保内部网信息不会通过电磁辐射或耦合方式泄露到外部网。

3）隔断不同存储环境。在物理存储上隔断两个网络环境，对于断电后会遗失信息的部件，如内存、处理器等暂存部件，要在网络转换时做清除处理，防止残留信息出网；对于断电非遗失性设备，如磁带机、硬盘等存储设备，内部网与外部网信息要分开存储。

（2）物理隔离技术的 3 个阶段

第一阶段：彻底物理隔离。利用物理隔离卡、安全隔离计算机和交换机使网络隔离，两个网络之间无信息交流，所以也就可以抵御所有的网络攻击，它们适用于一台终端（或一个用户）需要分时访问两个不同的、物理隔离的网络的应用环境。

第二阶段：协议隔离。协议隔离是采用专用协议（非公共协议）来对两个网络进行隔离，并在此基础上实现两个网络之间的信息交换。协议隔离技术由于存在直接的物理和逻辑连接，仍然是数据包的转发，一些攻击依然出现。

第三阶段：网闸隔离技术。主要通过网闸等隔离技术对高速网络进行物理隔离，使高效的内外网数据仍然可以正常进行交换，而且控制网络的安全服务及应用。

物理隔离的技术手段及优缺点和典型产品，见表1-5。

表1-5　物理隔离主要技术手段

技术手段	优　点	缺　点	典型产品
彻底的物理隔离	能够抵御所有的网络攻击	两网络间无信息交流	联想网御物理隔离卡、开天双网安全计算机、伟思网络安全隔离集线器
协议隔离	能抵御基于TCP/IP的网络扫描与攻击等行为	有些攻击可穿越网络	京泰安全信息交流系统2.0、东方DF-NS310物理隔离网关
物理隔离网闸	不但实现了高速的数据交换，还有效地杜绝了基于网络的攻击行为	应用种类受到限制	伟思ViGAP、天行安全隔离网闸（Top-Walk-GAP）和联想网御SIS3000系列安全隔离网闸

（3）物理隔离的性能要求

任何安全往往都是有代价的，这是由于物理隔离导致的使用和内外数据交换不方便是难以避免的。但**物理隔离技术应该做到**以下几点，才能满足市场的需求。

1）高度安全：利用网络安全物理隔离卡等技术，实现物理链路上有别于"软"安全的物理隔离技术，从最基础的物理层实现安全。

2）较低成本：在实际的网络建设费用中，物理隔离的成本不能高。

3）容易部署：不仅容易实现部署，而且与降低成本关系密切。

4）操作简单：物理隔离技术应用的对象是普通的工作人员，因此，客户端的操作要简单，用户才能方便地使用。

📖 讨论思考：

1）实体安全的概念、内容和措施是什么？

2）怎样进行媒体及其数据的安全保护？

3）物理隔离技术应该做到哪些方面？

*1.6　构建虚拟局域网实验

虚拟局域网（Virtual Local Area Network，VLAN）是一种将局域网设备从逻辑上划分成多个网段，从而实现虚拟工作组的数据交换技术。主要应用于交换机和路由器。**虚拟机**（Virtual Machine，VM）是运行于主机系统中的虚拟系统。可以模拟物理计算机的硬件控制模式，具有系统运行的大部分功能和部分其他扩展功能。虚拟技术不仅经济，而且可用于模拟具有危险性的网络安全实验。

1.6.1　实验目的

通过安装和配置虚拟机，建立一个虚拟局域网，主要有3个目的。

1）为网络安全实验做准备。利用虚拟机软件可以构建虚拟网，模拟复杂的网络环境，可以让用户在单机上实现多机协同作业，进行网络协议分析等功能。

2）网络安全实验可能对系统具有一定破坏性，虚拟局域网可以保护物理主机和网络的安全。而且一旦虚拟系统瘫痪后，也可以在数秒内得到恢复。

3）利用 VMware Workstation 8.0 for Windows 虚拟机安装 Windows 8，可以实现在一台机器上同时运行多个操作系统，以及一些其他操作功能，例如屏幕捕捉、历史重现等。

1.6.2　实验要求及方法

1. 实验要求

（1）预习准备

由于本实验内容是为后续的网络安全实验做准备，因此，最好提前做好虚拟局域网"预习"或对有关内容进行一些了解。

1）Windows 8 原版光盘镜像：Windows 8 开发者预览版下载（微软官方原版）。

2）VMware 8 虚拟机软件下载：VMware Workstation 8 正式版发布下载（支持 Windows 8，For Windows 主机）

（2）注意事项及特别提醒

安装 VMware 时，需要将设置中的软盘移除，以免影响 Windows 8 声音或网络。

由于网络安全技术更新快，技术、方法和软硬件产品种类繁多，可能具体版本和界面等方面不尽一致或有所差异。特别是在具体实验步骤中更应当多注重关键的技术方法，做到"举一反三、触类旁通"，不要死钻"牛角尖"，过分抠细节。

（3）注意实验步骤和要点

安装完虚拟软件和设置以后，需要重新启动才可正常使用。

实验用时：2 学时（90～120 min）。

2. 实验方法

构建虚拟局域网的方法很多。可以使用 Windows 自带的连接设置方式，通过"网上邻居"建立。也可在 Windows Server 2012 运行环境下，安装虚拟机软件，即可建立虚拟机。主要利用虚拟存储空间和操作系统提供的技术支持，使虚拟机上的操作系统通过网卡和实际操作系统进行通信。真实机和虚拟机可以通过以太网进行通信，形成一个小型的局域网环境。

1）利用虚拟机软件在一台计算机中安装多台虚拟主机，构建虚拟局域网，可以模拟复杂的真实网络环境，让用户在单机上实现多机协同作业。

2）由于虚拟局域网是个"虚拟系统"，所以一旦遇到网络攻击甚至造成系统瘫痪，实际的物理网络系统并没有受到影响和破坏，所以，虚拟局域网可在较短时间内得到恢复。

3）在虚拟局域网络上，可以实现在一台机器上同时运行多个操作系统。

1.6.3　实验内容及步骤

VMware Workstation 是一款功能强大的桌面虚拟软件，可在安全、可移植的虚拟机中运行多种操作系统和应用软件，为用户提供同时运行不同的操作系统和进行开发、测试、部署新的应用程序的最佳解决方案。每台虚拟机相当于包含网络地址的 PC 建立虚拟局域网。

VMware 基于虚拟局域网，可为分布在不同范围、不同物理位置的计算机组建虚拟局域网，形成一个具有资源共享、数据传送、远程访问等功能的局域网。

利用 VMware 8 虚拟机安装 Windows 8，并可以建立虚拟局域网。

1）安装 VMware 8 虚拟机。安装虚拟机界面，如图 1-15 及图 1-16 所示。

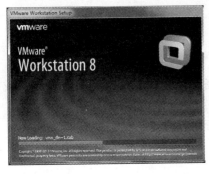

图 1-15　VMware 8 虚拟机安装界面图

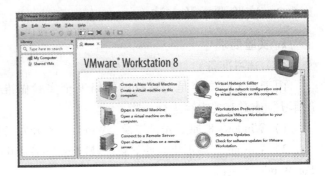

图 1-16　选择新建虚拟机等界面

2）使用 VMware 安装 Windows 8，开始创建一个新的虚拟机，并选择默认安装。

3）选择第三个设置，稍后再进行配置，然后选择 Windows 界面，如图 1-17 及图 1-18 所示。

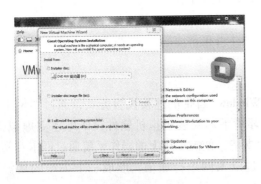

图 1-17　选择第三个设置

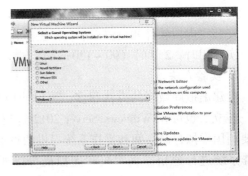

图 1-18　选择 Windows 界面

4）设置虚拟机名称和安装位置，并设置虚拟机的处理器，如图 1-19 及图 1-20 所示。

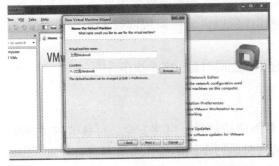

图 1-19　设置虚拟机名称和安装位置

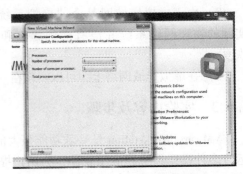

图 1-20　设置虚拟机的处理器

5）设置虚拟机内存，对于 2 GB 或 4 GB 内存，建议设置为 1024 MB，如图 1-21 所示。虚拟机中的网络连接配置，如图 1-22 所示。

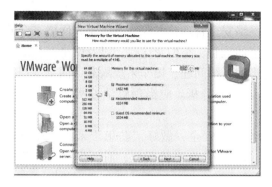

图 1-21　设置虚拟机内存

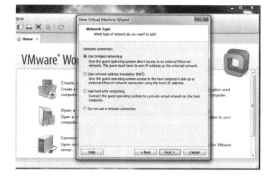

图 1-22　配置虚拟机中的网络连接

6）选择 I/O 控制器类型为"默认"，如图 1-23 所示。创建一个新的虚拟硬盘，并选择默认 SCSI，如图 1-24 所示。进行虚拟硬盘设置，并自定义存储位置后，完成虚拟机配置。

图 1-23　选择 I/O 控制器类型

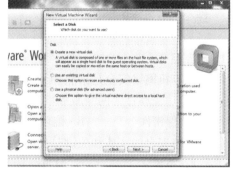

图 1-24　新建一个虚拟硬盘

7）加载 Windows 8 ISO 镜像及相关设置。单击如图 1-25 中的"CD/DVD（IDE）"，在弹出的对话框中，选择加载 Windows 8 ISO 镜像。安装 Windows 8 前，在设置中移去软盘，以免影响 Windows 8 声音或网络，如图 1-26 所示，然后单击绿三角▶开始运行。

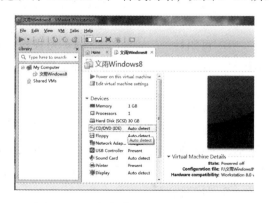

图 1-25　选择加载 Windows 8 ISO 镜像

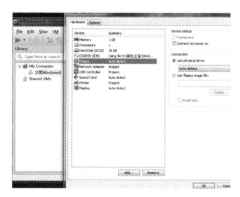

图 1-26　在设置中移去软盘

1.7 本章小结

本章主要介绍了网络安全、网络安全技术和网络安全管理技术等基本概念、网络安全的目标及主要内容。结合案例介绍了计算机网络面临的威胁、类型及途径，以及网络安全威胁发展的主要态势，并对产生网络安全的风险及隐患的系统问题、操作系统漏洞、网络数据库问题、防火墙局限性、管理和其他各种因素进行了概要分析。应当理解学习网络安全的目的、重要现实意义和必要性。

网络安全的最终目标和关键是保护网络的信息资源安全，做好"防患于未然"是确保网络安全的最好举措。世上并无绝对的安全，网络安全是个系统工程，需要多方面互相配合、综合防范。

本章还概要地介绍了常用的网络安全关键技术类型和网络安全模型。并概述了国内外网络安全技术研究的现状，急需解决自主研发关键网络安全技术。最后，简明扼要地概述了实体安全的概念、内容、媒体安全与物理隔离技术，以及网络安全实验前期准备所需的构建虚拟网的过程和主要方法等。

1.8 练习与实践

1. 选择题

（1）计算机网络安全是指利用计算机网络管理控制和技术措施，保证在网络环境中数据的（   ）、完整性、网络服务可用性和可审查性受到保护。

    A. 保密性   B. 抗攻击性   C. 网络服务管理性   D. 控制安全性

（2）网络安全的实质和关键是保护网络的（   ）安全。

    A. 系统   B. 软件   C. 信息   D. 网站

（3）实际上，网络的安全问题包括两方面的内容，一是（   ），二是网络的信息安全。

    A. 网络的服务安全   B. 网络的设备安全

    C. 网络的环境安全   D. 网络的系统安全

（4）在短时间内向网络中的某台服务器发送大量无效连接请求，导致合法用户暂时无法访问服务器的攻击行为是破坏了（   ）。

    A. 保密性   B. 完整性   C. 可用性   D. 可控性

（5）如果访问者有意避开系统的访问控制机制，则该访问者对网络设备及资源进行非正常使用属于（   ）。

    A. 破坏数据完整性   B. 非授权访问

    C. 信息泄露   D. 拒绝服务攻击

（6）计算机网络安全是一门涉及计算机科学、网络技术、信息安全技术、通信技术、应用数学、密码技术和信息论等多学科的综合性学科，是（   ）的重要组成部分。

    A. 计算机与信息科学   B. 计算机网络学科

    C. 计算机学科   D. 其他学科

（7）实体安全包括（　　）。

　　A. 环境安全和设备安全　　　　　　　B. 环境安全、设备安全和媒体安全

　　C. 实体安全和环境安全　　　　　　　D. 其他方面

（8）在网络安全中，常用的关键技术可以归纳为（　　）3大类。

　　A. 计划、检测、防范　　　　　　　　B. 规划、监督、组织

　　C. 检测、防范、监督　　　　　　　　D. 预防保护、检测跟踪、响应恢复

2. 填空题

（1）计算机网络安全是一门涉及＿＿＿＿＿、＿＿＿＿＿、＿＿＿＿＿、通信技术、应用数学、密码技术、信息论等多学科的综合性学科。

（2）网络信息安全的5大要素和技术特征，分别是＿＿＿＿＿、＿＿＿＿＿、＿＿＿＿＿、＿＿＿＿＿、＿＿＿＿＿。

（3）从层次结构上，计算机网络安全所涉及的内容包括＿＿＿＿＿、＿＿＿＿＿、＿＿＿＿＿、＿＿＿＿＿、＿＿＿＿＿5个方面。

（4）网络安全的目标是在计算机网络的信息传输、存储与处理的整个过程中，提高防护、监控、反应恢复和＿＿＿＿＿的能力。

（5）网络安全关键技术分为＿＿＿＿＿、＿＿＿＿＿、＿＿＿＿＿、＿＿＿＿＿、＿＿＿＿＿、＿＿＿＿＿和＿＿＿＿＿8大类。

（6）网络安全技术的发展趋势具有＿＿＿＿＿、＿＿＿＿＿、＿＿＿＿＿、＿＿＿＿＿的特点。

（7）国际标准化组织（ISO）提出信息安全的定义是：为数据处理系统建立和采取的保护，保护计算机硬件、软件、数据不因＿＿＿＿＿的原因而遭到破坏、更改和泄露。

（8）利用网络安全模型可以构建＿＿＿＿＿，进行具体的网络安全方案的制定、规划、设计和实施等，也可以用于实际应用过程的＿＿＿＿＿。

3. 简答题

（1）威胁网络安全的因素有哪些？

（2）网络安全的概念是什么？

（3）网络安全的目标是什么？

（4）网络安全的主要内容包括哪些方面？

（5）简述网络安全的保护范畴。

（6）网络管理或安全管理人员对网络安全的侧重点是什么？

（7）什么是网络安全技术？什么是网络安全管理技术？

（8）简述网络安全关键技术的内容。

（9）画出网络安全通用模型，并进行说明。

（10）为什么说网络安全的实质和关键是网络信息安全？

4. 实践题

（1）安装、配置构建虚拟局域网（上机完成）：

下载并安装一种虚拟机软件，配置虚拟机并构建虚拟局域网。

（2）下载并安装一种网络安全检测软件，对校园网安全检测并简要分析。

（3）通过调研及参考资料，写出一份有关网络安全威胁的具体分析资料。

（4）通过调研及借鉴资料，写出一份分析网络安全问题的报告。

第2章　网络安全技术基础

网络安全技术是网络安全保障的基础和关键。计算机网络管理和工作人员不仅需要具有网络方面的基本知识，还需要搞清常用的网络协议及通信端口存在的安全漏洞和隐患，网络协议安全体系和虚拟专用网（VPN）安全技术等，以及无线局域网（WLAN）和常用的网络安全管理工具，才能更有效地进行网络安全防范。

📖 **教学目标**
- 了解网络协议的安全风险及新一代网络 IPv6 的安全性。
- 掌握虚拟专用网（VPN）技术特点及应用。
- 掌握无线局域网安全技术及安全设置实验。
- 掌握常用的网络安全管理工具及应用。

2.1　网络协议安全概述

【案例2-1】美国新增40支网络部队。据《环球时报》综合报道，美国网络战司令部司令亚历山大 2013 年 3 月 12 日在国会宣布，将新增40支网络部队。此前，美国官方和军方论及该国网络政策时，基本都是宣称要保护美国免遭外国黑客攻击，而不是主动攻击。美国这种变化让人想起它备受争议的"先发制人"，增加了国际社会的不安全感。美国国家情报总监克拉珀在国会宣称，网络威胁已取代恐怖主义成美国最大威胁。中国现代国际关系研究院学者李伟 14 日对《环球时报》说，"美国精心一步步设局，公开寻求互联网霸权，这可能引发互联网军备竞赛"。

2.1.1　网络协议的安全风险

对于各种计算机网络，网络体系层次结构参考模型主要有 OSI（Open System Interconnection）模型和 TCP/IP 模型两种。其中，OSI 模型是国际标准化组织 ISO 的开放系统互连参考模型，共有 7 层，由低到高依次是物理层、数据链路层、网络层、传输层、会话层、表示层和应用层。其设计初衷是期望为计算机的网络体系与协议发展提供一种国际标准，后来由于其过于庞杂，使 TCP/IP 成为了企业实际采用的事实上的"网络标准"，作为 Internet 的基础协议。

实际应用的 TCP/IP 模型与 OSI 参考模型不同，由低到高依次由网络接口层、网络层、传输层和应用层 4 部分组成。这 4 层体系大致对应 OSI 参考模型的 7 层体系。TCP/IP 更注重互连设备间的数据传送，而非严格的功能层次划分。

计算机网络结点之间的互连、通信与数据交换主要依靠其协议实现。网络协议是计算机网络极为重要的组成部分，在设计之初由于只注重异构网的互连和功能的实现，忽略了其安全性问题，而且网络各层协议为一个开放体系，具有计算机网络及其部件所具有的基本功能，致使其开放性及缺陷将网络系统处于安全风险和隐患的环境。

计算机网络协议的安全风险大致可归结为 3 个方面。

1）网络协议自身的设计缺陷和实现中存在的一些安全漏洞，容易受到侵入和攻击。

2）网络协议根本不具有有效认证机制和验证通信双方真实性的功能。

3）计算机网络协议缺乏保密机制，不具有保护网上数据机密性的功能。

2.1.2 TCP/IP 层次安全性

计算机网络安全由多个安全层构成，每个安全层都是一个包含多个特征的实体。在 TCP/IP 的不同层次上，可以增加不同的安全策略和安全性。如在传输层提供安全套接层服务（Secure Sockets Layer，SSL），以及其继任者传输层安全（Transport Layer Security，TLS），是为网络通信提供安全及数据完整性的一种安全协议，在网络层提供虚拟专用网（Virtual Private Network，VPN）技术等。下面分别介绍 TCP/IP 不同层次的安全性及提高各层安全性的技术和方法，TCP/IP 网络安全技术层次体系如图 2-1 所示。

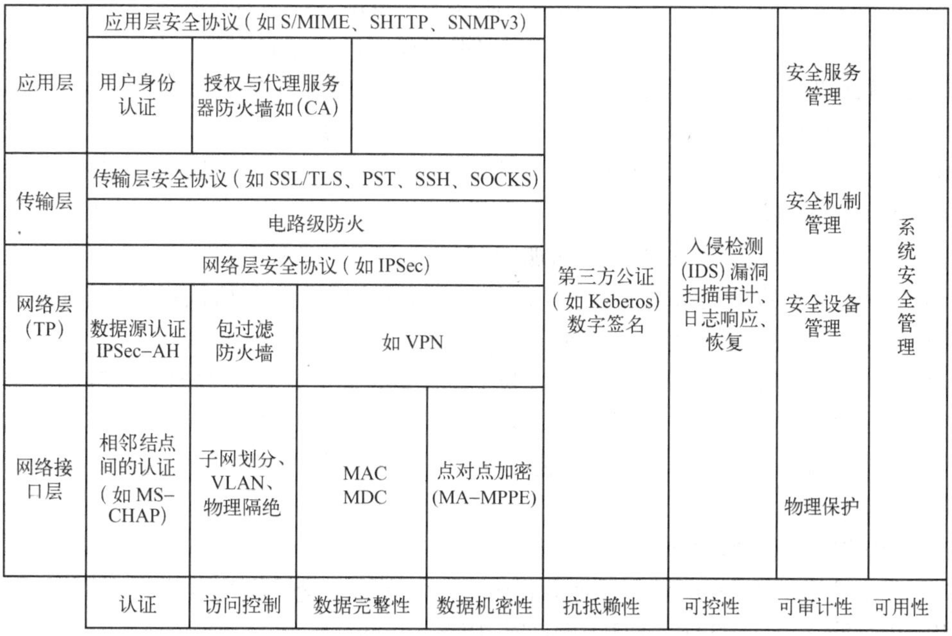

	认证	访问控制	数据完整性	数据机密性	抗抵赖性	可控性	可审计性	可用性
应用层	应用层安全协议（如 S/MIME、SHTTP、SNMPv3）				第三方公证（如 Keberos）数字签名	入侵检测（IDS）漏洞扫描审计、日志响应、恢复	安全服务管理	系统安全管理
应用层	用户身份认证	授权与代理服务器防火墙如（CA）						
传输层	传输层安全协议（如 SSL/TLS、PST、SSH、SOCKS）						安全机制管理	
传输层	电路级防火							
网络层（TP）	网络层安全协议（如 IPSec）						安全设备管理	
网络层（TP）	数据源认证 IPSec-AH	包过滤防火墙	如 VPN					
网络接口层	相邻结点间的认证（如 MS-CHAP）	子网划分、VLAN、物理隔绝	MAC MDC	点对点加密（MA-MPPE）			物理保护	

图 2-1　TCP/IP 网络安全技术层次体系

1. TCP/IP 物理层的安全性

TCP/IP 模型的网络接口层对应着 OSI 模型的物理层和数据链路层。物理层安全问题是指由网络环境及物理特性产生的网络设施和线路安全性，致使网络系统出现安全风险，如设备被盗、意外故障、设备损坏与老化、信息探测与窃听等。由于以太网上存在交换设备并采用广播方式，可能在某个广播域中侦听、窃取并分析信息。为此，保护链路上的设施安全极为重要，物理层的安全措施相对较少，最好采用"隔离技术"将每两个网络保证在逻辑上能够连通，同时从物理上隔断，并加强实体安全管理与维护。

2. TCP/IP 网络层的安全性

网络层主要用于数据包的网络传输，其中 IP 协议是整个 TCP/IP 协议体系结构的重要基础，TCP/IP 中所有协议的数据都以 IP 数据报形式进行传输。

TCP/IP 协议族常用的两种 IP 版本是 IPv4 和 IPv6。IPv4 在设计之初根本没有考虑到网络安全问题，IP 包本身不具有任何安全特性，从而导致在网络上传输的数据包很容易泄露或受到攻击，IP 欺骗和 ICMP 攻击都是针对 IP 层的攻击手段。如伪造 IP 包地址、拦截、窃取、篡改、重播等。因此，通信双方无法保证收到 IP 数据报的真实性。IPv6 简化了 IPv4 中的 IP 头结构，并增加了对安全性的设计。

国际上对网络层进行了很多安全协议的标准化工作。如网络层安全协议（NLSP）、安全协议 3 号（SP3）、集成化 NLSP（I－NLSP）、SwIPe、IPSP 和 IPSec 等安全协议。这些安全协议都基于 IP 封装技术。主要包括 3 个过程：一是在发送端，加密数据包内容、在外层封装新的 IP 报头等；二是对加密后的数据包进行 Internet 路由选择；三是到达另一端后，外层 IP 报头被拆开，报文被解密，然后将数据还原后送到上一协议层。

3. TCP/IP 传输层的安全性

网络传输层的安全问题主要有传输与控制安全、数据交换与认证安全、数据保密性与完整性等安全风险。主要包括传输控制协议（TCP）和用户数据报协议（UDP），其安全措施主要取决于具体的协议。TCP 是一个面向连接的协议，用于多数的互联网服务，如 HTTP、FTP 和 SMTP。为了保证传输层的安全，Netscape 通信公司设计了安全套接层协议（Secure SocketLayer，SSL），现更名为传输层协议（Transport Layer Security，TLS），主要包括 SSL 握手协议和 SSL 记录协议。

SSL 握手协议用于数据认证和数据加密的过程，利用多种有效密钥交换算法和机制。SSL 记录协议对应用程序提供信息分段、压缩、认证和加密。SSL 协议提供了身份验证、完整性检验和保密性服务，密钥管理的安全服务可为各种传输协议重复使用。

网络层（或传输层）的安全协议允许为主机（或进程）之间的数据通道增加安全属性。若两个主机之间建立一条安全的通道，则所有在这条通道上传输的 IP 包都将会自动被加密。同样，若两个进程之间通过传输层安全协议建立了一条安全的数据通道，则两个进程间传输的所有信息都可以自动被加密。

4. TCP/IP 应用层的安全性

应用层中利用 TCP/IP 运行和管理的程序较多。**网络安全问题主要出现在**需要重点解决的**常用应用系统**，包括 HTTP、FTP、SMTP、DNS、Telnet 等。

（1）超文本传输协议（HTTP）

HTTP 是互联网上应用最广泛的协议之一。使用 80 端口建立连接，并进行应用程序浏览、数据传输和对外服务。其客户端使用浏览器访问并接受从服务器返回的 Web 网页。一旦下载了具有破坏性的 Active X 控件或 Java Applets 插件，这些程序将在用户的终端上运行并含有恶意代码、病毒或特洛伊木马。注意，不要下载未经过检验的程序。

（2）文件传输协议（FTP）

FTP 是建立在 TCP/IP 连接上的文件发送与接收协议。由服务器和客户端组成，每个 TCP/IP 主机都有内置的 FTP 客户端，而且多数服务器都有 FTP 程序。FTP 通常使用 20 和 21 两个端口，由 21 端口建立连接，使连接端口在整个 FTP 会话中保持开放，用于在客户端和服务器之间发送控制信息和客户端命令。在 FTP 的主动模式下，常使用 20 端口进行数据传输，在客户端和服务器之间每传输一个文件都要建立一个数据连接。

当 FTP 服务器需要认证时，所有的用户名和密码都以明文传输。搜寻允许匿名连接并有写权限的 FTP 服务器是黑客攻击的手段之一。确定目标后，上传大量繁杂信息塞满整个存储空间，致使操作系统运行缓慢，且日志文件无空间记录其他事件，使其借机进入操作系统或其他服务的日志文件并逃避检测及追踪。

（3）简单邮件传输协议（SMTP）

黑客可以利用 SMTP 对 E - mail 服务器进行干扰和破坏。如通过 SMTP 对 E - mail 服务器发送大量的垃圾邮件和聚集数据包，致使服务器不能正常处理合法用户的使用请求，导致拒绝服务。目前，绝大部分的计算机病毒基本都是通过邮件或其附件进行传播的。因此，SMTP 服务器应增加过滤、扫描及设置拒绝指定邮件等功能。

（4）域名系统（DNS）

计算机网络通过 DNS 在解析域名请求时使用其 53 端口，在进行区域传输时使用 TCP 53 端口。黑客可以进行区域传输或利用攻击 DNS 服务器窃取区域文件，并从中窃取区域中所有系统的 IP 地址和主机名。可采用防火墙保护 DNS 服务器并阻止各种区域传输，还可通过配置系统限制接受特定主机的区域传输。

（5）远程登录协议（Telnet）

Telnet 的功能是进行远程终端登录访问，曾用于管理 UNIX 设备。允许远程用户登录是产生 Telnet 安全问题的主要原因，另外，Telnet 以明文方式发送所有用户名和密码，给非法者以可乘之机，非法者只要利用一个 Telnet 会话即可远程作案，现已成为防范重点。

2.1.3 IPv6 的安全性简介

IPv6 是在 IPv4 基础上改进的下一代互联网协议，对其的研究和建设正逐步成为信息技术领域的热点之一，IPv6 的网络安全已成为下一代互联网研究的一个重要领域。

1. IPv6 的优势及特点

1）扩展地址空间及应用。IPv6 最初是为了解决互联网迅速发展使 IPv4 地址空间被耗尽问题，以免妨碍互联网的进一步扩展。IPv4 采用 32 位地址长度，大约只有 43 亿个地址，而 IPv6 采用 128 位地址长度，极大地扩展了 IP 地址空间。

IPv6 的设计还解决了 IPv4 的其他问题，如端到端 IP 连接、安全性、服务质量（QoS）、多播、移动性和即插即用等功效。IPv6 还对报头进行了重新设计，由一个简化长度固定的基本报头和多个可选的扩展报头组成。既可加快路由速度，又能灵活地支持多种应用，便于扩展新的应用。IPv4 和 IPv6 的报头如图 2-2 和图 2-3 所示。

2）提高网络整体性能。IPv6 的数据包可以超过 64 KB，使应用程序可利用最大传输单元（MTU）获得更快、更可靠的数据传输，并在设计上改进了选路结构，采用简化的报头定长结构和更合理的分段方法，使路由器加快数据包处理速度，从而提高了转发效率，并提高了网络的整体吞吐量等性能。

3）加强网络安全性能。IPv6 以内嵌安全机制要求强制实现 IP 安全协议（IPSec），提供支持数据源发认证、完整性和保密性的能力，同时可抗重放攻击。安全机制主要由两个扩展报头来实现：认证头（Authentication Header，AH）和封装安全载荷（Encapsulation Security

版本(4位)	头长度(4位)	服务类型(8位)	封包总长度(16位)
封包标识(16位)		标志(3位)	片断偏移地址(13位)
存活时间(8位)	协议(8位)	校验和(16位)	
来源IP地址(32位)			
目的IP地址(32位)			
选项(可选)		填充(可选)	
数据			

图 2-2   IPv4 的 IP 报头

Payload，ESP）。AH 具有 3 个功能：保护数据完整性（不被非法篡改），数据源发认证（防止源地址假冒）和抗重放攻击。IPv6 对安全机制的增强可简化实现安全的虚拟专用网（VPN）；ESP 在 AH 所实现的安全功能基础上，还增加了对数据保密性的支持。AH 和 ESP 都有传输模式和隧道模式两种使用方式。传输模式只应用于主机实现，并只提供对上层协议的保护，而不保护 IP 报头。隧道模式

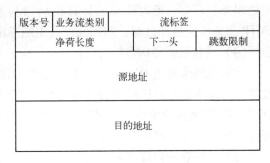

图 2-3   IPv6 基本报头

（将在 2.2.3 节介绍）可用于主机或安全网关，在此模式中，内部的 IP 报头带有最终的源和目的地址，而外面的 IP 报头可能包含性质不同的 IP 地址，如安全网关地址。

4）提供更好的服务质量。IPv6 在分组的头部中定义业务流类别字段和流标签字段两个重要参数，以提供对服务质量（Quality of Service，QoS）的支持。业务流类别字段将 IP 分组的优先级分为 16 个等级。对于需要特殊 QoS 的业务，可在 IP 数据包中设置相应的优先级，路由器根据 IP 包的优先级来分别对这些数据进行不同处理。流标签用于定义任意一个传输的数据流，以便网络中各结点可对此数据进行识别与特殊处理。

5）实现更好的组播功能。组播是一种将信息传递给已登记且计划接收该消息的主机功能，可同时给大量用户传递数据，传递过程只占用一些公共或专用带宽开销而不在整个网络广播，以减少带宽。IPv6 还具有限制组播传递范围的一些特性，组播消息可被限于一特定区域、公司、位置或其他约定范围，从而减少带宽的使用并提高安全性。

6）支持即插即用和移动性。当联网设备接入网络后，以自动配置可自动获取 IP 地址和必要的参数，实现即插即用，简化了网络管理，易于支持移动结点。IPv6 不仅从 IPv4 中借鉴了很多概念和术语，还提供了移动 IPv6 所需的新功能。

7）提供必选的资源预留协议（Resource Reservation Protocol，RSVP）功能，用户可在从源点到目的地的路由器上预留带宽，以便提供确保服务质量的图像和其他实时业务。

2. IPv4 与 IPv6 安全问题比较

通过比较 IPv4 和 IPv6 下的安全问题，发现有些安全问题的原理和特征基本无变化，有的地方引进 IPv6 后，安全问题的原理和特征却发生很大变化。主要包括如下方面。

1）与 IPv4 下的情况比较，原理和特征基本未发生变化的安全问题可划分为 3 类：网络层以上的安全问题；与网络层数据保密性和完整性相关的安全问题；与网络层可用性相关的

安全问题。如窃听攻击、应用层攻击、中间人攻击、洪泛攻击等。

2）网络层以上的安全问题：主要是各种应用层的攻击，其原理和特征无任何变化。

3）与网络层数据保密性和完整性相关的安全问题：主要是窃听攻击和中间人攻击。由于 IPSec 还没有解决大规模密钥分配和管理的难点，缺乏广泛的部署，因此，在 IPv6 网络中，仍然可以存在窃听攻击和中间人攻击。

4）与网络层可用性相关安全问题：主要是指洪泛攻击，如 TCP SYN flooding 攻击。

5）原理和特征发生明显变化的安全问题，主要包括以下 4 个方面。

- 侦测。是一种基本攻击方式，也是其他网络攻击方式的初始步骤。黑客为攻击得手，需要获得被攻击网络地址、服务、应用等尽可能多的情报。IPv4 协议下子网地址空间只有 28，IPv6 的默认子网地址空间为 264，这是一个十分庞大的天文数字。不过，攻击者还是可以运用一些攻击策略，精简并加快子网扫描，如利用 DNS 发现主机地址；猜测管理员常用的简单地址；由于站点地址常用网卡地址，以厂商的网卡地址范围缩小扫描空间；攻破 DNS 或路由器，读取其缓存信息；以及利用新组播地址，如所有路由器（FF05 :: 2）及 DHCP 服务器（FF05 :: 1:3）。

- 非授权访问。IPv6 下的访问控制同 IPv4 下情形类似，依赖防火墙或路由器访问控制表（ACL）等控制策略，由地址、端口等信息实施控制。对地址转换型防火墙，外网的终端看不到被保护主机的 IP 地址，使防火墙内部机器免受攻击，但是地址转换技术（NAT）和 IPSec 功能不匹配，所以在 IPv6 下，很难穿越地址转换型防火墙以 IP-Sec 进行通信。对包过滤型防火墙，若使用 IPSec 的 ESP，由于 3 层以上的信息不可见，更难进行控制。此外，对 ICMP 消息控制更需谨慎，因为 ICMPv6 对 IPv6 至关重要，如 MTU 发现、自动配置、重复地址检测等。

- 篡改分组头部和分段信息。在 IPv4 网络中的设备和端系统都可对分组进行分片，分片攻击通常用于两种情形：一是利用分片逃避网络监控设备，如防火墙和 IDS。二是直接利用网络设备中协议栈实现的漏洞，以错误的分片分组头部信息直接对网络设备发动攻击。IPv6 网络中的中间设备不再分片，由于多个 IPv6 扩展头的存在，防火墙很难计算有效数据报的最小尺寸，同时还存在传输层协议报头不在第一个分片分组内的可能，这使网络监控设备若不对分片进行重组，将无法实施基于端口信息的访问控制策略。

- 伪造源地址。在 IPv4 网络中，源地址伪造的攻击很多，如 SYN Flooding、UDP Flood Smurf 等攻击。对此，防范主要有两类方法：一是基于事前预防的过滤类方法，如准入过滤等；二是基于事后追查的回溯类方法，如 Internet 控制报文协议（Internet Control Message Protocol，ICMP）回溯和分组标记等。实际上，这些方案都存在部署困难等缺陷，由于存在网络地址转换（Network Address Translation，NAT），使攻击后追踪更困难。在 IPv6 网络中，一方面由于地址汇聚，过滤类方法实现更简单且负载更小；二是由于转换网络地址少且容易追踪。从 IPv4 向 IPv6 过渡，如何防止伪造源地址的分组穿越隧道成为一个重要课题。

3. IPv6 的安全机制

（1）协议安全

如上所述，在协议安全层面，IPv6 全面支持认证头 AH 认证和封装安全有效载荷 ESP 扩展头，支持数据源发认证、完整性和抗重放攻击等。

（2）网络安全

IPv6 主要体现在以下 4 个方面。

1）实现端到端安全。在两端主机上对报文进行 IPSec 封装，中间路由器实现对有 IPSec 扩展头的 IPv6 报文进行封装传输，从而实现端到端的安全。

2）提供内网安全。当内部主机与 Internet 上其他主机通信时，可通过配置 IPSec 网关实现内网安全。由于 IPSec 作为 IPv6 的扩展报头不能被中间路由器而只能被目的结点解析处理，因此，可利用 IPSec 隧道方式实现 IPSec 网关，也可通过 IPv6 扩展头中提供的路由头和逐跳选项头结合应用层网关技术实现。后者实现方式更灵活，有利于提供完善的内网安全，但较为复杂。

3）由安全隧道构建安全 VPN。通过 IPv6 的 IPSec 隧道实现的 VPN，可在路由器之间建立 IPSec 安全隧道，是最常用的安全组建 VPN 的方式。IPSec 网关路由器实际上是 IPSec 隧道的终点和起点，为了满足转发性能，需要路由器专用加密加速板卡。

4）以隧道嵌套实现网络安全。通过隧道嵌套的方式可获得多重安全保护，当配置 IPSec 的主机通过安全隧道接入配置 IPSec 网关的路由器，且该路由器作为外部隧道的终结点将外部隧道封装剥除时，嵌套的内部安全隧道便构成对内网的安全隔离。

（3）其他安全保障

网络的安全威胁是多层面且分布于各层之间。对物理层的安全隐患，可通过配置冗余设备、冗余线路、安全供电、保障电磁兼容环境和加强安全管理进行防护。对于其以上层面的安全隐患，可采取的防范措施包括：以身份认证和安全访问控制协议对用户访问权限进行控制；通过 MAC 地址和 IP 地址绑定、限制各端口的 MAC 地址使用量、设立各端口广播包流量门限，利用基于端口和 VLAN 的 ACL，建立安全用户隧道等来防范针对第二层网络的攻击；通过路由过滤、对路由信息加密和认证、定向组播控制、提高路由收敛速度、减轻振荡的影响等措施，加强第三层网络安全性；路由器和交换机对 IPSec 的支持可保证网络数据和信息内容的有效性、一致性及完整性，并为网络安全提供更多解决办法。

4. 移动 IPv6 的安全性

移动 IPv6 是 IPv6 的一个重要组成部分，移动性是其最大的特点。引入的移动 IP 协议给网络带来新的安全隐患，需要其特殊的安全措施。

（1）移动 IPv6 的特性

从 IPv4 到 IPv6 使移动 IP 技术发生了根本性变化，IPv6 的许多新特性也为结点移动性提供了更好的支持，如"无状态地址自动配置"和"邻居发现"等。而且，IPv6 组网技术极大简化网络重组，可更有效地促进互联网移动性。

在移动 IPv6 中，高层协议辨识是移动结点唯一标识的归属地址。当**移动结点**（Move Node，MN）移动到外网获得一个转交地址（Care – of Address，CoA）时，CoA 和归属地址的映射关系称为一个"绑定"。MN 通过绑定注册过程将 CoA 通知给位于归属网络的归属代理（Home Agent，HA）。之后，对**端通信结点**（Correspondent Node，CN）发往 MN 的数据包首先被路由到 HA，然后 HA 根据 MN 的绑定关系，将数据包封装后发送给 MN。为了优化迂回路由的转发效率，移动 IPv6 也允许 MN 直接将绑定消息发送到对端 CN，实现 MN 和对端通信主机的直接通信，而无需经过 HA 的转发。

（2）移动 IPv6 面临的安全威胁

移动 IPv6 基本工作流程只针对于理想状态的互联网，并未考虑现实网络的安全问题。

而且，移动性的引入也会带来新的安全威胁，如对报文的窃听、篡改和拒绝服务攻击等。因此，在移动 IPv6 的具体实施中须谨慎处理这些安全威胁，以免降低网络安全级别。

移动 IP 主要用于无线网络，不仅要面对无线网络所有的安全威胁，还要处理由移动性带来的新安全问题，所以，移动 IP 相对于有线网络更脆弱和复杂。另外，移动 IPv6 协议通过定义移动结点、HA 和通信结点之间的信令机制，较好地解决了移动 IPv4 的三角路由问题，但在优化的同时也出现了新的安全问题。目前，移动 IPv6 受到的主要威胁包括拒绝服务攻击、重放攻击和信息窃取等。

    📖 **拓展阅读**：除上述主要安全威胁之外，移动 IPv6 还可能受到其他安全攻击，如攻击者可冒充 CN 给 MN 发送绑定错误消息，从而导致 MN 通过隧道经由 HA 向 CN 三角路由发送报文，造成路由迂回，导致网络带宽浪费与时延增加。当归属网络重编号时，HA 可通过设置归属网络前缀的生存时间，实现位于外网的 MN 归属地址的更新。通常，MN 应选择生存时间最长的 IPv6 前缀形成自己的归属地址。如果恶意主机修改归属网络 IPv6 前缀的生存时间或修改前缀内容，则可能引起 HA 服务的所有 MN 无法到达，或使 MN 到 HA 的流量被窃取，或引发拒绝服务攻击。

5. 移动 IPv6 的安全机制

移动 IPv6 协议针对上述安全威胁，在注册消息中通过添加序列号以防范重放攻击，并在协议报文中引入时间随机数。对 HA 和通信结点可比较前后两个注册消息序列号，并结合随机数的散列值，判定注册消息是否为重放攻击。若消息序列号不匹配或随机数散列值不正确，则可作为过期注册消息，不予处理。

对其他形式的攻击，可利用 <移动结点，通信结点> 和 <移动结点，归属代理> 之间信令消息传递进行有效防范。移动结点和归属代理之间可通过建立 IPSec 安全联盟，以保护信令消息和业务流量。由于移动结点归属地址和归属代理为已知，所以可以预先为移动结点和归属代理配置安全联盟，并使用 IPSec AH 和 ESP 建立安全隧道，提供数据源认证、完整性检查、数据加密和重放攻击防护。

由于移动结点的转交地址是随其网络接入点的变化而不断变化的，且与其通信的结点也在变化，所以，无法预先配置建立二者之间的安全联盟，而且在全球互联网范围内很难实现公钥基础设施（Pubic Key Infrastructure，PKI），不同认证管理域也很难建立信任关系，无法通过公共密钥加密机制保护移动结点与通信结点之间的信令消息。因此，移动 IPv6 协议定义了往返可路由过程，通过产生绑定管理密钥，实现对移动结点和通信结点之间控制信令的保护。

    📖 **讨论思考：**

1）从互联网发展角度看，网络安全问题的主要原因是什么？

2）IPv6 在安全性方面具有哪些优势？

2.2　虚拟专用网技术

虚拟专用网（VPN）是在 Internet 公用网络基础上，构建的基于安全网络协议的专用网络，相当于在广域网络中建立一条虚拟的专用线路（通常称为隧道），各种用户的数据信息可以通过 VPN 进行传输，不仅安全可靠，而且快捷方便。

2.2.1 VPN 的概念和结构

虚拟专用网（Virtual Private Network，VPN）是利用 Internet 等公共网络的基础设施，通过隧道技术，为用户提供的与专用网络具有相同通信功能的安全数据通道。其中，**"虚拟"** 是指用户不需要建立各自专用的物理线路，而是利用 Internet 等公共网络资源和设备建立一条逻辑上的专用数据通道，并实现与专用数据通道相同的通信功能。**"专用网络"** 是指虚拟出来的网络并非任何连接在公共网络上的用户都能使用，只有经过授权的用户才可使用。该通道内传输的数据经过加密和认证，可保证传输内容的完整性和机密性。IETF 草案对基于 IP 网络的 VPN 的定义为：利用 IP 机制模拟的一个专用广域网。

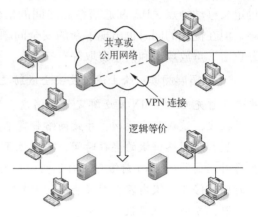

图 2-4　VPN 系统结构

VPN 可通过特殊加密通信协议为 Internet 上异地企业内网之间建立一条专用通信线路，而无需铺设光缆等物理线路。VPN 系统结构如图 2-4 所示。

2.2.2 VPN 的技术特点

1）安全性高。VPN 使用通信协议、身份验证和数据加密三方面技术保证了通信的安全性。当客户机向 VPN 服务器发出请求时，该服务器响应请求并向客户机发出身份质询，然后客户机将加密的响应信息发送到 VPN 服务端，该服务器根据数据库检查该响应。如果账户有效，VPN 服务器将检查该用户是否具有远程访问的权限，如果该用户拥有远程访问的权限，该服务器接收此连接。在身份验证过程中产生的客户机和服务器的公有密钥将用于对数据进行加密。

2）费用低廉。远程用户可以利用 VPN 通过 Internet 访问公司局域网，而费用仅是传统网络访问方式的一部分，而且，企业可以节省购买和维护通信设备的费用。

3）管理便利。构建 VPN 不仅只需很少的网络设备及物理线路，而且网络管理变得简单方便。不论分公司或远程访问用户，都只需要通过一个公用网络端口或 Internet 路径即可进入企业网络。关键是获得所需的带宽，网络管理的主要工作将由公用网承担。

4）灵活性强。可支持通过 Intranet 和 Extranet 的任何类型数据流，支持多种类型的传输媒介，可以同时满足传输语音、图像和数据等的需求。

5）服务质量佳。可为企业提供不同等级的服务质量（QoS）保证。不同用户和业务对服务质量保证的要求差别较大，如对移动用户，提供广泛连接和覆盖性是保证 VPN 服务的一个主要因素。对于拥有众多分支机构的专线 VPN，交互式内部企业网应用则要求网络能提供良好的稳定性。而视频等其他应用则对网络提出了更明确的要求，如网络时延及误码率等，这些网络应用均要求根据需要提供不同等级的服务质量。

在网络优化方面，构建 VPN 可充分有效地利用有限的广域网资源，为重要数据提供可靠带宽。广域网流量的不确定性使其带宽的利用率很低，在流量高峰时产生网络瓶颈和阻塞，实时性要求高的数据得不到及时发送；而在流量低谷时又造成大量的网络带宽空闲。QoS 通过流量预测与控制策略，可按优先级分配带宽资源，实现带宽管理，使各类数据更合理地发送以防阻塞。

2.2.3 VPN 的实现技术

VPN 是在 Internet 等公共网络基础上，综合利用隧道技术、加解密技术、密钥管理技术和身份认证技术实现的。

1. 隧道技术

隧道技术是 VPN 的核心技术，为一种隐式传输数据的方法。主要利用已有的 Internet 等公共网络数据通信方式，在隧道（虚拟通道）一端将数据进行封装，然后通过已建立的隧道进行传输。在隧道另一端，进行解封装并将还原的原始数据交给端设备。在 VPN 连接中，可根据需要创建不同类型的 VPN 隧道，包括自愿隧道和强制隧道两种。

网络隧道协议可以建立在网络体系结构的第二层或第三层。第二层隧道协议用于传输本层网络协议，主要应用于构建远程访问虚拟专网（Access VPN）；第三层隧道协议用于传输本层网络协议，主要应用于构建企业内部虚拟专网（Intranet VPN）和扩展的企业内部虚拟专网（Extranet VPN）。

第二层隧道协议先将各种网络协议封装在点到点协议（PPP）中，再将整个数据包装入隧道协议。这种双层封装方法形成的数据包靠第二层协议进行传输。第二层隧道协议主要有以下 3 种：点对点隧道协议（Point to Point Tunneling Protocol，PPTP）、二层转发协议（Layer 2 Forwarding，L2F）和二层隧道协议（Layer 2 Tunneling Protocol，L2TP）。L2TP 协议是目前 IETF 的标准，由 IETF 融合 PPTP 与 L2F 而形成。

（1）L2TP 的组成

L2TP 主要由 L2TP 接入集中器（L2TP Access Concentrator，LAC）和 L2TP 网络服务器 LNS 构成。LAC 是附属在交换网络上的具有 PPP 端系统和 L2TP 协议处理能力的设备，一般为一个网络接入服务器 NAS。可为用户通过 PSTN/ISDN 提供网络接入服务。LNS 是 PPP 端系统上用于处理 L2TP 协议服务器端部分的软件。在 LNS 和 LAC 对之间存在着两种类型的连接，一是隧道连接，定义一个 LNS 和 LAC 对；二是会话连接，复用在隧道连接上，用于表示承载在隧道连接中的每个 PPP 会话过程。

（2）L2TP 的特点

1）安全性高。L2TP 可选择 CHAP 及 PAP 等多种身份验证机制，继承 PPP 的所有安全特性，L2TP 还可对隧道端点进行验证，使通过它所传输的数据更加安全。根据特定的网络安全要求，还可以方便地在其上采用隧道加密、端对端数据加密或应用层数据加密等方案来提高安全性。

2）可靠性强。L2TP 协议可支持备份 LNS，当一个主 LNS 不可达后，接入服务器重新与备份 LNS 建立连接，可增加 VPN 服务的可靠性和容错性。

3）统一网络管理。L2TP 协议可统一采用 SNMP 网络管理，便于网络维护与管理。

4）支持内部地址分配。LNS 可部署在企业网的防火墙后，可对远端用户地址动态分配和管理，支持 DHCP 和私有地址应用等。远端用户所分配的地址并非 Internet 地址而是企业内部私有地址，可方便地址的管理并增强安全性。

5）网络计费便利。在 LAC 和 LNS 两处同时计费，即 ISP 处（用于产生账单）及企业处（用于付费及审计）。L2TP 可提供数据传输的出入包数、字节数及连接的起始、结束时间等计费数据，便于网络计费。

第三层隧道技术在网络层进行数据封装，即利用网络层的隧道协议将数据进行封装，封装后的数据再通过网络层协议传输。第三层隧道协议包括：通用路由封装（Generic Routing Encapsulation，GRE）协议和 IP 层加密标准协议（Internet Protocol Security，IPSec）。

GRE 是通用的路由封装协议，支持全部的路由协议，用于在 IP 包中封装任何协议的数据包，如 IP、IPX、NetBEUI、AppleTalk、Banyan VINES、DECnet 等。在 GRE 的处理中，忽略了很多协议的细微差异，使得 GRE 成为一种通用的封装形式。路由器接收到一个需要封装和路由的原始数据包（如 IP 包），先在这个数据包的外面增加一个 GRE 头部，构成 GRE 报文，再为 GRE 报文增加一个 IP 头，从而构成最终的 IP 包。

📖 拓展阅读：IPSec 利用系统提供安全协议选择和安全算法，确定服务所用密钥等，为 IP 层提供安全。IPSec 并非一个单独协议，可提供应用 IP 层上网络数据安全的一整套体系结构，包括认证头协议（AH）、ESP 协议、密钥管理协议（IKE）和网络验证及加密的一些算法等。

2. 常用加密技术

为了保障重要数据在公共网络传输的安全，VPN 采用了加密体系。**常用的信息加密体系**主要包括非对称加密体系和对称加密体系两类。实际上，一般是将二者混合使用，利用非对称加密技术进行密钥协商和交换，利用对称加密技术进行数据加密。

（1）对称密钥加密

对称密钥加密也称**共享密钥加密**，是指加密和解密以相同密钥完成，数据的发送者和接收者拥有共同的密钥。发送者先将要传输的数据用密钥加密为密文，然后在公共信道上传输，接收者收到密文后用相同的密钥解密成明文。由于加密和解密的密钥相同，所以此加密算法安全性的关键在于密钥获得者是否授权。密钥一旦泄露，无论其算法与设计如何，密文仍可被轻易破解。此加密方法的**优点**是运算相对简单、速度快，适合于加密大量数据的情况。**缺点**是密钥的管理较为复杂。

（2）非对称密钥加密

非对称密钥加密是指加密和解密采用不同的密钥完成，数据的发送者和接收者拥有不同的两个密钥，一个公钥，一个私钥。其算法也称**公钥加密**。公钥可以在通信双方之间公开传递，或在公共网络上发布，但相关的私钥必须保密。利用公钥加密的数据只有使用私钥才可解密，而私钥加密的数据只有使用公钥才可认证。

非对称算法采用复杂的算法处理，占用更多的处理器资源，运算速度较慢。非对称算法不适合加密大量数据，而是经常用于对关键数据的加密，如对称密钥在密钥分发时采用非对称算法。非对称加密算法和散列算法结合使用，可生成数字签名。

此加密方法的**优点**是可解决对称加密中密钥交换的难点，密钥管理简单且安全性高；**缺点**是计算速度缓慢。因此，更多用于密钥交换、数字签名、身份认证等，一般不用于对具体数据的加密。通常在 VPN 实现中，双方间大量通信流量的加密使用对称加密方法；而在管理、分发对称加密密钥上，采用更安全的非对称加密方法。

3. 密钥管理技术

密钥的管理极为重要。密钥的分发包括采用手工配置和采用密钥交换协议动态分发两种方式。手工配置要求密钥更新不宜频繁，否则会增加大量管理工作量，所以，它只适合简单网络。软件方式动态生成密钥可用于密钥交换协议，以保证密钥在公共网络上安全传输，适合于复杂网络，且密钥可快速更新，极大地提高了 VPN 应用安全。

主要密钥交换与管理标准为 IP 简单密钥管理（Simple Key Management for IP, SKIP）和 Internet 安全联盟及密钥管理协议 ISAKMP/Oakley（Internet Security Association and Key Management Protocol）。SKIP 由 SUN 公司研发，主要利用 Diffie – Hellman 算法通过网络传输密钥。在 ISAKMP/Oakley 中，Oakley 定义辨认及确认密钥，ISAKMP 定义分配密钥方法。

4. 身份认证技术

在 VPN 实际应用中，身份认证技术包括信息认证和用户身份认证。信息认证用于保证信息的完整性和通信双方的不可抵赖性，用户身份认证用于鉴别用户身份真实性。采用身份认证技术主要有 PKI 体系和非 PKI 体系。PKI 体系主要用于信息认证，非 PKI 体系主要用于用户身份认证。PKI 体系通过数字证书认证中心（Certificate Authority, CA），采用数字签名和散列函数保证信息的可靠性和完整性，如 SSL VPN 是利用 PKI 支持的 SSL 协议实现应用层 VPN 安全通信。非 PKI 体系一般采用"用户名 + 口令"的模式，**VPN 采用的非 PKI 体系认证方式**主要有以下 6 种。

1）密码认证协议（Password Authentication Protocol, PAP）。客户端直接发送含用户名/口令的认证请求，服务器端处理并回应。优点是易于实现，缺点是用明文传送不安全。

2）Shiva 密码认证协议（Shiva Password Authentication Protocol, SPAP）。SPAP 是一种由 Shiva 公司开发的受 Shiva 远程访问服务器支持的简单加密密码身份验证协议。其安全性比 PAP 强，缺点是单向加密、单向认证，安全性较差，经过加密的密码仍可能被破解，通过认证后不支持 Microsoft 点对点加密（MPPE）。

3）询问握手认证协议（Challenge Handshake Authentication Protocol, CHAP）。服务器端先给客户端发送一个随机码 Challenge，客户端根据 Challenge，对自己掌握的口令、Challenge、会话 ID 调用 MD5 函数进行单向散列，然后将此结果发送给服务器端。服务器端从数据库中取出库存口令 password2，并同样处理，最后比较加密结果，若相同，则认证通过。该方法安全性比 SPAP 有很大改进，不用将密码发送到网上。

4）微软询问握手认证协议（Microsoft Challenge Handshake Authentication Protocol, MS – CHAP）。是由微软公司针对 Windows 系统设计的，利用 Microsoft 点对点加密（Microsoft Point – to – Point Encryption, MPPE）方法将用户的密码和数据同时加密后再发送。

5）微软询问握手认证协议第 2 版（Microsoft Challenge Handshake Authentication Protocol v2, MS – CHAP v2）。可提供双向身份验证和初始数据密钥，发送和接收分别使用不同的密钥。若将 VPN 连接配置为用 MS – CHAP v2 作为唯一的身份验证方法，则客户端和服务器端都要证明身份，若所连接的服务器不提供身份验证，则连接将被断开。

6）扩展身份认证协议（Extensible Authentication Protocol, EAP）。可增加对许多身份验证方案的支持，包括令牌卡、一次性密码、使用智能卡的公钥身份验证、证书及其他身份验证。最安全的认证方法是和智能卡一起使用"可扩展身份验证协议 – 传输层安全协议"，即 EAP – TLS 认证。

2. 2. 4 VPN 技术的实际应用

在 **VPN 技术实际应用**中，对不同网络用户应提供不同的解决方案。这些**解决方案主要**

分为3种：远程访问虚拟网（Access VPN）、企业内部虚拟网（Intranet VPN）和企业扩展虚拟网（Extranet VPN）。

1. 远程访问虚拟网

通过一个与专用网相同策略的共享基础设施，可提供对企业内网或外网的远程访问服务，使用户随时以所需方式访问企业资源，如模拟、拨号、ISDN、数字用户线路（xDSL）、移动IP和电缆技术等，可安全地连接移动用户、远程工作者或分支机构。这种VPN适用于拥有移动用户或有远程办公需要的机构，以及需要提供消费者安全访问服务的企业。远程验证拨号用户服务（Remote Authentication Dial In User Service，RADIUS）可对异地分支机构或出差外地的员工进行验证和授权，保证连接安全且降低费用。

2. 企业内部虚拟网

利用Intranet VPN方式可在Internet上构建全球的Intranet VPN，企业内部资源用户只需连入本地ISP的接入服务提供点（Point of Presence，POP）即可相互通信，而实现传统WAN组建技术均需要有专线。利用该VPN线路不仅可保证网络的互联性，而且可利用隧道、加密等VPN特性保证在整个VPN上的信息安全传输。这种VPN通过一个使用专用连接的共享基础设施，连接企业总部和分支机构，企业拥有与专用网络的相同政策，包括安全、服务质量可管理性和可靠性，如总公司与分公司构建的企业内部VPN。

3. 企业扩展虚拟网

主要用于企业之间的互连及安全访问服务。可通过专用连接的共享基础设施，将客户、供应商、合作伙伴或相关群体连接到企业内部网。企业拥有与专用网络相同的安全、服务质量等政策。可简便地对外部网进行部署和管理，外部网的连接可使用与部署内部网和远端访问VPN相同的架构和协议进行部署，主要是接入许可不同。

对于企业一些国内外客户，涉及订单时常需要访问企业的ERP系统，查询其订单的处理进度等。可以使用VPN技术实现企业扩展虚拟局域网，让客户也能够访问公司企业内部的ERP服务器。但应注意数据过滤及访问权限限制。

📖 讨论思考：

1）VPN的本质是什么？为何VPN需要加密技术辅助？

2）VPN几种应用的区别是什么？

2.3 无线网络安全技术概述

【案例2-2】日本网络安全保障机构资料显示，2013年的前7个月中，遭黑客攻击的日本政府和其他机构的网站总数达到近4100个，创下了空前的纪录。有关安全机构警告网民警惕各种网络漏洞、无线网络隐患、计算机病毒等问题，称一些攻击能盗窃个人资料和用于银行操作及网上购物的密码，如不更新计算机软件，计算机受攻击的可能性就更大。

2.3.1 无线网络的安全风险和隐患

随着无线网络技术的广泛应用，其安全性越来越引起人们的关注。主要包括访问控制和数据加密两个方面，访问控制保证机密数据只能由授权用户访问，而数据加密则要求发送的数据只能被授权用户所接受和使用。

无线网络在数据传输时以微波进行辐射传播，只要在无线接入点（Access Point，AP）覆盖范围内，所有无线终端都可能接收到无线信号。AP 无法将无线信号定向到一个特定的接受设备，时常有无线网络用户被他人免费蹭网接入、盗号或泄密等，因此，无线网络的安全威胁、风险和隐患更加突出。

国际有关安全机构的最近一次调查表明，有 85% 的企业网络经理认为无线网络安全防范意识和手段还需要进一步加强。由于 Wi Fi 的 IEEE 802.11 规范安全协议设计与实现缺陷等原因，致使无线网络存在着一些安全漏洞和风险，黑客可进行中间人（Man – in – the – Middle）攻击、拒绝服务（DoS）攻击、封包破解攻击等。鉴于无线网络自身特性，黑客很容易搜寻到一个网络接口，利用窃取的有关信息接入客户网络，肆意盗取机密信息或进行破坏。另外，企业员工对无线设备不负责任地滥用，也会造成安全隐患和风险，如随意开放 AP 或随意打开无线网卡的 Ad hoc 模式，或误上别人假冒的合法 AP 而导致信息泄露等。无线网络安全性问题已经引发新技术研究和竞争。

无线网络安全风险和隐患示意图，如图 2-5 所示。

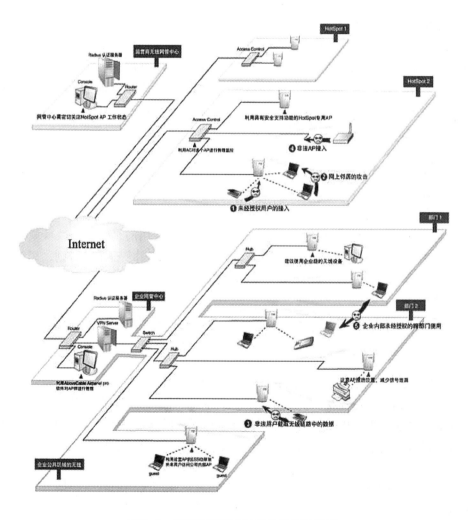

图 2-5 无线网络安全风险及隐患示意图

2.3.2 无线网络 AP 及路由安全

1. 无线接入点安全

无线接入点 AP 用于实现无线客户端之间的信号互联和中继，其**安全措施**如下。

（1）修改 admin 密码

无线 AP 与其他网络设备一样，也提供了初始的管理员用户名和密码，其默认用户名基本是"admin"，而密码大部分为空或也是"admin"。提供的各种系统管理员默认用户名和密码基本一致，如果不修改默认的用户密码，将给不法之徒以可乘之机。

（2）WEP 加密传输

数据加密是实现网络安全的一项重要技术，可通过协议 WEP（Wired Equivalent Privacy）来进行。WEP 由 IEEE 制定，是 IEEE 802.11b 协议中最基本的无线安全加密措施，是所有经过 WiFiTM 认证的无线局域网产品所支持的一项标准功能，其**主要用途**为：

1）防止数据被黑客中途恶意篡改或伪造。

2）用 WEP 加密算法对数据进行加密，防止数据被黑客窃听。

3）利用接入控制，防止未授权用户对其网络进行访问。

WEP 加密采用静态保密密钥，各 WLAN 终端使用相同的密钥访问无线网络。WEP 提供认证功能，当启用加密机制功能后，客户端在尝试连接 AP 时，AP 将发出一个 Challenge Packet 给客户端，客户端再利用共享密钥将此值加密后送回存取点进行认证比对，只有正确无误，才能获准存取网络资源。AboveCable 所有型号的 AP 都支持 64 位或（与）128 位的静态 WEP 加密，可有效防止数据被窃听或盗用。

（3）禁用 DHCP 服务

启用无线 AP 的 DHCP 时，黑客可自动获取 IP 地址接入无线网络。若禁用此功能，则黑客将只能以猜测破译 IP 地址、子网掩码、默认网关等，以增加其安全性。

（4）修改 SNMP 字符串

必要时应禁用无线 AP 支持的 SNMP 功能，特别是无专用网络管理软件且规模较小的网络。若确需 SNMP 进行远程管理，则须修改公开及专用的共用字符串。否则，黑客可能利用 SNMP 获得有关的重要信息，借助 SNMP 漏洞进行攻击破坏。

（5）禁止远程管理

对规模较小的网络，应直接登录到无线 AP 进行管理，无需开启 AP 的远程管理功能。

（6）修改 SSID 标识

无线 AP 厂商可利用 SSID（初始化字符串），在默认状态下检验登录无线网络结点的连接请求，检验一通过即可连接到无线网络。由于同一厂商的产品都使用相同的 SSID 名称，从而给黑客提供了可乘之机，使之以非授权连接对无线网络带来威胁。所以，在安装无线局域网之初，就应尽快登录到结点的管理页面，修改默认的 SSID。

（7）禁止 SSID 广播

为了保证无线网络安全，应当禁用 SSID 通知客户端所采用的默认广播方式。可使非授权客户端无法通过广播获得 SSID，即无法连接到无线网络。否则，再复杂的 SSID 设置也无安全可言。

（8）过滤 MAC 地址

利用无线 AP 的访问列表功能可精确限制连接到结点工作站。对不在访问列表中的工作站，将无权访问无线网络。无线网卡都有各自的 MAC 地址，可在结点设备中创建一张"MAC 访问控制列表"，将合法网卡的 MAC 地址输入到此列表中，使之只有"MAC 访问控制列表"中显示的 MAC 地址才能进入到无线网络。

（9）合理放置无线 AP

将无线 AP 放置在一个合适的位置非常重要。由于无线 AP 的放置位置不仅能决定无线局域网的信号传输速度、通信信号强弱，还影响网络通信安全。另外，在放置天线前，应先确定无线信号覆盖范围，并根据范围大小将其放置到其他用户无法触及的位置。

应将无线网络结点放在房间正中间，并将工作站分散在其结点周围，使其他房间的工作站无法自动搜索到无线网络，从而不易出现信息泄密。

（10）WPA 用户认证

WPA（Wi‑Fi Protected Access）利用一种暂时密钥完整性协议（Temporal Key Integrity Protocol，TKIP）处理 WEP 所不能解决的各设备共用一个密钥的安全问题。WPA 使用的密钥与网络上各设备的 MAC 地址及一个更大的初始化向量合并，确保各结点均用一个不同密钥流对其数据加密。之后 TKIP 采用 RC4 加密算法加密数据。与 WEP 不同，TKIP 修改了常用密钥且包括完整性检查功能，可确保密钥安全，并加强了由 WEP 提供的不完善的用户认证功能，还包含对 802.1x 和 EAP 的支持。既可通过外部 RADIUS 服务对无线用户进行认证，也可在大型网络中使用 RADIUS 协议自动更改和分配密钥。

2. 无线路由器安全

由于无线路由器位于网络边缘，面临更多安全危险。不仅具有无线 AP 的功能，还集成了宽带路由器的功能，因此，可实现小型网络的 Internet 连接共享。除了可采用无线 AP 的安全策略外，还应采用如下**安全策略**。

1）利用网络防火墙。充分利用无线路由器内置的防火墙功能，以提高防护能力。

2）IP 地址过滤。启用 IP 地址过滤列表，进一步提高无线网络的安全性。

2.3.3 IEEE 802.1x 身份认证

IEEE 802.1x 是一种基于端口的网络接入控制技术，以网络设备的物理接入级（交换机设备的端口，连接在该类端口）对接入设备进行认证和控制。可提供一个可靠的用户认证和密钥分发的框架，控制用户在认证通过后才可连接网络。它本身并不提供实际的认证机制，需要和上层认证协议 EAP 配合实现用户认证和密钥分发。EAP 允许无线终端支持不同的认证类型，可与后台不同的认证服务器通信，如远程验证服务。

IEEE 802.1x 认证过程为：

1）无线客户端向 AP 发送请求，尝试与 AP 进行通信。

2）AP 将加密数据发送给验证服务器进行用户身份认证。

3）验证服务器确认用户身份后，AP 允许该用户接入。

4）建立网络连接后授权用户通过 AP 访问网络资源。

用 IEEE 802.1x 和 EAP 作为**身份认证**的无线网络，可分为如图 2-6 所示的**3 个主要部分**。

1）请求者。运行在无线工作站上的软件客户端。

2）认证者。无线访问点。

3）认证服务器。作为一个认证数据库，通常是一个 RADIUS 服务器的形式，如微软公司的 IAS 等。

无线客户端　　　　　　　无线访问点　　　　　RADIUS 服务器
（请求者）　　　　　　　（认证者）　　　　　（认证服务器）

图 2-6　使用 802.1x 及 EAP 身份认证的无线网络

2.3.4　无线网络安全技术应用

无线网络在不同的应用环境对其安全性的需求各异，以 AboveCable 公司的无线网络安全技术作为实例。为了更好地发挥无线网络"有线速度无线自由"的特性，该公司根据长期积累的经验，针对各行业对无线网络的需求，制定了一系列的安全方案，最大程度上方便用户构建安全的无线网络，节省不必要的经费。

1. 小型企业及家庭用户

小型企业和一般家庭用户使用的网络范围相对较小，且终端用户数量有限，AboveCable 的初级安全方案可满足对网络安全的需求，且投资成本低、配置方便、效果显著。此方案建议使用传统的 WEP 认证与加密技术，各种型号的 AP 和无线路由器都支持 64 位、128 位 WEP 认证与加密，以保证无线链路中的数据安全，防止数据被盗用。同时，由于这些场合的终端用户数量稳定且有限，手工配置 WEP 密钥也可行。

2. 仓库物流、医院、学校和餐饮娱乐行业

在这些行业中，网络覆盖范围及终端用户的数量增大，AP 和无线网卡的数量需要增多，同时安全风险及隐患也有所增加，仅依靠单一的 WEP 已无法满足其安全需求。AboveCable 的中级安全方案使用 IEEE 802.1x 认证技术作为无线网络的安全核心，并通过后台的 RADI-US 服务器进行用户身份验证，有效地阻止未经授权的接入。

对多个 AP 的管理问题，若管理不当也会增加网络的安全隐患。为此，需要产品不仅支持 IEEE 802.1x 认证机制，同时还支持网络管理协议（SNMP），在此基础上还提供了 AirPanel Pro AP 集群管理系统，便于用户对 AP 的管理和监控。

3. 公共场所及网络运营商、大中型企业和金融机构

在公共场所，如机场、火车站等，一些用户需要通过无线接入 Internet、浏览 Web 页面、接收 E-mail，对此安全可靠地接入 Internet 很关键。这些区域通常由网络运营商提供网络设施，对用户认证问题至关重要。否则，可能造成盗用服务等危险，对提供商和用户造成损失。AboveCable 提出使用 IEEE 802.1x 的认证方式，并通过后台 RADIUS 服务器进行认证计费。

针对公共场所存在相邻用户互访引起的数据泄露问题，设计了公共场所专用的 AP—HotSpot AP。可将连接到其所有无线终端的 MAC 地址自动记录，在转发报文的同时，判断

该段报文是否发送给 MAC 列表的某个地址，若在列表中则中断发送，实现用户隔离。

对于大中型企业和金融机构，网络安全性是至关重要首选问题。在使用 IEEE 802.1x 认证机制的基础上，为了更好地解决远程办公用户安全访问公司内部网络信息的问题，Above-Cable 建议利用现有的 VPN 设施，进一步完善网络的安全性能。现在，VPN 已经广泛应用于保护远程接入的数据传输安全，很多公司的内部网络系统都已有 VPN 接入服务器，利用现有资源就可快速简便地满足这些用户的安全需求。VPN 协议包括第二层 PPTP/L2TP 协议和第三层的 IPsec 协议，具有比 WEP 协议更高层的网络安全性，可支持用户和网络间端到端的安全隧道连接。VPN 技术的另一个优点是可以提供基于 RADIUS 的用户认证和计费。

*2.3.5 蓝牙无线网络安全

1. 蓝牙安全网络的组成

蓝牙技术已经成为全球电信和电子技术发展的焦点，出现了很多新的蓝牙技术及应用。蓝牙技术正在被广泛地应用于计算机网络、手机、PDA 和其他领域。蓝牙芯片是蓝牙设备的基础。目前，国际上存在基于 CMOS 和绝缘体硅片等不同技术的蓝牙芯片。蓝牙芯片的价格不断降低，有利于促进其广泛发展。

一个基于蓝牙技术的移动网络终端可以由蓝牙芯片及所嵌入的硬件设备、蓝牙的核心协议栈、蓝牙支持协议栈和应用层协议 4 部分**组成**。对于基于蓝牙技术的安全移动网络终端由 5 部分组成，除了上述 4 个部分之外还包括安全管理系统。

2. 蓝牙安全模式及机制

根据蓝牙设备的不同安全需求，**国际标准规定了 3 种安全模式**：

1）一般的蓝牙设备不具有接受信息安全管理功能，同时不执行安全保护及处理。

2）蓝牙设备采用信息安全管理并执行安全保护和处理，这种安全机制建立在 L2CAP 及其之上的协议中。

3）蓝牙设备采用信息安全管理和安全保护及处理机制，建立在芯片和 LMP（链接管理协议）中。

为了实现网络安全性并降低成本，蓝牙技术生产商通常采用模式 2。由于采用模式 3 将需要对现有蓝牙芯片进行重新设计并要增强芯片的功能，所以不利于降低芯片价格。

模式 2 的安全机制允许在不同协议上增强安全性。L2CAP 可以增强蓝牙安全性，RF-COMM 可以增强蓝牙设备拨号上网的安全性，OBEX 可以增强传输和同步的安全性。

蓝牙的安全机制支持双向的鉴别和加密。密钥的建立可通过双向链接实现，鉴别和加密可在物理链接中实现，如基带级，也可以通过上层协议实现。

3. 蓝牙无线网络安全措施

（1）DH 方案

利用 **DH 算法建立双方加密信息**，采用的**密钥工作流程**为：

1）首次通信状态确立后，发送方用无线跳频信号传送 A 给接收方：$A = g\hat{\ } x \bmod p$。

2）接收方在收到 A 之后，发送 B 给发送方：$B = g\hat{\ } y \bmod p$。

3）然后，发送方和接收方计算：$key = g\hat{\ } x y \bmod p$。

4）双方都有 key 并进一步通信时，可对发送文件或数据 M 加密，即 $C = key\ M$。

5）接收方可使用同样的 key 得到明文：$M = key\ C$。

此方案的主要缺点是对用户无身份认证。

（2）RSA方案

RSA方案可有效地解决用户的身份认证和密钥问题，**工作流程**为：

对蓝牙无线通信用户A和B，二者在同一个CA拿到各自的电子证书，其中包括用户的公钥信息。当A和B通信时：

第1步，A将自己的证书送给B后，B验证A的证书。

第2步，确认A的证书后，B将自己的证书送给A。

第3步，A确认B的证书后，用B的公钥加密一个用于数据加密的对称密钥，运算为：$C = (key) P_B \bmod N$，其中，$N = p \times q$，p和q是两个大的素数，P_B是B的公钥。

第4步，B收到加密的密钥C之后，进行以下运算，获得key值：$key = C R_B \bmod N$，其中，R_B是B的私钥。

第5步，在第4步结束后，双方都拥有key，双方的通信内容就可用key来加密，即$C = (M) key$，由于只有A和B知道key，因此，加密后的C只有A和B可以解密。

在任何基于RFCOMM的蓝牙设备上，可以建立该协议栈和安全管理系统，**目标**是建立一套安全的蓝牙通信机制。在鉴别和认证的过程中，蓝牙设备可以实现设备鉴别，也可以实现用户身份鉴别。此外，还有以下**优点**：

1）不仅可对设备认证，还可对用户的身份认证，防止冒用和伪造设备。在L2CAP或RFCOMM中调用函数MDH（element，Root，modnln，VAR1，VAR2，VAR）建立双方共享的密钥和实现对用户的认证。

2）加密安全可靠、方法灵活。加密功能可由EXBX、RFCOMM或L2CAP调用安全管理系统的EA（Date，Key，VAR1）实现，由CA（Date，Key，VAR1）实现解密。

3）数据的完整性。系统可以检测改变的干扰和传输信号。在任何一级协议中，通过调用MAC（Data，Key，VAR1，VAR2）可以发现无线信号所受到的干扰和改变。

📖 讨论思考：

1）无线网络安全管理的基本方法是什么？

2）无线网络在不同环境下的使用对安全性的要求有何不同？

2.4 常用网络安全管理命令

网络安全管理员在网络安全检测与安全管理过程中，经常在"开始"菜单的"运行"项目内输入cmd（运行cmd. exe），然后在DOS环境下使用一些网络管理工具和命令方式，直接进行查看和检测网络的有关信息。**常用的网络安全管理命令包括**：判断主机是否连通的ping命令，查看IP地址配置情况的ipconfig命令，查看网络连接状态的netstat命令，进行网络操作的net命令和进行定时器操作的at命令等。

2.4.1 网络连通性及端口扫描命令

1. ping命令

ping命令的主要功能是通过发送Internet控制报文协议ICMP包，检验与另一台TCP/IP主机的IP级连通情况。网络管理员常用这个命令检测网络的连通性和可到达性。同时，可将应答消息的接收情况和往返过程的次数一起进行显示。

【案例2-3】如果只使用不带参数的 ping 命令，窗口将会显示命令及其各种参数使用的帮助信息，如图2-7所示。使用 ping 命令的语法格式是：ping 对方计算机名或者 IP 地址。如果连通，则返回的连通信息如图2-8所示。

图 2-7　使用 ping 命令的帮助信息

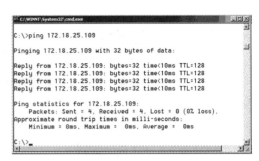

图 2-8　利用 ping 命令检测网络的连通性

2. Quickping 和其他命令

Quickping 命令可以快速探测网络中运行的所有主机情况。也可以使用跟踪网络路由程序 Tracert 命令、TraceRoute 程序和 Whois 程序进行端口扫描检测与探测，还可以利用网络扫描工具软件进行端口扫描检测，常用的网络扫描工具包括：SATAN、NSS、Strobe、Super-scan 和 SNMP 等。

2.4.2　显示网络配置信息及设置命令

ipconfig 命令的主要功能是显示所有 TCP/IP 网络配置信息、刷新动态主机配置协议（Dynamic Host Configuration Protocol，DHCP）和域名系统（DNS）设置。

【案例2-4】使用不带参数的 ipconfig 可以显示所有适配器的 IP 地址、子网掩码和默认网关。在 DOS 命令行下输入 ipconfig 命令，如图2-9所示。

利用 ipconfig /all 命令可以查看所有完整的 TCP/IP 配置信息。对于具有自动获取 IP 地址的网卡，则可以利用 ipconfig /renew 命令更新 DHCP 的配置。

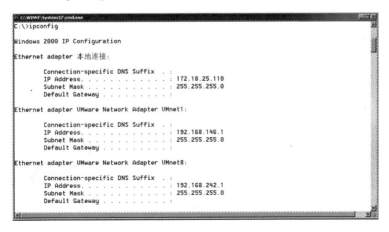

图 2-9　用 ipconfig 命令查看本机 IP 地址

2.4.3 显示连接监听端口命令

netstat 命令的主要功能是显示活动的连接、计算机监听的端口、以太网统计信息、IP 路由表、IPv4 统计信息（IP、ICMP、TCP 和 UDP 协议）。使用 netstat －an 命令可以查看目前活动的连接和开放的端口，是网络管理员查看网络是否被入侵的最简单方法，使用的方法如图 2-10 所示。如果状态为 LISTENING，表示端口正在被监听，还没有与其他主机相连；如果状态为 ESTABLISHED 表示正在与某主机连接并通信，同时显示该主机的 IP 地址和端口号。

```
C:\WINNT\System32\cmd.exe                                    _ □ ×
C:\>netstat -an

Active Connections

  Proto  Local Address          Foreign Address        State
  TCP    0.0.0.0:21             0.0.0.0:0              LISTENING
  TCP    0.0.0.0:25             0.0.0.0:0              LISTENING
  TCP    0.0.0.0:42             0.0.0.0:0              LISTENING
  TCP    0.0.0.0:53             0.0.0.0:0              LISTENING
  TCP    0.0.0.0:80             0.0.0.0:0              LISTENING
  TCP    0.0.0.0:119            0.0.0.0:0              LISTENING
  TCP    0.0.0.0:135            0.0.0.0:0              LISTENING
  TCP    0.0.0.0:443            0.0.0.0:0              LISTENING
  TCP    0.0.0.0:445            0.0.0.0:0              LISTENING
  TCP    0.0.0.0:563            0.0.0.0:0              LISTENING
  TCP    0.0.0.0:1025           0.0.0.0:0              LISTENING
  TCP    0.0.0.0:1026           0.0.0.0:0              LISTENING
  TCP    0.0.0.0:1029           0.0.0.0:0              LISTENING
  TCP    0.0.0.0:1030           0.0.0.0:0              LISTENING
  TCP    0.0.0.0:1032           0.0.0.0:0              LISTENING
  TCP    0.0.0.0:1036           0.0.0.0:0              LISTENING
  TCP    0.0.0.0:2791           0.0.0.0:0              LISTENING
  TCP    0.0.0.0:3372           0.0.0.0:0              LISTENING
  TCP    0.0.0.0:3389           0.0.0.0:0              LISTENING
  TCP    172.18.25.109:80       172.18.25.110:1050     ESTABLISHED
  TCP    172.18.25.109:139      0.0.0.0:0              LISTENING
  UDP    0.0.0.0:42             *:*
```

图 2-10　用 netstat －an 命令查看连接和开放的端口

2.4.4 查询删改用户信息命令

net 命令的主要功能是查看计算机上的用户列表、添加和删除用户、与对方计算机建立连接、启动或者停止某网络服务等。

【案例 2-5】利用 net user 查看计算机上的用户列表，如图 2-11 所示。

还可以用"net user 用户名 密码"为用户修改密码，如将管理员密码改为"123456"，如图 2-12 所示。

图 2-11　用 net user 查看计算机上的用户列表

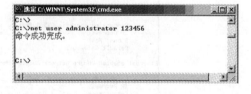

图 2-12　用 net user 修改用户密码

【案例 2-6】建立用户并添加到管理员组。

利用 net 命令可以新建一个用户名为 jack 的用户，然后将此用户添加到密码为"123456"的管理员组，如图 2-13 所示。

- 案例名称：添加用户到管理员组。
- 文件名称：2-4-1.bat。

- net user jack 123456 /add。
- net localgroup administrators jack /add。
- net user。

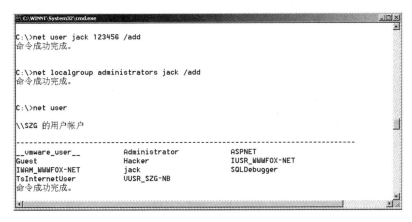

图 2-13　添加用户到管理员组

【案例 2-7】与对方计算机建立信任连接。

拥有某主机的用户名和密码，就可以利用 IPC $ （Internet Protocol Control）与该主机建立信任连接，之后便可以在命令行下完全控制对方计算机。

得到 IP 为 172. 18. 25. 109 计算机的管理员密码为 123456，可以利用命令 net use \ \ 172. 18. 25. 109\ipc $ 123456 /user：administrator 建立连接，如图 2-14 所示。

建立连接以后，便可以通过网络操作对方计算机，如查看对方计算机上的文件，如图 2-15 所示。

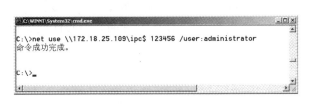

图 2-14　与对方计算机建立信任连接

图 2-15　查看对方计算机上的文件

2.4.5　创建任务命令

主要利用 At 命令在与对方建立信任连接以后，创建一个计划任务，并设置执行时间。

【案例 2-8】创建定时器。

在得知对方系统管理员的密码为 123456，并与对方建立信任连接以后，在对方主机建立一个任务。执行结果如图 2-16 所示。

- 文件名称：2 - 4 - 2. bat。
- net use ＊ /del。
- net use\\172. 18. 25. 109 \ ipc $ 123456 /user：administrator。
- net time \\172. 18. 25. 109。

- at 8：40 notepad. exe。

图 2-16 创建定时器

📖 讨论思考：

1）网络安全管理常用的命令有哪几个？

2）网络安全管理常用的命令格式是什么？

2.5 无线网络安全设置实验

无线网络安全设置操作很常用，对于掌握相关知识的理解和应用也很有帮助。

2.5.1 实验目的

在上述无线网络安全基本技术及应用的基础上，还要掌握小型无线网络的构建及其安全的设置方法，进一步了解无线网络的安全机制，理解以 WEP 算法为基础的身份验证服务和加密服务。

2.5.2 实验要求

1. 实验设备

本实验需要使用至少两台安装有无线网卡和 Windows 操作系统的联网计算机。

2. 注意事项

1）预习准备。由于本实验内容是对 Windows 操作系统进行无线网络安全配置，需要提前熟悉 Windows 操作系统的相关操作。

2）注意理解实验原理和各步骤的含义。

对于操作步骤要着重理解其原理，对于无线网络安全机制要充分理解其作用和含义。

3）实验学时：2 学时（90～100 min）。

2.5.3 实验内容及步骤

1. SSID 和 WEP 设置

1）在安装无线网卡的计算机上，从"控制面板"中打开"网络连接"窗口，如图 2-17

所示。

2）右击"无线网络连接"图标，在弹出的快捷菜单中选择"属性"选项，打开"无线网络连接属性"对话框，选中"无线网络配置"选项卡中的"用 Windows 配置我的无线网络设置"复选框，如图 2-18 所示。

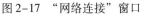

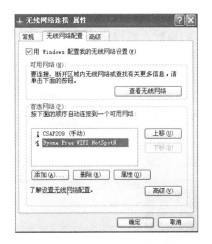

图 2-17　"网络连接"窗口　　　　　　　图 2-18　"无线网络连接 属性"对话框

3）单击"首选网络"选项组中的"添加"按钮，显示"无线网络属性"对话框，如图 2-19 所示。该对话框用来设置网络。

① 在"网络名（SSID）"文本框中输入一个名称，如 hotspot，无线网络中的每台计算机都需要使用该网络名进行连接。

② 在"网络身份验证"下拉列表中可以选择网络验证的方式，建议选择"开放式"。

③ 在"数据加密"下拉列表中可以选择是否启用加密，建议选择"WEP"加密方式。

4）单击"确定"按钮，返回"无线网络配置"选项卡，所添加的网络显示在"首选网络"选项组中。

5）单击"高级"按钮，弹出"高级"对话框，如图 2-20 所示。选中"仅计算机到计算机（特定）"单选按钮。

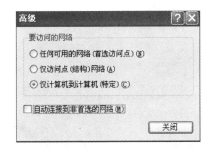

图 2-19　"无线网络属性"对话框　　　　图 2-20　"高级"对话框

6）单击"关闭"按钮返回，再单击"确定"按钮关闭。按照上述步骤，在其他计算机上也做同样设置，计算机便会自动搜索网络进行连接了。

打开"无线网络连接"窗口，单击"刷新网络列表"按钮，即可看到已经连接网络，还可以断开或连接该网络。由于 Windows 可自动为计算机分配 IP 地址，即使没有为无线网卡设置 IP 地址，计算机也将自动获得一个 IP 地址，并实现彼此之间的通信。

2. 运行无线网络安装向导

Windows 提供了"无线网络安装向导"设置无线网络，可将其他计算机加入该网络。

1）在"无线网络连接"窗口中单击"为家庭或小型办公室设置无线网络"，显示"无线网络安装向导"对话框，如图 2-21 所示。

2）单击"下一步"按钮，显示"为您的无线网络创建名称"对话框，如图 2-22 所示。在"网络名（SSID）"文本框中为网络设置一个名称，如 lab。然后选择网络密钥的分配方式。默认为"自动分配网络密钥"。

图 2-21 "无线网络安装向导"对话框　　图 2-22 "为您的无线网络创建名称"对话框

如果希望用户必须手动输入密码才能加入网络，可选中"手动分配网络密钥"单选按钮，然后单击"下一步"按钮，如图 2-23 所示的"输入无线网络的 WEP 密钥"对话框，在这里可以设置一个网络密钥。密钥必须符合以下条件：

5 或 13 个字符；10 或 26 个字符，并使用 0~9 和 A~F 之间的字符。

3）单击"下一步"按钮，如图 2-24 所示的"您想如何设置网络"对话框，选择创建无线网络的方法。

 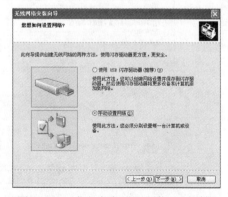

图 2-23 "输入无线网络的 WEP 密钥"对话框　　图 2-24 "您想如何设置网络"对话框

4）可选择使用 USB 闪存驱动器和手动设置两种方式。使用闪存方式比较方便，但如果没有闪存盘，则可选中"手动设置网络"单选按钮，自己动手将每台计算机加入网络。单击"下一步"按钮，显示"向导成功地完成"对话框，如图 2-25 所示。单击"完成"按钮即可完成安装向导。

图 2-25　无线网络安装向导成功完成

按上述步骤在其他计算机中运行"无线网络安装向导"并将其加入 lab 网络。不用无线 AP 也可将其加入该网络，多台计算机可组成一个无线网络，从而可以互相共享文件。

5）单击"关闭"和"确定"按钮。

2.6　本章小结

本章侧重概述了网络安全技术基础知识，分析了网络协议安全和网络体系层次结构，并介绍了 TCP/IP 层次安全；阐述了 IPv6 的特点优势、IPv6 的安全性和移动 IPv6 的安全机制；概述了虚拟专用网 VPN 的特点、VPN 的实现技术和 VPN 技术的实际应用；分析了无线网络设备安全管理、IEEE 802.1x 身份认证，以及无线网络安全技术应用实例；简单介绍了常用网络安全命令（工具），包括 Ping、Quickping、ipconfig、netstat、net、At 等；最后，概述了无线网络安全设置实验，包括实验的内容、步骤和方法。

2.7　练习与实践

1. 选择题

（1）加密安全机制提供了数据的（　　　）。

    A. 保密性和可控性   B. 可靠性和安全性

    C. 完整性和安全性   D. 保密性和完整性

（2）SSL 协议是（　　）之间实现加密传输的协议。

    A. 传输层和应用层   B. 物理层和数据层

    C. 物理层和系统层   D. 物理层和网络层

（3）实际应用时一般利用（　　　）加密技术进行密钥的协商和交换，利用（　　　）加密技术进行用户数据的加密。

      A. 非对称　非对称　 B. 非对称 对称

      C. 对称　　对称　 D. 对称　非对称

（4）能在物理层、链路层、网络层、传输层和应用层提供的网络安全服务的是(　　)。

      A. 认证服务　 B. 数据保密性服务

      C. 数据完整性服务　 D. 访问控制服务

（5）传输层由于可以提供真正的端到端的链接，最适宜提供（　　）安全服务。

      A. 数据完整性　 B. 访问控制服务

      C. 认证服务　 D. 数据保密性及以上各项

（6）VPN 的实现技术包括（　　）。

      A. 隧道技术　 B. 加解密技术

      C. 密钥管理技术　 D. 身份认证及以上技术

2. 填空题

（1）安全套接层服务（SSL）协议是在网络传输过程中，提供通信双方网络信息_____和_____。由_____和_____两层组成。

（2）OSI/RM 开放式系统互联参考模型 7 层协议是_____、_____、_____、_____、_____、_____。

（3）ISO 对 OSI 规定了_____、_____、_____、_____、_____5 种级别的安全服务。

（4）应用层安全分解为_____、_____、_____安全，利用各种协议运行和管理。

（5）与 OSI 参考模型不同，TCP/IP 模型由低到高依次由_____、_____、_____和_____4 部分组成。

（6）一个 VPN 连接由_____、_____和_____3 部分组成。

（7）一个高效、成功的 VPN 具有_____、_____、_____、_____4 个特点。

3. 简答题

（1）TCP/IP 的 4 层协议与 OSI 参考模型 7 层协议是怎样对应的？

（2）IPv6 协议的报头格式与 IPv4 有什么区别？

（3）简述传输控制协议（TCP）的结构及实现的协议功能。

（4）简述无线网络的安全问题及保证安全的基本技术。

（5）VPN 技术有哪些特点？

4. 实践题

（1）利用抓包工具，分析 IP 头的结构。

（2）利用抓包工具，分析 TCP 头的结构，并分析 TCP 的三次握手过程。

（3）假定同一子网的两台主机，其中一台运行了 sniffit。利用 sniffit 捕获 Telnet 到对方 7 号端口 echo 服务的包。

（4）配置一台简单的 VPN 服务器。

第3章 网络安全管理概论

网络安全是21世纪世界十大热门课题之一，已经成为世界关注的焦点。实际上，网络安全是个系统工程，网络安全技术需要与安全管理和保障措施紧密结合，才能更好地发挥作用。网络安全管理已经成为各种计算机网络服务与管理中的重要任务，涉及法律、法规、政策、策略、规范、标准、机制、规划和措施等，是网络安全的关键。

📖 **教学目标**

- 掌握网络安全管理概念、任务、法律法规与取证、评估准则和方法。
- 理解网络安全管理规范及策略、原则和制度。
- 了解网络安全规划的主要内容和原则。
- 掌握 Web 服务器的安全设置与管理实验。

3.1 网络安全管理的概念和任务

【案例3-1】美国军网出现重大泄密，总统专机结构曝光。美国空军一个网站，在2006年4月出现重大泄密，透露出布什总统专机"空军一号"反导防御系统等机密信息。从此网站的一份政府文件中，可以轻易地浏览两架"空军一号"详细的内部结构图，包括专机内特工人员所处的位置，以及为专机提供服务的供氧地点，声称恐怖分子可能引爆其氧气罐。

3.1.1 网络安全管理的概念及目标

1. 网络安全管理的概念

网络管理（Network Management），按照国际标准化组织（ISO）的定义是规划、监督、组织和控制计算机网络通信服务，以及信息处理所必需的各种活动。狭义的网络管理主要指对网络设备运行和网络通信量的管理。现在，网络管理已经突破了原有的概念和范畴，其目的是提供对计算机网络的规划、设计、操作、运行、管理、监视、分析、控制、评估和扩展的手段，从而合理地组织和利用系统资源，提供安全、可靠、有效和良好的服务。网络管理的实质是对各种网络资源进行监测、控制、协调、故障报告等。网络管理技术是计算机网络技术中的关键技术。

网络安全管理（Network Security Management）通常是指以网络管理对象的安全为任务和目标所进行的各种管理活动，是与安全有关的网络管理，**简称安全管理**。由于网络安全对网络信息系统的性能、管理的关联及影响更复杂、更密切，网络安全管理逐渐成为网络管理中的一个重要分支，正受到业界及用户的广泛关注。网络安全管理需要综合网络信息安全、网络管理、分布式计算、人工智能等多个领域的知识和研究成果，其概念、理论和技术正在不断发展完善之中。

2. 网络安全管理的目标

计算机网络安全是一个相对的概念。世界上没有绝对的安全，过分提高网络系统的安全性不仅浪费资源，而且也会降低网络传输速度等方面的性能。

网络管理的目标是确保计算机网络的持续正常运行，使其能够有效、可靠、安全、稳定地提供各种服务，并在计算机网络系统运行出现异常时及时响应并排除故障。

网络安全管理的目标是指在计算机网络的信息传输、存储与处理的整个过程中，以管理方式提供物理上、逻辑上的防护、监控、反应、恢复和对抗的能力，以保护网络信息资源的保密性、完整性、可用性、可控性和可审查性。其中保密性、完整性、可用性是网络信息安全的基本要求。网络信息安全的这5大特征，反映了网络安全管理的具体目标要求。

📖 **拓展阅读**：实际上，应当根据企事业机构对网络安全的不同具体需求，通过各种管理措施和技术手段等，具体达到管理对象所需要的安全级别，将风险控制在可接受的程度。保证计算机网络的持续正常运行，使其能够有效、可靠、安全、经济地提供服务，并在计算机网络系统运行出现异常时及时响应并排除故障。

3.1.2 网络安全管理的内容和体系

1. 网络安全管理的内容

解决网络安全问题需要安全技术、管理、法制、宣传教育并举，从网络安全管理标准、要求、技术、策略、机制、制度、规范和方法等方面解决网络安全问题是最基本的方法。

网络安全管理的具体对象包括涉及的机构、人员、软件、设备、场地设施、介质、涉密信息及密钥、技术文档、网络连接、门户网站、应急恢复、安全审计等。

网络安全管理所涉及的内容，可以概括为以下5个方面。

（1）实体安全管理

实体安全管理（Physical Security Management）也称**物理安全管理**，指保护计算机网络设备、设施及其他媒介免遭地震、水灾、火灾、有害气体和其他环境事故破坏的措施及过程。包括环境安全、设备安全和媒体安全3个方面。实体安全是信息系统安全的基础，包括：机房安全、场地安全、机房环境（温度、湿度、电磁、噪声、防尘、静电、振动等）、建筑（包括防火、防雷、围墙、门禁等）、设施安全、设备可靠性、通信线路安全性、辐射控制与防泄露、动力、电源/空调、灾难预防与恢复等。

（2）运行安全管理

运行安全管理（Operation Security Management）包括计算机网络运行和网络访问控制的安全管理，如设置防火墙实现内外网的隔离、系统备份与恢复。运行安全管理包括：内外网的隔离机制、应急处置机制和配套服务、网络系统安全性监测、网络安全产品运行监测、定期检查和评估、系统升级和补丁处理、跟踪最新安全漏洞及病毒等隐患、灾难恢复机制与预防、安全审计、系统改造管理、网络安全咨询服务等。

（3）系统安全管理

系统安全管理（System Security Management）主要包括操作系统安全、数据库系统安全和网络系统安全的管理。主要以企事业机构网络系统的特点、系统实际条件与运行环境和管理要求为依据，通过有针对性地为系统提供安全策略机制、保障措施、应急修复方法、安全建议和安全管理规范等，确保整个网络系统安全、稳定、持续运行。

（4）应用安全管理

应用安全管理（Application Security Management）主要由应用软件开发平台的安全管理和应用系统的安全管理两部分组成。主要包括：企事业机构的业务应用软件的程序安全性研发与测试分析、业务交往信息的抗抵赖测试、资源访问控制验证测试、实体的身份鉴别检测、业务现场的备份与恢复机制检查、数据的唯一性/一致性/防冲突检测、数据的保密性测试、系统的可靠性测试和系统的可用性测试等。

（5）综合安全管理

综合安全管理（Integrated Security Management）主要指对人员、网络系统、数据（信息）资源安全管理所涉及的各种法律、法规、政策、策略、规范、要求、标准、技术手段、机制和措施等内容。综合安全管理包括：法律法规管理、政策策略管理、规范标准管理、人员管理、应用系统使用管理、软件管理、设备管理、文档管理、数据管理、操作管理、运营管理、机房管理、安全培训管理等，如密钥管理、访问权限管理等。网络安全管理所涉及的相关内容及其关系如图 3-1 所示。以综合安全管理为保障，实体安全管理为基础，以系统安全管理、运行安全管理和应用安全管理为重点，确保网络正常服务。

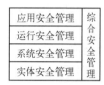

图 3-1　网络安全管理内容

2. 网络安全管理体系

（1）TCP/IP 网络安全管理体系

TCP/IP 网络安全管理体系结构，如图 3-2 所示。包括 3 个方面：分层安全管理、安全服务与机制（身份认证、访问控制、数据完整性、抗抵赖性、可用性及可控性、可审计性）、系统安全管理（终端系统安全、网络系统安全、应用系统安全）。综合了安全管理、技术和机制各个方面，对网络安全整体管理与实施和效能的充分发挥将起到至关重要的作用。

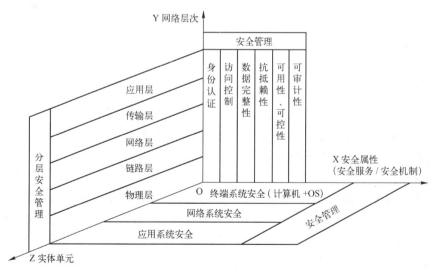

图 3-2　TCP/IP 网络安全管理体系结构

各种业务网络信息在现代信息化社会，已经作为一种重要资源和资产受到保护。网络安全是一项系统工程，不能完全依赖于某些孤立的技术手段实现整体的安全保障，还必须与网络综合安全管理密切配合，才能切实保证整个网络系统的安全。

（2）网络安全管理与体系结构的关系

在 1.3.1 节中，介绍了网络安全体系结构，包括网络安全保障体系、OSI 安全体系结构、网络安全的攻防体系，主要从不同方面进行划分与探究。实际上，**网络安全管理的本质**是对网络安全风险的动态有效管理和控制。风险管理是企业运营管理的**核心**，风险**分**为信用风险、市场风险和操作风险。实际上，在网络信息安全保障体系框架中，充分体现了风险管理的理念。网络安全保障体系包括 5 个部分。

1）网络安全策略。以风险管理为核心理念，从长远发展规划和战略角度通盘考虑网络建设安全。安全策略处于整个体系架构的上层，起到总体的战略性和方向性指导的作用。

2）网络安全政策和标准。是对网络安全策略的逐层细化和落实，包括管理、运作和技术 3 个不同层面。在每一层面都有相应的安全政策和标准，通过落实标准政策规范管理、运作和技术，以保证其统一性和规范性。当三者发生变化时，相应的安全政策和标准也需要调整相互适应，反之，也会影响管理、运作和技术。

3）网络安全运作。基于风险管理理念的日常运作模式及其概念性流程（风险评估、安全控制规划和实施、安全监控及响应恢复），是网络安全保障体系的核心，贯穿网络安全始终，也是网络安全管理机制和技术机制在日常运作中的实现，涉及运作流程和运作管理。

4）网络安全管理。是体系框架的上层基础，对网络安全运作至关重要，从人员、意识、职责等方面保证网络安全运作的顺利进行。网络安全通过运作体系实现，而网络安全管理体系是从人员组织的角度保证正常运作，网络安全技术体系是从技术角度保证运作。三分技术、七分管理，运作贯彻始终，管理是关键，技术是保障。

5）网络安全技术。网络安全运作需要网络安全基础服务和基础设施的及时支持。先进完善的网络安全技术可以极大提高网络安全运作的有效性，从而达到网络安全保障体系的目标，实现整个生命周期（预防、保护、检测、响应与恢复）的风险防范和控制。

对于 OSI 网络安全体系，主要涉及网络安全机制和网络安全服务两个方面，需要通过网络安全管理进行具体实施。其中的网络安全机制和网络安全服务包括：

1）网络安全机制。在 ISO 7498 - 2《网络安全体系结构》文件中规定的网络安全机制有 8 项：加密机制、数字签名机制、访问控制机制、数据完整性机制、鉴别交换机制、信息量填充机制、路由控制机制和公证机制。

2）网络安全服务。在《网络安全体系结构》文件中规定的网络安全服务有 5 项：鉴别服务、访问控制服务、数据完整性服务、数据保密性服务和可审查性服务。

3. 网络管理与安全技术的结合

【案例 3-2】泰科安防/安达泰 ADT 安全网管平台。是针对企事业机构大中规模虚拟专用网（VPN）网络管理的解决方案，可通过该平台实现对 ADT 系列安全网关以及第三方的 VPN 设备进行全面的集中管理、监控、统一认证等功能。网管平台由 4 部分组成：安全网关单机配置软件（Sure Console）、策略服务平台（Sure Manager）、网关监控平台（Sure Watcher）和数字证书平台（Sure CA）。基于 ADT 安全网管平台可以快速、高效地工作，一个具备上千个结点的 VPN 网络，可在短暂时间内完成以前需要几个月才能完成的繁重网络管理和调整任务。

对于**开放系统网络管理**，国际标准化组织（ISO）在 ISO/IEC 7498 - 4 文档定义了 5 大功能：故障管理功能、配置管理功能、性能管理功能、安全管理功能和计费管理功能。当前，先进的网络管理技术也已经成为人们关注的重点，先进的计算机技术、无线通信及交换技术、人工智能等先进技术正在不断应用到具体的网络安全管理中，同时网络安全管理理论及技术也在快速发展、不断完善。将网络管理与 Web 安全技术有机结合已经成为一种趋势，在实际应用中，很多企事业机构或部门已经利用基于 Web 的网络管理系统通过 Web 浏览器进行远程网络安全方面具体的管理与智能技术应用。如 IPv6 通过自动识别机能、更多的地址、网络安全设置等，对每个终端、家电、生产流程、感应器等，都可进行 IP 全球化管理。

网络安全是一个系统工程，网络安全技术必须与安全管理和保障措施紧密结合，才能真正有效地发挥作用。

3.1.3 网络安全管理的任务及过程

1. 网络安全管理的任务

网络安全管理的功能包括：计算机网络的运行（Operation）、管理（Administration）、维护（Maintenance）、提供服务（Provisioning）等所需要的各种活动，可概括为 OAM&P。也有的专家或学者将安全管理功能限于考虑 OAM 情形。主要包括：故障指示、性能监控、安全管理、诊断功能、网络和用户配置等方面。

网络安全管理的任务是保证网络信息资源应用安全和信息载体的运行安全。安全管理的要求是达到管理对象所需要的安全级别，将风险控制在可接受的程度。即充分利用各领域的技术和方法，解决网络环境造成的、计算机应用体系中各种安全技术和产品的统一管理和协调问题，从整体上提高整个网络的防御能力，保护系统资源与服务的安全。

拥有计算机网络系统的企事业安全管理机构或部门，应根据管理实际需求、管理原则和保密性要求，制定出相应的管理制度和任务。**网络安全管理的基本任务**包括：

1）评估网络系统整体安全，及时掌握企事业机构现有网络系统的安全状况。根据具体的风险分析和工作的重要程度及安全需求，确定系统的安全等级。

2）根据具体的安全等级要求，确定安全管理的具体范围、职责和权限等。

3）健全和完善企事业单位网络中心及重要机房人员出入管理制度。

4）注重严格的操作规程和策略，如安全设置、确定主机与网络加固防护等。

5）制定并实施具体的应急及恢复的措施、技术和方法。

6）建立健全、完备的系统维护制度，采用加密机制及密钥管理。

7）集中监控和管理所有安全软硬件产品，通过企事业机构网络系统的一个统一界面实现对所有安全产品的统一配置管理，将各类安全提示警告及日志信息以过滤和管理处理方式进行显示，可极大地缩短发现问题的时间，提升安全事件处理的快速反应能力，降低安全管理员的工作量。

8）集中软件安全漏洞及隐患补丁的下载、分发、升级和审计，形成一种集中的管理机制来保证企事业单位各系统补丁的及时安装与更新。

9）加强系统监控，及时发现网络突发的异常流量，并及时进行分析处理。

为了做好网络安全预防和减灾工作，必须及时准确地发现各种安全问题和隐患，并在事故出现前或出现后尽快确定问题出现的位置和产生原因，并尽快将问题控制在最小的范围内进行处理和解决，提高网络的整体安全防护能力和水平。

2. 网络安全管理的过程

网络安全管理工作的过程，遵循如下 4 个基本步骤。

1）制订规划和计划（Plan）。根据要求对每个阶段都制订出具体翔实的安全管理工作计划，突出工作重点、明确责任任务、确定工作进度、形成完整的安全管理工作文件。

2）落实执行（Do）。按照具体安全管理计划开展各项工作，包括建立权威的安全机构、落实必要的安全措施，开展全员的安全培训等。

3）监督检查（Check）。对上述安全管理计划与执行工作，构建的信息安全管理体系进行认真符合性监督检查，并反馈报告具体的检查结果。

4）评价行动（Action）。根据检查的结果，对现有信息安全管理策略及方法进行评审、评估和总结，评价现有信息安全管理体系的有效性，采取相应的改进措施。

可以概括描述为一个网络安全管理模型——PDCA 持续改进模式，如图 3-3 所示。

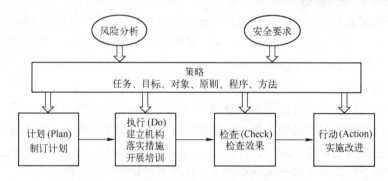

图 3-3　安全管理模型——PDCA 持续改进模式

📖 **讨论思考：**

1）网络安全管理的概念和目标是什么？

2）网络安全管理的内容和体系有哪些？

3）概述网络安全管理的任务和过程。

3.2　网络安全法律法规及取证

法律法规是网络安全体系的重要保障和基石，鉴于国内外具体的法律法规较多，下面仅概述其要点，其具体内容可以到书后"附录"列出的网站浏览查阅。

3.2.1　国外网络安全相关的法律法规

计算机网络技术发展与更新很快，在全球广泛应用时间却较短，法律法规相对滞后，在较短时期内不可能尽善尽美，正在随着信息化社会不断发展，逐步完善。

1. 国际合作立法保障网络安全

1）国际立法打击网络犯罪。20 世纪 90 年代以来，很多国家为了有效打击利用计算机网络进行的各种违法犯罪活动，都采取了法律手段，欧盟已成为在刑事领域做出国际间规范的典范，分别在 2000 年两次颁布《网络刑事公约》（草案），现已有 43 个国家（包括美国、日本等）借鉴了这一公约草案。在不同国家的刑事立法中，印度的有关做法具有一定代表性，于 2000 年 6 月颁布了《信息技术法》，制定出一部规范计算机网络安全的基本法。

此外，还有一些国家修订了原有的刑法，以满足保障计算机网络安全的需要。如美国 2000 年修订了以前的《计算机反欺诈与滥用法》，增加了法人犯罪的责任，补充了与上述印度法律第 70 条类似的规定等。

2）数字化技术保护。1996 年 12 月，世界知识产权组织做出了"禁止擅自破解他人数字化技术保护措施"的规定，以此作为保障网络安全的一项主要内容进行规范。现在，欧盟、日本、美国等大多数国家都将其作为一种网络安全保护规定，纳入本国的法律之中。

3）电子交易法。1996 年 12 月联合国第 51 次大会，通过了联合国贸易法委员会的《电子商务示范法》，对于网络市场中的数据电文、网上合同成立及生效的条件、传输等专项领域的电子商务等，都做了十分明确、具体的规范。1998 年 7 月，新加坡的《电子交易法》出台。

1999 年 12 月世贸组织西雅图外交会议上，制定"电子商务"规范成为一个主要议题。

【案例 3-3】网络犯罪案件不断上升。瑞星公司曾经在发布的《中国电脑病毒疫情互联网安全报告》中称，黑客除了通过木马程序窃取他人隐私外，更多的是谋求经济利益，2007 年，病毒（木马）背后所带来的巨大经济利益催生了病毒"工业化"入侵的进程，并形成了数亿元的产业链。"熊猫烧香"的程序设计者李俊，被警方抓获后，承认自己每天收入近万元，共获利上千万元。腾讯公司 QQ 密码被盗成为黑客的重灾区，高峰时期每天大约 10 万人次反映 QQ 密码被盗。国内一著名的网络游戏公司遭到长达 10 天的网络攻击，服务器全面瘫痪，其经营的网络游戏被迫停止，损失高达 3460 万元人民币。

2. 综合性和原则性的基本法

世界上一些国家，除了制定保障网络健康发展的法规以外，还专门制定了综合性的、原则性的网络基本法。如韩国 2000 年修订的《信息通信网络利用促进法》，其中包括对"信息网络标准化"和实名制的规定，对成立"韩国信息通信振兴协会"等民间自律组织的规定等。

在印度，政府机构成立了"网络事件裁判所"，以解决影响网络安全的很多民事纠纷。

近年来，西欧国家和日本制定了一大批促进信息网络在本国顺利发展的专门法律、法规，同时大量修订了现有法律，以满足网络安全的需要。1997 年在欧盟共同指令发布之前，德国颁布了《网络服务提供者责任法》与《数字签名法》。1999 年日本的《信息公开法》与同时颁布的《协调法》对作者行使"人身权"，规定了新限制，以保证政府有权不再经过作者许可，即发布某些必须发布的信息。英国 2000 年颁布的《通信监控权法》第三部分，专门规定了对网上信息的监控。

3. 行业自律、民间管理及道德规范

国际上各国在规范网络行为方面，都很注重发挥民间组织的作用，特别是行业自律作用。德国、英国、澳大利亚等，学校中网络使用的"行业规范"十分严格。澳大利亚每周都要求教师填写一份保证书，申明不从网上下载违法内容。德国高校的网络用户一旦有校方规定禁止的行为，服务器立即会发出警告。慕尼黑大学、明斯特大学等院校，都制定有《关于数据处理与信息技术设备使用管理办法》，要求严格遵守。

新加坡非常注重发挥民间在网络安全方面的作用，在 1996 年 7 月颁布的《新加坡广播管理法》中规定："凡是向儿童提供互联网络服务的学校、图书馆和其他互联网络服务商，都应制定严格的控制标准"。同时还规定："鼓励各定点网络服务商和广大家长使用各种软件，如'网络监督员'软件、'网络巡警'软件等，以阻止青少年访问有害信息"。

很多注重以法律规范网络行为的国家，都明确了网络服务提供者的责任，基本都采用了"避风港"制度。如一旦网络服务提供者的行为符合某一法律条款，将不再与网上的违法分子一同负违法的连带责任，不会与犯罪分子一同作为共犯处理，以利于网络的健康发展。如美国1995年制定的《国家信息基础设施白皮书》、新加坡1996年制定的《新加坡广播管理法》、法国2001年制定的《信息社会法》（草案）等。

3.2.2　我国网络安全相关的法律法规

我国从网络安全管理的实际需要出发，从20世纪90年代初开始，国家及相关部门、行业和地方政府相继制定了多项有关网络安全的法律法规。

我国网络安全立法体系分为以下3个层面：

1）第一个层面是法律。为全国人民代表大会及其常委会通过的法律规范。我国与网络信息安全相关的法律主要有：《宪法》、《刑法》、《治安管理处罚条例》、《刑事诉讼法》、《国家安全法》、《保守国家秘密法》、《行政处罚法》、《行政诉讼法》、《全国人大常委会关于维护互联网安全的决定》、《人民警察法》、《行政复议法》、《国家赔偿法》、《立法法》等。

2）第二个层面是行政法规。主要指国务院为执行宪法和法律而制定的法律规范。与网络信息安全有关的行政法规包括《中华人民共和国计算机信息系统安全保护条例》、《中华人民共和国计算机信息网络国际联网管理暂行规定》、《计算机信息网络国际联网安全保护管理办法》、《商用密码管理条例》、《中华人民共和国电信条例》、《互联网信息服务管理办法》、《计算机软件保护条例》等。

3）第三个层面是国务院部委及地方性法规、规章、规范性文件。主要指国务院各部委根据法律和国务院行政法规与法律规范，以及省、自治区、直辖市和较大的市人民政府根据法律、行政法规和本省、自治区、直辖市的地方性法规制定的法律规范性文件。

公安部制定的《计算机信息系统安全专用产品检测和销售许可证管理办法》、《计算机病毒防治管理办法》、《金融机构计算机信息系统安全保护工作暂行规定》、《关于开展计算机安全员工培训工作的通知》等。

工业和信息化部制定的《互联网电户公告服务管理规定》、《软件产品管理办法》、《计算机信息系统集成资质管理办法》、《国际通信出入口局管理办法》、《国际通信设施建设管理规定》、《中国互联网络域名管理办法》、《电信网间互联管理暂行规定》等。2009年5月，又在其颁布的《互联网网络安全信息通报实施办法》和《木马和僵尸网络监测和处置机制》中，对国家互联网应急中心和互联网运营商、域名服务机构，以及网络安全企业共同开展网络安全信息共享和打击黑客产业给出了具体的规定。

国家互联网应急中心与中国互联网协会，组织相关专家、学者及数十家互联网从业机构共同研究、探讨计算机网络病毒防治及反网络病毒行业自律工作，编订了《反网络病毒自律公约》。倡导互联网企业和网民遵守公约的自律条款，自觉抵制网络病毒的制造、传播和使用。2009年7月，国家互联网应急中心依托中国互联网协会网络与信息安全工作委员会，联合基础电信运营企业、网络安全厂商、增值服务提供商、搜索引擎、域名注册机构等单位共同发起成立"中国反网络病毒联盟",并签署公约,通过行业自律机制推动了互联网病毒的防范、治理工作,净化了网络空间,进一步维护了公共互联网安全。

*3.2.3 电子证据与取证技术

1. 电子证据的概念及种类

(1) 电子证据

电子证据(Digital Evidence)是指基于电子技术生成,以数字化形式存在于磁盘、光盘、存储卡、手机等各种电子设备载体,其内容可与载体分离,并可多次复制到其他载体的文件。电子证据有3个基本特征:数字化的存在形式;不固定依附特定的载体;可以多次原样复制。并具有无形性、多样性、客观真实性、易破坏性等特征。

(2) 电子证据的种类

电子证据可以分为以下几类。

1)字处理文件。利用文字处理系统形成的文件,由文字、标点、表格、符号或其他编码文本组成。各种生成的文件不能兼容,使用不同代码规则形成的文件也不能直接读取。所有这些软件、系统、代码连同文本内容一起,构成了字处理文件的基本要素。

2)图形处理文件。由专门的软件系统辅助设计或辅助制造的图形数据,通过图形可直观了解非连续性数据间的关系,使复杂信息变得生动明晰。

3)数据库文件。由原始数据记录所组成的文件,只有经过整理汇总后,才具有实际用途和价值。

4)程序文件。计算机是人机交流工具,软件由若干个程序文件组成。

5)影音像文件。即多媒体文件,经扫描识别、视频捕捉、音频录入等综合编辑而成。

信息技术的发展使文件形式多元化,通常在一种文件形式中又包含其他文件形式的链接功能,这就是超文本或复合文本文件。复合文本文件通过定义的链接,可以在各种软件形成的文件交叉路径之间浏览。

电子文件在诉讼中作为证据使用时就是电子证据,例如电子商务中的电子合同、货单、保险单、电子发票等。电子证据的证据形式还包括电子文章、电子邮件、光盘、网页、域名等。电子文件在诉讼中要成为电子证据,还需要注意其证据形式应当符合法律规定,在出庭时这些证据多是由其文字表述内容作为证据,因此,书证是电子证据的证据形式之一;另外,数码照片、视频资料等,在出庭时以音像资料出现。而真正应该算做电子证据的,应该是电子数据,有些具体问题正在不断发展和完善之中。

2. 电子证据收集处理与提交

1)电子证据收集。是指遵照授权的方法,使用授权的软硬件设备,收集作为电子证据的数据,并对数据进行一些预处理,然后完整、安全地将数据从目标机器转移到取证设备上。

2)电子数据的监测技术。主要是要监测各类系统设备以及存储介质中的电子数据,分析是否可作为证据的电子数据,涉及的技术主要有事件、犯罪监测、异常监测(Anomalous Detection)、审计日志分析等。

3)保全技术。是指对电子证据及整套的取证机制进行保护。电子证据的收集和保全需要使用无损压缩、数据裁减和恢复、数据加密、数字摘要、数字签名以及数字证书等技术。

4）电子证据处理及鉴定技术。电子证据处理指对已搜集的电子数据证据进行过滤、模式匹配、隐藏数据挖掘等预处理工作。数据挖掘技术是目前电子证据分析的热点技术。

5）电子证据提交技术。依据法律程序，以法庭可接受的证据形式提交电子证据及相应的文档说明。将对目标计算机系统的全面分析和追踪结果进行汇总，然后给出分析结论。

3. 计算机取证技术

计算机取证主要是围绕电子证据进行的，可以用做计算机取证的信息源多种多样。

计算机取证在打击计算机和网络犯罪中作用十分关键，目的是要将嫌疑人留在计算机中的"痕迹"作为有效的诉讼证据提供给法庭，以便将犯罪嫌疑人绳之以法。

1）计算机取证的法律效力。计算机取证是介于计算机和法学领域的一门交叉学科，因此不可避免地涉及一些法律问题。计算机取证主要是对电子证据的获取、分析、归档、保存和描述的过程，所以计算机取证涉及的法律问题主要是电子证据的真实性和电子证据证明力的证明问题。同时，还需要注意取证工具的法律效力。为了确认电子证据的法律效力，还必须保证取证工具能受到法庭认可。在评估一个计算机取证工具时，通常以 Daubert 测试为指导方针，主要包括测试、错误率、公开性和可接受性4个方面。

2）电子证据的真实性。电子证据应当符合真实性、合法性和关联性这三者的要求。电子证据要法庭证供，成为法定证据，关键是解决"真实性"的证明问题。国外对此难题提出的解决方案是对电子证据附加上"数字签名"。数字签名能够解决两个法律难题：一是证明签发电子证据的是谁；二是证明电子证据内容是否被篡改过。

3）电子证据的证明力。有些法律专家认为电子证据应当归入"视听资料"，理由是电子证据的内容必须在计算机等终端上以图形、数字和符号等形式显示。而有些法律专家认为电子证据应当归入"书证"，应当根据具体情况进行确定。

4）计算机取证设备和工具。要求具有公开性和可接受性。公开性指工具在公开的地方有证明文件并经过对等部门的复查，这是允许作为证据的主要条件。同时，对可接受性要求取证工具被相关的科学团体广泛接受。硬件方面成型的产品集中在硬盘数据复制系统上，为司法专用而特殊设计的产品，如 solo 系列和 Forensic MD5 等。软件方面的产品相对较少，如 The Coroner's Toolkit（TCT），Encase，Forensic Toolkit。此外，常用的数据捕获工具也常用于计算机取证，如 tcpdump、Argus 和镜像工具等。

🔔【注意】在计算机取证工具中可能存在两类错误：工具执行错误和提取错误。

📖 讨论思考：

1）为什么说法律法规是网络安全体系的重要保障和基石？

2）国外的网络安全法律法规对我们有何启示？

3）我国网络安全立法体系框架分为哪3个层面？

3.3 网络安全评估准则及测评

网络安全评估标准是我国信息安全保障体系的重要组成部分，是政府进行宏观管理的重要手段。网络信息安全保障体系的建设和应用，是一个极其庞大而复杂的系统工程，没有相应配套的安全标准，就无法构造出一个标准、规范、实用的网络安全保障体系。网络安全评估标准主要是确保网络信息安全的产品和系统，在设计、研发、构建、生产、实施、使用、测评和管理维护过程中，解决产品和系统的一致性、可靠性、可控性、先进性、符合性等方面的技术准则、规范和依据。

3.3.1 国外网络安全评价准则

世界国际性标准化组织主要包括：国际标准化组织（ISO）、国际电器技术委员会（IEC）及国际电信联盟（ITU）所属的电信标准化组织（ITU – TS）等。ISO 是总体标准化组织，而 IEC 在电工与电子技术领域里相当于 ISO 的位置。1987 年，ISO 的 TC97 和 IEC 的 TCs47B/83 合并成为 ISO/ IEU 联合技术委员会（JTC1）。ITU – TS 则是一个联合缔约组织。这些组织在安全需求服务分析指导、安全技术研制开发、安全评估标准等方面制定了一些标准草案。

此外，其他的标准化组织也制定了一些安全标准，如 Internet 工程任务组（Internet Engineering Task Force，IETF）有 10 个功能组：认证防火墙测试组（AFT）、公共认证技术组（CAT）、域名安全组（DNSSEC）、IP 安全协议组（IPSec）、一次性密码认证组（OTP）、公开密钥结构组（PKIX）、安全界面组（SECSH）、简单公开密钥结构组（SPKI）、传输层安全组（TLS）和 Web 安全组（WTS），并制定了相关标准。

1. 美国可信计算系统评价准则（TCSEC）

美国在 1983 年由国防部制定的 5200.28 安全标准——**可信计算系统评价准则**（Trusted Computer Standards Evaluation Criteria，TCSEC），即网络安全**橙皮书或桔皮书**，主要利用计算机安全级别评价计算机系统的安全性。将安全分为 4 个方面（类别）：安全政策、可说明性、安全保障和文档。将这 4 个方面（类别）又分为 7 个安全级别，从低到高依次为 D、C1、C2、B1、B2、B3 和 A 级。从 1985 年开始，橙皮书成为美国国防部的标准以后基本没有更改，一直是评估多用户主机和小型操作系统的主要方法。

对数据库和网络其他子系统也一直用橙皮书进行评估。橙皮书将网络安全的级别从低到高分成 4 个类别：D 类、C 类、B 类和 A 类，并分为 7 个级别，见表 3-1。

表 3-1 网络系统安全级别分类

类　　别	级　　别	名　　称	主　要　特　征
D	D	低级保护	没有安全保护
C	C1	自主安全保护	自主存储控制
	C2	受控存储控制	单独的可查性，安全标识
B	B1	标识的安全保护	强制存取控制，安全标识
	B2	结构化保护	面向安全的体系结构，较好的抗渗透能力
	B3	安全区域	存取监控、高抗渗透能力
A	A	验证设计	形式化的最高级描述和验证

📖 **拓展阅读**：安全级别设计一般需要从数学角度上进行验证，而且必须进行秘密通道分析和可信任分布分析。可信任分布（Trusted Distribution）是指硬件和软件在物理传输过程中所受到的保护，以防止破坏网络安全系统。实际上，橙皮书也存在一定不足，其模型

是静态的且针对孤立计算机系统，特别是小型机和主机系统。对一些物理安全保障方面，该标准适合政府和军队而不适合企业。

2. 欧洲信息技术安全评估标准（ITSEC）

信息技术安全评估标准（Information Technology Security Evaluation Criteria，ITSEC），俗称**欧洲的白皮书**，将保密作为安全增强功能，仅限于阐述技术安全要求，并未将保密措施直接与计算机功能相结合。ITSEC 是英国、法国、德国和荷兰 4 国在借鉴橙皮书的基础上，在 1989 年联合提出的。橙皮书将保密作为安全重点，而 ITSEC 则将首次提出的完整性、可用性与保密性作为同等重要的因素，并将可信计算机的概念提高到可信信息技术的高度。IT-SEC 定义了从 E0 级（不满足品质）到 E6 级（形式化验证）7 个安全等级，对于每个系统安全功能可分别定义。ITSEC 预定义了 10 种功能，其中前 5 种与桔皮书中的 C1 ~ B3 级基本类似。在欧洲，ITSEC BS7799 列出了网络威胁的种类和管理要项，以及降低攻击危害的方法。1999 年将 BS7799 档案进行了重写，增加的内容包括：审计过程、对文件系统审计、评估风险、保持对病毒的控制、正确处理日常事务及安全保护的信息等。

3. 美国联邦准则（FC）标准

美国联邦准则（FC）标准，参照了加拿大的评价标准 CTCPEC 与橙皮书（TCSEC），目的是提供 TCSEC 的升级版本，同时保护已有建设和投资。FC 是一个过渡标准，之后结合 ITSEC发展为联合公共准则——通用评估准则（CC）。实际上，FC 是对 TCSEC 的升级，并引入了"保护轮廓"（PP）的概念。每个轮廓都包括功能、开发保证和评价 3 部分。FC 充分吸取了 ITSEC 和 CTCPEC 的优点，供美国的政府、民间和商业领域应用，如网络游戏产品的安全性检测。

4. 通用评估准则（CC）

通用评估准则（Common Criteria for IT Security Evaluation，CC）主要用于确定评估信息技术产品和系统安全性的基本准则，提出了国际上公认的表述信息技术安全性的结构，将安全要求分为规范产品和系统安全行为的功能要求，以及解决如何正确有效地实施这些功能的保证要求。CC 由美国等国家与国际标准化组织联合提出，并结合了 FC 及 ITSEC 的主要特征，强调将网络信息安全的功能与保障分离，将功能需求分为 9 类 63 族，将保障分为 7 类 29 族。其先进性体现在其结构的开放性、表达方式的通用性，以及结构及表达方式的内在完备性和实用性 4 个方面。CC 标准于 1996 年发布第一版，充分结合并替代了 ITSEC、TCSEC 等国际上重要的信息安全评估标准而成为通用评估准则。CC 标准历经了较多更新和改进。目前，中国测评中心主要采用 CC 等进行测评，具体内容及应用可查阅相关网站。

5. ISO 安全体系结构标准

国际标准 ISO 7498 - 2 - 1989《信息处理系统·开放系统互连、基本模型第 2 部分安全体系结构》，作为开放系统标准建立框架。主要用于提供网络安全服务与有关机制的一般描述，确定在参考模型内部可提供这些服务与机制。此标准从体系结构的角度描述了 ISO 基本参考模型之间的网络安全通信必须提供的网络安全服务和安全机制，并说明了网络安全服务及其相应机制在安全体系结构中的关系，从而建立了开放互连系统的安全体系结构框架。并在身份验证、访问控制、数据加密、数据完整性和抗否认性方面，提供了 5 种可选择的网络安全服务，可以根据不同的网络安全需求采取相应的评估标准，见表 3-2。

表 3-2   ISO 提供的安全服务

服　　务	用　　途
身份验证	身份验证是证明用户及服务器身份的过程
访问控制	用户身份一经过验证就发生访问控制，这个过程决定用户可以使用、浏览或改变哪些系统资源
数据加密	通常使用加密技术保护数据免于未授权的泄露，可避免被动威胁
数据完整性	这项服务通过检验或维护信息的一致性，避免主动威胁
抗否认性	否认是指否认参加全部或部分事务的能力，抗否认服务提供关于服务、过程或部分信息的起源证明或发送证明

于 2000 年 12 月发行的 ISO 17799/BS -779 标准，适用于所有的组织，目前已成为强制性的安全标准。包括信息安全的所有准则，由信息安全方针、组织安全、财产分类和控制、人员安全、物理和环境安全、计算机通信和操作管理、访问控制、系统开发与维护、商务持续性管理和符合性 10 个独立的部分组成，其中每一部分都覆盖不同的主题和区域。

目前，**国际上通行的与网络信息安全有关的标准**可分为 3 类，如图 3-4 所示。

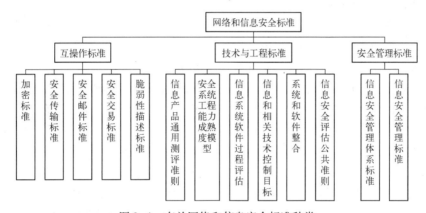

图 3-4   有关网络和信息安全标准种类

3.3.2   国内网络安全评估准则

1. 系统安全保护等级划分准则

在我国，经过国家质量技术监督局 1999 年 10 月批准发布的"系统安全保护等级划分准则"，主要依据《计算机信息系统安全保护等级划分准则》（GB 17859—1999）和《计算机信息系统安全专用产品分类原则》（GA 163—1997）等文件，将计算机系统安全保护划分为以下 5 个级别，见表 3-3，分别是用户自我保护级、系统审计保护级、安全标记保护级、结构化保护级和访问验证保护级。

表 3-3   我国计算机系统安全保护等级划分

等　级	名　　称	描　　述
第一级	用户自我保护级	安全保护机制可以使用户具备安全保护的能力，保护用户信息免受非法的读写破坏
第二级	系统审计保护级	除具备第一级所有的安全保护功能外，要求创建和维护访问的审计跟踪记录，使所有用户对自身行为的合法性负责
第三级	安全标记保护级	除具备前一级所有的安全保护功能外，还要求以访问对象标记的安全级别限制访问者的权限，实现对访问对象的强制访问

等级	名称	描述
第四级	结构化保护级	除具备前一级所有的安全保护功能外，还将安全保护机制划分为关键部分和非关键部分，对关键部分可直接控制访问者对访问对象的存取，从而加强系统的抗渗透能力
第五级	访问验证保护级	除具备前一级所有的安全保护功能外，还特别增设了访问验证功能，负责仲裁访问者对访问对象的所有访问

我国从 2002 年以来，提出的有关信息安全实施等级保护问题，经过专家多次反复论证研究，其相关制度得到不断细化和完善。2006 年 3 月公安部在原有条款基础上修改制订并开始实施了《信息安全等级保护管理办法（试行）》。将我国信息安全分五级防护，第一至五级分别为：自主保护级、指导保护级、监督保护级、强制保护级和专控保护级。国际上通行的做法是对信息安全进行分级保护，涉及国家安全、社会稳定的重要部门将实施强制监管，规定使用的操作系统必须有三级以上的信息安全保护。

2. 我国信息安全标准化现状

信息安全标准责任重大，事关国家及网络用户安全。各国均在借鉴国际标准的基础上，结合本国国情制定并完善各国的信息安全标准化组织和标准。其标准不仅是信息安全保障体系的重要组成部分，而且是政府进行宏观管理的重要依据。

在我国的信息安全标准化建设方面，主要按照国务院授权，在国家质量监督检验检疫总局管理下，由国家标准化管理委员会统一管理全国标准化工作，该委员会下设有 255 个专业技术委员会。我国标准化工作实行统一管理与分工负责相结合的管理体制，有 88 个国务院有关行政主管部门和国务院授权的有关行业协会分工管理本部门、本行业的标准化工作，有 31 个省、自治区、直辖市政府有关行政主管部门分工管理本行政区域内、本行业的标准化工作。1984 年成立的全国信息技术安全标准化技术委员会（CITS），在国家标准化管理委员会及工业和信息化部的共同领导下负责全国信息技术领域以及与 ISO/IEC JTC1 相对应的标准化工作，下设 24 个分技术委员会和特别工作组，是目前国内最大的标准化技术委员会，是一个具有广泛代表性、权威性和军民结合的信息安全标准化组织。工作范围是负责信息和通信安全的通用框架、方法、技术和机制的标准化，以及国内外对应的标准化工作。其网络技术安全包括：开放式安全体系结构、各种安全信息交换的语义规则、有关的应用程序接口和协议引用安全功能的接口等。

我国信息安全标准化进程起步晚、发展快。从 20 世纪 80 年代开始，积极借鉴国际标准的原则，制定了一批符合我国国情的信息安全标准和行业标准，为我国信息安全技术的发展做出了很大的贡献。据统计，我国从 1985 年发布第一个有关信息安全方面的标准以来，到目前为止，已制定、报批和发布近百个有关信息安全技术、产品、测评和管理的国家标准，并正在制定和完善新的标准，为信息安全的保障与管理奠定了重要基础。

3.3.3 网络安全的测评

利用先进的网络测评技术和方法，通过对计算机网络系统进行全面、充分、有效的安全测评，可以查找并分析出网络安全漏洞、隐患和风险，以便采取措施提高系统防御及抗攻击能力。对照评估及测评标准，依据网络安全评估结果、业务的安全需求、安全策略和安全目标，提出合理的安全防护措施、建议和解决方案。

1. 测评目的和方法

（1）网络安全测评目的

企事业机构进行网络安全**测评目的**包括：

1）查清企事业机构具体信息资产的实际价值及状况。

2）明确机构具体信息资源的保密性、完整性、可用性和可审查性的风险威胁及程度。

3）通过调研分析，搞清当前机构网络系统实际存在的具体漏洞隐患及状况。

4）明确与该机构信息资产有关的风险和具体需要改进之处。

5）提出改变现状的具体建议和方案，使风险降低到可接受的水平。

6）为制定合理的网络安全构建计划和策略提供依据。

（2）网络安全测评类型

通常，**通用的测评类型**分为 5 种：

1）系统级漏洞测评。主要检测计算机系统的漏洞、隐患和基本安全策略及状况。

2）网络级风险测评。主要测评相关的所有计算机网络及信息基础设施的风险范围。

3）机构的风险测评。对整个机构进行整体风险分析，分析对其信息资产的具体威胁和隐患，分析处理信息漏洞和隐患，对实体系统及运行环境的各种信息进行检验。

4）实际入侵测试。检验具有成熟系统安全程序的机构对具体模式的网络入侵的实际反映能力。

5）审计测试。深入实际检查具体的网络安全策略和网络系统运行记录情况，以及该组织具体执行的情况。

（3）调研与测评方法

在实际调研和测评时，收集信息主要有 3 个基本信息源：调研对象、文本查阅和物理检验。调研对象主要是与现有系统安全和组织实施相关的人员，重点是熟悉情况的人员和管理者。为了准确测评所保护的信息资源及资产，对问题的调研提纲应尽量简单易懂，且所提供的信息与调研人员无直接利害关系，同时审查现有的安全策略及关键的配置情况，包括已经完成和正在草拟或修改的文本。还应收集来自于对该组织的各种设施的审查信息。

具体的测评方法有：网络安全威胁隐患与态势测评方法、模糊综合风险测评法、基于弱点关联和安全需求的网络安全测评方法、基于失效树分析法的网络安全风险状态测评方法、贝叶斯网络安全测评方法等。

2. 测评标准和内容

1）测评准备。在网络安全实际测评前，应重点考查 3 个方面的测评因素：计算机（服务器）及其网络设备安装的场区环境的安全性；设备和设施的质量安全可靠性；外部运行环境及内部运行环境的相对安全性，系统管理员可信任度和配合测评是否愿意情况等。

2）依据和标准。主要根据 3.3.1 节和 3.3.2 节中介绍的 ISO 或国家有关的通用评估准则（CC）、《信息安全技术评估通用准则》、《计算机信息系统安全保护等级划分准则》和《信息安全等级保护管理办法（试行)》等作为评估标准。

经过各方认真研究和讨论达成的相关标准及协议，也可以作为测评的重要依据。

3）测评内容。对网络安全的评估内容主要包括：安全策略测评、网络实体（物理）安全测评、网络体系安全测评、安全服务测评、病毒防护安全性测评、审计安全性测评、备份安全性测评、紧急事件响应测评和安全组织与管理测评等。

3. 安全策略测评

1）测评事项。利用网络系统规划及设计文档、安全需求分析文档、网络安全风险测评文档和网络安全目标，测评网络安全策略的有效性。

2）测评方法。采用专家分析的方法，主要测评安全策略实施及效果，主要包括：安全需求满足情况、安全目标实现情况、安全策略有效性、实现情况、符合安全设计原则情况、各安全策略一致程度等。

3）测评结论。依据测评的具体结果，对比网络安全策略的完整性、准确性和一致性。

4. 网络实体安全测评

1）测评项目。主要测评项目包括：网络基础设施、配电系统；服务器、交换机、路由器、配线柜、主机房；工作站、工作间；记录媒体及运行环境。

2）测评方法。采用专家分析法，主要测评对物理访问控制（包括安全隔离、门禁控制、访问权限和时限、访问登记等）、安全防护措施（防盗、防水、防火、防震等）、备份（安全恢复中需要的重要部件的备份）及运行环境等的要求是否实现、是否满足安全需求。

3）测评结论。依据实际测评结果，确定网络系统的实际实体安全及运行环境情况。

5. 网络体系的安全性测评

（1）网络隔离的安全性测评

1）测评项目。主要测评项目包括以下 3 个方面：

- 网络系统内部与外部的隔离的安全性。
- 内部虚网划分和网段的划分的安全性。
- 远程连接（VPN、路由等）的安全性。

2）测评方法。主要利用检测侦听工具，测评防火墙过滤和交换机、路由器实现虚网划分的情况。采用漏洞扫描软件测评防火墙、交换机和路由器是否存在安全漏洞。

3）测评结论。依据实际测评结果，表述网络隔离的安全性情况。

（2）网络系统配置安全性测评

1）测评项目。主要测评项目包括以下 7 个方面：

- 网络设备（如路由器、交换机、HUB）的网络管理代理是否修改了默认值。
- 防止非授权用户远程登录路由器、交换机等网络设备的措施。
- 企事业机构网络系统的服务模式的安全设置是否合适。
- 服务端口开放及具体管理情况。
- 应用程序及服务软件的版本加固和更新程度。
- 网络操作系统的漏洞及更新。
- 网络系统设备的安全性。

2）测评方法和工具。常用的测评方法和工具包括：

- 采用漏洞扫描软件，测试网络系统存在的漏洞和隐患。
- 检查网络系统采用的各设备是否采用了安全性得到认证的产品。
- 依据设计文档，检查网络系统配置是否被更改和更改原因等是否满足安全需求。

3）测评结论。依据测评结果，表述网络系统配置的安全情况。

（3）网络防护能力测评

1）测评内容。主要对拒绝服务、电子欺骗、网络侦听、入侵等攻击形式是否采取了相应的防护措施及防护措施是否有效进行测评。

2）测评方法。主要采用模拟攻击、漏洞扫描软件，测评网络防护能力。

3）测评结论。依据具体测评结果，具体表述网络防护能力。

（4）服务的安全性测评

1）测评项目。主要包括两个方面：

- 服务隔离的安全性。依据信息敏感级别要求是否实现了不同服务的隔离。
- 服务的脆弱性分析。主要测试系统开放的服务 DNS、FTP、E-mail、HTTP 等，是否存在安全漏洞和隐患。

2）测评方法。常用的测评方法主要有两种：

- 采用系统漏洞检测扫描工具，测试网络系统开放的服务是否存在安全漏洞和隐患。
- 模拟各项业务和服务的运行环境及条件，检测业务服务的运行情况。

3）测评结论。依据实际测评结果，表述网络系统服务的安全性。

（5）应用系统的安全性测评

1）测评项目。主要测评应用程序是否存在安全漏洞，应用系统的访问授权、访问控制等防护措施（加固）的安全性。

2）测评方法。主要采用专家分析和模拟测试的方法。

3）测评结论。依据实际测评结果，对应用程序的安全性进行全面评价。

6. 安全服务的测评

1）测评项目。主要包括：认证、授权、数据安全性（保密性、完整性、可用性、可控性、可审查性）、逻辑访问控制等。

2）测评方法。采用扫描检测等工具截获数据包，分析上述各项是否满足安全需求。

3）测评结论。依据测评结果，表述安全服务的充分性和有效性。

7. 病毒防护安全性测评

1）测评项目。主要检测服务器、工作站和网络系统是否配备了有效的防病毒软件及病毒清查的执行情况。

2）测评方法。主要利用专家分析和模拟测评等测评方法进行测评。

3）测评结论。依据测评结果，表述对计算机病毒防范的具体情况。

8. 审计的安全性测评

1）测评项目。主要包括：审计数据的生成方式安全性、数据充分性、存储安全性、访问安全性及防篡改的安全性。

2）测评方法。主要采用专家分析和模拟测试等测评方法进行测评。

3）测评结论。依据测评具体结果表述审计的安全性。

9. 备份的安全性测评

1）测评项目。主要包括：备份方式的有效性、备份的充分性、备份存储的安全性和备份的访问控制情况等。

2）测评方法。采用专家分析的方法，依据系统的安全需求、业务的连续性计划，测评备份的安全性情况。

3）测评结论。依据测评结果，表述备份系统的安全性。

10. 紧急事件响应测评

1）测评项目。主要包括：紧急事件响应程序及其有效处理情况，以及平时的准备情况（备份和演练）。

2）测评方法。模拟紧急事件响应条件，检测响应程序是否有序，能否有效处理安全事件。

3）测评结论。依据实际测评结果，对紧急事件响应程序的充分性、有效性进行对比评价。

【案例3-4】中国信息安全测评中心网站安全监测业务。近年来，互联网已经进入迅速发展的阶段，Web 2.0 在交互性和用户体验方面有了很大的提高，但同时服务器和客户端的安全也面临着巨大的威胁。网站安全问题不仅阻碍网站正常系统功能的实现，影响用户使用，更是给网站所有者带来了经济、政治、名誉多方面的巨大损失。网站安全问题如果未能及时处置，则会导致网站被搜索引擎屏蔽、被客户端安全软件拦截，直接降低了网站的访问流量并损害网站所有者的声誉，还会导致网站自身的数据保密性、完整性、可用性受到损害。如果及时监测发现网站遭受的安全攻击，可以使网站管理者在第一时间内排除隐患，确保自身和用户的信息系统安全，维护网站形象和信誉。

"网站安全监测"是中国信息安全测评中心面向社会提供的网站安全监测服务，能够及时、准确地发现网站挂马事件、被黑事件，并向委托人进行通报，将网站所有者及访问用户的损失降至最低。如中国电信无线 VPDN 系统经过系统评估测试认证级别为信息系统安全保障级二级，可以在国内进行安全运营服务。

11. 安全组织和管理测评

（1）测评项目

1）建立安全组织机构和设置安全机构或部门情况。

2）检查网络管理条例及落实情况，明确规定网络应用目的、应用范围、应用要求、违反惩罚规定、用户入网审批程序等情况。

3）每个相关网络人员的安全责任是否明确及落实情况。

4）查清合适的信息处理设施授权程序。

5）实施网络配置管理情况。

6）规定各作业的合理工作规程情况。

7）明确具体翔实的人员安全性的规程情况。

8）记载翔实、有效的安全事件响应程序情况。

9）有关人员涉及各种管理规定，对其详细内容掌握情况。

10）机构相应的保密制度及落实情况。

11）账号、口令、权限等授权和管理制度及落实情况。

12）定期安全审核和安全风险测评制度及落实情况。

13）管理员定期培训和资质考核制度及落实情况。

（2）测评方法

主要利用专家分析的方法、考核法、审计方法和调查的方法。

在实际测评过程中，需要根据具体情况，采用具体测评方法。

（3）测评结论

根据实际的测评结果，评价安全组织机构和安全管理是否充分有效。

📖 **拓展阅读**：注册信息系统安全认证专家（Certified Information System Security Professional，CISSP）认证，是世界上目前最权威、最全面的国际化信息系统安全方面的认证，由国际信息系统安全认证协会（ISC）组织和管理。符合考试资格的人员在通过考试后被授予CISSP认证证书，表明证书持有者具备了符合国际标准要求的信息安全知识水平和丰富的行业经验能力，以卓越的能力服务于各大IT相关企业及电信、金融、大型制造业、服务业等行业。CISSP的工作能力值得信赖，提升其专业可信度，并为企业和组织提供寻找专业人员的凭证依据。越来越多的公司要求员工拥有CISSP，该资质持有者供不应求。2012年6月开始，在北京、上海和广州地区实行机考中文简体试卷考试。

📖 **讨论思考**：

1）橙皮书将安全的级别从低到高分成哪4个类别和7个级别？

2）国家将计算机安全保护划分为哪5个级别？

3）网络安全测评事项主要有哪些方面？

*3.4 网络安全策略及规划

据有关机构调查表明，大部分的企业网没有安全策略和规划，只靠一些简单的安全措施应对网络安全，其危害和风险很大，因此，重视和强化网络安全策略和规划非常必要。

3.4.1 网络安全策略简介

网络安全策略是指在某个特定的网络运行环境中，为达到一定网络安全级别的安全保护需求所遵循的各种规则和具体的对策要求条例。包括对企业各种网络服务的安全层次和权限的分类，确定管理员的安全职责，主要涉及4个方面：实体（物理）安全策略、访问控制策略、信息加密策略和网络安全管理策略。

1. 制定网络安全策略的原则

网络安全策略是保障机构网络安全的指导性文件。通常，网络安全策略包括总体安全策略和具体安全管理实施细则。在制定总体安全策略或安全管理实施细则时，都应当依据网络安全特点，遵守均衡性、时效性和最小限度原则。

（1）均衡性原则

世上没有绝对的安全，软件协议及管理等各种漏洞、安全隐患和威胁无法根除，网络安全任重道远。网络效能、易用性、安全强度相互制约，不能顾此失彼，必须根据用户对网络安全的具体需求等级及要求兼顾网速、吞吐量等性能的均衡性，充分发挥网络的效能。

（2）时效性原则

实际上，影响网络安全的多种因素都是随时间动态变化的，致使很多网络安全问题具有明显的时效性特征。如网络规模、业务及数据变化、用户数量、网站更新、安全检测与管理等因素的变化，都会使网络安全策略与时俱进并满足各种发展的需求。

（3）最小限度原则

计算机网络系统提供的服务越多，往往带来的安全风险、隐患和威胁也越多。因此，最好关闭网络安全策略中没有规定的网络服务，以最小限度配置满足安全策略确定的用户权限，并及时去除无用账号及主机信任关系，将风险降至最低。

2. 网络安全策略相关内容

通常，大多数计算机网络系统都是由网络硬件、网络连接、操作系统、网络服务和数据组成，网络或安全管理员负责安全策略的实施，网络用户则应当严格按照安全策略的规定使用网络提供的服务。根据不同的安全需求和对象，可以确定不同的安全策略。如访问控制策略是网络安全防范的主要策略，任务是保证网络资源不被非法访问和使用。主要包括入网访问控制策略、操作权限控制策略、目录安全控制策略、属性安全控制策略、网络服务器安全控制策略、网络监测、锁定控制策略和防火墙控制策略等方面的内容。

（1）实体与运行环境安全

关于实体与运行环境安全，在 1.5 节中已经进行了概述，在规划和实施时可以参照《电子计算机房设计规范》（GB 50174—1993）、《计算机站场地安全要求》（GB 9361—1988）、《计算机站场地技术条件》（GB 2887—1989）和国家保密安全方面的《计算机信息系统设备电磁泄漏发射测试方法》（GGBB2—1999）等国家技术标准。

（2）网络连接安全

网络连接安全主要涉及网络边界安全，如内外网与互联网的连接需求，需要防火墙和入侵检测技术双层安全机制保障网络边界安全。内网主要通过操作系统安全和数据安全策略进行保障，或以网络地址转换（Network Address Translator，NAT）技术以屏蔽方式保护内网私有 IP 地址，最好对有特殊要求的内网采用物理隔离等技术。

（3）操作系统安全

主要是侧重操作系统的安全漏洞、计算机病毒、网络入侵攻击等威胁和隐患，采取措施进行有效防范、及时更新升级与安全管理。

（4）网络服务安全

对于计算机网络提供的信息浏览、文件传输、远程登录、电子邮件等各种服务，都不同程度地存在着一定的安全风险和隐患，而且不同服务的安全隐患和具体安全措施各异，所以，需要在认真分析网络服务风险的基础上分别制定相应的安全策略细则。

（5）数据安全

数据以其机密及重要程度可分为 4 类：关键数据、重要数据、有用数据和一般数据，针对不同类型数据应采取不同的保护措施。操作系统及关键业务应用程序的关键数据具有高度机密性和高使用价值；有用数据是指网络系统经常使用却可从其他地方复制的数据；一般数据也称非重要数据，是指很少使用、机密性不强且容易得到的数据。根据具体实际需求采取加密和备份等措施。

（6）安全管理责任

网络安全管理人员是网络安全策略的制定和执行的主体，必须明确网络安全管理责任人。一般小型网络可由网管员兼任网络安全管理职责，中大型网络及电子政务、电子银行、电子商务或其他重要部门需要配备专职网络安全管理责任人，网络安全管理采用技术与行政相结合的手段。

（7）网络用户安全责任

网络用户对网络安全也负有相应的责任，应当提高安全防范意识，注意网络的接入安全、使用安全、安全设置与口令密码等管理安全，系统加固与病毒防范等。

3. 网络安全策略的组成与实施

（1）网络安全策略的组成

网络安全策略是在指定安全环境和区域内，与安全活动有关的规则和条例，是网络安全管理过程的重要内容和方法。

网络安全策略主要包括 3 个**重要组成部分**：安全立法、安全管理、安全技术。第一层是安全立法，有关网络安全的法律法规可分为社会规范和技术规范；第二层是安全管理，主要指一般的行政管理措施；第三层是安全技术，是网络安全的重要物质和技术基础。

社会法律法规与手段是安全的根本基础和重要保障，通过建立健全与网络安全相关的法律法规，使不法分子慑于法律，不敢轻举妄动。先进的安全技术是网络安全的根本保障，用户对系统面临的威胁进行风险评估，确定其需要的安全服务种类，选择相应的安全机制，然后再集成先进的安全技术。任何机构、企业和单位都需要采取相应的网络安全管理措施，加强内部管理，建立审计和跟踪体系，提高整体网络安全意识。

（2）网络安全策略的实施

1）注重重要数据和文件的安全。重要资源和关键的业务数据备份应当存储在受保护、限制访问且距离源地点较远的位置，可使备份的数据摆脱当地的意外灾害，并规定只有被授权的用户才有权限访问存放在远程的备份文件。在某些情况下，为了确保只有被授权者才可访问备份文件中的信息，需要对备份文件进行加密。

2）及时更新加固系统。由专人负责及时检查、安装最新系统软件补丁、漏洞修复程序和升级，并及时进行系统加固防御，并请用户配合，包括防火墙和查杀病毒软件的升级。

3）强化系统检测与监控。面对各种网络攻击能够快速响应，安装并运行信息安全部门认可的入侵检测系统。在防御措施遭受破坏时发出警报，以便采取应对措施。

4）做好系统日志和审计。计算机网络系统在处理一些敏感、有价值或关键的业务信息时必须可靠地记录下重要的、与安全有关的事件，并做好系统可疑事件的审计与追踪。与网络安全有关的事件包括：猜测其他用户密码、使用未经授权的权限访问、修改应用软件以及系统软件等。企事业单位可确保此类日志记录，并在一段时期内保存在安全地方。需要时可对系统日志进行分析及审计跟踪，也可判断系统日志记录是否被篡改。

3.4.2　网络安全规划基本原则

网络安全规划的主要内容包括：网络安全规划的基本原则、安全管理控制策略、安全组网、安全防御措施、安全审计和规划实施等。具体规划的种类较多，其中，网络安全建设规划包括：指导思想、基本原则、现状及需求分析、建设政策依据、实体安全建设、运行安全策略、应用安全建设和规划实施等。篇幅所限，这里只概述制定规划的基本原则。

制定网络安全规划的基本原则，重点考虑 6 个方面：

1）统筹兼顾。根据机构的具体规模、范围、安全等级等需求要素，进行统筹规划。

2）全面考虑。网络安全是一项复杂的系统工程，需要全面综合考虑政策依据、法规标准、风险评估、技术手段、管理、策略、机制和服务等，还要考虑实体及主机安全、网络系统安全、系统安全和应用安全等各个方面，形成总体规划。

3）整体防御与优化。科学利用各种安全防御技术和手段，实施整体协同防范和应急措施，对规划和不同方案进行整体优化。

4）强化管理。全面加强安全综合管理，人机结合、分工协同、全面实施。

5）兼顾性能。不应以牺牲网络的性能等换取高安全性，在网络的安全性与性能之间找到适当的平衡点和维护更新需求，应以安全等级要求确定标准，不追求"绝对的安全"。

6）分步制定与实施。充分考虑不同行业特点、不同侧重要求和安全需求，分别制定不同的具体规划方案，然后形成总体规划，并分步有计划地组织实施。如企业网络安全建设规划、校园网安全管理实施规划、电子商务网站服务器安全规划等。

📖 讨论思考：

1）网络安全的策略有哪些？如何制定和实施？

2）网络安全规划的基本原则有哪些？

*3.5 网络安全管理原则和制度

网络安全管理的原则和制度是安全管理的一项重要内容。目前，仍有很多企事业单位没能建立健全专门的管理机构、管理制度和规范。甚至大部分用户还是使用系统默认状态，系统处于"端口开放状态"，致使系统面临着严重的安全威胁和隐患。

3.5.1 网络安全管理的基本原则

为了强化网络系统安全，网络安全管理应坚持以下**基本原则**。

（1）多人负责原则

为了确保网络系统安全、职责明确，对各种与系统安全有关事项，应由多人分管负责并在现场当面认定签发。系统主管领导应指定忠诚、可靠、能力强，且具有丰富实际工作经验的人员作为网络系统安全负责人，同时明确安全指标、岗位职责和任务，安全管理员应及时签署安全工作情况记录，以及安全工作保障落实和完成情况。

需要签发的与网络安全有关的主要事项包括：

1）涉及处理的任何与保密有关的信息。

2）信息处理系统使用的媒介发放与收回。

3）用于访问控制使用的证件发放与收回。

4）系统软件的设计、实现、修改和维护。

5）业务应用软件和硬件的修改和维护。

6）重要程序和数据的增、删、改与销毁等。

（2）有限任期原则

网络安全人员不宜长期担任与安全相关的职务，以免产生永久性"保险"职位观念，可以通过强制休假、培训或轮换岗位等方式进行适当调整。

（3）职责分离原则

计算机网络系统重要相关人员应各司其职、各负其责、业务权限各异，除了系统主管领导批准的特殊情况之外，不应询问或参与职责以外与安全有关的事务。

以下任何两项具体工作应当适当分开，分由不同人员完成：

● 系统程序和应用程序的研发与实现。

- 与具体业务系统相关的检查及验收。
- 计算机及其网络数据的具体业务操作。
- 计算机网络管理和系统维护工作。
- 各种机密资料的接收和传送。
- 相关的具体安全管理和系统管理。
- 系统访问证件的管理与其他工作。
- 业务操作与数据处理系统使用存储介质的保管等。

网络系统安全管理部门应根据管理原则和系统处理数据的保密性要求，制定相应的管理制度，并采取相应的**安全管理规范**。具体工作包括：

1）根据业务的重要程度，测评确认系统的具体安全等级。

2）依据其安全等级，确定安全管理的具体范围和侧重点。

3）规范和完善"网络/信息中心"机房出入管理制度。

对于安全等级要求较高的系统，应实行分区管理与控制，限制工作人员出入与本职业务无直接关系的重要安全区域。

（4）严格操作规程

根据规定的安全操作规程要求，严格坚持职责分离和多人负责的原则，所有业务人员都要求做到各司其职、各负其责，不能超越各自的管辖权限范围。特别是国家安全保密机构、银行、证券等单位和财务机要部门等。

（5）系统安全监测和审计制度

建立健全系统安全监测和审计制度，确保系统安全，并能够及时发现、及时处理。

（6）建立健全系统维护制度

系统维护人员在进行维护之前必须经过主管部门批准，并采取数据保护措施，如数据备份等。在进行系统维护时，必须有安全管理人员在场，对于故障的原因、维护内容和维护前后的情况应详细认真记录并进行签字确认。

（7）完善应急措施

制定并完善业务系统在出现意外故障的紧急情况时，可以尽快恢复的应急对策和措施，并将损失减到最小程度。同时建立健全相关人员聘用和离职调离安全保密制度，对工作调动和离职人员要及时调整相应的授权。

📖 **拓展阅读**：其他资料有的将网络安全指导原则概括为 4 个方面：适度公开原则、动态更新与逐步完善原则、通用性原则、合规性原则。

3.5.2 网络安全管理机构和制度

网络安全管理机构和规章制度是网络安全的组织与制度保障。网络安全管理的制度包括人事资源管理、资产物业管理、教育培训、资格认证、人事考核鉴定制度、动态运行机制、日常工作规范、岗位责任制度等。建立健全网络安全管理机构和各项规章制度，需要做好以下几个方面工作。

1. 完善管理机构和岗位责任制

计算机网络系统的安全涉及整个系统和机构的安全、效益及声誉。系统安全保密工作最好由单位主要领导负责，必要时设置专门机构，如安全管理中心（SOC）等，协助主要领导管理。重要单位、要害部门的安全保密工作分别由安全、保密、保卫和技术部门分工负责。所有领导机构、重要计算机系统的安全组织机构，包括安全审查机构、安全决策机构、安全管理机构，都要建立和健全各项规章制度。

完善专门的安全防范组织和人员。各单位须建立相应的计算机信息系统安全委员会、安全小组、安全员。安全组织成员应由主管领导、公安保卫、信息中心、人事、审计等部门的工作人员组成，必要时可聘请相关部门的专家组成。安全组织也可成立专门的独立认证机构。对安全组织的成立、成员的变动等应定期向公安计算机安全监察部门报告。对计算机信息系统中发生的案件，应当在规定时间内向当地区（县）级及以上公安机关报告，并受公安机关对计算机有害数据防治工作的监督、检查和指导。

制定各类人员的岗位责任制，严格纪律、管理和分工的原则，不准串岗、兼岗，严禁程序设计师同时兼任系统操作员，严格禁止系统管理员、终端操作员和系统设计人员混岗。

专职安全管理人员具体负责本系统区域内安全策略的实施，保证安全策略的长期有效；负责软硬件的安装维护、日常操作监视、应急条件下安全措施的恢复和风险分析等；负责整个系统的安全，负责对整个系统的授权、修改、特权、口令、违章报告、报警记录处理、控制台日志审阅，遇到重大问题不能解决时要及时向主管领导报告。

安全审计人员监视系统运行情况，收集对系统资源的各种非法访问事件，并对非法事件进行记录、分析和处理，必要时将审计事件及时上报主管部门。

保安人员负责非技术性常规安全工作，如系统周边的警卫、办公安全、出入门验证等。

2. 健全安全管理规章制度

建立健全完善的安全管理规章制度，并认真贯彻落实非常重要。常用的**网络安全管理规章制度**包括以下 7 个方面。

1）系统运行维护管理制度。包括设备管理维护制度、软件维护制度、用户管理制度、密钥管理制度、出入门卫管理值班制度、各种操作规程及守则、各种行政领导部门的定期检查或监督制度。机要重地的机房应规定双人进出及不准单人在机房操作计算机的制度。机房门加双锁，保证两把钥匙同时使用才能打开机房。信息处理机要专机专用，不允许兼作其他用途。终端操作员因故离开终端必须退出登录画面，避免其他人员非法使用。

2）计算机处理控制管理制度。包括编制及控制数据处理流程、程序软件和数据的管理、复制移植和存储介质的管理，文件档案日志的标准化和通信网络系统的管理。

3）文档资料管理。各种凭证、单据、账簿、报表和文字资料，必须妥善保管和严格控制；交叉复核记账；各类人员所掌握的资料要与其职责一致，如终端操作员只能阅读终端操作规程、手册，只有系统管理员才能使用系统手册。

4）操作及管理人员的管理制度。建立健全各种相关人员的管理制度，主要包括：

- 指定具体使用和操作的计算机或服务器，明确工作职责、权限和范围。
- 程序员、系统管理员、操作员岗位分离且不混岗。
- 禁止在系统运行的机器上做与工作无关的操作。
- 不越权运行程序，不查阅无关参数。
- 当系统出现操作异常时应立即报告。
- 建立和完善工程技术人员的管理制度。
- 当相关人员调离时，应采取相应的安全管理措施。如人员调离时，马上收回钥匙、移交工作、更换口令、取消账号，并向被调离的工作人员申明其保密义务。

5）机房安全管理规章制度。建立健全的机房管理规章制度，经常对有关人员进行安全教育与培训，定期或随机地进行安全检查。机房管理规章制度主要包括：机房门卫管理、机房安全工作、机房卫生工作、机房操作管理等。

6）其他的重要管理制度。主要包括：系统软件与应用软件管理制度、数据管理制度、密码口令管理制度、网络通信安全管理制度、病毒的防治管理制度、实行安全等级保护制度、实行网络电子公告系统的用户登记和信息管理制度、对外交流维护管理制度等。

7）风险分析及安全培训

- 定期进行风险分析，制定意外灾难应急恢复计划和方案。如关键技术人员的多种联络方法、备份数据的取得、系统重建的组织。
- 建立安全考核培训制度。除了应当对关键岗位的人员和新员工进行考核之外，还要定期进行计算机安全方面的法律教育、职业道德教育和计算机安全技术更新等方面的教育培训。

对于从事涉及国家安全、军事机密、财政金融或人事档案等重要信息的工作人员更要重视安全教育，并应挑选可靠素质好的人员担任。

3. 坚持合作交流制度

计算机网络在快速发展中，面临严峻的安全问题。维护互联网安全是全球的共识和责任，网络运营商更负有重要责任，应对此高度关注，发挥互联网积极、正面的作用，对包括青少年在内的广大用户负责。各级政府也有责任为企业和消费者创造一个共享、安全的网络环境，同时也需要行业组织、企业和各利益相关方的共同努力。因此，应当大力加强与相关业务往来单位和安全机构的合作与交流，密切配合、共同维护网络安全，及时获得必要的安全管理信息和专业技术支持与更新。国内外也应当进一步加强交流与合作，拓宽网络安全国际合作渠道，建立政府、网络安全机构、行业组织及企业之间多层次、多渠道、齐抓共管的合作机制。

📖 讨论思考：

1）网络安全管理的基本原则有哪些？

2）网络安全规划指导原则主要包括哪4个方面？

3）建立健全网络安全管理机构和规章制度，需要做好哪些方面？

3.6 Web 服务器安全设置实验

Web 服务器的安全设置与管理操作，对于网络系统的安全管理极为重要，而且可以为 Web 安全应用与服务及以后就业奠定重要的基础。

3.6.1 实验目的

Web 服务器的安全设置与管理是网络安全管理的重要工作，通过实验使学生可以较好地掌握 Web 服务器的安全设置与管理的内容、方法和过程，理论联系实际，提高对服务器安全管理、分析问题和解决问题的实际能力，有助于以后更好地从事网管员或信息安全员工作。

3.6.2　实验要求及方法

在 Web 服务器的安全设置与管理实验过程中，应当先做好实验的准备工作，实验时注意掌握具体的操作界面、实验内容、实验方法和实验步骤，重点是服务器的安全设置（网络安全设置、安全模板设置、Web 服务器的安全设置等）与服务器日常管理实验过程中的具体操作要领、顺序和细节。

3.6.3　实验内容及步骤

在以往出现的服务器被黑事件中，由于对服务器安全设置或管理不当的原因造成的较多。一旦服务器被恶意破坏，就会造成重大损失，需要花费更多的时间进行恢复。

1. 服务器准备工作

通常需要先对服务器硬盘进行格式化和分区，格式化类型为 NTFS，而不用 FAT32 类型。分区安排为：C 盘为系统盘，存放操作系统等系统文件；D 盘存放常用的应用软件；E 盘存放网站。然后，设置磁盘权限：C 盘为默认；D 盘安全设置为 Administrator 和 System 完全控制，并将其他用户删除；E 盘只存放一个网站，设置为 Administrator 和 System 完全控制，Everyone 读取，如果网站上某段代码需要写操作，则应更改该文件所在文件夹的权限。

安装操作系统 Windows Server 2012。系统安装过程中应本着最小服务原则，不选择无用的服务，达到系统的最小安装，在安装 IIS 的过程中，只安装必要的最基本功能。

2. 网络安全配置

网络安全最基本的设置是端口。在"本地连接属性"中选择"Internet 协议（TCP/IP）"，再先后单击"高级"、"选项"及"TCP/IP 筛选"。只打开网站服务所需要使用的端口，配置界面如图 3-5 所示。

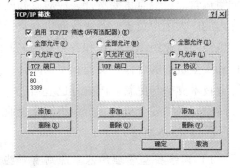

图 3-5　打开网站服务所需端口

在进行安全设置后，服务器不能使用域名解析，可以防止一般规模的分布式拒绝服务（DDoS）攻击，可使外部上网访问更为安全。

3. 安全模板设置

运行 MMC，添加独立管理单元"安全配置和分析"，导入模板 basicsv. inf 或 securedc. inf，然后选择"立刻配置计算机"，系统就会自动配置"账户策略"、"本地策略"、"系统服务"等信息，但这些配置可能会导致某些"被限制"软件无法运行或运行出错。如查看设置的 IE 禁用网站，则可将该网站添加到"本地 Intranet"或"受信任的站点"区域包含列表中，如图 3-6 所示。

4. Web 服务器的设置

以 IIS 为例，一定不要使用 IIS 默认安装的 Web 目录，而需要在 E 盘新建立一个目录。然后在 IIS 管理器中右击"主机"，选择"属性"和"WWW 服务"，在"编辑"中选择"主目录配置"及"应用程序映射"，只保留 asp 和 asa，其余全部删除。

5. ASP 的安全

由于大部分木马都是用 ASP 编写的，因此，在 IIS 系统上的 ASP 组件的安全非常重要。

图 3-6　安全配置和分析界面

ASP 木马实际上大部分通过调用 Shell. Application、WScript. Shell、WScript. Network、FSO、Adodb. Stream 组件实现其功能，除了文件系统对象（File System Object，FSO）之外，其他的大部分可以直接禁用。

使用微软提供的 URLScan Tool 过滤非法 URL 访问的工具，可以起到一定防范作用。

6. 服务器日常管理

服务器管理工作必须规范，特别是多个管理员时。**日常管理工作**包括：

1）定时重启服务器。各服务器保证每周重新启动一次。重启后要进行复查，确认启动，确认服务器上的各项服务都恢复正常。对于没有启动或服务未能及时恢复的情况，要采取相应措施。前者可请求托管商帮忙手工重新启动，必要时可要求连接显示器确认是否启动；后者需要远程登录服务器进行原因查找并尝试恢复服务。

2）检查安全性能。保证每周登录及大致检查服务器至少各两次，并将结果登记在册。如需使用工具进行检查，可直接在 e：tools 中查到相关工具。

3）备份数据。保证至少每月备份一次服务器系统数据，通常采用 ghost 方式，对 ghost 文件固定存放在 e：ghost 文件目录下，以备份的日期命名，如 20130829. gho；各服务器保证至少每两周备份一次应用程序数据，保证至少每月备份一次用户数据。

4）监控服务器。每天必须保证监视各服务器状态，一旦发现服务停止要及时采取相应措施。对于停止的服务，首先检查该服务器上同类型的服务是否中断，如都已中断，则应及时登录服务器查看相关原因，并针对该原因尝试重新开启对应服务。

5）清理相关日志。对各服务器保证每月对相关日志进行一次保存后清理，如应用程序日志、安全日志、系统日志等。

6）更新补丁及应用程序。对于新发布的系统漏洞补丁，或应用程序的安全等方面的更新，一定及时对各服务器打上补丁和更新，尽量选择确认的自动更新。

7）服务器的隐患检查。主要包括安全隐患、性能等方面的检测及扫描等。各服务器必须保证每月重点地单独检查一次，每次检查结果应进行记录。

8）变动告知。当服务器的软件更改或其他原因需要安装/卸载新的应用程序时，必须告知所有管理员。

9）定期更改管理密码。为保证安全，至少每两个月更改一次服务器密码，对于 SQL 服务器，由于 SQL 采用混合验证，更改系统管理员密码将影响数据库的使用，故可例外。

对各服务器设立一个管理记录，管理员每次登录系统都应在其中进行详细记录，主要记录登入时间、退出时间、登入时服务器状态（包含不明进程记录、端口连接状态、系统账号状态、内存/CPU 状态）、详细操作情况记录（管理员登录系统后操作）。记录远程登录操作和物理接触操作，然后将这些记录按照各服务器归档。

3.7　本章小结

网络安全管理保障与安全技术紧密结合才能更好地发挥效能。本章简要地介绍了网络安全管理的概念、任务、内容、体系和网络安全管理的基本过程。网络安全保障包括：信息安全策略、信息安全管理、信息安全运作和信息安全技术，其中，管理是企业管理行为，主要包括安全意识、组织结构和审计监督；运作是日常管理的行为（包括运作流程和对象管理）；技术是信息系统的行为（包括安全服务和安全基础设施）。网络安全是在企业管理机制下，通过运作机制借助技术手段实现的。"七分管理，三分技术，运作贯穿始终"，**管理是关键，技术是保障**，其中的网络安全技术包括网络安全管理技术。

本章还概述了国外在网络安全方面的法律法规和我国网络安全方面的法律法规，以及计算机取证技术，对震慑和打击计算机犯罪极为重要。并介绍了国内外网络安全评估准则和测评有关内容，包括国外网络安全评估准则、国内安全评估通用准则、网络安全评估的目标内容和方法等。同时，概述了网络安全策略和规划，网络安全管理的基本原则，以及健全安全管理机构和制度。最后，联系实际应用，概述了 Web 服务器的安全设置与管理实验的实验目的、要求、内容和步骤。

3.8　练习与实践

1. 选择题

（1）网络安全保障包括：信息安全策略和（　　）。

    A. 信息安全管理　　　　　　　　　　B. 信息安全技术

    C. 信息安全运作　　　　　　　　　　D. 上述三点

（2）网络安全保障体系框架的外围是（　　）。

    A. 风险管理　　　　　　　　　　　　B. 法律法规

    C. 标准的符合性　　　　　　　　　　D. 上述三点

（3）名字服务、事务服务、时间服务和安全性服务是（　　）提供的服务。

    A. 远程 IT 管理整合式应用管理技术　　B. APM 网络安全管理技术

    C. CORBA 网络安全管理技术　　　　D. 基于 Web 的网络管理模式

（4）一种全局的、全员参与的、事先预防、事中控制、事后纠正、动态的运作管理模式，是基于风险管理理念和（　　）。

    A. 持续改进模式的信息安全运作模式　B. 网络安全管理模式

    C. 一般信息安全运作模式　　　　　　D. 以上都不对

（5）我国网络安全立法体系框架分为（　　　）。

    A. 构建法律、地方性法规和行政规范

    B. 法律、行政法规和地方性法规、规章、规范性文档

    C. 法律、行政法规和地方性法规

    D. 以上都不对

（6）网络安全管理规范是为保障实现信息安全政策的各项目标，制定的一系列管理规定和规程，具有（　　　）。

    A. 一般要求   B. 法律要求

    C. 强制效力   D. 文件要求

2. 填空题

（1）信息安全保障体系架构包括 5 个部分：＿＿＿＿＿＿、＿＿＿＿＿＿、＿＿＿＿＿＿、＿＿＿＿＿＿和＿＿＿＿＿＿。

（2）TCP/IP 网络安全管理体系结构，包括 3 个方面：＿＿＿＿＿＿、＿＿＿＿＿＿、＿＿＿＿＿＿。

（3）＿＿＿＿＿＿是信息安全保障体系的一个重要组成部分，按照＿＿＿＿＿＿的思想，为实现信息安全战略而搭建。一般来说，防护体系包括＿＿＿＿＿＿、＿＿＿＿＿＿和＿＿＿＿＿＿3 层防护结构。

（4）信息安全标准是确保信息安全的产品和系统，在设计、研发、生产、建设、使用、测评过程中，解决产品和系统的＿＿＿＿＿＿、＿＿＿＿＿＿、＿＿＿＿＿＿、＿＿＿＿＿＿和符合性的技术规范、技术依据。

（5）网络安全策略包括 3 个重要组成部分：＿＿＿＿＿＿、＿＿＿＿＿＿和＿＿＿＿＿＿。

（6）网络安全保障包括＿＿＿＿＿＿、＿＿＿＿＿＿、＿＿＿＿＿＿和＿＿＿＿＿＿4 个方面。

（7）TCSEC 是可信计算系统评价准则的缩写，又称网络安全橙皮书，将安全分为＿＿＿＿＿＿、＿＿＿＿＿＿、＿＿＿＿＿＿和文档 4 个方面。

（8）通过对计算机网络系统进行全面、充分、有效的安全测评，能够快速查出＿＿＿＿＿＿、＿＿＿＿＿＿、＿＿＿＿＿＿。

（9）实体安全的内容主要包括＿＿＿＿＿＿、＿＿＿＿＿＿、＿＿＿＿＿＿3 个方面，主要指 5 项防护（简称 5 防）：防盗、防火、防静电、防雷击、防电磁泄露。

（10）基于软件的软件保护方式一般分为：注册码、许可证文件、许可证服务器、＿＿＿＿＿＿和＿＿＿＿＿＿等。

3. 简答题

（1）信息安全保障体系架构具体包括哪 5 个部分？

（2）如何理解"七分管理，三分技术，运作贯穿始终"？

（3）国外的网络安全法律法规和我国的网络安全法律法规有何差异？

（4）网络安全评估准则和方法的内容是什么？

（5）网络安全管理规范及策略有哪些？

（6）简述安全管理的原则及制度要求。

（7）网络安全政策是什么？具体内容有哪些？

（8）单位如何进行具体的实体安全管理？

（9）软件安全管理的防护方法是什么？

4. 实践题

（1）调研一个企事业网络中心，了解并写出实体安全的具体要求。

（2）查看一台计算机的网络安全管理设置情况，如果不合适则进行调整。

（3）利用一种网络安全管理工具，对网络安全性进行实际检测并分析。

（4）调研一个企事业单位，了解计算机网络安全管理的基本原则与工作规范情况。

（5）结合实际，论述如何贯彻落实机房的各项安全管理规章制度。

第4章　黑客攻防与检测防御

随着计算机网络技术的快速发展和广泛应用，为网络资源共享和服务带来极大的便利，同时网络黑客侵扰和攻击现象越来越频繁，对网络安全带来威胁且风险更加严重，致使网络安全防范问题更加突出。为了保障计算机网络资源和服务的安全，需要认真研究黑客的攻击与防范技术，掌握入侵检测与防御方法，采取切实有效的技术手段和措施。

📖 **教学目标**

- 了解黑客攻击的目的及攻击步骤。
- 熟悉黑客常用的攻击方法。
- 理解防范黑客的措施。
- 掌握黑客攻击过程，以及如何防御黑客攻击。
- 掌握入侵检测与防御系统的概念、功能、特点和应用方法。

4.1　黑客概念及攻击途径

【案例4-1】中国网络遭攻击瘫痪，涉事IP指向美国公司。据《环球时报》2014年1月综合报道，中国互联网部分用户1月21日遭遇大范围"瘫痪"性极为严重的攻击，国内通用顶级根域名服务器解析出现异常，部分国内用户无法访问.cn或.com等域名网站。据初步统计，全国有2/3的网站和数十亿企事业机构或个人用户访问受到极大影响，绝大多数网站无法打开浏览，导致系统处于瘫痪状态。网络系统故障发生后，奇怪的是一些中国用户在访问时，都会被跳转到一个IP地址，而这个地址指向的是位于美国北卡罗来纳州的一家名为Dynamic Internet Technology的公司，其曾经是"自由门"翻墙软件的开发者。

4.1.1　黑客的概念及形成

1. 黑客的概念

黑客（Hacker）一词最早源自英文Hacker，早期在美国的计算机界对此称谓带有一定褒义。黑客一词原指喜欢用智力通过创造性方法来挑战脑力极限的人，特别是对计算机网络系统、编程、电信或电器工程等感兴趣的领域，如热心于计算机技术，水平高超的能人，特别是能够进行特殊程序设计的人。后来其含义逐渐有所变化，主要指那些专业技能超群、聪明能干、精力旺盛，对计算机信息系统进行非授权访问的人，在媒体报道中，黑客一词泛指那些"软件骇客"，现在，黑客一词已被用于泛指那些专门利用计算机网络搞破坏或恶作剧的人，实际上，对这些人的准确英文称谓是Cracker，常翻译成"骇客"。

在现代的计算机网络环境下，人们对黑客的理解和印象已经鱼目混珠，其概念也随着信息技术的快速发展和网络安全问题的不断出现而有所变化。通常将笼统泛指的黑客认为是在计算机技术上有一定特长，并凭借掌握的技术知识，采用各种不正当的手段躲过计算机网络系统的安全措施和访问控制，而进入计算机网络进行未授权或非法活动的人。甚至在很多网上、书籍和资料中将"黑客"描述为网络的"攻击者"和"破坏者"。

2. 黑客的类型

实际上，较早的网络黑客主要**分为 3 大类**：破坏者、红客、间谍。其中，破坏者又称为骇客（Cracker），而红客则是将"国家利益至高无上"的正义"网络大侠"，计算机情报间谍则是"利益至上"的情报"盗猎者"。

早期的大部分黑客主要入侵程控电话系统，找出其中的漏洞，借以享受免费的电话业务。随着计算机网络的诞生和发展，他们对网络产生了越来越浓厚的兴趣。最初他们闯入他人计算机系统的本意不在于攻击对方和造成破坏，而是凭借自己的专业技能发现其中的漏洞，进入系统后留下一定的标记，以此来炫耀个人的能力。

📖 **拓展阅读**：一些黑客为了既得利益大肆进行恶意攻击和破坏，其危害性最大，所占的比例也最大。有的谋取非法的经济利益、盗用账号非法提取他人的存款、股票和有价证券，或对被攻击对象进行敲诈勒索，使个人、团体、国家遭受重大的经济损失，还有的蓄意毁坏对方的计算机系统，为一定的政治、军事、经济目的窃取情报和其他隐蔽服务。系统中重要的程序数据可能被篡改、毁坏，甚至全部丢失，导致系统崩溃、业务瘫痪，后果不堪设想。

3. 黑客的形成与发展

【案例 4-2】20 世纪 60 年代，在美国麻省理工学院的人工智能实验室里，有一群自称为黑客的学生以编制复杂的程序为乐趣，当初并没有功利性目的。此后不久，连接多所大学计算机实验室的美国国防部实验性网络 APARNET 建成，黑客活动便通过网络传播到更多的大学乃至社会。后来，有些人利用手中掌握的"绝技"，借鉴盗打免费电话的手法，擅自闯入他人的计算机系统，干起隐蔽活动。随着 APARNET 逐步发展成为因特网，黑客们的活动天地越来越广阔，人数也越来越多，形成鱼目混珠的局面。

近年来，随着计算机网络及信息化建设的飞速发展，各种恶性的非法入侵事件不断出现，对世界各国计算机系统的安全构成极大的威胁，于是在人们的心目中，黑客的形象也就被抹了黑。黑客侵入计算机系统是否造成破坏，因其主观动机不同而有很大的差别。一些黑客纯粹出于好奇心和自我表现欲，通过网络侵入非授权的计算机系统，有时只是窥探一下别人的秘密或隐私，并不打算窃取任何数据和破坏系统。另有一些黑客出于某种原因，如泄私愤、报复、抗议而侵入和篡改目标网站的内容，警告羞辱对方。例如，1999 年 5 月以美国为首的北约声称失误炸毁我国驻南斯拉夫使馆后，曾有一批自称"正义的红客"纷纷闯入美国的白宫网站、美国驻华使馆网站、美国国防部网站和美国空军等官方网站，篡改其主页表示抗议。

4.1.2 黑客攻击的主要途径

大多数用户对黑客和黑客技术而言还不是太清楚，为了揭开黑客的神秘面纱，下面介绍有关黑客的基础知识。

1. 黑客攻击的漏洞

黑客攻击主要借助于计算机网络系统的漏洞。漏洞又称系统缺陷，是在硬件、软件、协议的具体实现或系统安全策略上存在的缺陷，从而可使攻击者能够在未授权的情况下访问或破坏系统。由于计算机及网络系统存在漏洞和隐患，才使黑客攻击有机可乘。产生漏洞并为黑客所利用的原因包括：

1）计算机网络协议本身的缺陷。网络采用的 Internet 基础协议 TCP/IP，设计之初就没有考虑安全问题，注重开放和互联而过分信任协议，使得协议的缺陷更加突出。

2）系统研发的缺陷。软件研发没有很好地解决保证大规模软件可靠性问题，致使大型系统都可能存在缺陷（Bug）。主要是指操作系统或系统程序在设计、编写、测试或设置时，考虑难以做到非常细致周全，在遇到看似合理但实际上难以处理的问题时，引发了不可预见的错误。漏洞产生主要有 4 个方面：操作系统基础设计错误；源代码错误（缓冲区、堆栈溢出及脚本漏洞等）；安全策略施行错误；安全策略对象歧义错误。

3）系统配置不当。有许多软件是针对特定环境配置研发的，当环境变换或资源配置不当时，就可能使本来很小的缺陷变成漏洞。

4）系统安全管理中的问题。快速增长的软件的复杂性、训练有素的安全技术人员的不足以及系统安全策略的配置不当，增加了系统被攻击的机会。

2. 黑客入侵通道

（1）网络端口的概念

计算机是通过网络端口（Protocol Port）实现与外部通信的连接，黑客攻击是将系统和网络设置中的各种端口作为入侵通道。其中的端口是逻辑意义上的端口，是指网络中面向连接服务和无连接服务的通信协议端口，是一种抽象的软件结构，包括一些数据结构和 I/O（输入/输出）缓冲区、通信传输与服务的接口。

实际上，如果将计算机网络的 IP 地址比成一栋楼中的一间房子，那么 TCP/IP 中的端口就如同出入这间房子的门。网络端口通过只有整数的端口号标记，范围是 $0 \sim 65535$（即 $2^{16} - 1$）。在 Internet 上，各主机间通过 TCP/IP 发送和接收数据包，各数据包根据其目的主机的 IP 地址进行互联网络中的路由选择。

（2）端口机制的由来

由于大多数操作系统都支持多程序（进程）同时运行，目的主机需要知道将接收到的数据包再回传给众多同时运行的进程中的哪一个，同时本地操作系统给那些有需求的进程分配协议端口。当目的主机通过网络系统接收到数据包以后，根据报文首部的目的端口号，将数据发送到相应端口，与此端口相对应的那个进程将会领取数据并等待下一组数据的到来。事实上，不仅接收数据包的进程需要开启它自己的端口，发送数据包的进程也需要开启端口。因此，数据包中将会标识有源端口号，以便接收方能顺利地回传数据包到这个端口。目的端口号用来通知传输层协议将数据传送给哪个软件来处理。一般源端口号是由操作系统自己动态生成的一个 $1024 \sim 65535$ 的号码。

网络端口分类标准有多种方法，按端口号分布可分为 3 段：

1）公认端口（$0 \sim 1023$），又称常用端口，为已经公认定义或将要公认定义的软件保留。这些端口紧密绑定一些服务且明确表示了某种服务协议。如 80 端口表示 HTTP。

2）注册端口（$1024 \sim 49151$），又称保留端口，这些端口松散绑定一些服务。

3）动态/私有端口（$49152 \sim 65535$）。理论上不应为服务器分配这些特殊的专用端口。

按协议类型可以将端口划分为 TCP 和 UDP 端口：

1）TCP 端口是指传输控制协议端口，需要在客户端和服务器之间建立连接，提供可靠的数据传输。如 Telnet 服务的 23 端口。

2）UDP 端口是指用户数据包协议端口，不需要在客户端和服务器之间建立连接。常见的端口有 DNS 服务的 53 端口。

📖 讨论思考：

1）什么是安全漏洞和隐患？为什么网络存在安全漏洞和隐患？

2）举例说明，计算机网络安全面临的黑客攻击问题。

3）黑客通道——端口主要有哪些？特点是什么？

4.2　黑客攻击的目的及过程

黑客实施攻击的步骤，根据其攻击的目的、目标和技术条件等实际情况而不尽相同。本节概括性地介绍网络黑客攻击的目的、种类及过程。

4.2.1　黑客攻击的目的及种类

1. 黑客攻击的目的

【案例 4-3】最大网络攻击案件幕后黑手被捕。2013 年一荷兰男子 SK 因涉嫌有史以来最大的网络攻击案件而被捕。SK 对国际反垃圾邮件组织 Spamhaus 等网站，进行了前所未有的一系列的大规模分布式拒绝服务攻击（DDoS），在高峰期攻击达到 300 Gbit/s，导致欧洲的某些局部地区互联网速度缓慢，同时致使成千上万相关网站无法正常运行服务。

黑客实施攻击的目的概括地说有两种：其一，为了得到物质利益；其二，为了满足精神需求。物质利益是指获取金钱和财物；精神需求是指满足个人心理欲望。

常见的黑客行为有：攻击网站、盗窃密码或重要资源、篡改信息、恶作剧、探寻网络漏洞、获取目标主机系统的非法访问权等、非授权访问或恶意破坏等。

实际上，黑客攻击是利用被攻击方网络系统自身存在的漏洞，通过使用网络命令和专用软件侵入网络系统实施攻击。具体的攻击目的与下述攻击种类有关。

2. 黑客攻击手段的种类

黑客网络攻击手段的类型主要有以下几种。

（1）网络监听

利用监听嗅探技术获取对方网络上传输的信息。网络嗅探其实最开始是应用于网络管理，如同远程控制软件一样，后来其强大功能逐渐被黑客利用。

（2）拒绝服务攻击

拒绝服务攻击是指利用发送大量数据包而使服务器因疲于处理相关服务而导致服务器系统的相关服务崩溃或资源耗尽，最终使网络连接堵塞、暂时或永久性瘫痪的攻击手段。拒绝服务攻击是最常见的一种攻击类型，目的是利用拒绝服务攻击破坏正常运行。

（3）欺骗攻击

欺骗攻击主要包括：利用源 IP 地址欺骗和源路由欺骗攻击。

1）源 IP 地址欺骗。一般认为若数据包能使其自身沿着路由到达目的地，且应答包也可回到源地，则源 IP 地址一定是有效的，盗用或冒用他人的 IP 地址即可进行欺骗攻击。

2）源路由欺骗攻击。数据包通常从起点到终点，经过的路径由位于两端点间的路由器决定，数据包本身只知去处，而不知其路径。源路由可使数据包的发送者将此数据包要经过的路径写在数据包中，使数据包循着一个对方不可预料的路径到达目的主机。

【案例4-4】大量木马病毒伪装成"东莞艳舞视频"网上疯传。2014年2月，央视《新闻直播间》曝光了东莞的色情产业链，一时间有关东莞的信息点击量剧增，与之有关的视频、图片信息也蜂拥而至。仅24小时内，带有"东莞"关键词的木马色情网站（伪装的"钓鱼网站"）拦截量猛增11.6%，相比平时多出近10万次。大量命名为"东莞艳舞视频""东莞桑拿酒店视频"的木马和广告插件等恶意软件出现，致使很多用户机密信息被盗。

（4）缓冲区溢出

向程序的缓冲区写超长内容，可造成缓冲区溢出，从而破坏程序的堆栈，使程序转而执行其他指令。如果这些指令是放在有Root权限的内存中，那么一旦这些指令运行，黑客就获得程序的控制权。以Root权限控制系统，达到入侵目的。

（5）病毒及密码攻击

主要通过多种不同方法攻击，包括蛮力攻击（Brute Force Attack）、特洛伊木马程序、IP欺骗和报文嗅探。尽管报文嗅探和IP欺骗可捕获用户账号和密码，但密码攻击常以蛮力攻击反复试探、验证用户账号或密码。特别是常用木马病毒等进行攻击，获取资源的访问权，窃取账户用户的权力，为以后再次入侵创建后门。

（6）应用层攻击

应用层攻击可使用多种不同的方法实施，常见方法是用服务器上的应用软件（如SQL Server、FTP等）缺陷，获得计算机的访问权和应用程序所需账户的许可权。

4.2.2 黑客攻击的过程

黑客的攻击步骤各异，但其整个攻击过程有一定规律，一般称为"**攻击五部曲**"。

1. 隐藏IP

隐藏IP就是隐藏黑客的IP地址，即隐藏黑客所使用计算机的真正地理位置，以免被发现。典型的隐藏真实IP地址的方法，主要利用被控制的其他主机作为跳板，有**两种方式**。

1）一般先入侵到连接互联网上的某一台计算机，俗称"肉鸡"或"傀儡机"，然后利用这台计算机实施攻击，即使被发现，也是"肉鸡"的IP地址。

2）做多级跳板"Sock代理"，可以隐蔽入侵者真实的IP地址，留下的是代理计算机的IP地址。例如，通常黑客攻击某国的站点，一般选择远距离的另一国家的计算机为"肉鸡"，进行跨国攻击，这类案件较难侦破。

2. 踩点扫描

踩点扫描主要是通过各种途径和手段对所要攻击的目标对象信息进行多方探寻搜集，确保具体信息准确，确定攻击时间和地点等。**踩点**是黑客搜集信息，勾勒出整个网络的布局，找出被信任的主机，主要是网络管理员使用的机器或是一台被认为很安全的服务器。**扫描**是利用各种扫描工具寻找漏洞。扫描工具可以进行下列检查：TCP端口扫描；RPC服务列表；NFS输出列表；共享列表；默认账号检查；Sendmail、IMAP、POP3、RPC status和RPC mountd有缺陷版本检测。进行完这些扫描，黑客对哪些主机有机可乘已胸有成竹。但这种方法是否成功要看网络内、外部主机间的过滤策略。

3. 获得特权

获得特权即获得管理权限。目的是通过网络登录到远程计算机上，对其实施控制，达到攻击目的。**获得权限方式**分为 6 种：由系统或软件漏洞获得系统权限；由管理漏洞获取管理员权限；由监听获取敏感信息，进一步获得相应权限；以弱口令或穷举法获得远程管理员的用户密码；以攻破与目标主机有信任关系的另一台计算机，进而得到目标主机的控制权；由欺骗获得权限以及其他方法。

4. 种植后门

种植后门是指黑客利用程序的漏洞进入系统后安装的后门程序，以便以后可以不被察觉地再次进入系统。多数后门程序（木马）都是预先编译好的，只需要想办法修改时间和权限就可以使用。黑客一般使用特殊方法传递这些文件，以便不留下 FTP 记录。

5. 隐身退出

通常，黑客一旦确认自己是安全的，就开始发动攻击侵入网络。为了避免被发现，黑客在入侵完毕后可以及时清除登录日志和其他相关的系统日志，及时隐身退出。

图 4-1 是黑客攻击企业内部局域网的过程示意图。

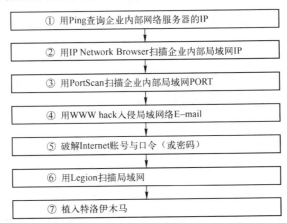

图 4-1   黑客攻击企业内部局域网的过程示意图

讨论思考：

1）黑客攻击的目的与步骤有哪些？

2）黑客找到攻击目标后，可以继续哪几步的攻击操作？

3）黑客的行为有哪些？

4.3　常用的黑客攻防技术

网络安全管理工作的首要任务是防范黑客攻击，掌握黑客攻击防御技术可以有效地预防攻击。下面将对端口扫描、网络监听、密码破解、特洛伊木马、缓冲区溢出和拒绝服务等常用黑客攻防技术进行分析。

4.3.1　端口扫描的攻防

端口扫描工具研发的目的主要是使网络安全人员能够及时发现系统的安全漏洞，检查系统所开放的服务，并获得相关信息等，以便于加强系统的安全管理，提高系统安全性能。后期，逐渐成为黑客借机窃取并获得主机有关信息的一种手段。

1. 端口扫描及扫描器

端口扫描是使用端口扫描工具（程序）检查目标主机在哪些端口可以建立 TCP 连接。如果可以建立连接，则说明主机在那个端口被监听。端口扫描不能进一步确定该端口提供什么样的服务，也不能确定该服务是否有众所周知的缺陷，它只能够获得许多重要信息，供用户发现系统的安全漏洞。

网络端口**扫描器**（也称扫描工具、扫描软件）是一种自动检测远程或本地主机安全性弱点的程序。扫描器通过选用远程 TCP/IP 不同端口的服务，记录目标给予的回答，收集到很多关于目标主机的各种有用的信息（如是否能用匿名登录，是否有可写的 FTP 目录，是否能用 TELNET，HTTPD 是用 ROOT 还是 nobady）。扫描器不是一个直接的攻击网络漏洞的程序，它仅能帮助使用者发现目标机的某些内在的弱点。一个好的扫描器能对它得到的数据进行分析，帮助查找目标主机的漏洞。

2. 端口扫描工具及方式

端口扫描方式有手工命令行方式和使用端口扫描工具进行扫描。在手工进行扫描时，需要熟悉各种命令，对命令执行后的输出进行分析。如 Ping 命令、Tracert 命令（跟踪一个消息从一台计算机到另一台计算机所走的路径）、rusers 和 finger 命令（这两个都是 UNIX 命令，能收集目标机上的有关用户的消息）等。**端口扫描工具及方式**有：

1）TCP connect 扫描。是最基本的一种扫描方式。connect( )是一种系统调用，由操作系统提供，用于打开一个连接。如果端口正在监听，connect( )就成功返回；否则，则说明端口不可访问。使用 TCP connect 不需要任何特权，任何 UNIX 用户都可以使用这个系统调用。

2）TCP SYN 扫描。SYN（synchronize，简称 SYN）是 TCP/IP 建立连接时使用的握手信号。TCP SYN 扫描常被称为半开扫描，因为并不是一个全 TCP 连接。发送一个 SYN 数据包，就好像准备打开一个真正的连接，然后等待响应（一个 SYN/ACK 表明该端口正在被监听，一个 RST（复位）响应表明该端口没有被监听）。如果收到一个 SYN/ACK，则通过立即发送一个 RST 来关闭连接。这样做的好处是极少有主机来记录这种连接请求。

进行扫描的方法很多，可以是手工进行扫描，也可以用端口扫描软件进行，还有就是本站的在线扫描。目前，还有一些免费的端口扫描工具，可供使用。如 Superscan、X – Scan、Fluxay、Angry IP Scanner 和 NSE 等。SuperScan 软件，是免费软件，下载后直接解压就可以使用，没有安装程序，是一款绿色软件，与 IP 扫描有关的功能几乎都有，且每个功能都很专业。其功能如下：

1）通过 Ping 来检验 IP 是否在线。

2）IP 和域名相互转换。

3）检验目标计算机提供的服务类别。

4）检验一定范围目标计算机是否在线和端口情况。

5）工具自定义列表检验目标计算机是否在线和端口情况。

6）自定义要检验的端口，并可以保存为端口列表文件。

7）自带一个木马端口列表 trojans. lst，通过这个列表用户可以检测目标计算机是否有木马；同时，也可以自定义修改这个木马端口列表。

Angry IP Scanner 是 IP 扫描软件。可以在最短的时间内扫描远端主机 IP 的运作状况，并快速地将结果整理完回报给用户，可以扫描的项目包括远端主机的名称和 IP 的运作状况等。是网管员的好帮手，允许扫描的范围大，可以从 1.1.1.1 一直扫描到 255.255.255.255；可以为用户翔实地用 Ping 查看每个 IP，并且将有关信息状况回报给用户。

X – Scan 采用多线程方式对指定 IP 地址段（或单机）进行安全漏洞检测，支持插件功能，提供了图形界面和命令行两种操作方式。扫描内容包括：远程操作系统类型及版本，标准端口状态及端口 Banner 信息，CGI 漏洞（WebServers 程序设计时的漏洞），IIS 漏洞，RPC 漏洞，SQL – SERVER、FTP – SERVER、SMTP – SERVER、POP3 – SERVER、NT – SERVER 弱口令用户，NT 服务器 NETBIOS 信息等。扫描结果保存在/log/目录中，index_ * . htm 为扫描结果索引文件。

安全管理员集成网络工具（Security Administrator's Integrated Network Tool，SAINT）是一种安全审计工具。SAINT 出于著名的网络脆弱性检测工具（Security Administrator Tool for Analyzing Network，SATAN），是一个集成化的网络系统脆弱性评估环境，可以帮助系统安全管理人员收集网络主机的相关信息，发现存在或者潜在的系统缺陷，提供主机安全性评估报告，进行主机安全策略测试。

Nmap 由 Foydor 研发，可以从网站 http://www.insecure.org/进行下载，安装到 Windows 和 UNIX 操作系统中。Nmap 支持的 4 种最基本的扫描方式有：TCP connect 端口扫描；TCP 同步端口扫描；UDP 端口扫描；Ping 扫描。Nmap 被用在大型网络中对端口进行扫描，同时它也可以很好地为单个主机进行运作。

网络安全漏洞分析系统 NSE。NSE（手持式）由国家反计算机入侵和防病毒研究中心研发，运行于夏普 CECSL7500C 掌上电脑。该产品携带方便，即开即扫，可以在任意时间、任意地点进行漏洞检测，具有 GPRS 无线上网能力，能够随时随地检测连接到互联网的任意主机；检测漏洞能力强，拥有 1600 多种漏洞的检测能力，可查找出目前已知的大多数漏洞，并可随时升级漏洞扫描插件。

3. 端口扫描攻击

端口扫描攻击采用探测技术，攻击者可将它用于寻找他们能够成功攻击的服务。常用端口扫描攻击如下。

1）秘密扫描：不能被用户使用审查工具检测出来的扫描。

2）SOCKS 端口探测：SOCKS 是一种允许多台计算机共享公用 Internet 连接的系统。如果 SOCKS 配置有错误，将能允许任意的源地址和目标地址通行。

3）跳跃扫描：攻击者快速地在 Internet 中寻找可供他们进行跳跃攻击的系统。FTP 跳跃扫描使用了 FTP 协议自身的一个缺陷。其他的应用程序，如电子邮件服务器、HTTP 代理、指针等都存在着攻击者可用于进行跳跃攻击的弱点。

4）UDP 扫描：对 UDP 端口进行扫描，寻找开放的端口。UDP 的应答有着不同的方式，为了发现 UDP 端口，攻击者们通常发送空的 UDP 数据包，如果该端口正处于监听状态，将发回一个错误消息或不理睬流入的数据包；如果该端口是关闭的，大多数的操作系统将发回 "ICMP 端口不可到达" 的消息，这样就可以发现一个端口到底有没有打开，通过排除方法确定哪些端口是打开的。

4. 端口扫描的防范对策

端口扫描的防范又称系统"**加固**"。网络的关键之处使用防火墙对来源不明的有害数据进行过滤，可以有效减轻端口扫描攻击。除此之外，**防范端口扫描的主要方法有两种**。

（1）关闭闲置及有潜在危险端口

在 Windows 中要关闭一些闲置端口是比较方便的，可以采用"定向关闭指定服务的端口"和"只开放允许端口的方式"。

方式一：定向关闭指定服务的端口。

计算机的一些网络服务有系统分配默认的端口，将一些闲置的服务关闭，其对应的端口也可以被关闭。例如，关闭 DNS 端口服务。

操作方法与步骤：

第一步： 打开"控制面板"窗口。

第二步： 打开"服务"窗口。示意图如图 4-2 所示。

1）在"控制面板"窗口上，双击"管理工具"。

2）在"管理工具"窗口上，双击"服务"。

3）在"服务"窗口上的右侧，选择 DNS。

图 4-2　打开"服务"窗口

第三步： 关闭 DNS 服务。

1）在"DNS Client 的属性"对话框中，"启动类型"项：选择"自动"。

2）"服务状态"项：单击"停止"按钮。

3）单击"确定"按钮，如图 4-3 所示。

在"服务"选项中选择关闭计算机的一些没有使用的服务，如 FTP 服务、DNS 服务、IIS Admin 服务等，它们对应的端口也被停用了。

方式二：只开放允许端口。

可利用系统的"TCP/IP 筛选"功能进行设置，"只允许"系统的一些基本网络通信需要的端口即可。这种方法有些"死板"，它的本质是逐个关闭所有的用户不需要的端口。就黑客而言，所有的端口都可能成为攻击的目标，而一些系统必要的通信端口，如访问网页需要的 HTTP（80 端口）、QQ（8000 端口）等不能被关闭。

（2）屏蔽出现扫描症状的端口

检查各端口，有端口扫描症状时，立即屏蔽该端口。这种预防端口扫描的方式显然用户自己手工是不可能完成的，或者说完成起来相当困难，需要借助软件。这些软件就是人们常用的网络防火墙和入侵检测系统等。现在常用的网络防火墙都能够抵御端口扫描。

图 4-3　关闭 DNS 端口停止服务

🔔【注意】在默认安装后，应该检查一些防火墙所拦截的端口扫描规则是否被选中，否则它可以放行端口扫描，而只是在日志中留下信息。

4.3.2　网络监听的攻防

1. 网络监听

网络监听是指通过某种手段监视网络状态、数据流以及网络上传输信息的行为。网络监听是主机的一种工作模式。在此模式下，主机可以接收到本网段在同一条物理通道上传输的所有信息，而不管这些信息的发送方和接收方是谁。此时，如果两台主机进行通信的信息没有加密，只要使用某些网络监听工具，就可以轻而易举地截取包括口令和账号在内的信息资料（如 NetXray for Windows 95/98/NT，sniffit for Linux、Solaries 等）。网络监听可以在网上的任何一个位置实施，如局域网中的一台主机、网关或远程网服务器等。

网络监听技术原本是提供给网络安全管理人员进行管理的工具，监视网络的状态、数据流动情况以及网络上传输的信息等。黑客利用监听技术攻击他人计算机系统，获取用户口令、捕获专用的或者机密的信息，这是黑客实施攻击的常用方法之一。如以太网协议工作方式是将要发送的数据包发往连接在一起的所有主机，包中包含应该接收数据包主机的正确地址，只有与数据包中目标地址一致的那台主机才能接收。但是，当主机工作在监听模式下时，无论数据包中的目标地址是什么，主机都将接收，当然只能监听经过自己网络接口的那些包。

📖 **拓展阅读**：要使主机工作在监听模式下，需要向网络接口发出 I/O 控制命令，将其设置为监听模式。在 UNIX 系统中，发送这些命令需要超级用户的权限。在 Windows 操作系统中，则没有这个限制。要实现网络监听，用户还可用相关的计算机语言和函数编写网络监听程序，也可以使用一些现成的监听软件，从事网络安全管理的网站都有下载。

2. 网络监听的检测

通常，由于运行网络监听的主机只是被动地接收在局域网上传输的信息，不主动与其他主机交换信息，也没有修改在网上传输的数据包，因此，网络监听不容易被发现。在 Linux 下对嗅探攻击的程序检测方法比较简单，一般只要检查网卡是否处于混杂模式就可以了；而在 Windows 平台中，并没有现成的技术或方法可供实现这个功能，执行"C：\Windows\Drwatson. exe"程序检查是否有嗅探程序在运行即可。

Sniffer 软件是 NAI 公司推出的功能强大的协议分析软件，支持的网络协议较多，解码分析速度快。Sniffer Pro 版可以运行在各种 Windows 平台上。Sniffer 是利用计算机的网络接口截获目标计算机数据报文的一种工具，可以作为捕捉网络报文的设备，也可以被理解为一种安装在计算机上的监听设备。Sniffer 通常运行在路由器或有路由器功能的主机上，这样就可以对大量的网络数据进行监控。其主要**功能**如下：

1）监听计算机在网络上所产生的多种信息。

2）监听计算机程序在网络上发送和接收的信息，包括用户的账号、密码和机密数据资料等。这是一种常用的收集有用数据的方法。

3）在以太网中，Sniffer 将系统的网络接口设定为混杂模式，可以监听到所有流经同一以太网网段的数据包，而且不管其接收者或发送者是否运行 Sniffer 的主机。

预防网络监听所采用的方法有很多种。以正确的 IP 地址和错误的物理地址提供 Ping 进行查看，运行监听程序的主机将有响应。运用 VLAN（虚拟局域网）技术，将以太网通信变为点到点通信，可以防止大部分基于网络监听的入侵。以交换式集线器代替共享式集线器，这种方法使单播包仅在两个结点之间传送，从而防止非法监听。当然，交换式集线器只能控制单播包而无法控制广播包（Broadcast Packet）和多播包（Multicast Packet）。对于网络信息安全防范的最好方法是使用加密技术。

🔔【**注意**】网络监听只能应用于物理上连接于同一网段的主机。

4.3.3 密码破解的攻防

由于网络操作系统及其各种应用软件的运行与访问安全，主要由口令认证方式实现，所以黑客入侵的前提是得到合法用户的账号和密码。只要黑客能破解得到这些机密信息，就能获得计算机或网络系统的访问权，进而可以获取到系统的任何资源。

1. 密码破解攻击的方法

密码破解攻击的方法主要有以下 5 种。

1）通过网络监听非法窃取密码。这类方法有一定的局限性，对局域网安全威胁巨大。监听者通过这种方法可以获得其所在网段的所有用户账号和口令，其危害性极大，参见 4.3.2 节。

2）强行破解用户密码。当攻击者得知用户账号后，就可以用一些专门的密码破解工具进行破解。如采用字典穷举法，此法采用破解工具可自动从定义的字典中取出单词，作为用户的口令尝试登录，如果口令错误，就按序取出下一个单词再尝试，直到找到正确的密码或字典中单词测试完成为止，这种方法不受网段限制。

3）密码分析的攻击。对密码进行分析的尝试称为密码分析攻击。密码分析攻击方法需要有一定的密码学和数学基础。常用的密码分析攻击有 4 类：唯密文攻击、已知明文攻击、选择明文攻击、选择密文攻击。

4）放置木马程序。一些木马程序能够记录用户通过键盘输入的密码或密码文件发送给攻击者，具体内容将在 4.3.4 节介绍。

5）利用 Web 页面欺骗。黑客将用户经常浏览的网页 URL 地址改写成指向自己的服务器，当用户浏览这个模仿伪造的目标网页即"钓鱼网站"时，填写账户名称、密码等有关的登录信息，就会被传送到攻击者的 Web 服务器，在获得一个服务器上的用户口令文件（此文件称为 Shadow 文件）后，用暴力破解程序破解用户口令。该方法的使用前提是黑客先获得口令的 Shadow 文件，从而达到骗取的目的。

2. 密码破解防范对策

要防止密码被破解，保持密码安全性能，系统管理员必须定期运行破译密码的工具来尝试破译 Shadow 文件。若有用户的密码被破译出，说明这些用户的密码设置过于简单或有规律可循，应尽快通知用户及时更改密码，以防黑客攻击，造成财产和其他损失。

通常情况下，**网络用户应注意"5 不要"的要点**为：

1）不要选取容易被黑客猜测到的信息做密码，如生日、手机号码后几位等。

2）不要将密码写到纸上，以免出现泄露或遗失问题。

3）不要将密码保存在计算机或其他磁盘文件中。

4）不要让他人知道，以免增加不必要的损失。

5）不要在多个不同系统中使用同一密码。

4.3.4 特洛伊木马的攻防

1. 特洛伊木马介绍

特洛伊木马（Trojan Horse）简称"木马"，其名来源于希腊神话《木马屠城记》的典故。古希腊有大军围攻特洛伊城，久久无法攻下。于是有人献计制造一只高头大木马，假装作战马神，让士兵藏匿于巨大的木马中，大部队假装撤退而将木马摈弃于特洛伊城下。城中得知解围的消息后，遂将"木马"作为奇异的战利品拖入城内，全城饮酒狂欢。到午夜时分，全城军民尽入梦乡，匿于木马中的将士开秘门游绳而下，开启城门及四处纵火，城外伏兵涌入，部队里应外合，焚屠特洛伊城，后来称这只大木马为"特洛伊木马"。黑客程序借用其名，将隐藏在正常程序中的一段具有特殊功能的恶意代码称作特洛伊木马。木马是一些具备破坏和删除文件、发送密码、记录键盘、攻击 DoS 等特殊功能的后门程序。

特洛伊木马特点：伪装、诱使用户将其安装在计算机或者服务器上，直接侵入用户的计算机并进行破坏，没有复制能力。一般的木马执行文件非常小，如果将木马捆绑到其他正常文件上，用户很难发现。特洛伊木马可以和最新病毒、漏洞利用工具一起使用，几乎可以躲过各大杀毒软件，尽管现在越来越多的新版的杀毒软件可以查杀一些木马了，但不要认为使用杀毒软件计算机就绝对安全，木马永远是防不胜防的，除非不上网。

一个完整的木马系统由硬件部分、软件部分和具体连接传输部分**组成**。一般的木马程序都包括客户端和服务器端两个程序，客户端用于远程控制植入木马，服务器端即木马程序。

2. 特洛伊木马攻击过程

木马入侵的主要途径：主要还是利用邮件附件、下载软件等先设法将木马程序放置到被攻击者的计算机系统里，然后通过提示故意误导被攻击者打开可执行文件（木马）。木马也可以通过 Script、ActiveX 及 Asp. CGI 交互脚本的方式植入，以及利用系统的一些漏洞进行植入，如微软著名的 US 服务器溢出漏洞。

【案例4-5】利用微软 Script 脚本漏洞对浏览者硬盘进行格式化的 HTML 页面。如果攻击者有办法将木马执行文件下载到被攻击主机的一个可执行 WWW 目录夹里面，他可以通过编制 CGI 程序在攻击主机上执行木马目录。

木马攻击途径： 主要在客户端和服务器端通信协议的选择上，绝大多数木马都使用 TCP/IP，但是，也有一些木马由于特殊情况或其他原因，使用 UDP 进行通信。当服务器端程序在被感染机器上成功运行以后，攻击者就可以使用客户端与服务器端建立连接，并进一步控制被感染的机器。木马会尽量将自己隐藏在计算机的某个角落里面，以防被用户发现；同时监听某个特定的端口，等待客户端与其取得连接，实施攻击；另外，为了下次重启计算机时仍然能正常工作，木马程序一般会通过修改注册表或者其他的方法让自己成为自启动程序。

使用木马工具进行**网络入侵的基本过程**可以分为 6 个步骤：配置木马，传播木马，运行木马，泄露信息，建立连接，远程控制。

3. 木马的防范对策

必须提高安全防范意识，在打开或下载文件之前，一定要确认文件的来源是否可靠；阅读 readme. txt，并注意 readme. exe；使用杀毒软件；发现有不正常现象出现立即挂断；监测系统文件和注册表的变化；备份文件和注册表；特别需要注意的是，不要轻易运行来历不明的软件或从网上下载的软件，即使通过了一般反病毒软件的检查也不要轻易运行；不要轻易相信熟人发来的 E - mail 不会有黑客程序；不要在聊天室内公开自己的 E - mail 地址，对来历不明的 E - mail 应立即清除；不要随便下载软件，特别是不可靠的 FTP 站点；不要将重要密码和资料存放在上网的计算机中，以免被破坏或窃取。

4.3.5 缓冲区溢出的攻防

缓冲区溢出是一种非常普遍和危险的漏洞，在各种操作系统、应用软件中广泛存在。利用缓冲区溢出攻击，可以导致程序运行失败、重新启动等后果。更为严重的是，可以利用它执行非授权指令，甚至可以取得系统特权，进而进行各种非法操作。缓冲区溢出攻击有多种英文名称：buffer overflow、buffer overrun、smash the stack、trash the stack、scribble the stack、mangle the stack、memory leak、overrun screw 等。

1. 缓冲区溢出

缓冲区溢出是指当计算机向缓冲区内存储数据时，超过了缓冲区本身限定的容量，致使溢出的数据覆盖在合法数据上。操作系统所使用的缓冲区又被称为"堆栈"，在各个操作进程之间，系统指令会被临时储存在"堆栈"中，"堆栈"也会出现缓冲区溢出。而缓冲区溢出中，最为危险的是堆栈溢出，因为入侵者可以利用堆栈溢出，在函数返回时改变返回程序的地址，让其跳转到任意地址，带来的危害一种是程序崩溃导致拒绝服务，另外一种就是跳转并且执行一段恶意代码。

2. 缓冲区溢出攻击

缓冲区溢出攻击是指通过向缓冲区写入超出其长度的大量文件或信息内容，造成缓冲区溢出，破坏程序的堆栈，使程序转而执行其他指令或使得攻击者篡夺程序运行的控制权。如果该程序具有足够的权限，那么整个网络或主机就被控制了，进而达到黑客期望的攻击目的。

3. 缓冲区溢出攻击的防范方法

缓冲区溢出攻击占了远程网络攻击的绝大多数。如果能有效地消除缓冲区溢出的漏洞，则很大一部分的安全威胁可以得到缓解。保护缓冲区免受缓冲区溢出攻击和影响的方法是提高软件编写者的能力，强制编写正确代码。利用编译器的边界检查来实现缓冲区的保护，这个方法使得缓冲区溢出不可能出现，从而完全消除了缓冲区溢出的威胁，但是相对而言代价比较大。程序指针完整性检查是一种间接的方法，是在程序指针失效前进行完整性检查。虽然这种方法不能使得所有的缓冲区溢出失效，但它能阻止绝大多数的缓冲区溢出攻击。

4.3.6 拒绝服务的攻防

1. 拒绝服务攻击

拒绝服务是指通过反复向某个 Web 站点的设备发送过多的信息请求，堵塞该站点上的系统，导致无法完成应有的网络服务。

拒绝服务分为：资源消耗型、配置修改型、物理破坏型以及服务利用型。

拒绝服务攻击（Denial of Service，DoS）是指黑客利用合理的服务请求来占用过多的服务资源，使合法用户无法得到服务的响应，直至瘫痪而停止提供正常的网络服务的攻击方式。单一的 DoS 是采用一对一的方式，当攻击目标 CPU 速度低、内存小或者网络带宽小等各项性能指标不高时，它的效果是明显的。否则，达不到攻击效果。

【案例 4-6】中国网络系统遭到最大规模攻击。工业和信息化部通信保障局 2013 年 8 月 26 日介绍，从 8 月 25 日零时起，中国互联网络信息中心管理运行的国家 .cn 顶级域名系统遭受大规模拒绝服务攻击，利用僵尸网络向 .cn 顶级域名系统持续发起大量针对某游戏私服网站域名的查询请求，峰值流量较平常激增近 1000 倍，造成 .cn 顶级域名系统的互联网出口带宽短期内严重拥塞，对一些用户正常访问部分 .cn 网站造成短时期影响。按照工信部域名系统安全专项应急预案，中国互联网络信息中心在有关单位的配合下，及时采取应急处置措施，凌晨 2 时后，.cn 域名解析服务逐步恢复正常。

分布式拒绝服务攻击（Distributed Denial of Service，DDoS），是指借助于客户/服务器技术，将网络多个计算机联合作为攻击平台，对一个或多个目标发动 DoS 攻击，从而成倍地提高拒绝服务攻击的威力。DDoS 是在传统的 DoS 攻击基础之上产生的一类攻击方式。DDoS 的**攻击原理**如图 4-4 所示，是通过制造伪造的流量，使得被攻击的服务器、网络链路或是网络设备（如防火墙、路由器等）负载过高，从而最终导致系统崩溃，无法提供正常的 Internet 服务。

DDoS 的类型可分为带宽型攻击和应用型攻击。带宽型攻击也称流量型攻击，这类攻击通过发出海量数据包，造成设备负载过高，最终导致网络带宽或是设备资源耗尽。应用型攻击，这类攻击利用了诸如 TCP 或是 HTTP 的某些特征，通过持续占用有限的资源，从而达到阻止目标设备处理正常访问请求的目的。HTTP Half Open 攻击和 HTTP Error 攻击就是该类型的攻击。

高速广泛连接的网络给人们带来了极大的便利，也为 DDoS 创造了极为有利的条件。现在电信骨干结点之间的连接都是以 G 为级别的，大城市之间更可以达到 2.5G 的连接，这使得攻击可以从更远的地方或者其他城市发起，攻击者的"傀儡机"位置可以分布在更大的范围，选择起来更灵活了。

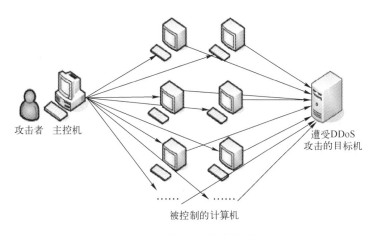

图 4-4　DDoS 的攻击原理

2. 常见的拒绝服务攻击

目前，常见 DDoS 的目的主要有 4 种：通过使网络过载来干扰甚至阻断正常的网络通信；通过向服务器提交大量请求，使服务器超负荷；阻断某一用户访问服务器；阻断某服务与特定系统或个人的通信。以下是**常见的几种 DDoS**。

1）Flooding 攻击。Flooding 攻击将大量看似合法的 TCP、UDP、ICPM 包发送至目标主机，甚至有些攻击还利用源地址伪造技术来绕过检测系统的监控。

2）SYN flood 攻击。SYN flood 攻击是一种黑客通过向服务器端发送虚假的包以欺骗服务器的做法。这种做法使服务器必须开启自己的监听端口不断等待，也浪费了系统各种资源。SYN flood 的攻击原理，如图 4-5 所示。

3）LAND attack 攻击。LAND attack 攻击与 SYN floods 类似，不过在 LAND attack 攻击包中的源地址和目标地址都是攻击对象的 IP。这种攻击会导致被攻击的机器死循环，最终耗尽运行的系统资源而死机，难以正常运行。

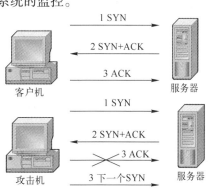

图 4-5　SYN flood 攻击示意图

4）ICMP floods。是通过向设置不当的路由器发送广播信息占用系统资源的做法。

5）Application level floods。Application level floods 主要是针对应用软件层的。它同样是以大量消耗系统资源为目的，通过向 IIS 这样的网络服务程序提出无节制的资源申请来迫害正常的网络服务。

3. 拒绝服务攻击的检测与防范

检测 DDoS 的方法有两种：根据异常情况分析和使用 DDoS 检测工具。

通常，**对 DDoS 的防范策略**主要包括：

1）尽早发现网络系统存在的攻击漏洞，及时安装系统补丁程序。

2）在网络安全管理方面，要经常检查系统的物理环境，禁止那些不必要的网络服务。

3）利用网络安全设备（如防火墙）等来加固网络的安全性。

4）对网络安全访问控制和限制。比较有效的防御措施就是与网络服务提供商协调工作，帮助用户实现路由的访问控制和对带宽总量的限制。

5）当发现主机正在遭受 DDoS 时，应当启动应对策略，尽快追踪攻击包，并及时联系 ISP 和有关应急组织，分析受影响的系统，确定涉及的其他结点，从而降低已知攻击结点的流量。

6）对于潜在的 DDoS 应当及时清除，以免留下后患。

4.3.7 其他攻防技术

1. WWW 的欺骗技术

WWW 的欺骗技术是指黑客篡改访问站点页面内容或将用户要浏览的网页的 URL 改写为指向黑客自己的服务器。例如，黑客将用户要浏览的网页的 URL 改写为指向黑客自己的服务器，当用户浏览目标网页的时候，实际上是向黑客服务器发出请求，那么黑客就可以达到欺骗的目的了。

一般 WWW 欺骗使用**两种技术手段**：URL 地址重写技术和相关信息掩盖技术。利用 URL 地址重写技术，攻击者可以将自己的 Web 地址加在所有 URL 地址的前面。由于浏览器一般均设有地址栏和状态栏，当浏览器与某个站点连接时，可以在地址栏和状态样中获得连接中的 Web 站点地址及其相关的传输信息，所以攻击者往往在 URL 地址重写的同时，利用相关的信息掩盖技术。一般用 JavaScript 程序来重写地址栏和状态栏。

"**网络钓鱼**"（Phishing）是指利用欺骗性很强、伪造的 Web 站点来进行诈骗活动，目的在于钓取用户的账户资料，假冒受害者进行欺诈性金融交易，从而获得经济利益。近几年来，这种网络诈骗在我国急剧攀升，接连出现了利用伪装成"中国银行"、"中国工商银行"主页的恶意网站进行诈骗钱财的事件。"网络钓鱼"的作案手法主要有：发送电子邮件以虚假信息引诱用户中圈套；建立假冒的网上银行、网上证券网站、骗取用户账号密码实施盗窃；利用虚假的电子商务进行诈骗；利用木马和黑客技术等手段窃取用户信息后实施盗窃；利用用户弱口令的漏洞，破解、猜测用户账号和密码等。网络钓鱼从攻击角度上分为两种形式：一种是通过伪造具有"概率可信度"的信息来欺骗受害者；另外一种则是通过"身份欺骗"信息来进行攻击。可以被用作网络钓鱼的攻击技术有：URL 编码结合钓鱼技术，Web 漏洞结合钓鱼技术，伪造 E - mail 地址结合钓鱼技术，浏览器漏洞结合钓鱼技术。

防范钓鱼攻击。其一，可以对钓鱼攻击利用的资源进行限制。如 Web 漏洞是 Web 服务提供商可以直接修补的；邮件服务商可以使用域名反向解析邮件发送服务器提醒用户是否收到匿名邮件。其二，及时修补漏洞。如浏览器漏洞，用户就必须打上补丁，防御攻击者直接使用客户端软件漏洞发起钓鱼攻击，各个安全软件厂商也可以提供修补客户端软件漏洞的功能。

2. 电子邮件攻击

1）电子邮件攻击方式。**电子邮件欺骗**是指攻击者佯称自己为系统管理员（邮件地址和系统管理员完全相同），给用户发送邮件要求用户修改口令（口令为指定字符串），或在貌似正常的附件中加载病毒或其他木马程序，这类欺骗只要用户提高警惕，一般危害性不是太大。

2）防范电子邮件攻击的方法。使用邮件程序的 E - mail - notify 功能过滤信件，它不会将信件直接从主机上下载下来，而只会将所有信件的头部信息（Headers）送过来，它包含了信件的发送者，信件的主题等信息；用 View 功能检查头部信息，看到可疑信件，可直接下指令将它从主机 Server 端删除掉。拒收某用户信件，即在收到某特定用户的信件后，自动退回（相当于查无此人）。

3. 利用默认账号进行攻击

黑客会利用操作系统提供的默认账户和密码进行攻击,例如许多 UNIX 主机都有 FTP 和 Guest 等默认账户(其密码和账户名同名),有的甚至没有口令。黑客用 UNIX 操作系统提供的命令(如 Finger 和 Ruser 等)收集信息,不断提高其攻击能力。这类攻击只要系统管理员提高警惕,将系统提供的默认账户关掉或提醒无口令用户增加口令,则一般都能预防。

📖 讨论思考:

1)如何进行端口扫描及网络监听攻防?

2)举例说明密码破解攻防及特洛伊木马攻防。

3)怎样进行缓冲区溢出攻防与拒绝服务攻防?

4.4 网络攻击的防范措施

黑客攻击事件为网络系统的安全带来了严重的威胁与严峻的挑战。采取积极有效的防范措施将会减少损失,提高网络系统的安全性和可靠性。普及网络安全知识教育,提高对网络安全重要性的认识,增强防范意识,强化防范措施,切实增强用户对网络入侵的认识和自我防范能力,是抵御和防范黑客攻击、确保网络安全的基本途径。

4.4.1 网络攻击的防范策略

防范黑客攻击要在主观上重视,客观上积极采取措施,制定规章制度和管理制度,普及网络安全教育,使用户需要掌握网络安全知识和有关的安全策略。管理上应当明确安全对象,设置强有力的安全保障体系,按照安全等级保护条例对网络实施保护。认真制定有针对性的防范攻击方法,使用科技手段,有的放矢,在网络中层层设防,使每一层都成为一道关卡,从而让攻击者无隙可乘、无计可施。防范黑客攻击的技术主要有:数据加密、身份认证、数字签名、建立完善的访问控制策略、安全审计等。技术上要注重研发新方法,同时还必须做到未雨绸缪,预防为主,将重要的数据备份并时刻注意系统运行状况。

4.4.2 网络攻击的防范措施

通常,具体的**防范攻击措施与步骤**包括:

1)加强网络安全防范法律法规等方面的宣传和教育,提高安全防范意识。

2)加固网络系统,及时下载、安装系统补丁程序。

3)尽量避免从 Internet 下载不知名的软件、游戏程序。

4)不要随意打开来历不明的电子邮件及文件、运行不熟悉的人给用户的程序。

5)不随便运行黑客程序,不少这类程序运行时会发出用户的个人信息。

6)在支持 HTML 的 BBS 上,如发现提交警告,先看源代码,预防骗取密码。

7)设置安全密码。使用字母数字混排,常用的密码设置不同,重要密码经常更换。

8)使用防病毒、防黑客等防火墙软件,以阻挡外部网络的侵入。

9)隐藏自己的 IP 地址。可采取的方法有:使用代理服务器进行中转,用户上网聊天、BBS 等不会留下自己的 IP;使用工具软件,如 Norton Internet Security 来隐藏自己的主机地址,避免在 BBS 和聊天室暴露个人信息。

【案例4-7】设置代理服务器。外部网络向内部网络申请某种网络服务时，代理服务器接受申请，然后它根据其服务类型、服务内容、被服务的对象、服务者申请的时间、申请者的域名范围等来决定是否接受此项服务，如果接受，它就向内部网络转发这项请求。

10）切实做好端口防范。一方面安装端口监视程序，另外将不用的一些端口关闭。

11）加强IE浏览器对网页的安全防护。个人用户应通过对IE属性的设置来提高IE访问网页的安全性，操作方法如下：

① 提高IE安全级别。

操作方法：打开IE→"工具"→"Internet选项"→"安全"→"Internet区域"，将安全级别设置为"高"。

② 禁止ActiveX控件和JavaApplets的运行。

操作方法：打开IE→"工具"→"Intemet选项"→"安全"→"自定义级别"，在"安全设置"对话框中找到ActiveX控件相关设置，将其设为"禁用"或"提示"即可。

③ 禁止Cookie。由于许多网站利用Cookie记录网上客户的浏览行为及电子邮件地址等信息，为确保个人隐私信息的安全，可将其禁用。

操作方法：在任一网站上选择"工具"→"Internet选项"→"安全"→"自定义级别"，在"安全设置"对话框中找Cookie相关设置，将其设为"禁用"或"提示"即可。

④ 将黑客网站列入黑名单，将其拒之门外。

操作方法：在任一网站上选择"工具"→"Internet选项"→"内容"→"分级审查"→"启用"，在"分级审查"对话框的"许可站点"下输入黑客网站地址，并设为"从不"即可。

⑤ 及时安装补丁程序，以强壮IE。应及时利用微软网站提供的补丁程序来消除这些漏洞，提高IE自身的防侵入能力。

12）上网前备份注册表。许多黑客攻击会对系统注册表进行修改。

13）加强管理。将防病毒、防黑客当成日常例行工作，定时更新防毒软件，将防毒软件保持在常驻状态，以彻底防毒。由于黑客经常会在特定的日期发动攻击，计算机用户在此期间应特别提高警戒。对于重要的个人资料，应做好严密的保护，并养成备份的习惯。

📖 **讨论思考：**

1）为什么要防范黑客攻击？如何防范黑客攻击？

2）网络安全防范攻击的基本措施有哪些？

3）通过对IE属性的设置来提高IE访问网页的安全性的具体措施有哪些？

4.5　入侵检测与防御系统概述

对于网络系统进行入侵检测是确保网络安全的重要手段，是防止黑客攻击，避免造成损失的方法。入侵检测技术是实现安全监控的技术，是防火墙的合理补充，而入侵防御系统是将二者有机地结合，帮助系统防御网络攻击，扩展了系统管理员的安全防范能力。

4.5.1　入侵检测系统的概念

1. 入侵和入侵检测的概念

入侵是一个广义上的概念，是指任何非授权进入系统进行访问、威胁和破坏的行为。主要入侵行为包括：非授权访问或越权访问系统资源、搭线窃听或篡改、破坏网络信息等。实施入侵行为的人通常称为入侵者或攻击者。入侵者可能是具有系统访问权限的授权用户，也可能是非授权用户，或者是其冒充者。通常，入侵的整个过程或步骤包括入侵准备、进攻、侵入等，都伴随着攻击，有时也将入侵者称为攻击者。

入侵检测（Intrusion Detection，ID）是指"通过对行为、安全日志或审计数据或其他网络上可以获得的信息进行操作，检测到对系统的闯入或闯入的企图"（参见 GB/T 18336—2008）。入侵检测是防火墙的合理补充，对于网络系统出现的攻击事件，可以及时帮助监视、应对和告警，扩展了系统管理员的安全管理能力（包括安全审计、监视、进攻识别和响应），提高了信息安全基础结构的完整性。可以从计算机网络系统中的若干关键点收集信息，并分析这些信息，查看网络中是否有违反安全策略的行为和遭到袭击的迹象。入侵检测被认为是防火墙之后的第二道安全闸门，在不影响网络性能的情况下能对网络进行监测，从而提供对内部攻击、外部攻击和误操作的实时保护。

【案例4-8】 美军网络战子司令部多达541个，未来4年扩编4000人。据日本共同社2013年6月28日报道，美军参谋长联席会议主席登普西在华盛顿发表演讲时表示，为强化美国对网络攻击的防御能力，计划将目前约900人规模的网络战司令部在今后4年扩编4000人，为此将投入230亿美元。并指出，网络攻击是2001年9·11恐怖袭击以后安全环境的最大变化，全球20多个国家拥有网络战部队，2011年他就任参联会主席后，不到两年针对美国重要基础设施的网络攻击数量就猛增了16倍。登普西还透露，奥巴马总统签署了规定遭受严重网络攻击时各政府机关应对办法的总统令，美军也已草拟了网络空间的交战规则。

2. 入侵检测系统的概念及原理

入侵检测系统（Intrusion Detection System，IDS）是指对入侵行为自动进行检测、监控和分析的软件与硬件的组合系统，是一种自动监测信息系统内、外入侵事件的安全设备。IDS 通过从计算机网络或系统中的若干关键点收集信息，并对其进行分析，从中发现网络或系统中是否有违反安全策略的行为和遭到攻击的迹象。

（1）入侵检测系统的产生与发展

在19世纪80年代初，美国人詹姆斯·安德森（James P. Anderson）的一份题为《计算机安全威胁监控与监视》（Computer Security Threat Monitoring and Surveillance）的技术报告，首次详细阐述了入侵检测的概念，提出了利用审计跟踪数据监视入侵活动的思想。1990年，加州大学戴维斯分校的 L. T. Heberlein 等人研发出了网络安全监听（Network Security Monitor，NSM）系统。该系统首次直接将网络流作为审计数据来源，因而可以在不将审计数据转换成统一格式的情况下监控异种主机。IDS 发展史上两大阵营：基于主机的入侵检测系统（Host Intrusion Detection System，HIDS）和基于网络的入侵检测系统（Network Intrusion Detection System，NIDS）形成。1988年之后，美国开展对分布式入侵检测系统（Distributed Intrusion Detection System，DIDS）的研究，将基于主机和基于网络的检测方法集成到一起。DIDS 是入侵检测系统历史上的一个里程碑式的产品。

（2）Denning 模型

1986年，乔治敦大学的 Dorothy Denning 和 SRI/CSL 的 Peter Neumann 研究出了一个实时入侵检测系统模型——入侵检测专家系统（Intrusion - Detection Expert System，IDES），也称 Denning 模型。Denning 模型基于这样一个假设：由于袭击者使用系统的模式不同于正常用户的使用模式，通过监控系统的跟踪记录，可以识别袭击者异常使用系统的模式，从而检测出袭击者违反系统安全性的情况。Denning 模型独立于特定的系统平台、应用环境、系统弱点以及入侵类型，为构建入侵检测系统提供了一个通用的原理框架，如图 4-6 所示。该模型由主体（Subjects）、审计记录（Audit Records）、六元组 < Subject，Action，Object，Exception – Condition，Resource – Usage，Time – Stamp > 构成。其中：Action（活动）是主体对目标的操作，包括读、写、登录、退出等；Exception – Condition（异常条件）是指系统对主体的该活动的异常报告，如违反系统读写权限；Resource – Usage（资源使用状况）是系统的资源消耗情况，如 CPU、内存使用率等；Time – Stamp（时间戳）由活动发生时间、**活动简档**（Activity Profile）、**异常记录**（Anomaly Record）、**规则**构成。

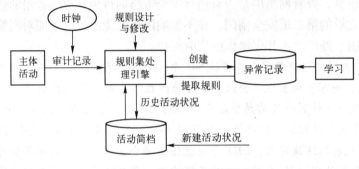

图 4-6　入侵检测系统原理

4.5.2　入侵检测系统的功能及分类

1. IDS 基本结构

IDS 主要由事件产生器、事件分析器、事件数据库、响应单元等**构成**。其中事件产生器负责原始数据采集，并将收集到的原始数据转换为事件，向系统的其他部分提供此事件。收集的信息包括：系统或网络的日志文件，网络流量，系统目录和文件的异常变化，程序执行中的异常行为。

【**注意**】入侵检测很大程度上依赖于收集信息的可靠性和正确性。事件数据库是存放各种中间和最终数据的地方。响应单元根据告警信息做出反应（强烈反应：切断连接、改变文件属性等；简单的报警）。事件分析器接收事件信息，对其进行分析，判断是否为入侵行为或异常现象，最后将判断的结果转变为告警信息。

通常，**分析方法**主要有如下 3 种。

1）模式匹配：将收集到的信息与已知的网络入侵和系统误用模式数据库进行比较，从而发现违背安全策略的行为。

2）统计分析：首先给系统对象（如用户、文件、目录和设备等）创建一个统计描述，统计正常使用时的一些测量属性（如访问次数、操作失败次数和延时等）；测量属性的平均值和偏差将被用来与网络、系统的行为进行比较，当网络系统的检测观察值在正常值范围之外时，就可以认为可能有异常的入侵行为发生，可以进一步确认。

3）完整性分析（往往用于事后分析）：主要关注某个文件或对象是否被更改。

2. IDS 的主要功能

一般 IDS 的主要功能包括：

1）具有对网络流量的跟踪与分析功能。跟踪用户从进入网络到退出网络的所有活动，实时监测并分析用户在系统中的活动状态。

2）对已知攻击特征的识别功能。识别各类攻击，向控制台报警，为防御提供依据。

3）对异常行为的分析、统计与响应功能。分析系统的异常行为模式，统计异常行为，并对异常行为做出响应。

4）具有特征库的在线升级功能。提供在线升级，实时更新入侵特征库，不断提高 IDS 的入侵监测能力。

5）数据文件的完整性检验功能。通过检查关键数据文件的完整性，识别并报告数据文件的改动情况。

6）自定义特征的响应功能。定制实时响应策略；根据用户定义，经过系统过滤，对警报事件及时响应。

7）系统漏洞的预报警功能。对未发现的系统漏洞特征进行预报警。

3. IDS 的主要分类

入侵检测系统的分类可以有多种方法。按照体系结构可分为：集中式和分布式。按照工作方式可分为：离线检测和在线检测。按照所用技术可分为：特征检测和异常检测。按照检测对象（数据来源）分为：基于主机的入侵检测系统（Hostbased Intrusion Detection System，HIDS）、基于网络的入侵检测系统（Network Intrusion Detection System，NIDS）和分布式入侵检测系统（混合型）（Distributed Intrusion Detection System，DIDS），具体在 4.5.4 节中介绍。

4.5.3　常用的入侵检测方法

1. 特征检测方法

特征检测是对已知的攻击或入侵的方式做出确定性的描述，形成相应的事件模式。当被审计的事件与已知的入侵事件模式相匹配时，即报警。检测方法上与计算机病毒的检测方式类似。目前，基于对包特征描述的模式匹配应用较为广泛。该方法的优点是误报少，局限是它只能发现已知的攻击，对未知的攻击无能为力，同时由于新的攻击方法不断产生、新漏洞不断发现，攻击特征库如果不能及时更新也将造成 IDS 漏报。

2. 异常检测方法

异常检测（Anomaly Detection）的假设是入侵者活动异常于正常主体的活动。根据这一理念建立主体正常活动的"活动简档"，将当前主体的活动状况与"活动简档"相比较，当违反其统计模型时，认为该活动可能是"入侵"行为。异常检测的难题在于如何建立"活动简档"以及如何设计统计模型，从而不将正常的操作作为"入侵"或忽略真正的"入侵"行为。**常用的入侵检测 5 种统计模型**为：操作模型、方差、多元模型、马尔柯夫过程模型和时间序列分析。

1）操作模型。利用常规操作特征规律与假设异常情况进行比对，可通过测量结果与一些固定指标相比较，固定指标可以根据经验值或一段时间内的统计平均得到，在短时间内的多次失败的登录极可能是口令尝试攻击。

2）方差。主要通过检测计算参数的统计方差，设定其检测的置信区间，当测量值超过置信区间的范围时表明有可能是异常。

3）多元模型。操作模型的扩展，通过同时分析多个参数实现检测。

4）马尔柯夫过程模型。将每种类型的事件定义为系统状态，用状态转移矩阵来表示状态的变化。当一个事件发生时，或状态矩阵该转移的概率较小，则可能是异常事件。

5）时间序列分析。是将事件计数与资源耗用根据时间排成序列，如果一个新事件在该时间发生的概率较低，则该事件可能是入侵。

4.5.4 入侵检测系统与防御系统

1. 入侵检测系统介绍

1）基于主机的入侵检测系统（Hostbased Intrusion Detection System，HIDS）。HIDS是以系统日志、应用程序日志等作为数据源，也可以通过其他手段（如监督系统调用）从所在的主机收集信息进行分析。HIDS一般是保护所在的系统，HIDS经常运行在被监测的系统之上，监测系统上正在运行的进程是否合法。现在，这些系统已经可以被用于多种平台。

优点：对分析"可能的攻击行为"非常有用。举例来说，有时候它除了指出入侵者试图执行一些"危险的命令"之外，还能分辨出入侵者干了什么事、运行了什么程序、打开了哪些文件、执行了哪些系统调用。HIDS与NIDS相比，通常能够提供更详尽的相关信息，误报率要低，系统的复杂性也小得多。

弱点：HIDS安装在需要保护的设备上，这会降低应用系统的效率，也会带来一些额外的安全问题（安装了HIDS后，将本不允许安全管理员访问的服务器变成可以访问的）。HIDS的另一个问题是它依赖于服务器固有的日志与监视能力，如果服务器没有配置日志功能，则必须重新配置，这将会给运行中的业务系统带来不可预见的性能影响。全面部署HIDS代价较大，企业中很难将所有主机用HIDS保护，只能选择部分主机保护。那些未安装HIDS的机器将成为保护的盲点，入侵者可利用这些机器达到攻击目标。再有HIDS除了监测自身的主机以外，根本不监测网络上的情况，对入侵行为的分析工作量将随着主机数目增加而增加。

2）基于网络的入侵检测系统（Network Intrusion Detection System，NIDS）。NIDS又称**嗅探器**，通过在共享网段上对通信数据的侦听采集数据，分析可疑现象（将NIDS放置在比较重要的网段内，不停地监视网段中的各种数据包。NIDS的输入数据来源于网络的信息流）。该类系统一般被动地在网络上监听整个网络上的信息流，通过捕获网络数据包进行分析，检测该网段上发生的网络入侵，如图4-7所示。

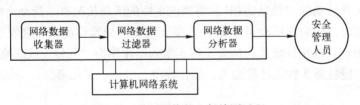

图4-7　基于网络的入侵检测过程

优点：NIDS能够检测那些来自网络的攻击，它能够检测到超过授权的非法访问。不需要改变服务器等主机的配置，不会影响这些机器的CPU、I/O与磁盘等资源的使用，不会影响业务系统的性能。NIDS不像路由器、防火墙等关键设备那样工作，不会成为系统中的关键路径。NIDS发生故障不会影响正常业务的运行，因此部署一个网络入侵检测系统的风险比主机入侵检测系统的风险少得多。安装NIDS非常方便，只需将定制的设备接上电源，做很少一些配置，将其连到网络上即可。NIDS近年内有向专门的设备发展的趋势。

弱点： NIDS只检查它直接连接网段的通信，不能检测在不同网段的网络包。在以太网的环境中会出现监测范围的局限，安装多台NIDS会使部署整个系统的成本增大。NIDS提高性能通常采用特征检测的方法，它可以检测出一些普通的攻击，而很难检测一些复杂的、需要大量计算与分析时间的攻击。NIDS可能会将大量的数据传回分析系统中。NIDS中的传感器协同工作能力较弱，处理加密的会话过程较困难。

3）分布式入侵检测系统（Distributed Intrusion Detection System，DIDS）。DIDS是将基于主机和基于网络的检测方法集成到一起，即混合型入侵检测系统。系统一般由多个部件组成，分布在网络的各个部分，完成相应的功能，分别进行数据采集、数据分析等。通过中心的控制部件进行数据汇总、分析、产生入侵报警等。在这种结构下，不仅可以检测到针对单独主机的入侵，同时也可以检测到针对整个网络系统中的主机入侵。

2. 入侵防御系统介绍

1）入侵防御系统的概念。随着网络安全问题复杂化，仅限于入侵检测预报思路的IDS已经满足不了安全管理的要求，于是诞生了**入侵防御系统**（Intrusion Prevent System，IPS）。IPS能够监视网络或网络设备的网络资料传输行为，及时中断、调整或隔离一些不正常或是具有伤害性的网络资料传输行为。IPS也像IDS一样，专门深入网络数据内部，查找它所认识的攻击代码特征，过滤有害数据流，丢弃有害数据包，并进行记载，以便事后分析。更重要的是，大多数IPS结合应用程序或网络传输中的异常情况，辅助识别入侵和攻击。IPS虽然也考虑已知病毒特征，但是它并不仅仅依赖于已知病毒特征。IPS一般作为防火墙和防病毒软件的补充来投入使用。必要时，还可以为追究攻击者的刑事责任而提供法律上有效的证据（Forensic）。

2）IPS的种类。按其用途可以**划分为**基于主机（单机）的入侵防御系统（Hostbased Intrusion Prevension System，HIPS）、网络入侵防御系统（Network Intrusion Prevension System，NIPS）和分布式入侵防御系统（Distributed Intrusion Prevension System，DIPS）3种类型。异常检测原理是入侵防御系统知道正常数据以及数据之间关系的通常的模式，对照识别异常。有些入侵防御系统结合协议异常、传输异常和特征检查，对通过网关或防火墙进入网络内部的有害代码实行有效阻止。再有，在遇到动态代码（ActiveX，JavaApplet，各种指令语言Script languages等）时，先将它们放在沙盘内，观察其行为动向，如果发现有可疑情况，则停止传输，禁止执行。第三，核心基础上的防护机制。用户程序通过系统指令享用资源（如存储区、输入/输出设备、中央处理器等）。IPS可以截获有害的系统请求。最后，对Library、Registry、重要文件和重要的文件夹进行防守和保护。

3）IPS的工作原理。IPS实现实时检查和阻止入侵的原理，如图4-8所示。主要利用多个IPS的过滤器，当新的攻击手段被发现后，就会创建一个新的过滤器。IPS数据包处理引擎是专业化定制的集成电路，可以深层检查数据包的内容。如果有攻击者利用Layer 2（介质访问控制）至Layer 7（应用）的漏洞发起攻击，IPS能够从数据流中检查出其攻击并加以阻止。IPS可以做到逐字节地检查数据包。所有流经IPS的数据包都被分类，分类依据是数据包中的报头信息，如源IP地址和目的IP地址、端口号和应用域。每种过滤器负责分析相对应的数据包。通过检查的数据包可继续前进，包含恶意内容的数据包则被丢弃，被怀疑的数据包需进一步检查。

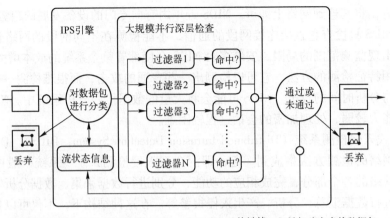

① 根据报头和 ② 根据数据包的分类, ③ 所有相关的过滤 ④ 被标为命中的数据包
流信息,每 相关的过滤器将用 器都是并行使用 将被丢弃,与之相关
个数据包都 于检查数据包的流 的,如果任何数据 的流状态信息也会更
会被分类。 状态信息。 包符合匹配要求, 新,指示系统丢弃该
则该数据包将被 流中剩余的所有内容。
标为命中。

图 4-8 IPS 的工作原理

针对不同的攻击行为,IPS 需要不同的过滤器。每种过滤器都设有相应的过滤规则,为了确保准确性,规则的定义非常广泛。在对传输内容分类时,过滤引擎还要参照数据包的信息参数,并将其解析至一个有意义的域中进行上下文分析,以提高过滤准确性。

过滤器引擎集成了流水和大规模并行处理硬件,可同时执行数千次的数据包过滤检查。并行过滤处理可确保数据包能够不间断地快速通过系统,通过硬件提高速度。

4)IPS 应用及部署。下面通过实际应用案例进行说明。

【案例 4-9】H3C SecBlade IPS 入侵防御系统。这是一款高性能入侵防御系统,可应用于 H3C S5800/S7500E/S9500E/S10500/S12500 系列交换机和 SR6600/SR8800 路由器,集成入侵防御/检测、病毒过滤和带宽管理等功能,是业界综合防护技术最领先的入侵防御/检测系统。通过深达 7 层的分析与检测,实时阻断网络流量中隐藏的病毒、蠕虫、木马、间谍软件、网页篡改等攻击和恶意行为,并实现对网络基础设施、网络应用和性能的全面保护。

SecBlade IPS 模块与基础网络设备融合,具有即插即用、扩展性强的特点,降低了用户管理难度,减少了维护成本。IPS 部署交换机的应用如图 4-9 所示,IPS 部署路由器的应用如图 4-10 所示。

3. 防火墙、IDS 与 IPS 的区别

入侵检测系统的核心价值在于通过对全网信息的分析,了解信息系统的安全状况,进而指导信息系统安全建设目标以及安全策略的确立和调整;入侵防御系统的核心价值在于安全策略的实施,阻击黑客行为。入侵检测系统需要部署在网络内部,监控范围可以覆盖整个子网,包括来自外部的数据以及内部终端之间传输的数据;入侵防御系统则必须部署在网络边界,抵御来自外部的入侵,对内部攻击行为无能为力。

防火墙是实施访问控制策略的系统,对流经的网络流量进行检查,拦截不符合安全策略的数据包。IDS 通过监视网络或系统资源,寻找违反安全策略的行为或攻击迹象,并发出警报。传统的防火墙旨在拒绝那些明显可疑的网络流量,但仍然允许某些流量通过,因此防火

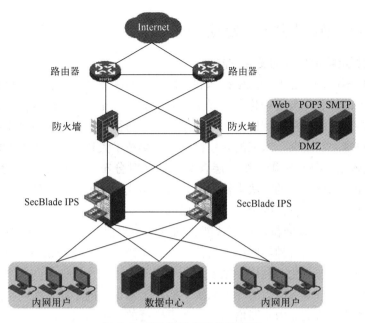

图 4-9　IPS 部署交换机的应用

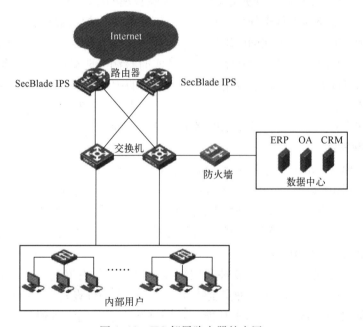

图 4-10　IPS 部署路由器的应用

墙对于很多入侵攻击仍然无计可施。绝大多数 IDS 都是被动的，而不是主动的。也就是说，在攻击实际发生之前，它们往往无法预先发出警报。而 IPS 则倾向于提供主动防护，其设计宗旨是预先对入侵活动和攻击性网络流量进行拦截，避免其造成损失，而不是简单地在恶意流量传送时或传送后才发出警报。IPS 是通过直接嵌入到网络流量中实现这一功能的，即通过一个网络端口接收来自外部系统的流量，经过检查确认其中不包含异常活动或可疑内容后，再通过另外一个端口将它传送到内部系统中。这样一来，有问题的数据包，以及所有来自同一数据流的后续数据包，都能在 IPS 设备中被清除掉。

4.5.5　入侵检测及防御技术的发展态势

1. 入侵检测及防御技术的发展方向

无论是从规模还是方法上，入侵技术和手段都在不断发展变化，主要反映在下列几个方面：入侵或攻击的综合化与复杂化、入侵主体对象的间接化、入侵的规模扩大化、入侵技术的分布化、攻击对象的转移等。因此，对入侵检测与防御技术的要求也越来越高，检测与防御的方法手段也越来越复杂。未来的入侵检测与防御技术大致有 3 个**发展方向**：

1）分布式入侵检测与防御。第一层含义，即针对分布式网络攻击的检测与防御方法；第二层含义，即使用分布式的方法来检测与防御分布式的攻击，其中的关键技术为检测与防御信息的协同处理与入侵攻击的全局信息的提取。

2）智能化入侵检测及防御。使用智能化的方法与手段来进行入侵检测与防御。所谓智能化方法，现阶段常用的有神经网络、遗传算法、模糊技术、免疫原理等方法，这些方法常用于入侵特征的辨识与泛化。利用专家系统的思想来构建入侵检测与防御系统也是常用的方法之一。特别是具有自学习能力的专家系统，实现了知识库的不断更新与扩展，使设计的入侵检测与防御系统的防范能力不断增强，具有更广泛的应用前景。

3）全面的安全防御方案。即使用安全工程风险管理的思想与方法来处理网络安全问题，将网络安全作为一个整体工程来处理。从管理、网络结构、加密通道、防火墙、病毒防护、入侵检测与防御多方位对所关注的网络作全面的评估，然后提出可行的全面解决方案。

入侵检测与防御是一门综合性技术，既包括实时检测与防御技术，也有事后分析技术。尽管用户希望通过部署 IDS 来增强网络安全，但不同的用户需求也不同。由于攻击的不确定性，单一的 IDS 产品可能无法做到面面俱到。因此，IDS 的未来发展必然是多元化的，只有通过不断改进和完善，才能更好地协助网络进行安全防御。

2. 统一威胁管理

统一威胁管理（Unified Threat Management，UTM），2004 年 9 月，全球著名市场咨询顾问机构——IDC（国际数据公司），首度提出"统一威胁管理"的概念，即将防病毒、入侵检测和防火墙安全设备划归为统一威胁管理。IDC 将防病毒、防火墙和入侵检测等概念融合到被称为统一威胁管理的新类别中，该概念引起了业界的广泛重视，并推动了以整合式安全设备为代表的市场细分的诞生。

目前，UTM 常定义为由硬件、软件和网络技术组成的具有专门用途的设备，它主要提供一项或多项安全功能，同时将多种安全特性集成于一个硬件设备里，形成标准的统一威胁管理平台。UTM 设备应该具备的基本功能包括网络防火墙、网络入侵检测与防御和网关防病毒功能。

国外的 UTM 技术和设备早在 2002 年就已经出现，这得益于国外市场的需求和企业对网络安全的重视，导致 UTM 蓬勃发展，以每年翻倍的速度迅速成为网络安全建设必备的主流设备，使用量已排在各类安全设备的榜首。目前 UTM 已经替代了传统的防火墙，成为主要的网络边界安全防护设备，大大提高了网络抵御外来威胁的能力。在国内，网络安全技术和市场发展相对缓慢。从 2003 年就进入中国的 UTM，概念上接受很快，UTM 设备发展速度也较快。目前主要的 UTM 生产厂商有 Fortinet（美国飞塔）、杭州蓝沙科技（NETGEAR 美国网件）等。

通常，UTM **重要特点**包括：

1）建一个更高、更强、更可靠的防火墙。除了传统的访问控制之外，防火墙还应该对防范黑客攻击、拒绝服务、垃圾邮件等外部威胁进行检测和防御。

2）要有高检测技术来降低误报。

3）要有高可靠、高性能的硬件平台支撑。

UTM 优点：整合所带来的成本降低、降低信息安全工作强度、降低技术复杂度。

UTM 的技术架构：UTM 的架构中包含了很多具有创新价值的技术内容，IDC 将 Fortinet 公司的产品视为 UTM 的典型代表，下面结合 Fortinet 公司采用的一些技术来分析 UTM 产品相比传统安全产品有哪些不同。

1）完全性内容保护（Complete Content Protection，CCP），对 OSI 模型中描述的所有层次的内容进行处理。

2）紧凑型模式识别语言（Compact Pattern Recognition Language，CPRL），是为了快速执行完全内容检测而设计的。

3）动态威胁防护系统（Dynamic Threat Prevention System），是在传统的模式检测技术上结合了未知威胁处理的防御体系。动态威胁防护系统可以将信息在防病毒、防火墙和入侵检测等子模块之间共享使用，以实现检测准确率和有效性的提升。这种技术是业界领先的一种处理技术，也是对传统安全威胁检测技术的一种颠覆。

UTM 的发展趋势及展望。展望未来的几年时间，UTM 阵营将在很多方面取得突破，信息安全新格局的产生也有赖于此。用不了很久，UTM 产品中就将集成进更多的功能要素，不仅仅是防病毒、防火墙和入侵检测，访问控制、安全策略等更高层次的管理技术将被集成进 UTM 体系，从而使组织的安全设施更加具有整体性。UTM 安全设备的大量涌现还将加速各种技术标准、安全协议的产生。未来的信息安全产品不仅仅需要自身具有整合性，更需要不同种类、不同厂商产品的整合，以最终形成在全球范围内进行协同的安全防御体系。在未来不但会制定出更加完善的互操作标准，还会推出很多得到业内广泛支持的协议和语言标准，以使不同的产品尽可能拥有同样的"交谈"标准。最终安全功能经过不断的整合将发展得像网络协议一样"基础"，成为一种内嵌在所有系统当中的对用户透明的功能，实际上，这才是信息安全新时代到来的真正标志。

📖 讨论思考：

1）入侵检测系统的功能是什么？

2）计算机网络安全面临的主要威胁有哪些？

3）简单介绍入侵检测技术发展的趋势。

4.6 Sniffer 网络检测实验

Sniffer 软件是 NAI 公司推出的功能强大的协议分析软件。使用这个工具，可以监视网络的状态、数据流动情况以及网络上传输的信息。

4.6.1 实验目的

利用 Sniffer 软件捕获网络信息数据包，然后通过解码进行检测分析。

学会网络安全检测工具的实际操作方法，具体进行检测并写出结论。

4.6.2 实验要求及方法

1. 实验环境

1）硬件：3 台 PC。单机基本配置见表 4-1。

2）软件：操作系统 Windows 2003 Server SP4 以上；Sniffer 软件。

🔔【注意】本实验是在虚拟实验环境下完成，如要在真实的环境下完成，则网络设备应该选择集线器或交换机。如果是交换机，则在 C 机上要做端口镜像。安装 Sniffer 软件需要时间。

2. 实验方法

3 台 PC 的 IP 地址及任务分配见表 4-2。

实验用时：2 学时（90～120 min）。

表 4-1 实验设备基本配置要求

设　备	名　　　称
内存	1 GB 以上
CPU	2 GB 以上
硬盘	40 GB 以上
网卡	10 Mbit/s 或者 100 Mbit/s 网卡

表 4-2 3 台 PC 的 IP 地址及任务分配

设　备	IP 地址	任务分配
A 机	10.0.0.3	用户 Zhao 利用此机登录到 FTP 服务器
B 机	10.0.0.4	已经搭建好的 FTP 服务器
C 机	10.0.0.2	用户 Tom 在此机利用 Sniffer 软件捕获 Zhao 的账号和密码

4.6.3 实验内容及步骤

1. 实验内容

3 台 PC，其中用户 Zhao 利用已建好的账号在 A 机上登录到 B 机已经搭建好的 FTP 服务器，用户 Tom 在 C 机利用 Sniffer 软件捕获 Zhao 的账号和密码。

2. 实验步骤

1）在 C 机上安装 Sniffer 软件。启动 Sniffer 进入主窗口，如图 4-11 所示。

2）在进行流量捕捉之前，首先选择网络适配器，确定从计算机的哪个适配器上接收数据，并将网卡设成混杂模式。网卡混杂模式，就是将所有数据包接收下来放入内存进行分析。设置方法：单击 File→Select Settings 命令，在弹出的对话框中设置网卡，如图 4-12 所示。

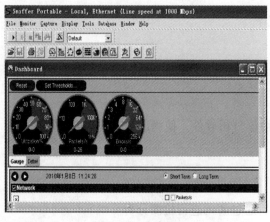

图 4-11 主窗口

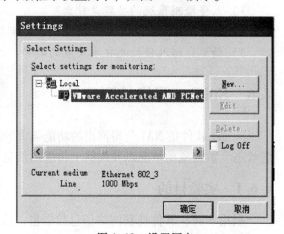

图 4-12 设置网卡

3）新建一个过滤器。

设置方法为：

① 单击 Capture→Define Filter 命令，进入 Define Filter – Capture 对话框。

② 单击 Profiles 按钮，弹出 Capture Profiles 对话框，单击 New 按钮。在弹出的对话框的 New Profiles Name 文本框中输入 ftp_test，单击 OK 按钮。在 Capture Profiles 对话框中单击 Done 按钮，如图 4-13 所示。

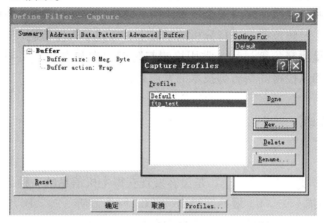

图 4-13 新建过滤器对话框之一

4）在 Define Filter – Capture 对话框的 Address 选项卡中，设置地址的类型为 IP，并在 Station1 和 Station2 中分别指定要捕获的地址对，如图 4-14 所示。

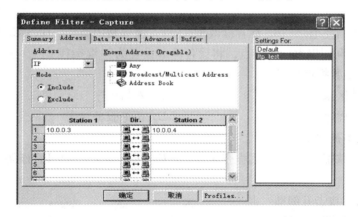

图 4-14 设置地址类型为 IP

5）在 Define Filter 对话框的 Advanced 选项卡中，指定要捕获的协议为 FTP。

6）在主窗口中，选择过滤器为 ftp_test，然后单击 Capture→Start，开始进行捕获。

7）用户 Zhao 在 A 机上登录到 FTP 服务器。

8）当用户用名字 Zhao 及密码登录成功时，Sniffer 的工具栏会显示捕获成功的标志。

9）利用专家分析系统进行解码分析，可以得到基本信息，如用户名、客户端 IP 等。

4.7 本章小结

本章概述了黑客的概念、形成与发展，简单介绍了黑客产生的原因、攻击的方法、攻击的步骤；重点介绍了常见的黑客攻防技术，包括网络端口扫描攻防、网络监听攻防、密码破解攻防、特洛伊木马攻防、缓冲区溢出攻防、拒绝服务攻击和其他攻防技术；同时讨论了防范攻击的具体措施和步骤。在网络安全技术中需要防患于未然，检测防御技术至关重要。在对上述各种网络攻击及防范措施进行分析的基础上，概述了入侵检测与防御系统的概念、功能、特点、分类、检测与防御过程、常用检测与防御技术和方法、实用入侵检测与防御系统、统一威胁管理和入侵检测与防御技术的发展趋势等。

4.8 练习与实践

1. 选择题

（1）在黑客攻击技术中，（   ）是黑客发现获得主机信息的一种最佳途径。

    A. 端口扫描   B. 缓冲区溢出   C. 网络监听   D. 口令破解

（2）一般情况下，大多数监听工具不能够分析的协议是（   ）。

    A. 标准以太网   B. TCP/IP

    C. SNMP 和 CMIS   D. IPX 和 DECNet

（3）改变路由信息，修改 Windows NT 注册表等行为属于拒绝服务攻击的（   ）方式。

    A. 资源消耗型   B. 配置修改型   C. 服务利用型   D. 物理破坏型

（4）（   ）利用以太网的特点，将设备网卡设置为"混杂模式"，从而能够接收到整个以太网内的网络数据信息。

    A. 缓冲区溢出攻击   B. 木马程序

    C. 嗅探程序   D. 拒绝服务攻击

（5）字典攻击被用于（   ）。

    A. 用户欺骗   B. 远程登录   C. 网络嗅探   D. 破解密码

2. 填空题

（1）黑客的"攻击五部曲"是_____、_____、_____、_____、_____。

（2）端口扫描的防范也称为_____，主要有_____和_____。

（3）黑客攻击计算机的手段可分为破坏性攻击和非破坏性攻击。常见的黑客行为有：_____、_____、_____、告知漏洞、获取目标主机系统的非法访问权。

（4）_____就是利用更多的傀儡机对目标发起进攻，以比从前更大的规模进攻受害者。

（5）按数据来源和系统结构分类，入侵检测系统分为 3 类：_____、_____和_____。

3. 简答题

（1）入侵检测的基本功能是什么？

（2）通常按端口号分布将端口分为几部分？并简单说明。

（3）什么是统一威胁管理？

（4）什么是异常入侵检测？什么是特征入侵检测？

4. 实践题

（1）利用一种端口扫描工具软件，练习对网络端口进行扫描，检查安全漏洞和隐患。

（2）调查一个网站的网络防范配置情况。

（3）使用 X－Scan 对服务器进行评估（上机操作）。

（4）安装配置和使用绿盟科技"冰之眼"（上机操作）。

（5）通过调研及参考资料，撰写一篇黑客攻击原因与预防的研究报告。

第5章 身份认证与访问控制

随着互联网的快速发展，越来越多的用户开始使用在线电子交易和网银等便利方式。但是，网页仿冒诈骗、网络攻击以及黑客恶意威胁等，给在线电子交易和网银的安全性带来了极大的挑战。各种层出不穷的计算机犯罪案件，引起了人们对网络身份的信任危机，证明访问用户身份及防止身份被冒名顶替变得极为重要。身份认证和访问控制技术是网络安全的最基本要素，是用户登录网络时保证其使用和交易"门户"安全的首要条件。

📖 **教学目标**
- 理解身份认证技术的概念、种类和常用方法。
- 了解网络安全的登录认证与授权管理。
- 掌握数字签名和访问控制技术及应用与实验。
- 掌握安全审计技术及应用。

5.1 身份认证技术概述

【案例5-1】多数银行的网银服务，除了向客户提供U盾证书保护模式外，还推出了动态口令方式，可免除携带U盾的不便。动态口令是一种动态密码技术，在使用网银过程中，输入用户名后，即可通过绑定的手机一次性收到本次操作的密码，此密码只可使用一次，便利安全。

5.1.1 身份认证的概念和方法

1. 身份认证的概念

认证（Authentication）是通过对网络系统使用过程中的主客体进行鉴别确认身份后，对其赋予恰当的标志、标签、证书等的过程。认证解决了主体本身的信用问题和客体对主体的访问的信任问题。认证为下一步的授权奠定基础，是对用户身份和认证信息的生成、存储、同步、验证和维护的全生命周期的管理。

身份认证（Identity and Authentication Management）是计算机网络系统的用户在进入系统或访问不同保护级别的系统资源时，系统确认该用户的身份是否真实、合法和唯一的过程。数据完整性可以通过消息认证进行保证，是计算机网络系统安全保障的重要措施之一。

2. 身份认证的作用

身份认证与鉴别是信息安全中的第一道防线，对信息系统的安全有着重要的意义。身份认证可以确保用户身份的真实性、合法性和唯一性。因此，可以防止非法人员进入系统，防止非法人员通过各种违法操作获取不正当利益、非法访问受控信息、恶意破坏系统数据的完整性的情况的发生。

3. 身份认证的种类和方法

认证技术是计算机网络安全中的一个重要内容。从鉴别对象上，身份认证**分为两种**：

1）消息认证。用于保证信息的完整性和可审查性，通常，用户要确认网上信息的真实性，是否被第三方修改或伪造。有关内容参见信息加密和数字签名部分。

2）身份认证。鉴别用户身份。包括识别访问者的身份，对访问者声称的身份进行确认。

身份认证技术方法的分类有多种：分别可以从身份认证所用到的物理介质来分、从身份认证所应用的系统来分、从身份认证的基本原理来分、从身份认证所用的认证协议来分、按照认证协议所使用的密码技术来分。

实际上，对用户的**身份认证基本方法**有 3 种：用户物件认证（What you have，你有什么），如身份证、护照、驾驶证等各类证件；用户有关信息确认（What you know，你知道什么）或体貌特征识别（Who you are，你是谁）。在网络环境中，也同样需要一定的技术手段或方法来确认网络用户与实际操作者的一致性。

常用的身份认证技术主要包括：基于秘密信息的身份认证方法和基于物理安全的身份认证方法。由于一些技术方法相对比较专业、复杂，需要进一步的深入研究。在此，只简单介绍一些**常用的技术和方法**。

（1）基于秘密信息的身份认证方法

1）口令认证。**基本做法**：每一个合法用户都有系统给的一个用户名/口令对，用户进入时，系统要求输入用户名、口令，如果正确，则该用户的身份得到了验证。

口令认证**优点**是方法简单。**缺点**是用户取的密码一般较短，且容易猜测，容易受到口令猜测攻击；口令的明文传输使得攻击者可以通过窃听通信信道等手段获得用户口令；加密口令还存在加密密钥的交换问题。

2）单向认证。也称为单项认证，是指通信的双方只需要一方被另一方鉴别的过程。如口令核对，只是这种认证方法还没有与密钥分发相结合。解决方案：一是采用对称密钥加密体制，由一个可信任的第三方即 KDC（密钥分发中心）实现通信双方的身份认证和密钥分发；二是采用非对称的密钥加密体制，无需第三方的参与。

3）双向认证。在双向认证中，通信双方需要互相鉴别各自的身份，然后交换会话密钥。

4）零知识认证。通常的身份认证都要求传输口令或身份信息。而零知识认证是一种不需要传输任何身份信息就可以得到认证的技术方法。

（2）基于物理安全的身份认证方法

上述提出的一些身份认证方法，有一个共同的特点，只依赖于用户知道的某个秘密的信息，与此对应的是依赖于用户特有的某些生物学信息或用户持有的硬件。

📖 **拓展阅读**：基于生物学的认证方案包括基于指纹识别的身份认证、基于声音识别的身份认证和基于虹膜识别的身份认证等技术。基于智能卡的身份认证机制在认证时需要一个硬件，称为智能卡。智能卡中存有秘密信息，通常是一个随机数，只有持卡人才能被认证。可以有效地防止口令猜测，有卡、有密码的用户会被得到认证。

5.1.2　身份认证系统及认证方式

身份认证是系统安全的第一道关卡。用户在访问系统前，先要经过身份认证系统识别身份，通过访问监控设备，根据用户的身份和授权数据库，决定所访问资源的权限。授权数据库由安全管理员按照需要配置。审计系统根据设置记载用户的请求和行为，同时入侵检测系统检测异常行为。访问控制和审计系统都依赖于身份认证系统提供的"认证信息"鉴别和审计，如图 5-1 所示。

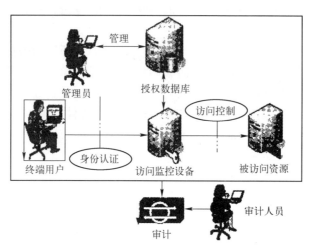

图 5-1　身份认证和访问控制过程

身份认证在安全系统中的地位极其重要，是最基本的安全服务，其他的安全服务都要依赖于对用户身份的认证。身份认证系统一旦被攻破，那么系统的所有安全措施将形同虚设。

通常，身份认证可分为用户与主机（及网络）间的认证和主机与主机之间的认证。对于网络安全，在此只讨论前者。

1. 用户名及密码认证方式

用户名/密码方式是最简单、最常用的身份认证方法，是基于"你知道什么"的验证手段。每个用户的密码由自己设定，只有本人知道。只要能够正确输入密码，系统就认为操作者是合法用户。应用中，由于许多用户担心忘记密码，经常用生日、电话号码等容易记忆的字符串作为密码，或将密码存放在一个地方，很容易造成泄露。即使不被泄露，由于密码是静态数据，在验证过程中需要在计算机内存中和网络中传输，且每次使用的验证信息都相同，很容易被驻留在内存中的木马程序或网络监听截获，因此，用户名/密码方式是一种不太安全的身份认证方式。

2. 智能卡认证

智能卡是一种内置集成的电路芯片，存有与用户身份相关的数据，由专门厂商通过专用设备生产。智能卡认证是基于"你有什么"的认证方式，由合法用户随身携带，硬件不可复制无法被仿冒，登录时或通信时须将智能卡在专用读卡器上读取身份验证信息。由于每次从智能卡中读取的是静态数据，通过内存扫描或网络监听等技术还是容易泄密，因此也存在安全隐患。

3. 动态令牌认证

动态口令技术是一种让用户密码按照时间或使用次数不断变化、每个密码只能使用一次的技术。它采用一种动态令牌的专用硬件,内置电源、密码生成芯片和显示屏,密码生成芯片运行专门的密码算法,根据当前时间或使用次数生成当前密码并显示在显示屏上。认证服务器采用相同的算法计算当前的有效密码。用户使用时只需要将动态令牌上显示的当前密码输入客户端计算机,即可实现身份认证。由于每次使用的密码必须由动态令牌来产生,只有合法用户才持有该硬件,所以只要通过密码验证就可以认为该用户的身份是可靠的。而用户每次使用的密码都不相同,即使黑客截获了一次密码,也无法利用这个密码来仿冒合法用户的身份。

动态口令技术采用一次一密的方法,有效保证了用户身份的安全性。但是如果客户端与服务器端的时间或次数不能保持良好的同步,就可能发生合法用户无法登录的问题。并且用户每次登录时需要通过键盘输入一长串无规律的密码,一旦输错还要重新操作,使用起来不方便。

4. 身份认证系统的组成

身份认证系统包括:认证服务器(Authentication Server)、认证系统用户端软件(Authentication Client Software)、认证设备(Authenticator)。身份认证系统主要是通过身份认证协议和有关软硬件**实现**的。其中,身份认证协议有两种:双向认证协议和单向认证协议。

AAA(Authentication,Authorization,Accounting)**系统**由认证、授权、审计 3 部分**构成**。其中,**认证**(Authentication)是验证用户的身份与可使用的网络服务,**授权**(Authorization)依据认证结果开放网络服务给用户,**审计**(Accounting)记录用户对各种网络服务的用量,并提供给计费系统。AAA 系统是应用系统的关键部分,系统中设计了灵活的AAA 平台,可实现认证、授权和账务控制功能,系统预留扩展接口,可根据具体业务需要扩展和调整。

5. USB Key 认证

基于 USB Key 的身份认证方式是近几年发展起来的一种方便、安全的身份认证技术。它采用软硬件相结合、一次一密的强双因子认证模式,很好地解决了安全性与易用性之间的矛盾。USB Key 是一种 USB 接口的硬件设备,它内置单片机或智能卡芯片,可以存储用户的密钥或数字证书,利用 USB Key 内置的密码算法实现对用户身份的认证。基于 USB Key 的身份认证系统主要有两种应用模式:一是基于冲击/响应的认证模式,二是基于 PKI 体系的认证模式。

【案例 5-2】XX 银行为了保障网上银行"客户证书"的安全性,推出了电子证书存储器,简称 USB Key 即 U 盾,可将客户的"证书"专门存放于 U 盘中,即插即用,非常安全可靠。U 盾只存放银行的证书,不可导入或导出其他数据。只需先安装其驱动程序,即可导入相应的证书。网上银行支持 USB Key 证书功能,U 盾具有安全性、移动性、方便性特点。

6. 生物识别技术

生物识别技术是指通过可测量的身体或行为等生物特征进行身份认证的技术。生物特征是指唯一的可以测量或可自动识别和验证的生理特征或行为方式,分为身体特征和行为特征两类。身体特征包括:指纹、掌型、视网膜、虹膜、人体气味、脸型、手的血管和 DNA 等;行为特征包括:签名、语音、行走步态等。

1)指纹识别技术。每个人的指纹唯一且终身不变,依其唯一性和稳定性,将用户指纹和预先存储在数据库中的指纹进行比对,便可验证其身份。在身份识别确认后,可以将一纸公文或数据电文按手印签名或放于 IC 卡中签名。常限于有指纹库的地区使用。

2）视网膜识别技术。利用激光照射眼球的背面，扫描摄取视网膜特征点，经数字化处理后形成记忆模板存储于数据库中，供比对验证。视网膜是一种极其稳定的生物特征，作为身份认证是精确度较高的识别技术。由于使用困难，不适用于直接数字签名和网络传输。

3）声音识别技术。是一种行为识别技术，用声音录入设备多次测量、记录声音的波形和变化，并进行频谱分析，经数字化处理之后做成声音模板加以存储。使用时将现场采集到的声音同登记过的声音模板进行匹配辨识，即可识别用户身份。此技术精确度较差，使用困难，不适用于直接数字签名和网络传输。

生物识别技术与传统身份认证技术相比，具有随身性、安全性、唯一性、稳定性、广泛性、方便性、可采集性、可接受性等特点，具有传统的身份认证手段无法比拟的优点。

7. CA 认证系统

CA（Certification Authority）**认证**是对网络用户身份证书的发放、管理和认证的过程。CA 是认证机构的国际通称，是对数字证书的申请者认证、发放、管理的机构。**作用**是检查证书持有者身份的合法性并签发证书，以防证书被伪造或篡改，用于电子商务和电子政务等。随着网银的普遍应用和在线支付手段的不断完善，网上交易已经变得大众化，安全问题更加重要。认证机构相当于一个权威可信的中间人，职责是核实交易各方的身份，负责电子证书的发放和管理。

CA 的主要职能就是管理和维护所签发的证书，提供各种证书服务，包括证书的签发、更新、回收、归档等。除了证书的签发过程需要人为参与控制外，其他服务都可以利用通信信道通过用户与 CA 交换证书服务消息来实现。CA 系统的主要功能是管理其辖域内的用户证书。

📖 讨论思考：

1）身份认证的概念、种类和方法有哪些？

2）常见的身份认证系统的认证方式有哪些？

5.2　登录认证与授权管理

登录认证与授权管理对于身份认证和访问控制极为重要，包括常用的登录认证方式、登录认证与授权管理和认证授权管理等。

5.2.1　常用登录认证方式

现实生活中的个人身份主要通过各种证件确认，如身份证、户口本等。计算机世界与现实世界非常相似，各种文件、数据库和应用系统的计算资源，也需要认证机制的保护。

1. 固定口令安全问题

各类计算资源主要依靠固定口令的方式进行保护。例如，在访问一个 Windows 系统或邮箱时，先要设置一个账户，并设定密码。当通过网络访问 Windows 资源或邮箱时，系统会要求输入用户的账户名和密码。在账户名和密码被确认后，即可进行访问。

以固定口令为基础的**认证方式**具有很多问题，主要有以下几种。

1）网络数据流窃听（Sniffer）。由于认证信息要通过网络传递，且很多认证系统的口令是明文，攻击者通过窃听，就很容易分辨出某种特定系统的认证数据，并提取出用户名和口令。

2）认证信息截取/重放（Record/Replay）。有的系统会将认证信息进行简单加密后进行传输，如果攻击者无法用第一种方式推算出密码，可以使用截取/重放方式。

3）字典攻击。多数用户习惯用有意义的单词或数字作为密码，某些攻击者会使用字典中的单词尝试用户密码。大多数系统都建议用户在口令中加入特殊字符，以增加口令的安全性。

4）穷举尝试（Brute Force）。是一种特殊的字典攻击，使用字符串的全集作为字典。如果用户的密码较短，很容易被穷举列出，因而很多系统都建议用户使用长口令。

5）窥探窃取。攻击者可通过安装探头或其他方式，窥探窃取用户的口令和密码。

6）社会工程。攻击者冒充合法用户发送邮件或打电话给管理人员，以骗取用户口令。

7）垃圾搜索。攻击者通过搜索被攻击者所抛弃的物品，得到与攻击系统有关的信息。如果用户将口令写在纸上又随便丢弃，则很容易成为垃圾搜索的攻击对象。

用户虽然可以通过经常更换密码和增加密码长度来保证安全，但同时也为用户带来了很大麻烦。

2. 一次性口令密码体制

为了解决固定口令的诸多问题，一些安全专家提出了**一次性口令**（One Time Password，OTP）的密码体制，以保护关键的计算资源。**OTP 的主要思路**是：在登录过程中加入不确定因素，使每次登录过程中传送的信息都不相同，以提高登录过程安全性。例如，登录密码 = MD5（用户名 + 密码 + 时间），系统接收到登录口令后做一个验算，即可验证用户的合法性。

（1）不确定因子的选择与口令生成

不确定因子的选择方式大致有以下 4 种。

1）口令序列（S/KEY）：口令为一个单向的前后相关的序列，系统只记录第 N 个口令。用户用第 N – 1 个口令登录时，系统用单向算法算出第 N 个口令与保存的第 N 个口令匹配，以判断用户的合法性。由于 N 是有限的，用户登录 N 次后必须重新初始化口令序列。

2）挑战/回答（CRYPTOCard）：用户登录时，系统产生一个随机数发送给用户。用户用某种单向算法将密码和随机数混合发送给系统，系统用同样的方法做验算，即可验证用户身份。

3）时间同步（Secture ID）：以用户登录时间作为随机因素。此方式对双方时间准确度要求较高，一般采取以分钟为时间单位的折中办法。

4）事件同步（Safe Word）：以挑战/回答方式为基础，将单向的前后相关序列作为系统的挑战信息，避免每次输入挑战信息的麻烦。但当用户的挑战序列与服务器产生偏差后，需要重新同步。

（2）一次性口令的生成方式

一次性口令的生成方式有以下 3 种。

1）硬件卡（Token Card）：用类似计算器的小卡片计算一次性口令。对于挑战/回答方式，该卡片配备有数字按键，便于输入挑战值。对于时间同步方式，该卡片每隔一段时间就会重新计算口令。有时还会将卡片做成钥匙链式的形状，某些卡片还带有 PIN 保护装置。

2）软件（Soft Token）：用软件代替硬件，某些软件还能够限定用户登录的地点。

3）IC 卡：在 IC 卡上存储用户的秘密信息，用户在登录时不用记忆自己的秘密口令。

3. 双因素安全令牌及认证系统

在身份认证过程中，双因素安全令牌及认证系统也是经常使用的技术方法。

【案例5-3】 E-Securer 安全身份认证系统是面向安全领域开发的 AAA（认证、授权、审计）系统，提供了双因素（Two Factor）身份认证、统一授权、集中审计等功能，可以为网络设备、VPN、主机系统、数据库系统、Web 服务器、应用服务系统等提供集中的身份认证和权限控制。

（1）双因素身份认证系统组成

由安全身份认证服务器、联创安全令牌、认证代理、认证应用开发包等几部分组成。

1）身份认证服务器提供数据存储、AAA 服务、管理等功能，是整个系统的核心部分。安全令牌是重要的双因素认证方式，E-Securer 系统提供多种形式的安全令牌，供不同用户选用。

2）**双因素安全令牌**（Secure Key）用于生成用户当前登录的动态口令，采用加密算法及可靠设计，可防止读取密码信息。每60 s 得到一个新动态口令显示在液晶屏上，动态口令具有极高的抗攻击性。系统还提供软安全或手机安全令牌，如图5-2 所示。

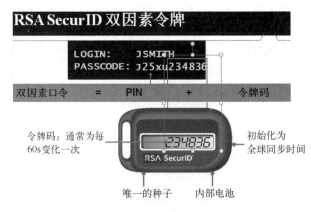

图5-2　RSA 双因素安全令牌

3）认证代理（Authentication Agent）安装在被保护系统上，被保护系统通过认证代理向认证服务器发送认证请求，从而保证被保护系统身份认证的安全。系统提供简单、易用的认证 API 开发包，供应用软件开发人员使用，以便与应用系统快速集成与定制。

（2）认证系统功能

动态身份认证系统依据动态（一次性）口令机制，解决了远程/网络环境中的用户身份认证问题，同时系统集中的用户管理和日志审计功能，便于管理员对所有员工进行集中管理授权和事后日志审计。各种主机系统用户登录强身份认证、用户登录审计。路由器、交换机、VPN 等网络设备用户登录身份认证、访问权限控制、审计（包括用户认证结果、上下线时间、登录源地址、目的地址、执行过的命令等）。还可远程 VPN 用户接入身份认证、访问权限控制、审计，以及各种应用系统的用户登录身份认证、审计等。

（3）双因素身份认证系统的技术特点和优势

1）双因素身份认证。系统与安全令牌相配合，为用户提供双因素认证的安全保护。

2）基于角色的权限管理。通过用户与角色的结合、角色与权限的配置，可有针对性地实现用户的职责分担，方便灵活地配置用户对资源设备的访问权限。

3）完善详细的审计。系统提供用户认证、访问的详细记录，提供详细的审计跟踪信息。

4）高通用性。采用 RADIUS、Tacacs +、LDAP 等国际标准协议，具有高度的通用性。

5）高可靠性。多个协议模块之间可以实现负载均衡，多台统一认证服务器之间实现热备份，认证客户端可以在多台服务器之间自动切换。

6）E – Securer 自动定时数据备份，防止关键数据丢失；采用高可用配置，保证持续稳定工作。

7）高并发量。系统采用现今成熟技术设计，选用企业级数据库系统，并且进行了大量的性能优化，保证系统提供实时认证、高并发量运行。

8）管理界面简洁易用。采用基于 Web 的图形化管理界面，极大地方便了管理员对系统进行集中的管理、维护、审计工作。

9）开放式体系。产品支持主流操作系统（UNIX、Windows）和网络设备。

4. 认证系统的主要应用

【案例 5-4】在某企业网络系统使用的"VPN 接入认证"和"登录认证"的用户身份认证子系统中，VPN 用户、网络资源访问人员、应用作业操作人员、网络管理员和系统管理员的各类用户身份认证应用主要包括：VPN 接入认证、应用软件登录认证、主机系统登录认证、命令授权审计、网络设备登录认证、命令授权审计、Windows 域登录认证、Lotus Domino 登录认证。

5.2.2 用户单次登录认证

1. 多次登录的弊端

【案例 5-5】在大型企业中，常具有多种不同的应用服务器，如 ERP、Web 服务系统、营销管理系统、电子邮件系统等，员工经常需要同时访问多种应用，不同系统之间的账户和要求不同。如图 5-3 所示，员工在访问薪资查询系统、登录公司分支机构或访问 Internet 时，需要记住不同的用户名和口令。这种机制的问题在于，企业网络中存在各异的信任机制、需要多次登录，导致工作效率低下，并增加了 IT 系统的费用。

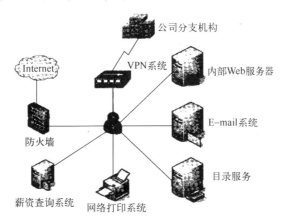

图 5-3　不同应用系统的多次登录

2. 单次登录面临的挑战

单次登录（Single Sign On，SSO）是指用户只向网络进行一次身份验证，以后无须另外验证身份，便可访问所有被授权的网络资源。SSO 面临**的挑战**包括 3 个方面。

1）多种应用平台。各系列的 Windows 平台，多种型号的 UNIX、Linux 等。

Web 应用和服务、传统的应用平台、多厂家网络设备（路由器、VPN 网关、无线等）。

2）不同的安全机制。基本的认证机制、X.509 证书、Kerberos 等。

3）不同的账户服务系统。活动目录、LDAP、数据库等。

3. 单次登录的优点

单次登录的优点包括：

1）管理更简单。大部分 SSO 实现都要用操作系统，并要求管理员使用 SSO 特定的工具，执行 SSO 特定的任务，从而加大了系统载荷。但在现有的操作系统实现中，SSO 的相关任务可以作为日常维护工作的一部分，使用与其他任务管理相同的工具进行执行。

2）管理控制更方便。对于 Windows 中的所有网络管理信息，包括 SSO 特定信息，都存放在一个存储库（Active Directory）中。对应每个用户的权限与特权，仅有一个授权列表。使得管理员在更改用户特权后，可以确信其结果会传播到整个网络范围。

3）用户使用更快捷。用户不用再多次登录，也不用为访问网络资源而要记住很多密码。同时，帮助中心工作也变得简单，不用再去应付那些因忘记密码而造成的帮助请求服务。

4）更高的网络安全性。各 SSO 方法均提供了安全身份验证，并为用户与网络交互加密打下基础。取消多密码，可减少密码泄密的危险，也便于管理员对禁用账号的管理。

5）合并异构网络。通过连接全异网络，管理工作也可以合并在一起，从而确保了管理的最佳做法，实现整个系统安全策略的一致实施。

5.2.3 银行认证授权管理应用

1. 认证与授权管理目标

【**案例 5-6**】某银行机构的认证与授权管理的目标体系，如图 5-4 所示。

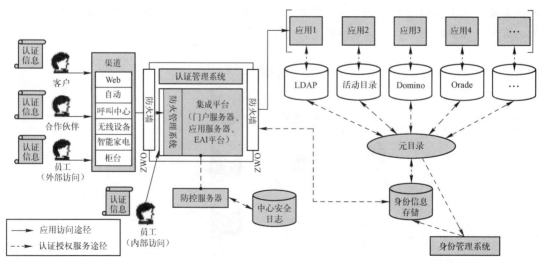

图 5-4　认证与授权管理目标体系

用户认证与授权管理目标包括以下 7 个方面：

1）目录服务系统（提供身份信息存储服务的系统）是架构的基础模块。缺乏目录服务，将无法有效支持身份管理、认证管理和访问管理。

2）身份管理系统是实现不同应用的身份存储统一管理的基础。

3）认证管理系统自带认证模块。如果要实施多因素认证，则需要提供认证信息发放服务。

4）系统资源多样，访问管理系统多种，成熟的是对 Web 资源的访问管理（称为 Web SSO）。

5）集成平台（门户服务器、应用服务器或 EAI 平台）提供统一入口管理，建议认证管理系统和访问管理系统施加在集成平台上，以实现统一认证和授权管理。

6）监控服务可附加在平台（集成平台、认证管理系统、访问管理系统等）中，也可独立。

7）采用以上架构，可以提供身份信息的统一存储和统一管理，并实现身份认证及资源访问的集成管理，同时最大程度地保护银行现有的 IT 投资。

2. 认证授权管理的原则

为实现上述目标，应遵循以下**指导原则**。

（1）统一规划管理，分步部署实施

总部进行认证与授权的统一规划和管理，职能包括：

1）进行认证和授权管理的统一规划，并制订工作计划。

2）制订及维护认证和授权相关业务流程。

3）统一用户编码规则，制订及维护认证凭证政策。

4）确定用户身份信息的数据源和数据流，并进行数据质量管理。

5）认证和授权分权管理委派。

6）对银行认证和授权的现状进行周期性的审计和跟踪。

通常，分部机构和各系统认证和授权分步实施和分布部署。**分部的主要职能**包括：

1）在总体规划的原则指引下，进行分步实施和分布部署。

2）遵循总部制订的标准和规范，制订配套的执行措施。

3）由最接近最终用户的管理员进行认证和授权的分权管理。

（2）建立统一的信息安全服务平台，提供统一的身份认证和访问管理服务

建立全行统一的信息安全服务平台，并在总部和各分部进行部署，同时：

1）进行身份认证和访问管理信息的标准化，并建立有关接口标准和规范。

2）逐步对关键应用提供用户身份信息的统一管理。

3）提供多因素认证，并逐步对关键应用提供统一认证管理服务。

4）逐步提供对各关键应用的统一入口管理。

（3）保护现有 IT 投资，并便于未来扩展

保护银行现有 IT 投资的手段：一是采用身份认证集成平台（如元目录）和访问管理集成平台（如 Web SSO），使对现有系统的改造最小化；二是对于新建关键应用，通过标准接口使用统一服务平台，授权管理仍由各系统独立完成。

📖 **讨论思考：**

1）双因素身份认证系统的技术特点和优势有哪些？

2）实现单次登录（SSO）对于用户的优点是什么？

3）认证授权管理的原则是什么？

5.3 数字签名技术

5.3.1 数字签名的概念及功能

1. 数字签名的概念

数字签名（Digital Signature）是指用户用私钥对原始数据加密所得的特殊数字串。用于保证信息来源的真实性、数据传输的完整性和防抵赖性，在电子银行、证券和电子商务等方面应用非常广泛，如汇款、转账、订货、票据、股票成交等，用户以电子邮件等方式，使用个人私有密钥加密数据或选项后，发送给接收者。接收者用发送者的公钥解开数据后，就可确定数据源。同时也是对发送者发送信息真实性的证明，发送者对所发送的信息不可抵赖。

在传统商务活动中，为了保证交易安全真实，对书面合同或公文都要由当事人或其负责人签字盖章，保证在法律上承认其有效性。而在电子商务的虚拟世界中，合同或文件是以电子文件的形式表现和传递的，需要在电子文件中识别双方交易人的真实身份的电子签名。在法律上签名有两个功能：标识签名人和表示签名人对文件内容的认可。

联合国贸发会在《电子签名示范法》中对**电子签名**的定义为：指在数据电文中以电子形式所含、所附或在逻辑上与数据电文有联系的数据，可用于鉴别与数据电文相关的签名人和表明签名人认可数据电文所含信息。在欧盟的《电子签名共同框架指令》中也有类似的规定："以电子形式所附或在逻辑上与其他电子数据相关的数据，作为一种判别的方法"。

目前，实现电子签名的技术手段多种多样，世界上比较成熟的、发达国家普遍使用的电子签名技术还是"数字签名"技术。《中华人民共和国电子签名法》中提到的**数字签名**是通过某种密码运算生成一系列符号及代码组成电子密码进行签名，以代替书写签名或印章，对于这种电子式的签名还可进行技术验证。采用了规范化的程序和科学化的方法，用于鉴定签名人的身份以及对一项电子数据内容的认可，还可验证出文件的原文在传输过程中有无变动，确保传输电子文件的完整性、真实性和不可抵赖性。

数字签名在 ISO 7498 - 2 标准中**定义**为："附加在数据单元上的一些数据，或是对数据单元所做的密码变换，这种数据和变换允许数据单元的接收者用以确认数据单元来源和数据单元的完整性，并保护数据，防止被人进行伪造"。美国电子签名标准（DSS，FIPS186 - 2）对数字签名做了如下**解释**："利用一套规则和一个参数对数据计算所得的结果，用此结果能够确认签名者的身份和数据的完整性"。按上述定义**PKI**（Public Key Infrastructure）可以提供数据单元的密码变换，并能使接收者判断数据来源及对数据进行验证。

2. 数字签名的方法和功能

实现电子签名的技术手段有多种，需要在确认签署者的确切身份即经过认证之后，电子签名承认人们可以用多种不同的方法签署一份电子记录。**方法**包括：基于 PKI 的公钥密码技术的数字签名；用一个独一无二的以生物特征统计学为基础的识别标识，例如手书签名和图章的电子图像的模式识别；手印、声音印记或视网膜扫描的识别；一个让收件人能识别发件人身份的密码代号、密码或个人识别码（PIN）；基于量子力学的计算机等。但比较成熟的、使用方便且具有可操作性的、在世界先进国家和我国普遍使用的电子签名技术还是基于PKI的数字签名技术。

一个数字签名**算法组成**主要有两部分：签名算法和验证算法。签名者可使用一个秘密的签名算法签一个消息，所得的签名可通过一个公开的验证算法来验证。当给定一个签名后，验证算法根据签名的真实性进行判断。数字签名的**过程**为：甲首先使用他的密钥对消息进行签名得到加密的文件，然后将文件发给乙，最后乙用甲的公钥验证甲的签名的合法性。

数字签名的**功能**：

1）签名是可信的。文件的接受者相信签名者是慎重地在文件上签名的。

2）签名不可抵赖。发送者事后不能抵赖对报文的签名，可以核实。

3）签名不可伪造。签名可以证明是签名者而不是其他人在文件上签字。

4）签名不可重用。签名是文件的一部分，不可能将签名移动到其他的文件上。

5）签名不可变更。签名和文件不能改变，签名和文件也不可分离。

6）数字签名有一定的处理速度，能够满足所有的应用需求。

目前，数字签名算法很多，如 RSA 数字签名算法、EIGamal 数字签名算法、美国的数字签名标准/算法（DSS/DSA）、椭圆曲线数字签名算法和有限自动机数字签名算法等。

5.3.2　数字签名的种类

1. 手写签名或图章的识别

即将手写签名或印章作为图像，用光扫描经光电转换后在数据库中加以存储，当验证此人的手写签名或印章时，也用光扫描输入，并将原数据库中的对应图像调出，用模式识别的数学计算方法将两者进行比对，以确认该签名或印章的真伪。这种方法曾经在银行会计柜台使用过，但由于需要大容量的数据库存储与每次手写签名和印章的差异性，证明它不实用，这种方法也不适合在互联网上传输。

2. 生物识别技术

生物识别技术是利用人体生物特征进行身份认证的一种技术。生物特征是一个人与他人不同的唯一表征，它是可以被测量、自动识别和验证的。生物识别系统对生物特征进行取样，提取其唯一的特征进行数字化处理，转换成数字代码，并进一步将这些代码组成特征模板存于数据库中。人们同识别系统交互进行身份认证时，识别系统获取其特征并与数据库中的特征模板进行比对，以确定是否匹配，从而决定确认或否认此人。

在前面的身份认证技术中，已经介绍了有关生物识别认证技术，在数字签名方面也得到了广泛的应用。主要包括：指纹、声音、人像、掌型、视网膜、虹膜、人体气味、脸型、手的血管、DNA 和多种方法综合等识别技术。

3. 密码、密码代号或个人识别码

主要是指用一种传统的对称密钥加/解密的身份识别和签名方法。甲方需要乙方签名一份电子文件，甲方可产生一个随机码传送给乙方，乙方用事先双方约定好的对称密钥加密该随机码和电子文件回送给甲方，甲方用同样的对称密钥解密后得到电文并核对随机码，如随机码核对正确，甲方即可认为该电文来自乙方。这种方法解决的是 What you know（你知道什么），适合于远程网络传输，但不适合大规模人群认证，因为对称密钥管理困难。在对称

密钥加/解密认证中，在实际应用方面经常采用的是 ID + PIN（身份唯一标识 + 口令）。即发送方用对称密钥加密 ID 和 PIN 发给接收方，接收方解密后与后台存放的 ID 和口令进行比对，达到认证的目的。人们在日常生活中使用的银行卡就是用的这种认证方法。这种方法解决的是 What you have（你有什么）和 What you know（你知道什么），适用于远程网络传输，因对称密钥管理困难，不适用于电子签名。

4. 基于量子力学的计算机

基于量子力学的计算机被称作量子计算机，是以量子力学原理直接进行计算的计算机。它比传统的图灵计算机具有更强大的功能，它的计算速度要比现代的计算机快几亿倍。所以量子计算机向目前采用的网络保密的密码技术提出了挑战。它是利用一种新的量子密码的编码方法，即利用光子的相位特性编码。这种密码与传统密码在被窃听破解时不留下痕迹不同，由于量子力学的随机性非常特殊，无论多么聪明的窃听者，在破译这种密码时都会留下痕迹，甚至在密码被窃听的同时会自动改变。可以说，这将是世界上最安全的密码认证和签名方法。但是，这种计算机还只是停留在理论研究阶段，离实际应用还很遥远。

5. 基于 PKI 的电子签名

基于 PKI 的电子签名被称作**数字签名**。有人称"电子签名"就是"数字签名"，其实这是一般性说法，数字签名只是电子签名的一种特定形式。因为电子签名虽然获得了技术中立性，但也带来使用的不便，法律上又对电子签名做了进一步规定，如上述联合国贸发会的《电子签名示范法》和欧盟的《电子签名共同框架指令》中就规定了"可靠电子签名"和"高级电子签名"，实际上就是规定了数字签名的功能，这种规定使数字签名获得了更好的应用安全性和可操作性。目前，具有实际意义的电子签名只有公钥密码理论。所以，目前国内外普遍使用的还是基于 PKI 的数字签名技术。作为公钥基础设施，PKI 可提供多种网上安全服务，如认证、数据保密性、数据完整性和不可否认性。这些都用到了数字签名技术，也是本章叙述的重点。

除了上述方法以外，还有数字信封、数字水印和时间戳等类似的新技术和新方法。可以参见如下概述介绍。

5.3.3 数字签名的过程及实现

对一个电子文件进行数字签名并在网上传输，通常需要的**技术实现过程**包括：网上身份认证、进行签名和对签名的验证。

1. 身份认证的实现

PKI 提供的服务首先是认证，即身份识别与鉴别，就是确认实体即为自己所声明的实体。认证的前提是双方都具有第三方 CA 所签发的证书，认证分单向认证和双向认证。

1）单向认证。双方在网上通信时，甲只需要认证乙的身份。这时甲需要获取乙的证书，获取的方式有两种，一种是在通信时乙直接将证书传送给甲；另一种是甲向 CA 的目录服务器查询索取。甲获得乙的证书后，先用 CA 的根证书公钥验证该证书的签名，验证通过说明该证书是第三方 CA 签发的有效证书，然后检查证书的有效期及时效性（LRC 检查）和黑名单。

2）双向认证。双方在网上通信时，双方互相认定身份。其认证过程的各方都与上述单向认证过程相同，如图 5-5 所示。双方采用轻量目录访问协议（Light Directory Access Protocol，LDAP）在网上查询对方证书的有效性及黑名单。

2. 数字签名过程

网上通信的双方在互相认证身份之后，即可发送签名的数据电文。数字签名的全过程分两大部分，即签名与验证。数字签名与验证的过程和技术实现的原理，如图5-6所示。

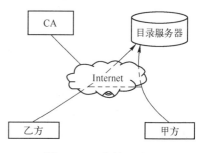

图5-5　双向认证过程

数字签名过程分两部分：签名过程和验证过程。发送方将原文用哈希算法求得数字摘要，用签名私钥对数字摘要加密求得数字签名，然后将原文与数字签名一起发送给接收方；接收方验证签名，即用发送方公钥解密数字签名，得出数字摘要；接收方将原文采用同样哈希算法又得一新的数字摘要，将两个数字摘要进行比较，如果两者匹配，说明经数字签名的电子文件传输成功。

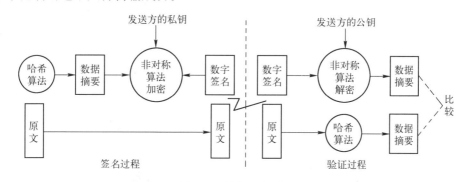

图5-6　数字签名原理

3. 数字签名的操作过程

数字签名的**操作过程**如图5-7所示，需要有发送方的签名证书的私钥及其验证公钥。

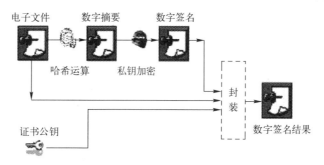

图5-7　数字签名的操作过程

数字签名的具体**操作过程**为：首先是生成被签名的电子文件（《电子签名法》中称数据电文），然后对电子文件用哈希算法做数字摘要，再对数字摘要用签名私钥做非对称加密，即做数字签名；之后是将以上的签名和电子文件原文以及签名证书的公钥加在一起进行封装，形成签名结果发送给接收方，待接收方验证。

4. 数字签名的验证过程

接收方收到发送方的签名后进行签名验证，其具体操作过程如图5-8所示。接收方收到数字签名的结果包括数字签名、电子原文和发送方公钥，即待验证的数据。接收方进行签名验证过程：接收方首先用发送方公钥解密数字签名，导出数字摘要，并对电子文件原文做同样哈希算法得到一个新的数字摘要，将两个摘要的哈希值进行比较，结果相同签名得到验证，否则签名无效。《电子签名法》中要求对签名不能改动，对签署的内容和形式也不能改动。

如果接收方对发送方数字签名验证成功，就可以说明以下 3 个实质性的问题：

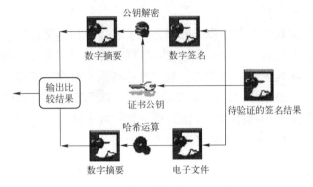

图 5-8　数字签名的验证过程

1）该电子文件确实是由签名者的发送方所发出的，电子文件来源于该发送者。因为签署时电子签名数据由电子签名人所控制。

2）被签名的电子文件确实是经发送方签名后发送的，说明发送方用了自己的私钥做签名，并得到验证，达到不可否认的目的。

3）接收方收到的电子文件在传输中没有被篡改，保持了数据的完整性，因为签署后对电子签名的任何改动都能够被发现。《电子签名法》中规定："安全的电子签名具有与手写签名或者盖章同等的效力"。

5. 原文保密的数据签名的实现方法

上述数字签名原理中定义的对原文做数字摘要及签名并传输原文，实际上在很多场合传输的原文要求保密，不许别人接触。要求对原文进行加密的数字签名方法的实现涉及"数字信封"的问题，此处理过程稍微复杂一些，但数字签名的基本原理仍相同，其签名过程如图 5-9 所示。

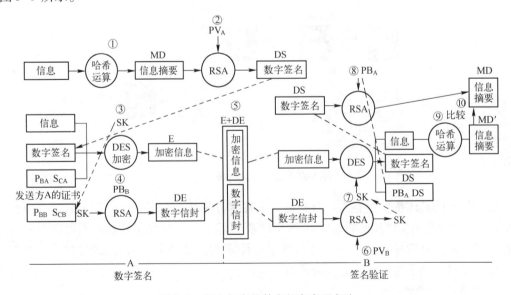

图 5-9　原文加密的数字签名实现方法

这是一个典型的"数字信封"处理过程。其**基本原理**是将原文用对称密钥加密传输，而将对称密钥用接收方公钥加密发送给对方。如同将对称密钥放在同一个数字信封，接收方收到数字信封，用自己的私钥解密信封，取出对称密钥解密得原文。

原文加密的数字签名的过程：

1）发送方 A 将原文信息进行哈希（Hash）运算，得到一哈希值，即数字摘要 MD。

2）发送方 A 用自己的私钥 PV_A，采用非对称 RSA 算法对数字摘要 MD 加密，即得数字签名 DS。

3）A 用对称密钥 SK 对原文、数字签名 DS 及 A 证书的公钥 PB_A 加密，得加密信息 E。

4）发送方用接收方 B 的公钥 PB_B，采用 RSA 算法对对称密钥 SK 加密，形成数字信封 DE，就好像将对称密钥 SK 装到了一个用接收方公钥加密的信封里。

5）发送方 A 将加密信息 E 和数字信封 DE 一起发送给接收方 B。

6）接收方 B 接收到数字信封 DE 后，首先用自己的私钥 PV_B 解密数字信封，取出对称密钥 SK。

7）B 用对称密钥 SK 以 DES 算法解密 E 还原出原文、数字签名 DS 及发送方 A 证书的公钥 PB_A。

8）接收方 B 验证数字签名，先用发送方 A 的公钥解密数字签名得数字摘要 MD。

9）接收方 B 同时将原文信息用同样的哈希运算，求得一个新的数字摘要 MD′。

10）将两个数字摘要 MD 和 MD′进行比较，若相等说明数据没被篡改，签名真实，否则拒绝该签名。实现了机密信息在数字签名的传输中不被篡改的保密目的。

📖 **讨论思考：**

1）数字签名的概念及方法是什么？

2）数字签名的功能和种类有哪些？

3）数字签名的具体操作过程是什么？

5.4 访问控制技术

5.4.1 访问控制的概念及内容

1. 访问控制的概念及任务

访问控制（Access Control）是针对越权使用资源的防御措施，即判断使用者是否有权限使用或更改某一项资源，并且防止非授权的使用者滥用资源。网络的访问控制技术是通过对访问的申请、批准和撤销的全过程进行有效的控制，从而确保只有合法用户的合法访问才能给予批准，而且相应的访问只能执行授权的操作。

通常，访问控制包含以下含义：一是机密性控制，保证数据资源不被非法读出；二是完整性控制，保证数据资源不被非法增加、改写、删除和生成；三是有效性控制，保证数据资源不被非法访问主体使用和破坏。访问控制是系统保密性、完整性、可用性和合法使用性的基础，是网络安全防范和保护的主要策略。其**主要任务**是保证网络资源不被非法使用和非法访问，也是维护网络系统安全、保护网络资源的重要手段。

访问控制是主体依据某些控制策略或权限对客体本身或是其资源进行的不同授权访问。

访问控制包括**3个要素**，即主体、客体和控制策略。

1）**主体**S（Subject）是指一个提出请求或要求的实体，是动作的发起者，但不一定是动作的执行者。主体可以是某个用户，也可以是用户启动的进程、服务和设备。

2）**客体**O（Object）是接受其他实体访问的被动实体。客体的概念也很广泛，凡是可以被操作的信息、资源、对象都可以认为是客体。在信息社会中，客体可以是信息、文件、记录等的集合体，也可以是网络上的硬件设施，无线通信中的终端，甚至一个客体可以包含另外一个客体。

3）**控制策略** A（Attribution）是主体对客体的访问规则集，即属性集合。访问策略实际上体现了一种授权行为，也就是客体对主体的权限允许。

访问控制的**目的**是限制访问主体对访问客体的访问权限，从而使计算机网络系统在合法范围内使用；它决定用户能做什么，也决定代表一定用户身份的进程能做什么。为达到上述目的，访问控制需要完成以下两个**任务**：识别和确认访问系统的用户、决定该用户可以对某一系统资源进行何种类型的访问。

访问控制**策略**有7种：入网访问控制策略、网络的权限控制策略、目录级安全控制策略、属性安全控制策略、网络服务器安全控制策略、网络监测和锁定控制策略、网络端口和结点的安全控制策略。

2. 访问控制的内容

访问控制的实现首先要考虑对合法用户进行验证，然后是对控制策略的选用与管理，最后要对非法用户或是越权操作进行管理。所以，访问控制包括认证、控制策略实现和审计**3个方面的内容**。

1）认证：包括主体对客体的识别认证和客体对主体的检验认证。

2）控制策略的具体实现：如何设定规则集合从而确保正常用户对信息资源的合法使用，既要防止非法用户，也要考虑敏感资源的泄露，对于合法用户而言，更不能越权行使控制策略所赋予其权力以外的功能。

3）安全审计：使系统自动记录网络中的"正常"操作、"非正常"操作以及使用时间、敏感信息等。审计类似于飞机上的"黑匣子"，它为系统进行事故原因查询、定位、事故发生前的预测、报警以及为事故发生后的实时处理提供详细可靠的依据或支持。

5.4.2 访问控制的模式及管理

1. 访问控制的层次

实际上，通常可将访问控制**分为两个层次**：物理访问控制和逻辑访问控制。

一般的**物理访问控制**包括标准的钥匙、门、锁和设备标签等，而**逻辑访问控制**则是在数据、应用、系统和网络等层面实现的。

对于银行、证券等重要金融机构的网站，网络信息安全重点关注的是逻辑访问控制。物理访问控制则主要由其他类型的安全部门（如门卫）完成。

2. 访问控制的模式

主要的访问控制模式有3种，即自主访问控制（DAC）、强制访问控制（MAC）和基于角色的访问控制（RBAC）。

1）自主访问控制（DAC）。是指由资源的所有者决定是否允许特定的人访问资源。类似于目前大多数企业系统管理采取的做法。这种访问控制模式的有效性依赖于资源的所有者对企业安全政策的正确理解和有效落实。

2）强制访问控制（MAC）。是指定义几个特定的信息安全级别，将资源归属于这些安全级别中。强制访问控制常用于军队和政府机构。主体的权限取决于其访问许可等级。

3）基于角色的访问控制（RBAC）。是指主体基于特定的角色访问客体，操作权限定义在角色当中。

3. 访问控制规则

（1）访问者

从业务的角度对信息系统进行统一的角色定义是实现统一访问管理的最佳实践。

角色的定义应反映银行的业务流程和组织结构，并根据银行的信息安全政策决定每一角色应具有的系统访问权限。通过给用户群组指派相应的角色，并给用户指派相应的用户群组，决定每个用户所具有的操作权限，如图 5-10 所示。

图 5-10　基于角色的访问控制

【案例 5-7】某金融机构访问控制实例。给用户 1 分配的角色为 A（角色维度 1）和 B（角色维度 2）。在访问的过程中，访问控制规则引擎查询授权信息（如 ACL），判断用户 1 所具有的访问权限。当用户具有角色 A 的时候，将具有权限 1、权限 2 和权限 3；当用户具有角色 B 的时候，将具有权限 4；当用户同时具有角色 A 和 B 的时候，将具有权限 5 和权限 6。因此，用户 1 具有的权限为权限 1 至权限 8。访问控制规则引擎返回授权信息，实现访问控制。

（2）资源

对资源的保护应包括两个层面：物理层和逻辑层。以 Web 访问管理为例：

1）物理层（系统资源）。即实际的物理文件或应用，如保护通过 URL 描述的实际页面。

2）逻辑层（对象）。包括内容对象（如 Web 页面上的控制按钮）和系统对象（如访问管理系统自身的控制对象）。内容对象根据实现技术的不同，又可以分为 J2EE 对象、.NET 对象、JavaScript 对象、CGI 对象等。

具体的描述方式与 Web 访问管理的产品密切相关。

（3）访问控制规则

一个**最简化的访问控制规则**应如下：XX 访问者对 XX 资源进行 XX 访问时将发生 XX 响应。即访问控制规则的四要素是访问者（主体）、资源（客体）、访问请求和访问响应。

以基于角色的访问控制为例，应**注意**以下几点：

1）访问控制规则应以主体为中心。

2）访问控制既应包括访问请求，还应包括访问响应。

3）访问控制规则应简洁有效，避免繁杂的规则设置。

4. 单点登录的访问管理

在 5.2.2 节介绍了单点登录（SSO）的概念和优点，这是一种理想化的登录方式：用户登录一次，可以访问所有主要的系统。SSO 最大的收益是提供良好的用户体验，使认证和授权过程对用户透明。根据登录的应用类型不同，可以将 SSO 分为以下 **3 种类型**。

（1）对桌面资源的统一访问管理

对桌面资源的访问管理包括两个层面的含义：

1）登录 Windows 操作系统后统一访问 Microsoft 应用资源。Windows 系统自身便是一个 SSO 系统。随着 . NET 技术的发展，Microsoft SSO 将成为现实。通过 Active Directory 的 Group Policy，并结合其 SMS 工具，可实现桌面策略的统一定制和统一管理。

2）登录 Windows 操作系统后访问其他应用资源。根据微软的软件战略，其并不会主动提供 Windows 与其他应用系统的直接连接。目前已有第三方产品提供桥接功能，利用 Active Directory 存储其他应用的用户信息，并通过该产品实现对这些应用的 SSO。

（2）Web 单点登录

由于 Web 技术灵活的体系架构，使得对 Web 资源的统一访问管理变为可能。Web 访问管理产品是目前最为成熟的访问管理产品。

Web 访问管理常与信息门户结合使用，提供完整的 Web SSO 解决方案，如图 5-11 所示。

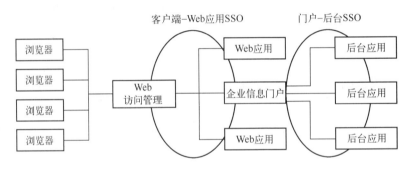

图 5-11　Web 单点登录

（3）对传统 C/S 结构应用的统一访问管理

对于传统 C/S 结构应用的统一访问管理，实现前台的统一（或统一入口）是一项极大的挑战。一种解决方案是采用 Web 客户端作为前台，其实现形式参见图 5-11。

后台集成方面，可以利用安全服务组件（基于集成平台）或安全服务 API（不基于集成平台），调用信息安全基础设施提供的访问管理服务，从而实现统一访问管理。

在不同的应用系统之间以一致的方式传递身份认证和授权信息是另一项巨大的挑战，采用集成平台进行认证和授权信息的传递是当前的一种趋势。建议对 C/S 结构应用的统一访问管理结合信息总线（EAI）平台的建设一起进行。

5.4.3　访问控制的安全策略

访问控制的安全策略有以下 **3 种实现方式**：基于身份的安全策略、基于规则的安全策略和综合访问控制方式。

1. 安全策略实施原则

安全策略实施原则：访问控制安全策略的实施围绕主体、客体和安全控制规则集三者之间的关系展开。

1）最小特权原则。最小特权原则是指主体执行操作时，按照主体所需权力的最小化原则给主体分配权力。最小特权原则的优点是最大限度地限制了主体实施授权行为，可以避免来自突发事件、错误和未授权主体的危险。也就是说，为了达到一定目的，主体必须执行一定操作，但只能做所被允许做的，其他除外。

2）最小泄露原则。主要是指主体执行任务时，按照主体所需要知道的信息最小化的原则分配给主体权力。

3）多级安全策略。是指主体和客体间的数据流向和权限控制按照安全级别的绝密（TS）、秘密（S）、机密（C）、限制（RS）和无级别（U）5级来划分。多级安全策略的优点是避免敏感信息的扩散。具有安全级别的信息资源，只有安全级别比它高的主体才能够访问。

2. 基于身份和规则的安全策略

建立基于身份的安全策略和基于规则的安全策略的基础是授权行为。

1）基于身份的安全策略是过滤对数据或资源的访问，只有能通过认证的那些主体才有可能正常使用客体的资源。基于身份的安全策略包括基于个人的策略和基于组的策略，主要有两种基本的实现方法，分别为能力表和访问控制表。

基于个人的策略是指以用户个人为中心建立的一种策略，由一些列表组成。这些列表针对特定的客体，限定了哪些用户可以实现何种安全策略的操作行为。

基于组的策略是基于个人的策略的扩充，指一些用户被允许使用同样的访问控制规则访问同样的客体。

2）基于规则的安全策略。基于规则的安全策略中的授权通常依赖于敏感性。在一个安全系统中，数据或资源应该标注安全标记。代表用户进行活动的进程可以得到与其原发者相应的安全标记。在实现上，由系统通过比较用户的安全级别和客体资源的安全级别来判断是否允许用户进行访问。

3. 综合访问控制策略

访问控制技术的目标是防止对任何资源的非法访问。所谓非法访问，是指未经授权的使用、泄露、销毁以及发布等。从应用方面进行划分，访问控制策略包括以下几个方面。

（1）入网访问控制

入网访问控制为网络访问提供了第一层访问控制。它控制哪些用户能够登录到服务器并获取网络资源，控制准许用户入网的时间和登录入网的工作站。用户的入网访问控制分为：用户名和口令的识别与验证、用户账号的默认限制检查。只要其中的任何一个步骤未通过，该用户便不能进入该网络。

（2）网络的权限控制

网络的权限控制是针对网络非法操作所提出的一种安全保护措施。用户和用户组被分为以下3类。

1）特殊用户，指具有系统管理权限的用户。

2）一般用户，系统管理员根据他们的实际需要为他们分配操作权限。

3）审计用户，负责网络的安全控制与资源使用情况的审计。

用户对网络资源的访问权限可以用一个访问控制表来描述。

（3）目录级安全控制

网络应允许控制用户对目录、文件、设备进行访问，用户在目录一级指定的权限对所有文件目录有效，用户还可进一步指定对目录下的子目录和文件的权限。如在网络操作系统中常见的对**目录和文件的访问权限**：系统管理员权限（Supervisor）、读权限（Read）、写权限（Write）、创建权限（Create）、删除权限（Erase）、修改权限（Modify）、文件查找权限（File Scan）、访问控制权限（Access Control）等。一个网络系统管理员应当为用户指定适当的访问权限，这些访问权限控制着用户对服务器的访问各种访问权限的有效组合可以让用户有效地完成工作，同时又能有效地控制用户对服务器资源的访问，从而提高了网络和服务器的安全性。

（4）属性安全控制

当用文件、目录和网络设备时，网络系统管理员给文件、目录指定访问属性。属性安全控制可以将给定的属性与网络服务器的文件、目录网络设备联系起来。属性安全在权限安全的基础上提供更进一步的安全性。网络上的资源都应预先标出一组安全属性，用户对网络资源的访问权限对应一张访问控制表，用以表明用户对网络资源的访问能力。

属性往往能控制的权限包括：向某个文件写数据、复制一个文件、删除目录或文件、查看目录和文件、执行文件、隐藏文件、共享、系统属性等。网络的属性可以保护重要的目录和文件，防止用户对目录和文件的显示、误删除、执行修改等。

（5）网络服务器安全控制

网络允许在服务器控制台执行一系列操作：用户使用控制台可以装载和卸载模块，可以安装和删除软件等。网络服务器的安全控制包括可以设置口令锁定服务器控制台，以防止非法用户修改、删除重要信息或破坏数据；另外，还可以设定服务器登录时间限制、非法访问者检测和关闭的时间间隔等。

（6）网络监测和锁定控制

网络管理员应对网络实施监控，服务器要记录用户对网络资源的访问。如有非法的网络访问，服务器应以图形、文字或声音等形式报警，以引起网络管理员的注意。如果入侵者试图进入网络，网络服务器会自动记录企图尝试进入网络的次数，当非法访问的次数达到设定的数值后，该用户账户就自动锁定。

（7）网络端口和结点的安全控制

网络中服务器的端口往往使用自动回复设备、静默调制解调器加以保护，并以加密的形式来识别结点的身份。自动回复设备用于防止假冒合法用户，静默调制解调器用以防范黑客的自动拨号程序对计算机进行攻击。网络还常对服务器端和用户端采取控制，用户必须携带证实身份的验证器（如智能卡、磁卡、安全密码发生器等）。在对用户的身份进行验证之后，才允许用户进入用户端。然后，用户端和服务器再进行相互验证。

（8）防火墙控制

防火墙是一种用于限制访问出入内部网络的计算机软硬件系统，从而达到保护内部网资源和信息的目的。关于防火墙的具体内容，将在第9章进行介绍。

4. 网上银行访问控制的安全策略

为了让用户安全、放心地使用网上银行，通常在网上银行系统采取8大安全策略，以全面保护信息资料与资金的安全。

1）加强证书存储安全。网上银行系统可支持USB Key证书功能，USB Key具有安全性、移动性、方便性等特点。银行在推广USB Key证书时，考虑到客户的需求，在USB Key款式、附加功能上进行了创新，使USB Key相比其他同类产品更具吸引力。

2）动态口令卡。网上银行除了向客户提供证书保护模式外，还推出了动态口令卡，免除了携带证书和使用证书的不便，动态口令卡样式轻小、安全性高。

3）先进技术的保障。XX 银行网上银行系统采用了严格的安全性设计，通过密码校验、CA 证书、SSL（加密套接字层协议）加密和服务器方的反黑客软件等多种方式，以保证网上银行客户的信息安全。

4）双密码控制，并设定了密码安全强度。网上银行系统采取登录密码和交易密码两种控制，并对密码错误次数进行了限制，超出限制次数，客户当日即无法进行登录。在客户首次登录网上银行时，系统将强制要求修改在柜台签约时预留的登录密码，并对密码强度进行检测，要求客户不能使用简单密码，这样做有利于提高客户端的安全性。

5）交易限额控制。网上银行系统对各类资金交易均设定了交易限额，以进一步保证客户资金的安全。

6）信息提示，增加透明度。在网上银行操作过程中，客户提交的交易信息及各类出错信息都会清晰地显示在浏览器屏幕上，让客户清楚地了解该笔交易的详细信息。

7）客户端密码安全检测。网上银行系统提供了客户端密码安全检测，能自动评估网上银行客户密码的安全程度，并给予客户必要的风险警告，有助于提高客户安全意识。

8）短信服务。网上银行提供了从登录、查询、交易，直到退出的每个环节的短信提醒服务，客户可以直接通过网上银行捆绑其手机，随时掌握网上银行的使用情况。

5.4.4 准入控制与身份认证管理应用

1. 准入控制技术

在部署了防火墙、漏洞扫描系统、入侵检测系统和防病毒软件之后，仍然发现针对网络的攻击层出不穷，网络的可用性难以保证。在众多的网络安全事件背后，普遍存在的事实是大多数的网络用户不能及时安装系统补丁和升级病毒库。每个网络用户都可能成为网络攻击的发起者，同时也是受害者。因此，如何管理众多的用户及其接入计算机，如何确保绝大多数的接入计算机是安全的，这些问题决定了能在多大程度上保证网络的可用性。

为了应对这种情况，思科（Cisco）公司在 2003 年 11 月率先提出了网络准入控制（Network Admission Control，NAC）和自防御网络（SDN）的概念，并联合 Network Assiciates、Symantec、TrendMicro 及 IBM 等厂商开发并推广 NAC。

微软迅速作出反应，也提出了相对应的网络准许接入保护方案（Network Access Protection，NAP）。

思科的 NAC 和微软的 NAP 本质相同，都是通过对用户的身份进行认证，对用户的接入设备进行安全状态评估，使接入点都具有较高的可信身份和基本的安全条件，从而保护网络基础设施。

随后，国内外厂商在准入控制产品开发方面展开了激烈的竞争。2004 年，思科推出产品解决方案之后，华为也紧随其后，在 2005 年上半年推出了端点准入防御（Endpoint Admission Defense，EAD）产品。

微软虽然没有推出 NAP 产品，却将 NAP 开发成一套开放的安全架构标准。已有很多公司签约购买未来的 NAP 产品。目前已有 25 家支持 NAP 计划的合作公司已拿到软件开发包，开始研发 NAP 组件。

无论是思科的 NAC，还是微软的 NAP，包括华为的 EAD，都是私有的准入控制系统。

面对思科、微软、华为把准入控制方案和公司产品的紧密捆绑战略，SYGATE 于 2005 年 6 月提出了 SNAC 通用解决方案。该方案基于现有的业界标准，针对所有的网络架构工作，并且不必进行昂贵的网络架构改造。SNAC 最主要的特点是提供大量的配置和策略模板，可供各种各样的网络方案选择。在没有业界标准出来之前，这也许是最可行的方法。

2. 身份认证管理与准入控制的结合

在网络安全领域，身份认证是指计算机或网络系统确认操作者身份的过程。然而，用户在虚拟网络世界中的数字身份和现实世界中的物理身份很难一一对应，在互联网上难以确认。

身份认证技术经历了从软件到软件硬件结合，从单一因子认证到双因子认证，从静态认证到动态认证的发展过程。目前常用的身份认证方式包括：用户名/密码方式，公钥证书方式，动态口令方式等。无论采用何种方式，都有其优缺点。比如，用户名密码方式，容易被窃取和攻击（比如弱密码）；而采用公钥证书，又涉及证书生成、发放、撤销等复杂的管理问题；私钥的安全性也取决于个人对私钥的保管。

身份认证是网络准入控制的基础。在各种准入控制方案中，都采用了某种形式的身份认证技术。目前，身份认证管理技术和准入控制进一步融合，向综合管理和集中控制方向发展。

3. 准入控制技术方案比较

各家厂商的准入控制方案虽然在原理上是一致的，但由于利益不同，实现方式也各不相同。其主要区别如下：

（1）协议方面

思科、华为选择了通过采用 EAP 协议、RADIUS 协议和 802.1x 协议实现准入控制。微软则选择了采用 DHCP 协议和 RADIUS 协议来实现。

（2）身份认证管理方面

思科、华为和微软在后台都选择了使用 RADIUS 服务器作为认证管理平台；华为主要以用户名/密码方式进行身份认证，思科选择了用证书方式管理用户身份。

（3）管理方式方面

各厂家都选择了集中式控制和管理方式。策略控制和应用由策略服务器（通常是 RADIUS 服务器）和第三方的软件产品协作进行；用户资料和准入策略由统一的管理平台负责。

（4）准入控制流程方面

思科和华为大同小异，依赖于本公司特定的网络设备实现；微软因为没有控制网络基础设施的产品，选择了通过 DHCP 服务器来控制准入流程。

4. 某大学准入控制研发及应用

【案例 5-8】中国教育和科研计算机网紧急响应组（CCERT）开发组，在开发"某大学校园网端口认证系统"的基础上，多年跟踪研究准入控制系统。在分析了思科的准入控制研究方案后，认为应重点研究独立于产品厂商的准入控制方案和相关软件系统。准入控制系统的核心是从网络接入端点的安全控制入手，结合认证服务器、安全策略服务器和网络设备，以及第三方的软件系统（病毒和系统补丁服务器），完成对接入终端用户的强制认证和安全策略应用，保障网络安全。某大学的准入控制系统通过提供综合管理平台，对用户和接入设备进行集中管理，统一实施校园网的安全策略。

综合管理平台是方案的管理与控制中心及核心，控制着策略服务器和认证服务器，实现用户管理和安全策略管理。安全状态评估由认证服务器负责，安全联动控制由策略控制服务器完成。

在用户终端试图接入网络时，安全客户端首先搜集、评估用户机器的安全特征，包括系统补丁、病毒库版本等信息，并把这些特征和用户信息上传至认证服务器，进行用户身份认证和安全策略对照；根据对照结果，非法用户将被策略控制服务器拒绝接入网络；是合法用户、但接入计算机没有达到基本安全要求的将被隔离到隔离区；进入隔离区的用户可以根据组织的网络安全策略，进行安装系统补丁、升级病毒库、检查终端系统信息等操作，直到接入终端符合组织网络安全策略；合法合格的接入终端可以根据组织安全策略正常访问网络。

系统的控制部分由策略控制服务器处理，通过各种控制模板来控制相关的交换机、路由设备、网关设备及 DHCP 服务器来实现策略控制。

安全客户端部分用来搜集、评估用户机器的安全特征；采用用户名密码方式实现对用户的身份认证。

在隔离区是第三方厂商的服务器，包括防病毒服务器和微软的补丁服务器（SUS 服务器）。被隔离的用户只能访问隔离区中的服务器。

5. 准入控制技术未来的发展

准入控制发展很快，并且出现各种方案整合的趋势。一方面各主要厂商突出本身的准入控制方案，同时厂商之间加大了合作力度。思科和微软都承诺支持对方的准入控制计划，并开放自己的 API。另一方面，准入控制标准化工作也在加快。可信计算组织（Trusted Computing Group，TCG）在 2004 年 5 月成立了可信网络连接（Trusted Network Connect，TNC）分组，TNC 计划为端点准入强制策略开发一个对所有开发商开放的架构规范，从而保证各个开发商端点准入产品的可互操作性。这些规范将利用现存的工业标准，并在需要的时候开发新的标准和协议。

TNC 的成立促进了标准化的发展，许多重要的网络和安全公司如 Foundry、SYGATE 和 Juniper 等都参加了 TNC。TNC 希望通过构建框架和规范保证互操作性。这些规范将包括端点的安全构建之间、端点主机和网络设备之间，以及网络设备之间的软件接口和通信协议。

TNC 的加入，预示准入控制将向标准化、软硬件相结合的方向发展。

📖 **讨论思考：**

1）访问控制的概念和内容是什么？
2）访问控制模式主要有哪几种？
3）访问控制的安全策略有哪几种实现方式？

5.5 安全审计技术

5.5.1 安全审计简介

系统安全审计是计算机网络安全的重要组成部分，是对防火墙技术和入侵检测技术等网络安全技术的重要补充和完善。

1. 安全审计的概念及目的

网络**安全审计**（Audit）是通过特定的安全策略，利用记录及分析系统活动和用户活动的历史操作事件，按照顺序检查、审查和检验每个事件的环境及活动。其中，系统活动包括操作系统和应用程序进程的活动；用户活动包括用户在操作系统中和应用程序中的活动，如用户使用的资源、使用时间、执行的操作等方面，发现系统的漏洞和入侵行为，并改进系统的性能和安全。

安全审计就是对系统的记录与行为进行独立的审查与估计，**目的**在于：

1）对潜在的攻击者起到重大震慑和警告的作用。

2）测试系统的控制是否恰当，以便进行调整，保证与既定安全策略和操作协调一致。

3）对已发生的系统破坏行为，作出损害评估并提供有效的灾难恢复依据和追责证据。

4）对系统控制、安全策略与规程中特定的改变作出评价和反馈，便于修订决策和部署。

5）为系统管理员提供有价值的系统使用日志，帮助系统管理员及时发现系统入侵行为或潜在的系统漏洞。

2. 安全审计的类型

通常，安全审计**有 3 种类型**：系统级审计、应用级审计和用户级审计。

（1）系统级审计

系统级审计的内容主要包括登录情况、登录识别号、每次登录尝试的日期和具体时间、每次退出的日期和时间、所使用的设备、登录后运行的内容，如用户启动应用的尝试，无论成功还是失败。典型的系统级日志还包括和安全无关的信息，如系统操作、费用记账和网络性能。

（2）应用级审计

系统级审计可能无法跟踪和记录应用中的事件，也可能无法提供应用和数据拥有者需要的足够的细节信息。通常，应用级审计的内容包括打开和关闭数据文件，读取、编辑和删除记录或字段的特定操作以及打印报告之类的用户活动。

（3）用户级审计

用户级审计的内容通常包括：用户直接启动的所有命令、用户所有的鉴别和认证尝试、用户所访问的文件和资源等方面。

3. 安全审计系统的基本结构

安全审计是通过对所关心的事件进行记录和分析来实现的，因此**审计过程**包括审计发生器、日志记录器、日志分析器和报告机制几部分，如图 5-12 所示。

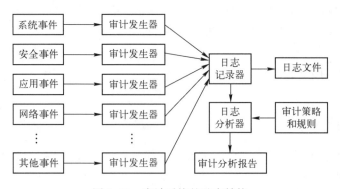

图 5-12　审计系统的基本结构

5.5.2 系统日记审计

1. 系统日志的内容

系统日志可根据安全的强度要求，选择记录下列部分或全部的**事件**：

1）审计功能的启动和关闭。

2）使用身份验证机制。

3）将客体引入主体的地址空间。

4）删除全部客体。

5）管理员、安全员、审计员和一般操作人员的操作。

6）其他专门定义的可审计事件。

通常，对于一个事件，日志应包括事件发生的日期和时间、引发事件的用户（地址）、事件源及目的地位置、事件类型、事件成败等。

2. 安全审计的记录机制

不同的系统可以采用不同的机制记录日志。日志的记录可以由操作系统完成，也可以由应用系统或其他专用记录系统完成。通常，大部分情况都采用系统调用 Syslog 方式记录日志，也可以用 SNMP 记录。其中 Syslog 记录机制由 Syslog 守护程序、Syslog 规则集及 Syslog 系统调用 3 部分组成，如图 5-13 所示。

3. 日志分析

日志分析就是在日志中寻找模式，主要内容如下：

1）潜在侵害分析。日志分析可用一些规则监控审计事件，并根据规则发现潜在的入侵。这种规则可以是由已定义的可审计事件的子集所指示的潜在安全攻击的积累或组合。

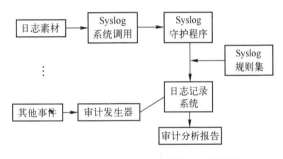

图 5-13　Syslog 安全审计的记录机制

2）基于异常检测的轮廓。日志分析应确定用户正常行为的轮廓，当日志中的事件违反正常访问行为的轮廓，或超出正常轮廓一定的门限时，能指出将要发生的威胁。

3）简单攻击探测。日志分析应对重大威胁事件的特征进行明确的描述，当攻击出现时，可以及时指出。

4）复杂攻击探测。要求高的日志分析系统还应能检测到多步入侵序列，当攻击出现时，可预测发生步骤。

4. 审计事件查阅

由于审计系统是追踪、恢复的直接依据，甚至是司法依据，因此其自身的安全性十分重要。审计系统的安全主要是查阅和存储的安全。审计事件的查阅应严格限制，不能篡改日志。通常，通过以下不同的层次**保证查阅安全**：

1）审计查阅。审计系统以可理解的方式为授权用户提供查阅日志和分析结果的功能。

2）有限审计查阅。审计系统只提供对内容的读权限，拒绝其他的用户访问审计系统。

3）可选审计查阅。在有限审计查阅的基础上限制查阅的范围。

5. 审计事件存储

审计事件的存储也有安全要求，具体包括：

1）受保护的审计踪迹存储。即要求存储系统对日志事件具有保护功能，防止未授权的修改和删除，并具有检测修改、删除的能力。

2）审计数据的可用性保证。在审计存储系统遭受意外时，能防止或检测审计记录的修改，在存储介质存满或存储失败时，能确保记录不被破坏。

3）防止审计数据丢失。在审计踪迹超过预定门限或记满时，应采取相应措施防止数据丢失。此措施可以是忽略可审计事件、只允许记录有特殊权限的事件、覆盖以前的记录、停止工作等。

5.5.3 审计跟踪及应用

1. 审计跟踪的概念及意义

审计跟踪（Audit Trail）是系统活动记录，这些记录可以重构、评估、审查环境和活动的次序，这些环境和活动是同一项事务的开始到最后结束期间围绕或导致一项操作、一个过程或一个事件相关的。因此，审计跟踪可以**用于实现**：确定和保持系统活动中每个人的责任、重建事件、评估损失、检测系统问题区、提供有效的灾难恢复、阻止系统的不当使用等。

作为一种安全机制，计算机系统的审计机制的**安全目标**为：
- 审查基于每个目标或每个用户的访问模式，并使用系统的保护机制。
- 发现试图绕过保护机制的外部人员和内部人员。
- 发现用户从低等级到高等级的访问权限转移。
- 制止用户企图绕过系统保护机制的尝试。
- 作为另一种机制确保记录并发现用户企图绕过保护的尝试，为控制损失提供足够的信息。

审计是记录用户使用计算机网络系统进行所有活动的过程，它是提高安全性的重要工具。安全审计跟踪机制的**意义**在于：经过事后的安全审计可以检测和调查安全漏洞。

1）它不仅能够识别谁访问了系统，还能指出系统正被怎样使用。

2）对于确定是否有网络攻击的情况，审计信息对于确定问题和攻击源很重要。

3）系统事件的记录可以更迅速、系统地识别问题，而且是后面阶段事故处理的重要依据。

4）通过对安全事件的不断收集与积累并且加以分析，有选择性地对其中的某些站点或用户进行审计跟踪，以提供发现可能产生破坏性行为的有力证据。

2. 审计跟踪的主要问题

安全审计跟踪主要考虑以下几个方面的问题：

1）要选择记录信息内容。审计记录必须包括网络中任何用户、进程、实体获得某一级别的安全等级的尝试，包括注册、注销，超级用户的访问，产生的各种票据，其他各种访问状态的改变，并特别注意公共服务器上的匿名或客人账号。

实际收集的数据随站点和访问类型的不同而不同。通常要收集的数据包括：用户名和主机名，权限的变更情况，时间戳，被访问的对象和资源。当然，这也依赖于系统的空间。

🔔【注意】由于保密权限及防止被他人利用，切不可收集口令信息。

2）记录具体相关信息条件和情况。

3）确定安全审计跟踪信息所采用的语法和语义定义。

收集审计跟踪信息，列举被记录的安全事件的类别（如违反安全要求的操作），并能满足各种不同需要。安全审计还可以对潜在的入侵攻击源起到威慑作用。

审计是系统安全策略的一个重要组成部分，贯穿整个系统不同安全机制的实现过程，它为其他安全策略的改进和完善提供了必要的信息。

而且，它的深入研究为后来的一些安全策略的诞生和发展提供了契机。后来发展起来的入侵检测系统就是在审计机制的基础上得到启示而迅速发展起来的。

5.5.4　安全审计的实施

为了确保审计数据的可用性和正确性，审计数据需要受到保护。审计应根据需要（经常由安全事件触发）定期审查、自动实时审查或两者兼顾。系统管理人员应根据安全管理要求确定需要维护多长时间的审计数据，其中包括系统内保存的和归档保存的数据。与安全审计实施有关的问题包括：保护审计数据、审查审计数据和用于审计分析的工具。

1. 保护审计数据

访问在线审计日志必须受到严格限制。计算机安全管理人员和系统管理员或职能部门经理出于检查的目的可以访问，但是维护逻辑访问功能的安全管理人员没有必要访问审计日志。

防止非法修改以确保审计跟踪数据的完整性尤其重要。使用数字签名是实现这一目标的一种途径。另一类方法是使用只读设备。入侵者会试图修改审计跟踪记录以掩盖自己的踪迹，这是审计跟踪文件需要保护的原因之一。使用强访问控制是保护审计跟踪记录免受非法访问的有效措施。当牵涉到法律问题时，审计跟踪信息的完整性尤为重要（这可能需要每天打印和签署日志）。此类法律问题应该直接咨询相关法律顾问。

审计跟踪信息的机密性也需要受到保护，如审计跟踪所记录的用户信息可能包含诸如交易记录等不宜披露的个人信息。强访问控制和加密在保护机密性方面非常有效。

2. 审查审计数据

审计跟踪的审查和分析可以分为在事后检查、定期检查或实时检查。审查人员应该知道如何发现异常活动。如果可以通过用户识别码、终端识别码、应用程序名、日期时间或其他参数组来检索审计跟踪记录并生成所需的报告，那么审计跟踪检查就会比较容易。

3. 审计工具

（1）审计精选工具

此类工具用于从大量的数据中精选出有用的信息以协助人工检查。在安全检查前，此类工具可以剔除大量对安全影响不大的信息。这类工具通常可以剔除由特定类型事件产生的记录，如由夜间备份产生的记录将被剔除。

（2）趋势/差别探测工具

此类工具用于发现系统或用户的异常活动。可以建立较复杂的处理机制以监控系统使用趋势和探测各种异常活动。例如，如果用户通常在上午 9 点登录，但却有一天在凌晨登录，这可能是一件值得调查的安全事件。

（3）攻击特征探测工具

此类工具用于查找攻击特征，通常一系列特定的事件表明有可能发生了非法访问尝试。

一个简单的例子是反复进行失败的登录尝试。

5.5.5 金融机构审计跟踪的实施应用

1. 审计跟踪系统

【案例5-9】审计跟踪系统本身会执行系统方面的策略，如对文件及系统的访问。对实施这些策略的相关系统配置文件改动的监控十分重要，系统必须在相关访问发生时生成审计记录。审计跟踪可提供更详细的记录。对于重要应用，还需对使用者和使用细节进行记录。系统管理员不仅会对所有的系统和活动进行监控，同时也应选择记录某个应用在系统层面上的某个功能。包括审计跟踪任何试图登录的情况，登录 ID、每次登录尝试时间和日期、终止登录的时间和日期、使用的设备、登录成功后使用的功能。系统层的记录通常还包括一些并非与安全相关的信息，如系统运作、网络性能等。

通常，应用层审计跟踪也能对用户的活动进行记录和监控，包括数据文件开关、具体的行动、读取数据、编辑和删除记录、打印报表等。对于某些对数据可用性、保密性和完整性方面十分敏感的应用，审计跟踪可捕捉到每个改变记录的前后情况。

用户审计跟踪记录包括：用户直接发出的命令、识别与认证尝试、访问的数据及文件、删除日志文件等命令选项和参数。

2. 系统安全审计跟踪的实施

审计跟踪记录需有相应保护。审计跟踪的计划和实施需要日志数据进行审核，所有的系统都必须根据一定的安全需求打开系统自带的审计跟踪功能并记录日志文件，因为它是发现安全漏洞和隐患的基础，监控并记录对系统的一切改动。在使用审计跟踪时还应注意：

1）不同系统在不同情况下审计跟踪信息所记录的内容有一定差异，如门禁系统的审计跟踪信息应包括记录访问者相关信息、出入携带相关物品信息等。从物理环境中的门禁系统到网络和硬件设备、操作系统、数据库以及各种不同的应用系统都应对审计跟踪信息进行严格的控制管理，记录对象、时间、地点、事件等所有的安全信息。

2）对在线审计日志的访问必须严格控制。保证审计跟踪的完整性并防止修改，必须用数字签名或一次性写设备。对于审计跟踪的记录需采用严格访问控制，以防止未授权访问，确保审计日志的保密性和有效性。

3）审计跟踪信息在保留期限到期后应立即予以删除和销毁。保留的时间不应太短，是因为审计跟踪信息可以用于发现系统的安全隐患和入侵记录等，如果保留时间太短，则有可能在需要的时候无法找到相应的信息。而保留的时间如果太长，则可能造成审计跟踪信息的泄露。因此，审计跟踪信息保留的时间应当进行合理的评估分析，主要可以从业务的需求角度、相关政策规定的角度以及日志文件大小的角度来判断保留的时间长短。

4）对于审计跟踪可以进行事后审核、阶段性审核和实时的分析。审核人员需要知道在审核期间查找哪些方面才能有效地观察到非正常的活动，同时他们需要理解正常活动的表现形式。对于所选的信息如果能够按照用户 ID、终端 ID、应用名、日期和时间以及其他方面的参数进行分类查询和生成报表，那么在进行审计跟踪相关活动时就会更加简单。

5）审计跟踪事后审核。在发生了已知的系统或应用软件问题，用户违反现有的要求，或是未预期的系统和用户问题发生后，系统层或应用层的相关管理员应该对审计跟踪进行审核。同时，对应用系统／数据所有者进行的审核通常需要基于审计跟踪数据得出一份独立的报告，以确定它们的资源是否被滥用。

6）审计跟踪阶段性审核。应用系统／数据所有者，系统管理人员，数据处理相关管理人员和信息安全管理人员需要基于识别未经授权活动的重要性来确定需要审核多少审计跟踪记录。这要和审计跟踪的审核周期直接关联。

7）实时审计分析。传统上对于审计跟踪的分析是基于批量的阶段性日志分析。现有的一些审计分析工具可以用于进行实时的分析。这些入侵监测工具主要基于审计缩减，攻击信号和各种技术。对于大型多用户系统，由于大量的生成记录所以一般无法实时采用手动审核的方法。但对于某个特定用户或应用的一系列的活动记录能够进行实时的观察和审核。

8）审计跟踪分析的工具。现在已经有许多工具能够帮助减小审计记录中包含的信息，并从原始数据中提取出有用的信息。尤其是在大型系统中，审计跟踪软件可能会产生很大的文件，这样对于进行手动分析就非常困难，因此可考虑使用以下一些工具。

- 审计缩减工具。审计缩减工具是指相关的预处理程序用于减小审计记录的量从而便于手动的审核。在安全审核之前，这些工具能够去除审计记录中与安全无关的信息，通常情况下能缩小审计跟踪中一半的量。
- 趋势异常探测工具。趋势异常探测工具能够检测出系统和用户行为中的异常情况。同时也可以使用一些更为先进的处理设备来对于用户的使用趋势进行监控并检测到其中的主要变化。例如，用户登录的时段或次数异常，表明可能发生了一个需要调查的安全事件。
- 攻击信号探测工具。攻击信号探测工具可以寻找攻击的信号，这些信号通常是一些显示了未经授权访问尝试信息的特殊序列，诸如可能是反复失败的登录尝试。
- 审计跟踪日志信息中央监控工具。审计跟踪日志和安全事件监控中心。通过一个中央管理平台，收集整合来自各类安全产品、信息系统的大量日志数据和事件信息，并且从海量日志和事件数据中提取出用户关心的数据，呈现给用户，帮助用户对这些数据进行关联性分析和优先级分析。其中，日志和安全事件监控的对象包括了防火墙系统、路由器系统、IDS 系统、操作系统、数据库系统、各类应用系统、防病毒系统、认证与授权系统等的日志和事件信息。

综上所述，监控和审计跟踪是一个持续监控过程的两个阶段，监控是一个实时的不断发生的过程，而审计跟踪则是对过程中遇到的事件的记录。因此，监控和审计跟踪虽然概念上不同，却也是密不可分的。在企业日常运作中，两者往往结合紧密。同时，随着 IT 建设的不断深化，采用了越来越多的安全产品和解决方案，对 IT 信息资产提供安全防护。这些安全产品产生的海量安全事件分散在各个不同的安全系统中，大大增加了日常安全事件维护和判断的复杂度，并消耗了大量的安全维护人员。而这些问题可以通过建立安全运营中心加以解决，同时监控和审计跟踪的概念也会在信息安全运营中心架构中充分地融合在一起。

📖 讨论思考：

1）安全审计的概念、目的、内容、类型和结构是什么？

2）系统日志的内容主要包括哪些？

3）安全审计跟踪主要考虑哪几个方面的问题？

5.6 访问列表与 Telnet 访问控制实验

5.6.1 实验目的

通过对本章身份认证原理与访问控制技术的系统学习，掌握在业界应用最为广泛的访问控制列表技术。本节实验的主要目的包括以下 3 个方面：

1）进一步加深对访问控制列表技术的理解与认识。

2）熟悉 CISCO 路由器的设置与基本控制操作。

3）进一步了解访问控制策略的设计方式。

5.6.2 实验要求及方法

1. 实验环境

准备一台安装有 Windows 操作系统的台式计算机、两台 CISCO 路由器和若干网线。

2. 注意事项

（1）预习准备

由于本实验涉及一些产品相关的技术概念，尤其是 CISCO 的 IOS 操作系统，应当提前进行学习了解，以加深对实验内容的深刻理解。

（2）理解实验原理及各步骤的含义

对于操作的每一步要着重理解其原理，对于访问控制列表配置过程中的各种命令、反馈及验证方法等要充分理解其作用和含义。

实验用时：2 学时（90～100 min）。

5.6.3 实验内容及步骤

本实验主要分 3 个步骤完成：连通物理设备、配置路由器的访问控制列表、通过实验结果验证结论。

（1）连通物理设备

将两台路由器按照如图 5-14 所示进行连通，其中 S0 与 S1 之间用串口线连通，只允许 R1 的 loop 1 能通过 Ping 命令连接 R2 的 loop 0；并且在 R2 上设置 telnet 访问控制，只允许 R1 的 loop 0 能远程登入，不能使用 deny 语句。

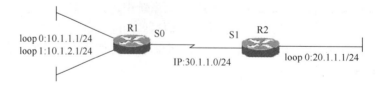

图 5-14　访问列表与 telnet 访问实验拓扑图

其中，对 R1 与 R2 的配置如下：

R1 的配置：

R1（config）#interface loopback 0

R1(config – if)#ip address 10. 1. 1. 1 255. 255. 255. 0

R1(config – if)#interface loopback 1

R1(config – if)#ip adress 10. 1. 2. 1 255. 255. 255. 0

R1(config – if)#interface s0

R1(config – if)#ip address 30. 1. 1. 1 255. 255. 255. 0

R1(config – if)#no shutdown

R1(config)#ip route0. 0. 0. 0 0. 0. 0. 0 30. 1. 1. 2   →配置默认路由

R2 的配置：

R2(config)#interface loopback 0

R2(config – if)#ip address 20. 1. 1. 1 255. 255. 255. 0

R2(config – if)#interface s1

R2(config – if)#ip address 30. 1. 1. 2 255. 255. 255. 0

R2(config – if)#clock rate 64000

R2(config – if)#no shutdown

R2(config)#ip route0. 0. 0. 0 0. 0. 0. 0 30. 1. 1. 1   →配置默认路由

测试网络连通性：

R1#ping

Protocol［ip］：

Target IP address：20. 1. 1. 1

Extended commands［n］：y

Source address or interface：10. 1. 1. 1

!!!!!

（2）配置路由器的访问控制列表

创建扩展访问列表 102：

R2(config)#access – list 102 permittcp any any eq telnet

进入端口 S1，并将访问控制列表 102 绑定到这个端口：

R2(config)#interface S1

R2(config – if)#ip access – group102 in   →将列表加载到端口

创建标准访问控制列表 10，并将其绑定到远程访问端口：

R2(config)#access – list 10 permit host10. 1. 1. 1

R2(config)#line vty 0 4

R2(config – line)#access – class 10 in

（3）通过实验结果验证结论

显示访问列表配置：

R2#show access – lists

Standard IP access list 10

permit10. 1. 1. 1（2 matches）

Extended IP access list 102

Permit icmp host 10. 1. 2. 1 host 20. 1. 1. 1 (163 matches)

permittcp any any eq telnet (162 matches)

显示路由器 R1 当前配置表：

R1#show running – config

结果显示如下：

hostname R1

no ip domain – lookup

!

interface Loopback0

ip address10. 1. 1. 1 255. 255. 255. 0

!

interface Loopback1

ip address10. 1. 2. 1 255. 255. 255. 0

!

interface Serial0

ip address 30. 1. 1. 1 255. 255. 255. 0

clockrate 64000

!

ip route0. 0. 0. 0 0. 0. 0. 0 30. 1. 1. 2

!

end

显示路由器 R2 当前配置表：

R2#show running – config

结果显示如下：

hostname R2

!

no ip domain – lookup

!

interface Loopback0

ip address20. 1. 1. 1 255. 255. 255. 0

!

interface Serial1

ip address 30. 1. 1. 2 255. 255. 255. 0

ip access – group102 in

!

ip route0. 0. 0. 0 0. 0. 0. 0 30. 1. 1. 1

!

access – list 10 permit10. 1. 1. 1

```
access - list 102permit icmp host 10. 1. 2. 1 host 20. 1. 1. 1
access - list 102 permit tcp any any eq telnet
end
```

可以看见，在路由器 R2 的串口 S1 上绑定了访问控制列表 10 和扩展访问控制列表 102，并成功地阻止了非法访问接入。

5.7　本章小结

本章讲述了身份认证的概念、技术方法；简单介绍了双因素安全令牌及认证系统、用户登录认证、认证授权管理案例；还简要介绍了数字签名的概念及功能、种类、原理及应用、技术实现方法；列举了访问控制概述、模式及管理、安全策略、认证服务与访问控制系统、准入控制与身份认证管理案例；最后介绍了安全审计概念、系统日志审计、审计跟踪、安全审计的实施、Windows NT 中的访问控制和安全审计等。

5.8　练习与实践

1. 选择题

（1）在常用的身份认证方式中，（　　）是采用软硬件相结合、一次一密的强双因子认证模式，具有安全性、移动性和使用方便等特点。

　　A. 智能卡认证　　　　　　　　　　B. 动态令牌认证

　　C. USB Key　　　　　　　　　　　D. 用户名及密码方式认证

（2）以下（　　）属于生物识别中的次级生物识别技术。

　　A. 网膜识别　　　　　　　　　　　B. DNA

　　C. 语音识别　　　　　　　　　　　D. 指纹识别

（3）数据签名的（　　）功能是指签名可以证明是签名者而不是其他人在文件上签字。

　　A. 签名不可伪造　　　　　　　　　B. 签名不可变更

　　C. 签名不可抵赖　　　　　　　　　D. 签名是可信的

（4）在综合访问控制策略中，系统管理员权限、读/写权限、修改权限属于（　　）。

　　A. 网络的权限控制　　　　　　　　B. 属性安全控制

　　C. 网络服务安全控制　　　　　　　D. 目录级安全控制

（5）以下（　　）不属于 AAA 系统提供的服务类型。

　　A. 认证　　　　　　　　　　　　　B. 鉴权

　　C. 访问　　　　　　　　　　　　　D. 审计

2. 填空题

（1）身份认证是计算机网络系统的用户在进入系统或访问不同＿＿＿＿＿＿的系统资源时，系统确认该用户的身份是否＿＿＿＿＿＿、＿＿＿＿＿＿和＿＿＿＿＿＿的过程。

（2）数字签名是指用户用自己的＿＿＿＿＿＿对原始数据进行＿＿＿＿＿＿所得到＿＿＿＿＿＿，专门用于保证信息来源的＿＿＿＿＿＿、数据传输的＿＿＿＿＿＿和＿＿＿＿＿＿。

（3）访问控制包括 3 个要素，即＿＿＿＿＿＿、＿＿＿＿＿＿和＿＿＿＿＿＿。访问控制的主要内容包括_____、_____和_____3 个方面。

（4）访问控制模式有 3 种模式，即_____、_____和_____。

（5）计算机网络安全审计是通过一定的_____，利用_____系统活动和用户活动的历史操作事件，按照顺序_____、_____和_____每个事件的环境及活动。

3. 简答题

（1）简述数字签名技术的实现过程。

（2）试述访问控制的安全策略以及实施原则。

（3）简述安全审计的目的和类型。

（4）简述用户认证与认证授权的目标。

（5）简述身份认证的技术方法和特点。

4. 实践题

（1）通过一个银行网站深入了解数字证书的获得、使用方法和步骤。

（2）查阅一个计算机系统日志的主要内容，并进行日志的安全性分析。

（3）查看个人数字凭证的申请、颁发和使用过程，用软件和上网练习演示个人数字签名和认证过程。

第6章 密码及加密技术

在现代信息化社会，加密技术已经成为网络信息安全的核心技术，并集成到大部分网络安全产品和应用之中。在计算机网络安全中采用防火墙、病毒查杀等属于被动措施，数据安全则主要采用现代密码技术对数据加密进行主动保护。密码技术是信息传输安全的重要保障，通过数据加密及密钥管理等技术，可以保证在网络环境中数据传输和交换的安全。

```
📖 教学目标
    ● 掌握密码技术相关概念、密码体制及加密方式。
    ● 理解密码破译与密钥管理的常用方法。
    ● 掌握实用加密技术、数据及网络加密方式。
    ● 了解银行加密技术应用实例和加密高新技术。
    ● 掌握常用 PGP 邮件加密应用实验。
```

6.1 密码技术概述

【案例 6-1】 美国安全局加强密码管理。据 2013 年 6 月国外媒体报道，美国国家安全局局长亚历山大（Keith Alexander）再度谴责"监控门"事件爆料者爱德华·斯诺登，称其行为对美国造成"重大而不可挽回的损失"。同时表示，美国国安局未能监察并阻拦斯诺登下载大批机密文件后前往中国香港。国安局内部已经更改了密码，还采取措施以防此类事件再度发生。

6.1.1 密码技术的相关概念

1. 密码技术相关概念

密码学（Cryptology）是编码学和破译学的总称，是研究编制和破译密码的技术科学。编码学研究密码变化的客观规律，应用于编制密码以保守通信安全；破译学应用于破译密码以获取通信情报。**密码技术**是研究数据加密、解密及变换的科学，涉及数学、计算机科学、电子与通信等学科，包括加密和解密两个方面，加密和解密过程共同组成了**加密系统**，是一种非常有效的主动安全防御措施。

在加密系统中，文件的原文称为**明文**（Plaintext，P），明文经过加密变换后的形式称为**密文**（Ciphertext，C），由明文变为密文的过程称为**加密**（Enciphering，E），通常由加密算法实现。由密文还原成明文的过程称为**解密**（Deciphering，D），通常由解密算法实现。一般对较成熟的密码系统，只对密钥保密，其算法可以公开。使用者可简单地修改密钥，即可达到改变加密过程和结果的目的。加密系统被破译的几率主要由密钥的位数和复杂度决定。

📖 **拓展阅读**：密码技术包括密码算法设计、密码分析、安全协议、身份认证、消息确认、数字签名、密钥管理等多项技术。密码技术是保障网络信息安全的核心技术，不仅能够保证机密性信息的加密，而且还能够完成数字签名、身份验证、系统安全等功能，因此，密码技术不仅可以保证信息的机密性，还可以保证信息的完整性和准确性，防止信息被篡改、伪造和假冒。

2. 密码系统的基本原理

一个**密码系统**由算法和密钥两个基本组件**构成**。密钥是一组二进制数，由进行密码通信的专人掌握，而算法则是公开的，任何人都可以获取使用。

密码系统的**基本原理**模型如图6-1所示。实际上，加密是一种变换，用户A向B发送一份经过加密的报文，经过传输系统的传送，B收到报文并进行解密得到原来的报文。在此模型中，A把明文P从明文信息空间S_P变换到密文信息空间S_C，E_K就是实现这种变换的带有参数K的加密变换函数E_K：$S_P \rightarrow S_C$，式中参数K称为**密钥**。

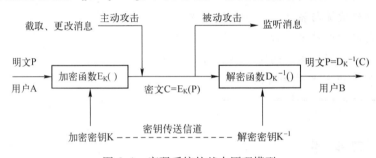

图6-1 密码系统的基本原理模型

明文P通过加密后，得到密文C：$C = E_K(P)$，$E_K(P)$是以加密密钥K为参数的函数。解密变换的过程称为**破译**，通过逆变换D_K^{-1}：$S_C \rightarrow S_P$恢复得到明文P：$P = D_K^{-1}(C) = D_K^{-1}(E_K(P))$。参数$K^{-1}$为解密密钥，$D_K^{-1}(C)$是以解密密钥$K^{-1}$为参数的函数。

为了实现网络信息的保密性，**密码系统要求满足**4点：

1）系统密文不可破译。从网络系统截获的密文中，确定密钥或任意明文在计算上应当是不可行的，或解密时间超过密码要求的保护期限。

2）系统的保密性不依赖于对加密体制或算法的保密，而是依赖于密钥。

3）加密和解密算法适用于所有密钥空间中的元素。

4）系统便于实现和推广。

6.1.2 密码体制及加密原理

密码学包括密码加密学和密码分析学以及安全管理、安全协议设计、散列函数等内容。密码体制设计是密码加密学的主要内容，密码体制的破译是密码分析学的主要内容，密码加密技术和密码分析技术是相互依存、相互支持、密不可分的两个方面。

密码体制分为3种：对称密码体制、非对称密码体制和混合加密体制。

1. 对称密码体制

对称密码体制也称为**单钥体制、私钥体制**或**对称密码密钥体制**。其主要特点是：在加解密过程中使用相同或可以推出本质上等同的密钥，即加密与解密密钥相同。所以，称为**传统**

密码体制或**常规密钥密码体制**。其**基本原理**如图 6-2 所示。

（1）对称密码体制加密方式

1）序列密码。序列密码一直是军事和外交场合使用的主要密码技术。其**主要原理**是：通过移位寄存器等有限状态机制产生性能优良的伪随机序列，使用该序列加密信息流，得到密文序列。产生伪随机序列的质量决定了序列密码算法的安全强度。

2）分组密码。分组密码的**工作方式**是将明文分成固定长度的组，如 64 位一组，用同一密钥和算法对每一块加密，输出也是固定长度的密文。

（2）对称密码体制的特点

优点是加解密速度快、安全强度高、加密算法简单高效、密钥简短和破译难度大。

缺点是不太适合在网络中单独使用；对传输信息的完整性也不能作检查，无法解决消息确认问题；缺乏自动检测密钥泄露的能力。

2. 非对称密码体制

非对称密码体制也称为**非对称密钥密码体制**、**公开密钥密码体制**（PKI）、**公开密钥加密系统**、**公钥体制或双钥体制**。密钥成对出现，一个为加密密钥（即公开密钥 PK），可以公开通用，另一个为只有解密者知道的解密密钥（保密密钥 SK）。两个密钥相关却不相同，不可能从公开密钥推算出对应的私人密钥，用公开密钥加密的信息只能使用专用的解密密钥进行解密。其**基本原理**如图 6-3 所示。

图 6-2 对称密钥加密基本原理　　　　图 6-3 公开密钥加密系统基本原理

公开密钥加密系统的**优势**。与传统的加密系统相比，公开密钥加密系统具有明显的优势，不但具有保密功能，还克服了密钥发布的问题，并具有鉴别的功能。

公钥体制的**主要特点**：将加密和解密能力分开，可以实现多用户加密的信息只能由一个用户解读，或一个用户加密的信息可由多用户解读。前者可用于在公共网络中实现保密通信，而后者可用于实现对用户的认证。

由于非对称算法无须联机密钥服务器，密钥分配协议简单，可简化密钥管理。公开密钥加密不仅改进了传统的加密方法，还提供了传统加密方法不具备的应用，即数字签名系统。

对称与非对称加密体制特性对比情况，见表 6-1。

表 6-1　对称与非对称加密体制特性对比

特　　性	对　　称	非　对　称
密钥的数目	单一密钥	密钥是成对的
密钥种类	密钥是秘密的	一个私有、一个公开
密钥管理	简单不好管理	需要数字证书及可靠第三者
相对速度	非常快	慢
用途	用于做大量资料的加密	用于加密小文件或对信息签字等保密不太严格的应用

153

3. 混合加密体制

混合加密体制是对称密码体制和非对称密码体制结合而成，混合加密系统的**基本工作原理**，如图6-4所示。

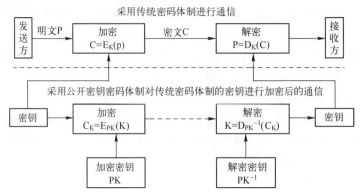

图6-4 混合加密系统工作原理

6.1.3 数据及网络加密方式

1. 数据块及数据流加密

数据块加密是指把数据划分为定长的数据块，再分别加密。数据块之间加密是独立的，密文将随着数据块的重复出现具有一定规律性。

数据流加密是指加密后的密文前部分，用于参与报文后面部分的加密。此时数据块之间加密不独立，密文不会随着数据块的重复出现具有规律性，可以反馈的数据流加密可以用于提高破译难度。

【案例6-2】 在第二次世界大战期间，一个军事机密可以扭转战局。1942年，美国情报机构从破译的日本海军电报密文中，获悉日军对中途岛地区的作战意图和兵力部署，从而以劣势兵力击破日本海军的主力，扭转了太平洋地区的战局。

2. 数据加密的实现方式

数据加密的实现方式有**两种**：软件加密和硬件加密。

（1）软件加密

一般是用户在发送信息前，先调用信息安全模块对信息进行加密，然后发送出去，到达接收方后，由用户用相应的解密软件进行解密，还原成明文。采用软件加密方式的**优点**是，现在有标准的安全AOI（即信息安全应用程序模块）产品，例如IBM的CAPI（Cryptographic Application Programming Interface），Netscape的SSL（Secure Sockets Layer）等，实现方便，兼容性好。但是采用软件加密方式有几个不安全的因素：

1）密钥管理很复杂，也是安全API的实现难题，目前的API产品密钥分配有缺陷。

2）在用户计算机内部进行软件加密，攻击者易采用程序跟踪、反编译等手段进行攻击。

3）对于信息安全产品不能单靠使用国外产品解决，因此不可能做到很安全。

（2）硬件加密

硬件加密可以采用标准的网络管理协议（SNMP、CMIP等）进行管理，也可以采用统一的自定义网络管理协议进行管理。因此，密钥的管理比较方便，而且可以对加密设备进行物理加密，使攻击者无法对其进行直接攻击，其速度快于软件加密。

3. 网络加密方式

计算机网络**加密方式**有 3 种：链路加密、结点对结点加密和端对端加密。

（1）链路加密方式

链路加密方式是指把网络上传输的数据报文的每一位进行加密。不但对数据报文正文加密，而且把路由信息、校验和等控制信息全部加密。所以，当数据报文传输到某个中间结点时，必须被解密以获得路由信息和校验和，进行路由选择、差错检测，然后再被加密，发送给下一个结点，直到数据报文到达目的结点为止。

链路加密是指链路两端都用加密设备进行加密，使整个通信链路传输安全。在链路加密时，每一个链路两端的一对结点都应共享一个密钥，不同结点对共享不同的密钥，则需要提供很多密钥，每个密钥仅分配给一对结点，当数据报进入一个分组交换机时，由于要读取报头中的地址进行路由选择，在每个交换机中均需要一次解密，在交换机中数据报易受攻击。

主机 A 和 B 之间要经过结点机 C。主机 A 对报文加密，主机 B 解密。但报文在经过结点机 C 时要解密，以明文的形式出现。其过程如图 6-5 所示。即报文仅在一部分链路上加密而在另一部分链路上不加密，如果结点机 C 不安全，则通过结点机 C 的报文将会暴露而产生泄密，仍然是不安全的。

由此可见，在链路加密方式下，只对传输链路中的数据加密，而不对网络结点内的数据加密，中间结点上的数据报文以明文出现。使用链路加密装置（即信道加密机）能为

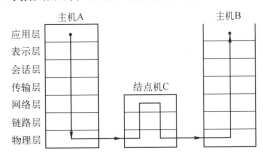

图 6-5　主机之间经过结点机的链路加密

链路上的所有报文提供传输服务：即经过一台结点机的所有网络信息传输均需加解密，每个经过的结点都必须有加密装置，以便解密、加密报文。一般网络传输安全主要采取这种方式。

（2）结点对结点加密方式

为了解决结点中数据是明文的缺陷，在中间结点内装有用于加解密的保护装置，即由此装置完成一个密钥向另一密钥的变换（报文先解密再用另一不同的密钥重新加密）。除了在保护装置之外，在结点内也不会出现明文。此方式和链路加密一样，有一个共同**缺点**：需要公共网络提供者配合，修改其交换结点，增加安全单元或保护装置；同时，结点加密要求报头和路由信息以明文传输，以便中间结点能得到如何处理消息的信息，也容易受到攻击。

（3）端对端加密方式

端对端加密是指只在用户双方通信线路的两端进行加密，数据是以加密的形式由源结点通过网络到达目的结点，目的结点用于源结点共享的密钥对数据解密。这种方式提供了一定程度的认证功能，同时也防止网络上链路和交换机的攻击。

在传输前对表示层和应用层这样的高层完成加密。只能加密报文，而不能对报头加密。在端对端加密时，要考虑是对数据报的报头和用户数据整个部分加密，还是只对用户部分加密，而报头则以明文形式传送。前者在数据报通过结点时无法取出报头对其选择路由，而后者虽然用户数据部分是安全的，却容易受业务流量分析的攻击。

端对端加密方式也称**面向协议加密方式**。由发送方加密的数据，在中间结点处不以明文

的形式出现，在没有到达最终目的地接受结点之前不被解密。加密和解密只是在源结点和目的结点进行。因此，这种方式可以实现按各传输对象的要求改变加密密钥以及按应用程序进行密钥管理等，而且采用这种方式可以解决文件加密问题。

优点是网络上的每个用户可以有不同的加密关键词，而且网络本身无需增添任何专门的加密设备。**缺点**是每个系统必须有一个加密设备和相应的管理加密关键词软件，或每个系统自行完成加密工作，当数据传输率是按兆位/秒的单位计算时，加密任务的计算量是很大的。

📖 **拓展阅读**：链路加密方式和端对端加密方式的区别是：链路加密方式是对整个链路的传输采取保护措施，而端对端方式则是对整个网络系统采取保护措施，端对端加密方式是未来发展的主要方向。对于重要的特殊机密信息，可以采用将二者结合的加密方式。

📖 **讨论思考**：

1) 什么是密码技术、加密及解密？
2) 密码体制及加密方式有哪几种？
3) 计算机网络加密方式有哪几种？

6.2 密码破译与密钥管理

密码破译与密钥管理方法，是密码及加密技术中的一项重要内容，在实际中较为常用。密钥管理对于网络数据的安全传输、存储和使用都至关重要。

6.2.1 密码破译方法

1. 密钥的穷尽搜索

在相同条件下，通常密钥越长，破译越困难，而且加密系统也就越可靠。常见加密系统的口令及其对应的密钥长度见表6-2。

表6-2 常见系统的口令及其对应的密钥长度

系　　统	口　令　长　度	密　钥　长　度
银行自动取款机密码	4 位数字	约 14 个二进制位
UNIX 系统用户账号	8 个字符	约 56 个二进制位

破译密文最简单的方法，就是尝试各种可能的密钥组合。如果破译者有识别正确解密结果的能力，虽然大多数的密钥组合破解尝试都可能失败，但最终有可能被破译者得到密钥和原文，这个过程称为**密钥的穷尽搜索**。密钥的穷尽搜索，一般可用解密工具软件或机械装置，如同组合密码攻击一样，搜索效率很低，甚至达到的程度很小。

如果加密系统密钥生成的概率分布不均匀，比如有些密钥组合根本不会出现，而另一些组合则经常出现，那么密钥的有效长度则减小了很多。破译者利用这种规律就可能加快搜索的速度。此外，利用多台或更快速的计算机进行分布式搜索，其威胁也很大。

2. 密码分析

密码学不断吸引探索者的原因，是由于大多数加密算法最终都未能达到设计者的期望。许多加密算法，可以用复杂的数学方法和高速计算机运算实现。偶然在没有密钥的情况下，也会有人解开密文。经验丰富的密码分析员，甚至可以在不知道加密算法的情况下破译密码。密码分析就是在不知道密钥的情况下，利用数学方法破译密文或找到密钥。

1）已知明文的破译方法：密码分析员可以通过一段明文和密文的对应关系，经过分析发现加密的密钥。所以，过时或常用加密的明文、密文和密钥，仍然具有被利用的危险性。

2）选定明文的破译方法：密码分析员可以设法让对手加密一段选定的明文，并获得加密后的结果，经过分析也可以确定加密的密钥。

3. 其他密码破译方法

除了对密钥的穷尽搜索和进行密码分析外，在实际生活中，对手更可能针对人机系统的弱点进行攻击，而不是攻击加密算法本身，以达到其目的。其他密码破译方法包括：

1）通过各种途径或办法欺骗用户密码。

2）在用户输入密钥时，应用各种技术手段"窥视"或"偷窃"密钥内容。

3）利用加密系统实现中的缺陷或漏洞。

4）对用户使用的加密系统偷梁换柱。

5）从用户工作生活环境的其他来源获得未加密的保密信息，如进行"垃圾分析"。

6）让口令的另一方透露密钥或信息。

7）利用各种手段威胁用户交出密钥。

4. 防止密码破译的措施

防止密码破译的措施包括：

1）强壮加密算法。通过增加加密算法的破译复杂程度和破译时间，进行保护密码。

2）只有用穷举法能得到密钥，才是一个好的加密算法，只要密钥足够长就会很安全。

3）动态会话密钥。每次会话所使用的密钥不相同。

4）定期更换加密会话的密钥。由于这些密钥是用于加密会话密钥的，所以，必须定期更换加密会话的密钥，以免泄露引起严重后果。

6.2.2 密钥管理的常用方法

密钥的安全管理在信息系统安全中极为重要。它不仅影响到整个系统的安全性，也涉及系统的可靠性、有效性和经济性。

1. 密钥管理的内容及方法

密钥管理的内容包括密钥的产生、存储、装入、分配、保护、丢失、销毁等。只有当参与者对使用密钥管理方法的环境认真评估后，才能确定**密钥管理的方法**。对环境的考查评估包括防范技术、提供密码服务的体系结构与定位、密码服务提供者的物理结构与定位等。

（1）对称密钥的管理

对称加密的实现基于共同保守秘密。采用对称加密技术的通信双方采用相同的密钥，要保证彼此密钥的交换是安全可靠的，同时还要设定防止密钥泄密和更改密钥的程序。使得对称密钥的管理成为一件烦琐且充满潜在威胁的工作，解决的办法是通过双钥加密技术实现对称密钥的管理。这样将使相应的管理变得简单和更加安全，同时还解决了纯对称密钥模式中存在的可靠性问题和鉴别问题。

通信的一方可以为每次交换的信息生成唯一的对称密钥，并用双钥对该密钥进行加密，然后再将加密后的密钥和用该密钥加密的信息一同发送给另一方。由于对每次信息交换都对应生成了唯一的一个密钥，因此双方就不再需要对密钥进行维护和担心密钥的泄露或过期。这种方式的另一优点是，一旦泄露了一个密钥，也只将影响一次通信过程，而不会影响到双方之间所有的通信。同时，这种方式也提供了发布对称密钥的一种安全途径。

（2）公开密钥的管理

通信双方可使用数字证书（公开密钥证书）交换公开密钥。国际电信联盟制定的标准X. 509对数字证书进行了定义。该标准等同于国际标准化组织（ISO）与国际电工委员会（IEC）联合发布的ISO/IEC 9594 - 8：195标准。数字证书通常包含有唯一标识证书所有者的名称、唯一标识证书发布者的名称、证书所有者的公开密钥、证书发布者的数字签名、证书的有效期及序列号等。证书发布者称为**证书管理机构（CA）**，是通信双方都信赖的机构。数字证书能够起到标识通信双方的作用，是广泛采用的密钥管理技术之一。

（3）密钥管理的相关标准规范

国际标准化机构制定了关于密钥管理的技术标准规范。ISO与IEC的信息技术委员会起草了关于密钥管理的国际标准规范，该规范由3部分组成，第一部分是密钥管理框架，第二部分是采用对称技术的机制，第三部分是采用非对称技术的机制。

2. 密钥管理注意事项

密钥的保密性主要涉及密钥的管理。管理密钥需要注意以下两个方面。

（1）密钥使用的时效和次数

如果用户可以多次使用同一密钥与别人交换信息，那么密钥也同其他任何密码一样存在着一定的安全性问题，虽然说用户的私钥是不对外公开的，但是也很难保证长期不泄露。使用一个特定密钥加密的信息越多，提供给窃听者的机会也越多，也就越不安全。因此，一般强调将一个对话密钥仅用于一条信息或一次对话中，或者建立一种按时更换密钥的机制，以减小密钥泄露的可能性。

（2）多密钥的管理

在大企业中任意两人之间进行秘密对话，都需要每个人记住很多密钥。Kerberos提供了一种较好的解决方案，它使密钥的管理和分发变得十分容易，虽然这种方法本身还存在一定的缺点，但它建立了一个安全的、可信任的**密钥中心**（Kry Distribution Center，KDC），各用户只知道一个和KDC进行会话的密钥即可。

【案例6-3】假设用户甲要和乙秘密通信，则甲先和KDC通信，用只有甲和KDC知道的密钥进行加密，甲告诉KDC他想和乙进行通信，KDC会为甲和乙之间的会话随机选择一个会话密钥，并生成一个标签由KDC和乙之间的密钥加密，并在甲和乙对话时，由甲把这个标签交给乙。此标签的功能是让甲确信他交谈的是乙，而不是冒充者。由于此标签是由只有乙和KDC掌握的密钥加密的，即使冒充者得到甲发出的标签也不可能解密，只有乙收到后才能够解密，从而确认与甲对话的人就是乙。当KDC生成标签和随机会话密钥时，就会将其用只有甲和KDC知道的密钥加密，然后把标签和会话密钥传给甲，加密的结果可以确保只有甲能得到这个信息，只有甲能利用这个会话密钥和乙进行通话。

📖 **拓展阅读**：同理，KDC会把会话密钥用只有KDC和乙知道的密钥加密，并把会话密钥给乙。甲会启动一个和乙的会话，并用得到的会话密钥加密自己和乙的会话，还要把KDC传给他的标签传给乙，以确定乙的身份，然后甲和乙之间就可用会话密钥进行安全会话。而且为了保证安全，这个会话密钥是一次性的，这样黑客就更难进行破解。同时，由于密钥是一次性由系统自动产生的，因此，不必记忆很多密钥，方便了广大用户的通信。

📖 **讨论思考：**

1）密码破译具体有哪几种方法？

2）密钥的管理方法有哪些？

6.3 实用加密技术概述

加密实际上是对数据进行编码使其无法看出本来面目，同时仍保持其可恢复的形式。不仅可以保护机密信息，也可以用于协助认证过程。加密方法主要有3种：对称加密、非对称加密、单向加密。由于侧重点和学时有限，在此只对实用加密技术进行概述。

6.3.1 对称加密技术及方法

在对称加密方法中，用于加密和解密的密钥相同，接收者和发送者使用相同的密钥，通信双方必须对密钥进行认真的传递和保管。

1. 对称加密算法

RSA算法是最常用的以算法产生一个对称密钥的商业算法。RSA算法是1978年由R. Rivest、A. Shamir和L. Adleman提出的一种用数论构造的，是第一个既能用于数据加密又能用于数字签名的算法，也是迄今为止理论上最成熟且完善的公钥密码体制。RSA算法易于理解和操作，得到广泛流行，并可以使用40～128位的密钥。

RSA算法在商用程序中，RC2和RC4是最常用的对称密钥算法。其密钥长度为40位。RC2由R. Rivest开发，是一种块模式密文，即将信息加密成64位的数据。

RC4由R. Rivest在1987年开发，是一种流式的密文，即实时地把信息加密成一个整体，密钥的长度是可变的。在美国一般密钥长度是128位，因为受到美国出口法的限制，向外出口时密钥长度限制到40位，Lotus Notes、Oracle Secure SQL都使用RC4的算法。

2. 对称算法优缺点比较

对称加密算法的**目的**有4点：

1）提供高质量的数据保护，防止数据未经授权的泄露和未被察觉的修改。

2）具有相当高的复杂性，使得破译开销超过可能获得的利益，同时应便于理解和掌握。

3）密码体制的安全性应该不依赖于算法的保密，其安全性仅以加密密钥的保密为基础。

4）实现经济，运行有效，并且适用于多种完全不同的应用。

对照上述要求，对称加密的**优点**在于实现高速度和安全高强度。这种加密方法可以在很短时间内加密大量的信息，但是所有的接收者和发送者都必须具有同样的密钥，而所有的用户必须绝对安全地保存密钥以防被窃或遗失。

为了使信息在网络上安全传输，用户必须找到一个安全传递口令密钥的方法。用户可以直接当面转交或使用电子邮件转交密钥，但邮件也需要采取加密等安全措施，不然很容易被窃取而无法保证其安全性。定期改变密钥可改进此加密方法的安全性，但改变密码并及时通知其他用户的过程却较困难，而且黑客还可通过字典程序破解对称密钥。

3. 数据加密标准

最著名的对称加密技术是IBM于20世纪70年代为美国国家标准局研制的**数据加密标**

准（Data Encryption Standard，DES）。DES 被授权用于所有的非保密数据（与国家安全无关的信息）中，后来还曾被国际标准组织采纳为国际标准，直到 1998 年底才废除使用。

DES 是一种专为二进制编码数据设计的、典型的按分组方式工作的单钥密码算法。**基本原理**是将二进制序列的明文分组，然后用密钥对这些明文进行替代和置换，最后形成密文。DES 算法是对称的，既可用于加密，又可用于解密。密钥输入顺序和加解密步骤完全相同，从而在制作 DES 芯片时很容易达到标准化和通用化，很适合现代通信。

DES 对于推动密码理论发展和应用的作用巨大。此外，重要的对称型块加密方法是 RC2 和 RC4，与 DES 编码时间相同，但密钥长度可依据所需求的安全水平进行相应调整。

4. 传统加密方法

常用的传统加密方法有 4 种：代码加密、替换加密、变位加密、一次性加密。

（1）代码加密

发送保密信息的最简单做法是使用传输双方预先设定的一组代码。代码可以是日常词汇、专有名词或特殊用语，都有预先指定的确切含义。由于代码加密简单有效，所以得到了广泛的应用。

代码简单易用，但只能传送一组预先约定的信息。当然，可以将所有的语意单元（如每个单词）编排成代码簿，加密任何语句可查询代码簿。为保证安全，应当使用不重复的代码，不然经过多次反复使用的代码，窃密者会逐渐明白其含义。

【案例 6-4】两个走私者利用代码加密的"黑话"。

密文：黄鱼白菜运到地方。

明文：黄金和白银已经安全送到。

（2）替换加密

替换加密是用密文字母代替明文字母以隐藏明文，并保持明文字母顺序不变的替换方式。

一种最古老的替换密码是恺撒密码，又被称为**循环移位密码**。其**优点**是密钥简单易记，但由于明文和密文的对应关系过于简单，所以安全性较差。

【案例 6-5】将字母 a，b，c，…，x，y，z 的自然顺序保持不变，但使之与 F，G，H，…，A，B，C，D，E 分别对应，此时密钥为 5 且大写。

若明文为 student，则对应的密文为 XYZ I JSY。

恺撒密码后来进行了改进，一种改进办法是让明文字母和密文字母之间的映射关系没有规律可循。如将 26 个字母中的每一个都映射成另一个字母，这种方法称为单字母表替换，其密钥是对应于整个字母表的 26 个字母串。由于替换密码是明文字母与密文字母之间的一一映射，所以在密文中仍然保留了明文中字母的分布频率，这使得其安全性大为降低。

（3）变位加密

在替换密码中保持了明文的符号顺序，只将明文字母隐藏起来；而**变位加密**却是要对明文字母作重新排序，而不需隐藏。常用的变位密码有列变位密码和矩阵变位密码。

简单的变位加密：首先选择一个用数字表示的密钥，写成一行，然后把明文逐行写在数字下。按密钥中数字指示的顺序，逐列将原文抄写下来，即为加密后的密文。

1）列变位密码。列变位密码的密钥是一个不含任何重复字母的单词或短语，然后将明文排序，以密钥中的英文字母大小顺序排出列号，最后以列的顺序写出密文。

2）矩阵变位密码。矩阵变位密码是把明文中的字母按给定的顺序排列在一个矩阵中，然后用另一种顺序选出矩阵的字母来产生密文。

【案例6-6】简单的变位加密示例。

密钥：　4　1　6　8　2　5　7　3　9　0
明文：　来　宾　已　出　现　住　在　人　民　路
　　　　　0　1　2　3　4　5　6　7　8
密文：　路　宾　现　人　来　住　已　在　出　民

（4）一次性加密

一次性加密也称**一次性密码簿加密**。如果要既保持代码加密的可靠性，又保持替换加密的灵活性，可采用一次性密码进行加密。密码簿的每一页上都是一些代码表，可以用一页上的代码来加密一些词，用后撕掉或烧毁，再用另一页上的代码加密另一些词，直到全部的明文都被加密。破译密文的唯一办法，就是获得一份相同的密码簿。

通常，先选择一个随机比特串作为密钥。然后把明文转换成一个比特串，最后逐位对这两个比特串进行异或（Xor）运算。例如，以比特串"011010101001"作为密钥，明文转换后的比特串为"101101011011"，则经过异或运算后，得到的密钥为"110111110010"。

这种密文没有给破译者提供任何信息，在一段足够长的密文中，每个字母或其组合出现的频率都相同。由于每一段明文同样可能是密钥，如果没有正确的密码，破译者是无法知道究竟怎样的一种映射可以得到真正的明文，所以也就无法破译这样生成的密文。

在实际应用中，一次性加密也暴露出了许多**弊端**：

1）一次性加密是靠密码只使用一次保障的，如果密码多次使用，密文就会呈现出某种规律性，就有被破译的可能。

2）由于这种密钥无法记忆，所以需要收发双方随身携带密钥，极不方便。

3）因为密钥不可重复，所以可传送的数据总量受到可用密钥数量的限制。

4）此方法对信息丢失或错序十分敏感，若收发双方错序，则所有的数据都将被篡改。

6.3.2 非对称加密及单向加密

1. 非对称加密

非对称密钥加解密过程使用相互关联的一对密钥，一个归发送者，一个归接收者。密钥对中的一个必须保持保密状态，称为**私钥**；另一个则可以公开发布，称为**公钥**。这组密钥中的一个用于加密，另一个用于解密。

【案例6-7】用户张某要向用户M发送一条消息，必须用M的公钥对信息进行加密，然后再发送。M接收到经过加密的消息后，用自己的私钥加以解密获取原始信息。在传输的过程中，尽管公钥和私钥相关，但却无法从公钥确定私钥。

优点是由于公钥是公开的，而私钥则由用户自己保存，所以对于非对称密钥，其密钥管理相对比较简单。缺点是因为复杂的加密算法，使得非对称密钥加密速度慢、成本高。

2. 单向加密

单向加密也称哈希加密（Hash Encryption），利用一个含有Hash函数的哈希表，确定用于加密的十六位进制数。对信息进行单向加密，在理论上是不可能解密的。Hash加密主要用于不想对信息解读或读取，而只需证实信息的正确性。这种加密方式也适用于签名文件，关于数字签名内容将单独介绍。

【案例6-8】ATM取款机无须解密用户的身份证号码，可对其身份证号码计算产生一个结果。银行卡将用户身份证号单向加密成一段 Hash 值，插卡后 ATM 机将计算用户信息的 Hash 值并产生一个结果，然后再将其结果与用户卡上的 Hash 值比对认证。

（1）Hash 算法

Hash 加密使用复杂的数字算法实现有效加密。使用的几种标准算法为 MD2、MD4 和 MD5，这是一组基于单向 Hash 功能的算法。

（2）安全 Hash 算法

安全 Hash 算法（SHA）是另一种 Hash 功能的应用。可以从任意长度的字符串中摘取 160 位的 Hash 值。SHA 在结构上类似于 MD4 和 MD5，产生的信息比 MD5 要长 25%，因此，比 MD5 的速度要慢 25%，对于防止攻击更安全。

6.3.3 无线网络加密技术

无线局域网若不进行加密，不仅容易被他人使用而增加费用、挤占带宽，而且更容易被入侵泄密、危及资源安全。对无线网络及其数据的加密技术是实现网络安全的重要手段。除了应用有线网络加密技术以外，无线网络加密还有其特殊性。在无线局域网中，主要采用有线等效协议（Wired Equivalent Protocol，WEP）加密、保护访问协议（WPA）和隧道加密技术等。

1. WEP 加密技术

（1）WEP 加密原理及过程

WEP 加密使用共享密钥和 RC4 加密算法。访问点（AP）和连接到该访问点的所有工作站必须使用同样的共享密钥。对于往任一方向发送的数据包，传输程序都将数据包的内容与数据包的检查组合在一起。然后，WEP 标准要求传输程序创建一个特定于数据包的初始化向量（IV），后者与密钥组合在一起，用于对数据包进行加密。接收器生成自己的匹配数据包密钥并用之对数据包进行解密。在理论上，这种方法优于单独使用共享私钥的显式策略，因为这样增加了一些特定于数据包的数据，使对方更难于破解。

WEP 主要通过无线网络通信双方共享的密钥保护传输的加密数据帧，利用加密数据帧加密的过程如图 6-6 所示。

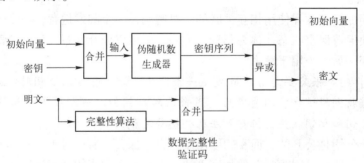

图 6-6　WEP 的加密过程

1）计算校验和（Checksumming）。主要根据消息 M 计算完整性校验和 C(M)，将 M 和 C(M) 连接起来得到明文 $P = \{M, C(M)\}$，作为下一级的输入。其中，C(M) 和 P 与密钥 k 无关。

2）加密。在此过程中，将第一步得到的明文采用 RC4 算法加密。选择一个 24 位的初始化向量 IV_v。RC4 算法产生一个 64 位的密钥流，即一个长的**伪随机字节序列**（Pseudo Random Number Generator，PRNG），它是初始化向量 IV_v 和密钥 k 的函数，记为 RC4(v,k)。然后，将明文与密钥流进行按位异或操作 XORs（记为 $\oplus$），得到密文 $C = P \oplus RC4(v,k)$。

3）传输。将初始化向量 IV_v 和密文 C 串接起来，得到要传输的加密数据帧，在无线链路上传输。因此，可以将从通信双方 A 到 B 的传输过程简单地表示为：

$$A \rightarrow B: v,(P \oplus RC4(v,k)) \qquad 其中，P = \{M, C(M)\}$$

（2）WEP 解码过程

在 WEP 安全机制中，加密数据帧的解密过程只是加密过程的逆过程。其解密过程为：

1）恢复初始明文。重新产生密钥流 $RC4(v, k)$，将其与接收到的密文信息进行异或运算以恢复最初的明文信息：

$$P^{-1} = C \oplus RC4(v,k) = (P \oplus RC4(v,k)) \oplus RC4(v,k) = P$$

2）检验校验和。接收方根据恢复的明文信息 P^{-1} 来检验校验和。将恢复的明文信息 P^{-1} 分离成为 $\{M', c'\}$ 的形式，重新计算校验和 $C(M')$，并检查它是否与接收到的校验和 C' 相匹配。这样可以保证只有正确的校验和的数据帧才会被接收方接收。

（3）WEP 安全性分析

WEP 的设计与其设计目标存在一定差距，WEP 不能对无线局域网中的数据提供保障，仅通过简单地增加其密钥长度的做法不可能实现其保密性的设计目标。

实际上，对 WEP 实施的攻击与其密钥或密码长度无关。主要原因是其采用的加密机制不健全。而其最具缺陷的设计是初始化向量 IV。无论 WEP 采用何种长度的密钥，仍然不能保证安全性；而采用其他任何流密码算法代替 RC4 都难改变 WEP 不安全的现状。此外，还存在 3 个安全问题：

- RC4 算法本身就有一个小缺陷，可以利用这个缺陷来破解密钥。
- WEP 标准允许 IV 重复使用（平均大约每 5 h 重复一次）。这一特性会使得攻击 WEP 变得更加容易，因为重复使用 IV 就可以使攻击者用同样的密文重复进行分析。
- WEP 标准不提供自动修改密钥的方法。因此，只能手动对 AP 及其工作站重新设置密钥。在实际情况中，没有人会去修改密钥，这样就会将无线局域网暴露给收集流量和破解密钥的被动攻击。

最早的一些开发商的 WEP 实施只提供 40 位加密。更现代的系统提供 128 位的 WEP，128 位的密钥长度减去 24 位的 IV 后，实际上有效的密钥长度为 104 位，虽然这对其他一些缺陷也无能为力，但还可以接受。

这些缺陷增加了攻击隐患，因此，还必须尽快进行改进或使用其他综合技术。

2. WPA 加密技术

WPA（WiFi 访问受保护访问协议）是直接针对 WEP 的弱点而推出的新加密协议。WPA 的基本工作原理与 WEP 相同，但它是通过一种更少缺陷的方式。WPA 有两种基本的方法可以使用，根据要求的安全等级而定。大多数家庭和小企业用户可以使用 WPA – Personal 安全，它单纯地基于一个加密密钥。无线安全系统设置如图 6-7 所示。

在此设置下，访问接入点和无线客户端共享一个由 TKIP 或 AES 方法加密的密钥。WPA 中使用的加密方法大不相同，而且更复杂，难于破解。

图 6-7 无线安全系统设置

WPA 提供了比 WEP 更强大的加密功能，解决了 WEP 存在的许多问题。

1）TKIP（临时密钥完整性协议）。TKIP 是一种基本的技术，允许 WPA 向下兼容 WEP 和现有的无线硬件。TKIP 与 WEP 配合使用可组成更长的密钥，128 位密钥以及对每个数据包每单击一次鼠标就改变一次的密钥，使这种加密方法比 WEP 更安全。

2）EAP（可扩展认证协议）。在此协议的支持下，WPA 加密提供了更多的根据 PKI（公共密钥基础设施）控制无线网络访问的功能，而不是仅根据 MAC 地址进行过滤。过滤的方法很容易被欺骗。

实施 WPA 的综合防范措施是使用 WPA 加密密钥、802.1X 认证、访问控制和相关安全设置等。除了上述加密方法之外，还有很多其他加密模式，其参数对比见表 6-3。

表 6-3　各种加密模式参数对比

加密模式	破解难易程度	降低无线路由器性能	实　用　性
禁用 SSID 广播	PP	P	PPP
禁用 DHCP 服务器	PPP		PP
设置网络密钥	PPPP	PP	PPPP
MAC 地址过滤	PPPP	PP	PPPPP
IP 地址过滤	P	PP	P

从表 6-3 中可以看出每种加密模式在实际应用中的综合表现。在破解难易程度中，P 越多，则破解越难；在降低无线路由器性能中，P 越多，则降低无线路由器性能越厉害；P 实用性中，P 越多，则该种加密模式越实用。用户可根据实际应用环境，选择适合的加密模式。

3. 隧道加密技术

使用加密技术保证数据报文传输的机密性。加密系统提供一个安全数据传输，如果没有正确的解密密钥，将无法读出负载的内容，这样接收方收到的数据报文不仅是加密的，而且确实来自发送方。加密隧道的长度和安全加密层是加密系统的主要属性。

（1）隧道加密方式

在无线局域网中，**隧道加密方式**主要有 3 种，如图 6-8 所示。

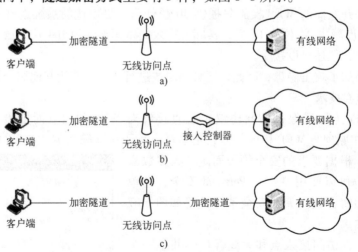

图 6-8　无线局域网隧道加密方式
a）第一种隧道加密方式　b）第二种隧道加密方式　c）第三种隧道加密方式

1）第一种加密隧道用于客户端到无线访问点之间，这种加密隧道保证了无线链路间的传输安全，但是无法保证数据报文和有线网络服务器之间的安全。

2）第二种加密隧道穿过了无线访问点，但是仅到达网络接入一种用于分离无线网络和有线网络的控制器就结束，这种安全隧道同样不能达到端到端的安全传输。

3）第三种加密隧道，即端到端加密传输，它从客户端到服务器，在无线网络和有限网络中都保持了加密状态，是真正的端到端加密。

（2）加密层的选择

除了加密隧道的长度外，决定加密安全的另外一个关键属性是加密层的选择。加密隧道可以在第四层（如 secure socket 或 SSL）或第三层实施（如 IPsec 或 VPN），也可以在第二层实施（如 WEP 或 AES）。图 6-9 给出了在给定层加密时的数据报文结构。第三层加密隧道加密了第四层和更高层的内容，但是本层的报头没有加密；同样，第二层加密隧道加密了第二层数据和更高层的信息，如源和目的 IP 地址等。

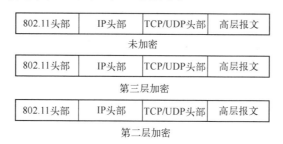

图 6-9　第二层和第三层加密隧道

数据的安全随着加密层的降低逐渐增加，因此第三层隧道加密不如第二层隧道加密安全。例如，如果在第三层隧道加密，由于第三层报头没有加密，很容易实现 IP 地址欺骗攻击，而在第二层隧道加密，这种攻击就很难实现。第二层隧道加密虽然减少了 IP 地址欺骗攻击，但是由于在第二层隧道加密中 MAC 地址是采用明文传输的，因而不能阻止 ARP 欺骗攻击。除了加密技术以外，还需要完整性校验技术和认证技术等防御技术的综合运用。

6.3.4　实用综合加密方法

为了确保网络长距离的安全传输，常采用将对称、非对称和 Hash 加密综合运用的方法。如 IIS、PGP、SSL、S－MIME 的应用程序都是用对称密钥对原始信息加密，再用非对称密钥加密所用的对称密钥，最后用一个随机码标记信息确保不被篡改。这样可兼有各种加密方式的优点，非对称加密速度比较慢，但可以只对对称密钥进行加密，并不用对原始信息进行加密。而对称密钥的速度很快，可以用于加密原始信息。同时，单向加密又可以有效地标记信息。

【案例6-9】发送和接收邮件加密的实现过程，如图 6-10 和图 6-11 所示。

1）在发送信息之前，发送方和接收方要得到对方的公钥。

2）发送方产生一个随机的会话密钥，用于加密 E－mail 信息和附件。这个密钥是根据时间的不同、文件的大小和日期而随机产生的。算法可以通过使用 DES、RC5 等得到。

3）发送者将该会话密钥和信息进行一次单向加密，得到一个 Hash 值。这个值用于保证数据的完整性，因为它在传输的过程中不会被改变。这一步通常使用 MD2、MD4、MD5 或 SHA1。MD5 用于 SSL，而 S－MIME 默认使用 SHA1。

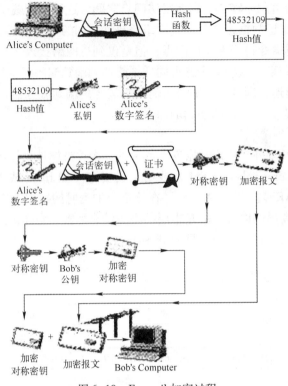

图 6-10　E－mail 加密过程

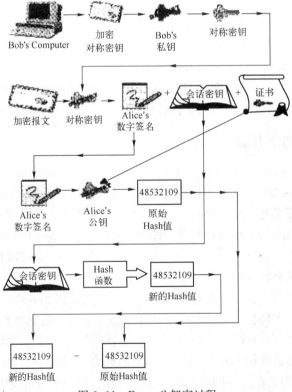

图 6-11　E－mail 解密过程

4）发送者的信息摘要。通过使用发送者自己的私钥加密，接收者可以确定信息确实是从这个发送者发过来的。加密后的 Hash 值称为**信息摘要**，如图 6-12 所示。

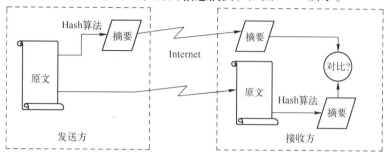

图 6-12　信息摘要过程

5）发送者用在 2）产生的会话密钥对邮件信息和所有的附件加密。这种加密提供了数据的保密性。

6）发送者用接收者的公钥对此会话密钥加密，确保信息只能被接收者用其私钥解密。

7）将加密后的信息和数字摘要发送给接收方。解密的过程正好顺序相反。

使用上述方法可以实现以下几种加密技术。

（1）PGP（Pretty Good Privacy）

PGP 是对电子邮件和文本文件进行加密的较流行的高技术加密程序。PGP 的成功在于采用对称加密、非对称加密技术和 Hash 加密的优点。邮件加密新软件 PGP Desktop Professional V9.0.5 内置各种流行的加密算法，利用它可以便捷而高效地实现邮件或者文件的加密和数字签名。

（2）S/MIME

邮件加密两把锁：PGP 和 S/MIME。网络应用最广的服务是电子邮件，保证电子邮件的安全常用到两种端到端的安全技术：PGP 和 S/MIME（Secure Multi - Part Intermail Mail Extension）。其主要功能是身份认证和传输数据的加密。S/MIME 为一个公共的工业标准方法，主要应用在 Netscape Communicator's Messenger E - mail 加密程序上。

（3）加密文件

除了加密 E - mail 信息，还可以加密整个硬盘的任何部分，建立隐藏加密的驱动器。对于 Windows 平台，BestCrypt V8.23 是一个较好的选择。

（4）MD5 sum

MD5 sum 可以应用到 Windows NT 或 Linux 上。Linux 系统下的 MD5 sum 实用程序可对一个单独的文件建立固定长度的校验和，该文件长度可以任意，但校验和总保持 128 位的长度。用于检查一个文档是否被损害。

（5）Web 服务器加密

对于加密 Web 服务器，有**两种模式**：安全超文本传输协议（Secure HTTP）和安全套接字层（SSL）。这两种协议都允许自发地进行商业交易，Secure HTTP 和 SSL 都使用对称加密、非对称加密和单向加密，并使用单向加密的方法对所有的数据包签名。

📖 **讨论思考：**

1）常用的传统加密方法有哪几种？

2）什么是非对称加密和单向加密？

3）举例说明怎样进行无线网加密。

*6.4 银行加密技术应用实例

某银行机构对整个网络系统采取综合加密方案，从加密体系及服务，密钥及证书管理，到网络加密方式及管理策略等，以确保网络安全。

6.4.1 银行加密体系及服务

1. 加密体系及应用技术

（1）加密目标及解决的关键问题

加密是非常重要的信息安全服务，目标是通过采取加解密技术、数字签名、数字认证等措施和手段，对各系统中数据的机密性、完整性进行保护，并提高应用系统服务和数据访问的抗抵赖性。加密要求主要包括：

1）进行存储数据的机密性保护和传输数据的机密性保护。

2）提高存储数据、传输数据和处理数据的完整性。

3）防止原发抗抵赖和接收抗抵赖。

由于密钥是多数加密算法的安全核心，对密钥的全生命周期管理（密钥的生成、分发、存储、输入/输出、更新和销毁）也是加密管理的重要内容。加密服务是许多安全服务（如身份认证、防恶意代码等）的基础。

（2）加密体系框架

加密的体系框架如图6-13所示。

加密服务					
单向散列	加密解密	消息认证码	数字签名	密钥安置	随机数生成
基本加密算法					
对称加密		公钥加密		单向散列	

密钥生命周期管理			
准备阶段	运行阶段	维护阶段	废弃阶段

图6-13 加密体系框架

（3）采用的基本加密技术

1）单向散列（Hash Cryptography）。散列算法无须密钥。散列算法可接受可变长度的数据输入，并生成输入数据的固定长度表示（输入数据的摘要）。由于其独特的特性，使得逆过程的实现非常困难，甚至不可能实现。散列算法包括 MD 系列、SHA/SHA－1 等。

散列算法常应用于消息认证码（MAC）、数字签名和随机数生成。

2）对称密钥加密。对称密钥算法使用单一密钥进行数据的加密和解密。对称密钥算法包括 DES、IDEA、RC 系列、AES、3DES 等。对称加密在使用中又分为两类：分组加密（块加密）体制和序列加密（流加密）体制。其中，分组加密是将要加密的明文分成一定等长的组，然后进行加密运算，产生与明文分组长度相同的密文分组；序列加密（流加密）是指产生一个无穷的序列，逐字节（或比特）加密。

3）非对称加密。又称为公钥加密，采用一对不同的密钥（公钥和私钥）进行加解密。公钥加密算法包括 RSA、DH、DSA 等。

2. 加密服务

加密服务一般包括加解密、消息认证码、数字签名、密钥安置和随机数生成。

（1）加解密

加解密用于保障数据交换和存储的机密性，常用对称加密算法进行加解密。

（2）消息认证码

消息认证码（Message Authentication Code，MAC）用于保障数据的真实性和完整性。目前主要有两种生成 MAC 的方式，即基于块加密和基于单向散列。

（3）数字签名

数字签名用于保障真实性、完整性和不可否认性。数字签名一般需结合散列算法和公钥加密算法，如图 6-14 所示。

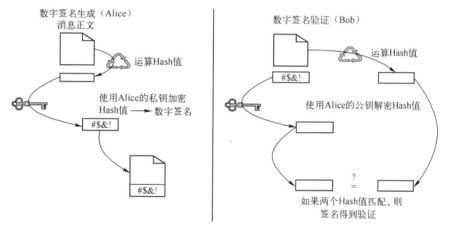

图 6-14　数字签名的生成与验证

发送方和接收方的数字签名过程也包括生成和验证过程，如图 6-15 所示。

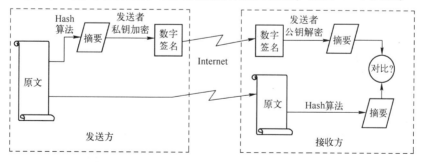

图 6-15　数字签名过程

（4）密钥安置

密钥安置用于在互相通信的实体之间建立密钥。有两种类型的密钥安置，即密钥传输（Key Transport）和密钥协议（Key Agreement）。密钥传输是指密钥从一个实体到另一个实体的分发，而密钥协议则是指由发送实体和接收实体共同参与共享密钥信息的创建。

（5）随机数生成

随机数生成（Random Number Generation，RNG）用于密钥信息（如密钥、初始向量等）的生成。随机数生成可以分为伪随机数生成（Pseudo Random Number Generation）和真实随机数生成（True Random Number Generation）。伪随机数一般采用散列算法生成，而真实随机数的生成则依赖于一些不可预测的物理资源。

6.4.2 银行密钥及证书管理

1. 密钥的安全管理

（1）密钥的种类

根据公钥、私钥和对称密钥的区分，以及根据其用途，可以将密钥分为：签名私钥、签名验证公钥、对称认证密钥、认证私钥、认证公钥、对称加密密钥、对称密钥包裹密钥、随机数生成密钥、对称主密钥、私钥传输密钥、公钥传输密钥、对称密钥协议密钥、静态私钥协议密钥、静态公钥协议密钥、短暂私钥协议密钥、短暂公钥协议密钥、对称授权密钥、授权私钥、授权公钥。

（2）密钥的管理过程

密钥的全生命周期管理包括准备、运行、维护和废弃 4 个阶段。

1）准备阶段。密钥的准备阶段的主要内容是密钥的生成和分发。

- 密钥的生成。密钥尽量由随机数产生器产生。密钥的产生和校验要由专门的密钥管理部门或授权人员负责。加密设备可在其内部产生密钥。
- 密钥的分发。可采取人工、自动或人工与自动相结合 3 种方式。加密设备应使用经过认证的密钥分发技术。分发过程必须使用可靠的信道传送，在信道上传送的密钥不仅要加密传送，而且要有很好的纠错能力，确保密钥准确无误地传送。

2）运行阶段。密钥的运行阶段的主要内容是密钥的存储、输入和输出、更新。

- 密钥的存储。当密钥存储在加密设备时，可以采用明文形式。但是，这些明密钥不能被外部任何设备所访问。为确保存储密钥的机密性，可把密钥分成两部分存储，一部分存储在加密设备中，另一部分可存储在 IC 卡或智能卡上。原则上，密钥应同其算法一并保存在黑盒中，在密钥的整个生命周期必须保证其明文不出现在黑盒设备之外。
- 密钥的输入和输出。黑盒设备以独立方式与密钥服务单独连接，以密钥服务的方式提供给需要使用密钥的应用系统使用。

人工分发的密钥可采取明文形式输入和输出，但要采取将密钥分段处理的措施。电子形式的密钥的分发应以加密的形式输入和输出。输入密钥时，必须进行检验，在为加密设备输入密钥过程中，可采用完整性机制，并保证输入的准确性。当输入加密密钥和密钥内容时，不得显示明密钥。密钥的输入和输出需要在已经证实密钥管理合法的设备上实施。

- 密钥的更新。任何密钥不可能无限期使用。使用得越久，泄密的可能性就越大，因此造成损失的几率就越大。必须具有密钥版本更新的机制，为满足这个机制，要求应用记录使用密钥版本信息的功能，一个用途的密钥可以有多个版本同时有效。

密钥应定期更换，更换时间取决于给定时间内待加密数据的数量、加密的次数和密钥的种类。会话密钥应当频繁更换以达到一次一密。密钥加密密钥无需频繁更换。主密钥可有更长的更换时间，用于存储加密密钥的密钥则有更长的更换时间。公钥加密体系的私钥寿命根据应用的不同有很大变化范围。

3）维护阶段。密钥的维护阶段的主要内容是密钥的恢复和销毁。

- 密钥的恢复。是指从归档的存储中获取或重建密钥信息。密钥恢复的过程包括从归档的存储中取回所需的密钥信息，并将其放置在内存中或正常的运行存储中。当这一操作结束后，密钥信息应从内存和正常运行存储中彻底删除。

密钥备份和恢复的策略与整个密钥体系有关。采用分级保护的密钥体系，在满足密钥安全性的基础上，可以较好地降低密钥备份与恢复的成本。

分级保护的密钥体系，只有主密钥需要通过传统的密钥备份方法，如 IC 卡、硬拷贝的方式记录原有密钥种子等，其他密钥在加密硬件内部通过主密钥加密后输入，密钥以密文的方式备份，对备份存储的安全要求和流程要求相对可以简化。

- 密钥的销毁。过期失效不再使用的密钥，需要以安全的方式删除。对于签名验证密钥等特殊密钥，在被签名数据不再使用之前不得销毁。

加密设备应能对设备内的所有明密钥及其他未受保护的重要保密参数"清零"。若设备内的密钥已加密或在逻辑上（或物理上）已采取了保护措施，可不要求"清零"。

4）废弃阶段。密钥信息不再有用的时候，进入密钥的废弃阶段。一般情况下，除留作审计用的存储外，所有密钥的存储应被彻底清理。

2. 数字证书的管理

包括公钥/私钥对的生成和存储、证书的生成和发放、证书的合法性验证和交叉认证等。

（1）公钥/私钥对的生成和存储

公钥/私钥对的生成、传输和存储，是 PKI 乃至是所有公钥体系的最基础的工作。

一个高质量的 PKI 平台，应当满足以下几点：

1）支持业界通用的对称加密、公钥加密和数字签名算法，以保证不同平台之间的互通。

2）支持 PKCS 系列标准，以提供对新算法及新认证方式的支持。

PKCS 系列标准是由 RSA 实验室制定的，是一套针对 PKI 体系的加解密、签名、密钥交换、分发格式及行为的标准，该标准目前已经成为 PKI 体系应用中不可缺少的一部分。

密钥对生成方式主要包括以下 3 种：

1）客户端。由客户端生成，且私钥永不发给另一个实体。但用户需要与 CA 进行通信以将公钥和 DN 安全传送。

2）通过 CA。即密钥对的生成和存储在同一系统中，但私钥需要被安全地发送至用户。这种方式可以加强系统的不可复制性。

3）通过中心服务器。密钥对在一些中心密钥管理系统中生成，再传输至 CA。

建议采用第三种方式，即采用中心服务器生成密钥对。

（2）证书的生成和发放

通常，**证书生成和发放**的**步骤**如下：

1）证书申请者提交必要的申请信息。

2）CA 确认信息的准确性。

3）CA 对证书和 CA 的私钥进行数字签名。

4）将证书的一个备份转发至申请者。

5）将证书的一个备份提交至证书存储库（如目录服务），进行发布。

6）CA 将证书生成的必要细节记录在审计日志中。

（3）证书的合法性校验

证书可以被撤销，因此需要有一个机制通告已被撤销的证书。

证书验证的方式主要有：CRL、OCSP 和短生命周期证书。

CRL 使用的是广播的方式，CRL 数据需要由 CA 不断广播。为了解决这一问题，一般的做法是建立一个服务中心。通过查询该中心，可以验证证书是否仍然有效。支持这一机制的标准是 IETF 的在线证书状态协议（Online Certificate Status Protocol，OCSP）。

另一种证书撤销方式是缩短证书生存期。如由系统每天自动生成新证书替换旧证书。

（4）交叉认证

当一个 CA 认证域中的用户需要获取另一个 CA 认证域的信息，需要进行互操作，即交叉认证（Cross – Certification）。交叉认证实现的方法有两种：

1）桥接 CA。用一个第三方 CA 作为桥，将多个 CA 连接起来，成为一个可信任的统一体。

2）多个 CA 的根 CA（RCA）互相签发根证书，这样当不同 PKI 域中的终端用户沿着不同的认证链检验认证到根时，就能达到互相信任的目的。

业界正在逐步解决交叉认证的技术问题。但交叉认证不仅仅只是一个技术问题，更重要的是一个法律和合约的问题。这涉及两个当事人各自的政策。从业界实践上来看，由于业务模式的约束，交叉认证尚无法提供良好的价值。

6.4.3 网络加密方式及管理策略

1. 网络应用的加密方式

在网络应用中，有 3 种不同的**加密方式**。

1）链路层加密。链路层加密在结点间或主机间进行，信息在进入物理通信链路前被加密。在此条件下，在 OSI 模型的第 1 层或第 2 层加密，在信息刚进入结点或主机前解密。

2）网络层加密。网络层加密在网关之间进行。加密网关位于被保护站点与路由器之间，信息在进入路由器前已加密处理。网络层加密 IPSec 是在 TCP/IP 通信模型的 IP 层实现的。

3）应用层加密。也称端到端加密，即提供传输的一端到另一端的全程保密。加密可以通过硬件和软件来实现，此时加密是在 OSI 的第 7 层和第 6 层实现的。由于加密先于所有的路由选择以及层的传输处理，所以信息以加密的形式通过全网，如图 6-16 所示。

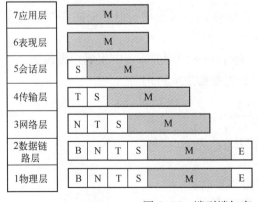

图 6-16　端到端加密

172

2. 加密服务管理策略

（1）提供全面、一致的加密保护服务

通过统一制定加密策略或统一实施加密服务基础件，为各应用系统提供全面、一致的加密服务。

加密服务应遵循适度保护的原则，对关键的信息和资产进行适度的机密性、完整性和抗抵赖性保护，强度与信息和资产的价值相关，同时兼顾信息安全和运行效率。

加密服务的内容包括数据机密性保护、数据完整性保护、抗抵赖性保护、防重发保护和密钥管理服务，如图6-17所示。

1）数据机密性保护。包括存储数据的机密性保护和传输数据的机密性保护。

- 存储数据的机密性保护：对关键字段加密存储。
- 传输数据的机密性保护：加密数据报的关键字段、数据报，采用可信通道等方式保证传输数据的机密性。

2）数据完整性保护。包括存储数据的完整性保护和传输数据的完整性保护。

图6-17 全面加密保护服务

- 存储数据的完整性保护：增加 DAC。
- 传输数据的完整性保护：基于数字签名和基于 MAC。

3）抗抵赖性保护。抗抵赖性保护包括原发抗抵赖性保护和接收抗抵赖性保护，一般采用数字签名的方式进行保护。

4）防重发保护。防重发用于防范针对应用系统中的会话、信息流等进行的重发攻击，一般采用安全协议、时间戳和随机数等方式来进行保护。

5）密钥管理服务。即密钥的全生命周期管理，包括密钥的生成、存储、分发、输入输出、更新、废弃等。

- 对称密钥：采用三级密钥体制（主密钥、工作密钥和会话密钥）来保障。
- 公钥/私钥：常用密钥管理基础设施（Key Management Infrastructure，KMI）进行公钥和私钥管理。

（2）统一管理，分布部署

组织建立统一的信息安全服务平台，提供统一的信息安全服务，其中包括统一的密码支持服务，定义密钥管理机制、加密算法和密钥长度的标准并统一执行，部署如图6-18所示。同时，各应用利用信息安全基础设施，基于制定的统一标准和规格，各自实现应用内部的安全服务，其中包括加密服务。

（3）加密信息共享

1）采用标准算法，为系统之间的加密数据的共享打下良好的基础。

2）在应用平台的基础上提供统一的密码支持服务，确保需要信息交换的两个或多个系统之间的密钥管理、加密算法和密钥长度的统一。

3）和第三方的数据交换应通过硬件加密机完成。在保障信息安全的情况下，同第三方协商确定加密方式，达到第三方的要求。

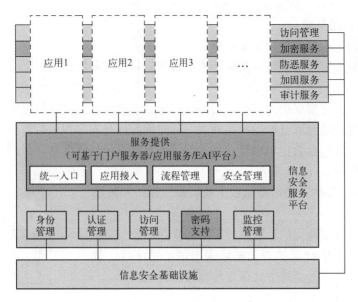

图 6-18　加密服务的部署

📖 讨论思考：

1）网络加密体系及服务是什么？

2）怎样进行密钥及证书的安全管理？

3）网络加密方式及管理策略有哪些？

*6.5　加密高新技术概述

本节主要讲解数字信封、数字水印、软硬件集成与量子加密技术和其他加解密高新技术的相关内容，有助于读者了解国内外加密高新技术的进展及概况。

6.5.1　数字信封和数字水印

1. 数字信封

数字信封（Digital Envelop）的功能类似于普通信封。数字信封和数字签名是公钥密码体制在实际应用中的两种主要方式。普通信封在法律的约束下保证只有收信人才能阅读信的内容，数字信封则采用密码技术保证只有接收人才能阅读信息的内容。数字信封中采用了单钥密码体制和公钥密码体制。信息发送者首先利用随机产生的对称密码加密信息，再利用接收方的公钥加密对称密码，被公钥加密后的对称密码被称为数字信封。在传递信息时，信息接收方要解密信息，必须先用自己的私钥解密数字信封，得到对称密码，才能利用对称密码解密所得到的信息，这样就保证了数据传输过程中信息的可审查性。

实现原理：信息发送方采用对称密钥来加密信息内容，将此对称密钥用接收方的公钥加密（这部分称数字信封）之后，将它和加密后的信息一起发送给接收方，接收方先用相应的私钥打开数字信封，得到对称密钥，然后使用对称密钥解开加密信息，如图 6-19 所示。

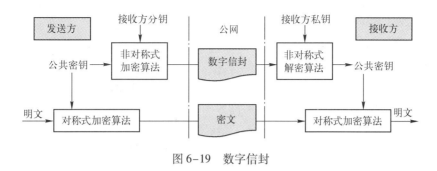

图 6-19　数字信封

2. 数字水印技术

（1）数字水印的特性

数字水印（Digital Watermark）是一种信息隐藏技术，是指在数据化的数据内容中嵌入不明显的记号，这种被嵌入的记号通常不可见或不可察觉，只有通过计算机操作才可以检测或者被提取。水印与源数据紧密结合并隐藏其中，成为源数据不可分离的一部分，并可以经过一些不破坏源数据使用价值或商用价值的操作进行保存。根据信息隐藏的技术要求和目的，数字水印应具有以下 3 个**基本特性**。

1）隐藏性（透明性）。水印信息和源数据集成在一起，不改变源数据的存储空间。嵌入水印后，源数据须无明显降质现象。只能看或听到源数据，而无法查看或听到任何水印信息。

2）强壮性（免疫性，鲁棒性）。强壮性是指嵌入水印后的数据经过各种处理操作和攻击操作以后，不导致其中的水印信息丢失或被破坏的能力。处理操作包括：模糊、几何变形、放缩、压缩、格式变换、剪切、D/A 和 A/D 转换等。攻击操作包括：有损压缩、多拷贝联合攻击、剪切攻击、解压攻击等。

3）安全性。采取隐藏的算法和对水印进行加密等预处理技术，使水印信息隐藏的位置及内容无法察觉。

（2）数字水印的种类

Internet 和多媒体业务的快速发展给信息的广泛传播提供了便利，各种形式的多媒体作品包括视频、音频、动画、图像等可以通过网络进行发布，同时也带来了诸多问题。任何人都可以通过网络轻易得到他人的原始作品，特别是数字化图像、音乐、影视等，甚至不经作者的同意而任意拷贝、修改，从而侵害了创作者的著作权。数字水印系统包括如下**种类**。

1）所有权确认：多媒体作品的所有者将版权信息作为水印加入公开发布的版本中。侵权行为发生时，所有人可从侵权人持有的作品中认证所加入的水印作为所有权证据。但是，这类水印技术要求能够经过各种常用的计算机等各种处理操作，仍然可以进行识别。

2）来源确定：为防止未授权的复制，原创者可以将用户的有关信息作为不同水印嵌入作品的合法制品中。一旦发现盗版制品，可以从中提取水印确定其来源。同样要求这种水印能够经受去除和伪造等破坏性能，除了"所有权确认"中所述的操作外，还包括多拷贝联合攻击去除或伪造水印陷害他人。

3）完整性确认：当多媒体作品被用于法庭、医学、新闻及商业时，常需要确定它们的内容没有被修改、伪造或特殊处理过。这时可以通过提取水印，确认水印的完整性来证实多媒体数据的完整。与其他水印不同的是，这类水印必须是脆弱的，并能够通过识别提取出的水印确定出多媒体数据被篡改的位置。

4）隐式注释：被嵌入的水印组成内容的注释。如一幅照片的拍摄时间和地点可以转换成水印信号，作为此图像的注释。

5）使用控制：在一个限制使用次数的软件或预览多媒体作品中，可以插入一个指示允许使用次数的数字水印，每使用一次，就将水印自减一次，当水印为 0 时，就不能再使用了，但这需要相应硬件和软件的支持。

（3）数字水印的嵌入与检测

嵌入数字水印的方法都包含一些基本的构造模块，即一个数字水印嵌入系统和一个数字水印提取系统。数字水印嵌入过程如图 6-20 所示。

系统输入水印 W、载体数据 I 和一个可选择的公钥/私钥 K，得到加入水印后的数据 I'。水印可以是数值、文本或者图像等任何形式的数据。密钥主要用于加强安全性，数字水印系统应当使用一个密钥或几个密钥的组合，以避免未授权方篡改数字水印。当数字水印与公钥/私钥结合时，嵌入水印的技术通常分别称为私钥数字水印和公钥数字水印技术。数字水印的检测过程如图 6-21 所示。

图 6-20　数字水印嵌入过程　　　　图 6-21　数字水印的检测过程

在检测过程中，输入已嵌入水印的数据、私钥/公钥 K、原始数据 I 和原始水印 W，输出是水印 W 或某种可信度的值，以表明所检测数据中存在水印的可信度。

6.5.2　软硬件集成与量子加密技术

1. 密码专用芯片集成

密码技术是信息安全的核心技术，无处不在，目前已经渗透到大部分安全产品之中，正向芯片化方向发展。在芯片设计制造方面，目前微电子工艺已经发展到很高水平，芯片设计的水平也很高。我国在密码专用芯片领域的研究起步落后于国外，近年来我国集成电路产业技术的创新和自主开发能力得到了加强，微电子工业得到了发展，从而推动了密码专用芯片的发展。加快密码专用芯片的研制将会推动我国信息安全系统的完善。

2. 量子加密技术应用

量子技术在密码学上的应用分为两类：一类是利用量子计算机对传统密码体制的分析；另一类是利用单光子的测不准原理在光纤一级实现密钥管理和信息加密，即量子密码学。量子计算机相当于一种传统意义上的超大规模并行计算系统，利用量子计算机可以在几秒钟内分解 RSA 129 的公钥。根据互联网的发展，全光纤网络将是今后网络连接的发展方向，利用量子技术可以实现传统的密码体制，在光纤一级完成密钥交换和信息加密，其安全性是建立在 Heisenberg 的测不准原理上的，如果攻击者企图接收并检测信息发送方的信息（偏振），则将造成量子状态的改变。这种改变对攻击者而言是不可恢复的，而对收发方来说，则可很容易地检测出信息是否受到攻击。目前量子加密技术仍然处于研究阶段（我国处于领先地位），其量子密钥分配（QKD）在光纤上的有效距离还达不到远距离光纤通信的要求。

3. 全息防伪标识的隐形加密技术

利用特殊的工艺在全息防伪标识中植入密码，可以很好地解决全息防伪标识问题。

全息防伪标识的**主要特点**：一是有一定的隐蔽性；二是密码的植入方法简单；三是密码可以不受图形结构的限制；四是提取密码的方法简便易行。通过采用特殊的专业技术，提高了全息技术的防伪能力。由于密码的植入方法简单，因而比较容易推广。

4. 活体指纹身份鉴别保管箱应用系统

活体指纹身份鉴别保管箱应用系统的应用非常广泛，主要由指纹采集器、计算机、保险箱体及加密电路构成。主要**功能**：具有指纹登记、开启、单指纹生效、多指纹单独生效、多指纹同时生效功能；具有数据管理功能；指纹鉴别的误识率小于 0.01%，拒识率小于 1%；电磁锁互开率小于 0.1%；SUP 设备错误率小于 0.1%；抗电磁干扰：20 ~ 1000 mH。具有保密性、唯一性、不可仿性等特点。

5. 电脑密码锁和软件加密卡

电脑密码锁的**特点**：保密性好；SUP 可变；具有误码输入保护，3 次输入错码即发出报警声并关闭主控电路；停电不丢码；多种密码开锁方式，使用方便。电脑密码锁由电路和机械两部分组成。

软件加密卡是一种阻止非法复制软件的硬卡，已在社会上广泛应用。

主要性能：阻止非法复制软件；提供 DOS 及 Windows 接口；安全可靠。

6. 系列商用密码系统及信息加解密方法

因特网使用的系列商用密码系统，其**主要性能**如下。

1）公钥密码体制，密钥管理方便，适合商用。

2）公钥密码系统模长：512/1024 bit，符合国际密码安全标准。采用国际首创的双重安全素数，具有极高的保密强度。

3）加密和解密过程高速运行，能满足网络上大容量、高速度保密通信的要求。

数字信息的加解密方法有如下两个**特点**：

1）既可用软件方法实现，也可制成插卡或芯片形式；既不增加传送的数据量，也不用对现有的通信软硬件设备作任何改变，且加解密的进度极高。

2）每次加密操作时能自动地使用不同的密钥。既可人工编制密钥，也可用软件随机数发生器来生成密钥，使用方便且灵活。

6.5.3 其他加解密新技术

1）第五代加密软件狗加密软件。它是商业软件防止盗版的"保护神"。加密部分由单片机完成，内置先进的加密算法，并实现了随机码反跟踪技术。

2）宽带多协议 VPN 数据加密机。宽带多协议 VPN 数据加密机技术。可实现保密信息在不可靠的公用数据网络等信息传输媒体上的安全通信。特色：在 IP 层及链路层提供信息的安全保密、用户身份认证及访问控制，实现互联子网端对端的安全通信，除支持标准 VPN 功能外，还具备防火墙、入侵检测等功能。主要功能：信息加密、信息认证和隧道技术。

3）网上适用的密码数据不可见的隐形密码系统。技术特点：网上适用的密码数据不可见的隐形密码系统是信息安全的崭新概念，是图形隐藏技术与密码技术的有机结合，处理对象广泛，信息处理速度高。适合于因特网，尤其适合于光纤宽带网上的虚拟银行、电子商务认证（CA）中心、电子商务。

4）支付密码器系统。此方法是开户企业用专用的电子支付密码器产生一组数字密码作为签名，作为票据上加盖图章印鉴的重要补充手段。收款行通过计算机网络将验证数据传往付款行计算机进行验证，迅速地确认票据的真实性、合法性，并实时进行结算。

5）信号广义谱的研究及其在通信编码中的应用。在通信编码的应用方面，提供了两种设计方案，能快速地产生密钥量极大的性能优良的 Bervt 序列，各性能指标均达到实用部门提出的要求。在序列密码理论方面获得了如下结论，即破译前馈序列的关键是寻求快速高效的线性译码算法。对移动衰落环境下的编码调制方式的设计与优化也进行了深入的研究。

6）硬盘加密系统。当文件进入计算机硬盘时，系统将它们转变为谁也读不懂的乱码，而合法用户掌握着某种特殊的密码，当合法用户使用计算机时，此系统速度很快，几乎能够实时处理，所以合法用户根本感觉不到加密和解密的过程，而非法用户则完全不能得到敏感信息。此系统不但能够保护硬盘，同时也能够保护软盘和其他信息的存储系统。

7）排列码加解密方法及技术。加密方法是采用新的加密理论、加密思想，它的加密强度是目前国际上最先进的方法技术指标的十的几千次方倍。加密速度最高可以达到 ns 数量级。它的密钥可以是任意的数字串或文字串（包括汉字串），密钥可长、可短；可定长，也可变长。利用这种技术可设计出一种新加密芯片，经济效益非常可观。

8）基于 DSP 的加密算法的研究与实现。随着科学技术的飞速发展，在涉密系统中，涉及政治、经济、军事、科技等敏感信息，在无安全措施的网络中极有可能被截获，或复制、或修改、或删除，造成泄密或信息丢失。

9）计算机文件加解密、多级签字及安全性管理软件。主要功能：软件基于现代密码学双钥制原理，可对数字文件（包括 CAD 软件生成的图样文件和字处理软件产生的文档）加密、数字签字和有权限地设置解密阅读。在单位局域网中建立用户成员密钥登记管理系统。系统可对用户密钥及其权限动态管理调整。应用范围：企业部门的计算机文档安全管理。

信息隐藏技术、数字信封技术、混沌密码技术、嵌入密码技术和多项综合技术等高新技术将成为一种新的发展趋势。

📖 讨论思考：

1）什么是数字信封和数字水印技术？

2）举例说明软硬件集成新加密技术。

3）量子技术在密码学上的应用有哪几类？

6.6 PGP 加密软件应用实验

PGP（Pretty Good Privacy）是一个基于 RSA 公匙加密体系的邮件加密软件。PGP 可以用于对商务合同、文件等重要机密邮件保密；还可对邮件加上数字签名，从而使收信人确认邮件的发送者，并能确信邮件没有被篡改；可以提供一种安全的通信方式，采用一种 RSA 和传统加密的杂合算法，用于数字签名的邮件文摘算法，加密前压缩等，还有一个良好的人机工程设计。PGP 功能强大，有很快的速度，而且它的源代码是免费的。

6.6.1　实验目的

通过 PGP 软件的使用，进一步加深对非对称算法 RSA 的认识和掌握，主要目的是熟悉软件的操作及主要功能，使用加密邮件、普通文件等。

6.6.2　实验要求及方法

1. 实验环境与设备

在网络实验室，每组必备两台装有 Windows 操作系统的 PC。

实验用时：2 学时（90～120 min）。

2. 注意事项

1）实验课前必须预习实验内容，做好实验前的准备工作，实验课上实验时间有限。

2）注重技术方法。由于网络安全技术更新快，软硬件产品种类繁多，可能具体版本和界面等方面不尽一致。在具体实验中应当多注重方法，注意实验过程、步骤和要点。

3. 实验方法

建议 2 人一组，每组两台 PC，每人操作一台。

可以在 http://www.pgp.cn/等处下载 PGP 软件后，相互进行加密及认证操作。

6.6.3　实验内容及步骤

1. 实验内容

A 机上用户（pgp_user）传送一封保密信给 B 机上用户（pgp_user1）。首先 pgp_user 对这封信用自己的私钥签名，再利用 pgp_user1 公钥加密后发给 pgp_user1。当 pgp_user1 收到 pgp_user 加密信件后，使用其相对的私钥（Secret Key）解密，再用 pgp_user 公钥进行身份验证。

2. 实验步骤

第一步，两台 PC 上分别安装 PGP 软件。实验步骤如下：

1）运行安装文件 pgp8.exe，弹出"初始安装提示"对话框。

2）单击 Next 按钮，弹出"选择用户类型"对话框。首次安装用户，选择 No, I'm a New User。

3）单击 Next 按钮，之后不需改动默认设置，直至出现安装结束提示。

4）单击 Finish 按钮，结束安装并启动计算机，安装过程结束。

第二步，以 pgp_user 用户为例，生成密钥对、获得对方公钥和签名。实验步骤如下：

1）重启软件。单击"开始"按钮，选择程序→PGP→PGPkeys 命令，如图 6-22 所示。

2）设置姓名和邮箱。首先，在出现的 PGP 软件产生密钥对的对话框中，单击"下一步"按钮，弹出设置姓名和邮箱的对话框，参考图 6-23 所示进行设置。再单击"下一步"按钮。

3）设置保护用户密钥的密码。首先在打开的"设置密码"对话框中，在提示密钥输入的文本框中输入保护 pgp_user 用户密钥的密码，如 123456，并在确认框中再次输入。

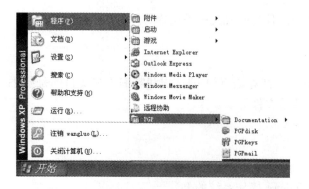

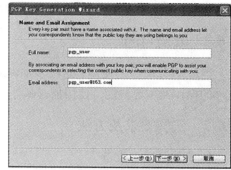

图 6-22　启动软件　　　　　　　　　　图 6-23　姓名和邮箱设置

然后，单击"下一步"按钮。其余保持安装的默认设置，直至提示安装结束。（注：最终会自动在"我的文档"文件夹中产生一个名为 PGP 的子文件夹，并产生两个文件：pubring. pkr 和 secring. pkr）。

4）导出公钥。首先，单击任务栏上带锁的图标按钮，选择 pgpkeys 进入 PGPkeys 主界面，选择用户右击，选择 export 选项，再导出公钥。

🔔【注意】将导出的公钥放在一个指定的位置，文件的扩展名为 . asc。

5）导入公钥。在 PGPkeys 主界面单击工具栏中的第 9 个图标，选择用户（user1）的公钥并导入，如图 6-24 所示。

6）文件签名。pgp_user 对导入的公钥签名。右击，在弹出的快捷菜单中选择 sign，然后在弹出的对话框中输入 pgp_user 密钥。

同样的，用户 pgp_user1 在 B 机上实现以上操作。

第三步，pgp_user 用私钥对文件签名，再用 pgp_user1 公钥加密并传送文件给 pgp_user1。

1）创建一个文档并右击，如图 6－25 所示。在弹出的快捷菜单中选择 PGP→Encrypt&Sign 命令。

2）选择接收方 pgp_user1，按照提示输入 pgp_user 私钥。

3）此时将产生一个加密文件，将此文件发送给 pgp_user1。

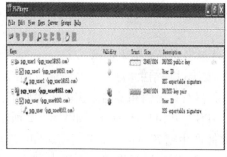

图 6-24　公钥导入　　　　　　　　　　图 6-25　生成加密文件

第四步，pgp_user1 用私钥解密，再进行身份验证。

1）pgp_user1 收到文件后右击，在弹出的快捷菜单中选择 PGP→Decrypt&Verify 命令。

2）在弹出的"设置密码"对话框中，根据提示输入 pgp_user1 的私钥，解密并验证。

6.7　本章小结

通过密码技术概述，介绍了密码技术相关概念、密码学与密码体制、数据及网络加密方式；讨论了密码破译方法与密钥管理；概述了实用加密技术，包括对称加密技术、非对称加密、单向加密技术、无线网络加密技术、实用综合加密方法、加密高新技术及发展；最后，简单介绍了数字信封和数字水印技术，并联系实际，介绍了一个基于 RSA 公匙加密体系的邮件加密软件 PGP 实验和使用方法。

6.8　练习与实践

1. 选择题

（1）（　　）密码体制，不但具有保密功能，还具有鉴别的功能。

　　A. 对称　　　　　　　　　　　　B. 私钥

　　C. 非对称　　　　　　　　　　　D. 混合加密体制

（2）网络加密方式的（　　）是把网络上传输的数据报文的每一位进行加密，而且把路由信息、校验和等控制信息全部加密。

　　A. 链路加密　　　　　　　　　　B. 结点对结点加密

　　C. 端对端加密　　　　　　　　　D. 混合加密

（3）恺撒密码是（　　）方法，被称为循环移位密码，优点是密钥简单易记，缺点是安全性较差。

　　A. 代码加密　　　　　　　　　　B. 替换加密

　　C. 变位加密　　　　　　　　　　D. 一次性加密

（4）在加密服务中，（　　）是用于保障数据的真实性和完整性的，目前主要有两种生成 MAC 的方式。

　　A. 加密和解密　　　　　　　　　B. 数字签名

　　C. 密钥安置　　　　　　　　　　D. 消息认证码

（5）根据信息隐藏的技术要求和目的，（　　）不属于数字水印需要达到的基本特征。

　　A. 隐藏性　　　　　　　　　　　B. 安全性

　　C. 完整性　　　　　　　　　　　D. 强壮性

2. 填空题

（1）在加密系统中，原有的信息称为_____，由_____变为_____的过程称为加密，由_____还原成_____的过程称为解密。

（2）_____是保护大型传输网络系统上各种信息的唯一实现手段，是保障信息安全的_____。

（3）对称密码体制加解密使用_____的密钥；非对称密码体制的加解密使用_____的密钥，而且加密密钥和解密密钥要求_____互相推算。

（4）数据加密标准（DES）是_____加密技术，专为_____编码数据设计，典型的按_____方式工作的_____密码算法。

（5）常用的加密方法有＿＿＿＿＿、＿＿＿＿＿、＿＿＿＿＿、＿＿＿＿＿4种。

3. 简答题

（1）网络的加密方式有哪些？优缺点及适合范围是什么？

（2）试述DES算法的加密过程。

（3）简述密码的破译方法和防止密码被破译的措施。

（4）已知明文是One World One Dream，用列变位加密后，密文是什么？

（5）无线网络加密技术有哪些？它们的优缺点和适用范围是什么？

（6）试述代码加密、替换加密以及一次性密码簿加密的原理。

（7）为什么说混合加密体制是保证网络上传输信息安全的一种较好的可行方法？

（8）已知明文是1101001101110001，密码是0101111110100110，试写出加密和解密的过程。

4. 实践题

（1）假设需要加密的明文信息为 $m = 14$，选择：$e = 3$，$p = 5$，$q = 11$，试查看使用RSA算法的加密和解密过程及结果。

（2）利用对称加密算法对"123456789"进行加密，并进行解密（上机完成）。

（3）利用公开密钥算法对"123456789"进行加密，并进行解密（上机完成）。

（4）使用PGP软件加密一个文件，并与同学交换密钥（上机完成）。

第7章 数据库安全技术

数据库可以实现分布式数据处理、远程信息管理与存储和资源共享，成为网络的核心技术之一。在现代信息化社会，数据库技术已经成为信息化建设和信息资源共享的关键技术，数据库是各种重要数据管理、使用和存储的核心，计算机网络中最重要、最有价值的是存储在数据库中的数据资源。数据库技术已经应用到各个领域，同时也产生了数据安全问题。采取数据库安全技术，可以保障数据库系统运行安全及业务数据的安全。

📖 教学目标

- 理解数据库安全的概念、面临的威胁及隐患。
- 了解数据库安全的层次结构。
- 掌握数据库的安全特性、备份和恢复技术。
- 理解数据库的安全策略和机制、体系与防护、解决方案。
- 掌握 SQL Server 2012 用户安全管理实验。

7.1 数据库安全概述

【案例7-1】每年，世界各国的经济都因数据信息安全问题遭受巨大损失。信息技术与信息产业已成为当今世界经济与社会发展的主要驱动力。据介绍，目前美国、德国、英国、法国每年由于网络安全问题而遭受的经济损失达数百亿美元。其中，2005年，英国有500万人只是被网络诈骗，就造成经济损失达5亿美元。

7.1.1 数据库安全的概念

1. 数据库安全的相关概念

数据库系统安全（DataBase System Security）是指为数据库系统采取的安全保护措施，防止系统软件和其中数据遭到破坏、更改和泄露。广义的数据库系统安全包括组成数据库系统的数据库安全、数据库管理系统（DBMS）安全，以及数据库应用系统和数据的安全。狭义的数据库系统安全则只侧重数据库安全及其中数据的安全。通常，重点讨论数据库安全。

数据库安全（DataBase Security）是指采取各种安全措施对数据库及其相关文件和数据进行保护。数据库安全包括数据库本身的安全和其中数据的安全。数据库系统的重要指标之一是确保系统安全，以各种防范措施防止非授权使用数据库，主要是通过 DBMS 实现的。数据库系统中一般采用用户标识和鉴别、存取控制、视图以及密码存储等技术进行安全控制。

数据库安全的核心和关键是其数据安全。数据安全（Data Security）是指以保护措施确保数据的完整性、保密性、可用性、可控性和可审查性。由于数据库存储着大量的重要信息和机密数据，而且在数据库系统中大量数据集中存放，供广大用户共享，因此，必须加强对数据库访问的控制和数据安全的防护。

2. 数据库安全的内涵

从系统与数据的关系上，也可将**数据库安全**分为数据库应用系统安全和数据安全。

数据库应用系统安全主要是指在系统级控制数据库的存取和使用的机制，包含：

1）应用系统的安全设置及管理，包括法律法规、政策制度、实体安全等。

2）各种业务数据库的访问控制和权限管理。

3）用户的资源限制，包括访问、使用、存取、维护与管理等。

4）系统运行安全及用户可执行的系统操作。

5）数据库系统审计管理及有效性。

6）用户对象可用的磁盘空间及数量。

数据安全是在对象级控制数据库的访问、存取、加密、使用、应急处理和审计等机制，包括用户可存取指定的模式对象和在对象上允许具体操作类型等。

7.1.2 数据库安全的威胁和隐患

1. 数据库安全的主要威胁

【**案例7-2**】木马病毒致使数据严重泄密。某一大学知名的董教授，平时工作兢兢业业，经常深夜或节假日加班加点在家搞科研和备课。由于需要查阅资料，他家中的电脑经常接入国际互联网。董教授时常白天在办公室办公电脑上工作，晚上在家用个人电脑工作，经常用U盘将未完成的工作内容在两个电脑间相互拷贝。2005年以来几年间，董教授办公电脑内的200多份文件资料不知不觉地进了互联网，造成重大泄密。经上级保密委员会审查鉴定，涉密文件资料达30多份，董教授受到降职、降薪、降职称的严肃处理。

数据库安全的主要威胁包括：

1）法律法规、社会伦理道德和宣传教育滞后或不完善等。

2）现行的政策、规章制度、人为及管理出现问题。

3）硬件系统或控制管理问题。如CPU是否具备安全性方面的特性。

4）物理安全。包括服务器、计算机或外设、网络设备等安全及运行环境安全。

5）操作系统及数据库管理系统（DBMS）的漏洞与风险等安全性问题。

6）可操作性问题。所采用的密码方案所涉及的密码自身的安全性问题。

7）数据库系统本身的漏洞、缺陷和隐患带来的安全性问题。

📖 **拓展阅读**：实际上，鉴于开放的计算机网络和数据库系统的自身特点，大量重要数据资源集中存放并为广大用户共享使用，导致出现数据库的安全威胁和风险隐患。

2. 数据库系统缺陷及隐患

常见**数据库的安全缺陷和隐患**原因分析，主要包括8个方面：

1）数据库应用程序的研发、管理和维护等漏洞或人为疏忽。包括内部人员攻击或失误，如非故意的授权用户攻击。通常表现为：操作不慎造成意外删除或泄露，非故意的规避安全策略。有时数据库攻击源来自于企事业机构的内部，经济环境、劳资纠纷或待遇争议处理失当都可能引起内部有关人员的不满，从而可能导致网络侵入攻击。

2）用户对数据库安全的忽视，安全设置和管理失当。黑客可利用数据库错误配置控制"肉机"访问点，绕过认证方法并访问敏感信息。如果没有正确地重新设置数据库的默认配置，非特权用户就有可能访问未加密的文件，未打补丁的漏洞就有可能导致非授权用户访问敏感数据。

3）数据库账号、密码容易泄露和破译。包括专业黑客团体或组织实施的持续攻击，窃取数据库中机构或个人的机密信息，秘密使用或在黑市上销售。通过锁定数据库漏洞并密切监视对关键数据存储的访问，数据库专家可及时发现并阻止其攻击。

4）操作系统后门及漏洞隐患。利用操作系统或数据库补丁漏洞发布的几小时内，黑客就可以利用其漏洞编成代码，再加上企业需要几十天的补丁周期，数据库几乎完全暴露。

5）社交工程。攻击者使用模仿网站等欺诈"钓鱼"技术，致使用户不经意间泄露账号、密码等机密信息。网络服务商应通过适时地检测可疑事件活动，减轻网络钓鱼攻击的影响。数据库活动监视和审计可使这种攻击的影响最小化。

6）部分数据库机制威胁网络低层安全。Web 服务器通过操作系统和 DBMS 使用数据库存储数据，由于许多应用程序经常通过页面提交方式接收客户的各种请求，如查询网络各种信息，注册、提交或修改用户信息等操作，实质上是与应用程序的后台数据库交互，从而留下很多安全漏洞和隐患。

7）系统安全特性自身存在的缺陷和不足。数据库系统的安全特性包括：数据独立性、数据安全性、数据完整性、并发控制和故障恢复，在设计和研发过程中难免存在一些缺陷。

8）网络协议、计算机病毒及运行环境等其他威胁。

📖 **拓展阅读**：数据泄密事件的发生大多与网络病毒有关，特别是"轮渡"木马病毒，其窃密手段非常隐蔽，用户在不经意间极易造成泄密。这种病毒实际是运行在互联网上的 AutoRun. Inf 和 sys. exe 的病毒程序，主要感染对象是在互联网和涉密电脑间交叉使用的 U 盘。当用户在联网的计算机上使用 U 盘时，病毒以隐藏文件的形式自动复制到 U 盘内。若用户将该 U 盘插入涉密电脑上使用，就会自动运行，将涉密文件以隐藏文件的形式复制到 U 盘。当再用该 U 盘连接互联网时，该病毒又会自动运行，将隐藏在 U 盘内的涉密文件暗中"轮渡"到互联网上特定邮箱或服务器中，窃密者即可远程下载。

*7.1.3 数据库安全的层次结构和体系结构

1. 数据库安全的层次结构

数据库安全的层次结构包括 5 个方面，如图 7-1 所示。

1）物理层。计算机网络系统的最外层最容易受到攻击和破坏，主要侧重保护计算机网络系统、网络链路及其网络结点等物理（实体）安全。

2）网络层。网络层安全性和物理层安全性一样极为重要，由于所有计算机网络数据库系统都允许通过网络进行远程访问，所以，更需要做好安全保障。

3）操作系统层。操作系统在数据库系统中，与 DBMS 交互并协助控制管理数据库。操作系统安全漏洞和隐患将成为对数据库进行攻击和非授权访问的最大威胁与隐患。

| 应用层 |
| 数据库系统层 |
| 操作系统层 |
| 网络层 |
| 物理层 |

图 7-1 数据库安全的层次结构

4）数据库系统层。包括 DBMS 和各种业务数据库等，数据库存储着重要程度和敏感程度不同的各种业务数据，并通过计算机网络为不同授权的用户所共享，因此数据库系统必须采取授权限制、访问控制、加密和审计等安全措施。

5）应用层。也称为用户层，主要侧重用户权限管理、身份认证及访问控制等，防范非授权用户以各种方式对数据库及数据进行攻击和非法访问，也包括各种越权访问等。

🔔【注意】为了确保数据库安全，必须在各层次上采取切实可行的安全性保护措施。若较低层次上安全性存在缺陷，则严格的高层安全性措施也可能被绕过而出现安全问题。

2. 可信 DBMS 体系结构

可信 DBMS 体系结构分为两类：TCB 子集 DBMS 体系和可信主体 DBMS 体系。

（1）TCB 子集 DBMS 体系结构

利用位于 DBMS 外部的可信计算基（TCB），如可信操作系统或可信网络，执行安全机制的可信计算基子集 DBMS，以及对数据库客体的强制访问控制。该体系将多级数据库客体按安全属性分解为单级断片（同一断片的数据库客体属性相同），分别进行物理隔离存入操作系统客体中。各操作系统客体的安全属性就是存储其中的数据库客体的安全属性，TCB可对此隔离的单级客体实施强制存取控制（MAC）。

该体系的最简单方案是将多级数据库分解为单级元素，安全属性相同的元素存在于一个单级操作系统客体中。使用时，先初始化一个运行于用户安全级的 DBMS 进程，通过操作系统实施的强制访问控制策略，DBMS 仅访问不超过该级别的客体。此后，DBMS 从同一个关系中将元素连接起来，重构成多级元组，返回给用户，如图 7-2 所示。

（2）可信主体 DBMS 体系结构

该体系结构与上述结构不同，自身执行强制访问控制。按逻辑结构分解多级数据库，并存储在几个单级操作系统客体中。各种客体可同时存储多种级别的数据库客体（如数据库、关系、视图、元组或元素），并与其中最高级别数据库客体的敏感性级别相同。该体系结构的一种简单方案如图 7-3 所示，DBMS 软件仍在可信操作系统上运行，所有对数据库的访问都须经由可信 DBMS。

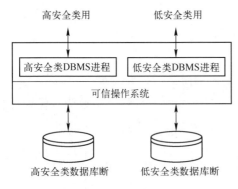

图 7-2　TCB 子集 DBMS 体系结构　　　图7-3　可信主体 DBMS 体系结构

📖 **讨论思考：**

1）什么是数据库的安全及数据安全？

2）数据库主要的安全威胁和隐患有哪些？

3）数据库安全的层次和体系结构如何？

7.2 数据库的安全特性

数据库的安全特性主要包括：数据库及数据的独立性、安全性、完整性、并发控制、故障恢复等几个方面。其中，数据独立性包括物理独立性和逻辑独立性。物理独立性是指用户的应用程序与存储在数据库中的数据是相互独立的。逻辑独立性是指用户的应用程序与数据库逻辑结构相互独立，两种数据独立性都由 DBMS 实现。本节主要介绍安全性、完整性、并发控制，数据库的备份与恢复将在 7.5 节介绍。

7.2.1 数据库及数据的安全性

1. 数据库的安全性

通常，数据库的安全性包括 3 种安全性保护措施：用户的身份认证管理、数据库的使用权限管理和数据库中对象的使用权限管理。保障 Web 数据库的安全运行，需要构建一整套数据库安全的访问控制模式，如图 7-4 所示。

（1）身份认证管理与安全机制

身份认证是在网络系统中确认操作用户身份的过程。包括用户与主机间的认证和主机与主机之间的认证。主要通过对用户所知道的物件或信息认证，如口令、密码、证件、智能卡（如信用卡）等；用户所具有的生物特征：指纹、声音、视网膜、签字、笔迹等。身份认证管理是对此相关方面的管理。数据库的安全机制和策略涉及内容较多，将在 7.3 节单独介绍。

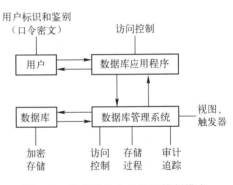

图 7-4　数据库安全的访问控制模式

（2）权限管理

权限管理主要体现在授权和角色管理上。

1）授权。DBMS 提供了功能强大的授权机制，可给用户授予各种不同对象（表、视图、存储过程等）的不同使用权限（如 Select、Update、Insert、Delete 等）。

2）角色。是指被命名的一组与数据库操作相关的权限，即一组相关权限的集合。可为一组相同权限的用户创建一个角色。使用角色管理数据库权限，可简化授权的过程。

（3）视图访问

视图提供了一种安全、简便的访问数据的方法。在授予用户对特定视图的访问权限时，该权限只用于在该视图中定义的数据项，而不是用于视图对应的完整基本表。

（4）审计管理

审计是指记录数据库操作和事件的过程。通常，审计记录记载用户所用的系统权限、频率、登录的用户数、会话平均持续时间、操作命令，以及其他有关操作和事件。通过审计功能，可将用户对数据库的所有操作自动进行记录，并存入审计日志中。

2. 数据安全性基本要求

数据安全性是数据库安全的核心和关键，在 1.1.1 节中曾经介绍过网络安全的最终目标是实现网络数据（信息）安全的属性特征（保密性、完整性、可用性、可靠性和可审查性），其中保密性、完整性、可用性也是数据（信息）安全的最基本要求。

（1）保密性

数据的保密性是指不允许未经授权或越权的用户存取或访问数据。可利用对用户的认证与鉴别、权限管理、存取控制、数据库与数据加密、推理控制等措施进行实施。

1）用户标识与鉴别。由于数据库用户的安全等级不同，需要分配不同的权限，数据库系统必须建立严格的用户认证机制。身份的标识和鉴别是 DBMS 对访问者授权的前提，而且通过审计机制使 DBMS 保留追究用户行为责任的权力。

2）存取控制。主要目的是确保用户对数据库的操作，只能在授权的情况下进行。

3）数据库加密。数据库以文件形式通过操作系统进行管理，黑客可以直接利用操作系统的漏洞窥视、窃取或篡改数据库文件，因此，数据库的保密不仅包括在传输过程中采用加密和访问控制，而且包括对存储的敏感数据进行加密。

数据库加密技术的功能和特性主要有6个：身份认证、通信加密与完整性保护、数据库中数据存储的加密与完整性保护、数据库加密设置、多级密钥管理模式和安全备份，即系统提供数据库明文备份功能和密钥备份功能。

对**数据进行加密**，主要有3种**方式**，即系统中加密、服务器端（DBMS 内核层）加密、客户端（DBMS 外层）加密。

4）审计。审计是指监视和记录用户对数据库所进行的各种操作的机制。审计系统记录用户对数据库的所有操作，并且存入审计日志。事后可利用这些信息追溯数据库现状，提供分析攻击者线索的依据。

DBMS 的**审计主要分为**4 种：语句审计、特权审计、模式对象审计和资源审计。语句审计是指监视一个或者多个特定用户或所有用户提交的 SQL 语句；特权审计是指监视一个或多个特定用户或所有用户使用的系统特权；模式对象审计是指监视一个模式中在一个或多个对象上发生的行为；资源审计是指监视分配给每个用户的系统资源。

5）备份与恢复。为了防止意外事故，不仅需要及时进行数据备份，而且当系统发生故障后可利用数据备份快速恢复，并保持数据的完整性和一致性。

6）推理控制与隐私保护。数据库安全中的推理是指用户根据低密级的数据和模式的完整性约束推导出高密级的数据，造成未经授权的信息泄密，其推理路径称为"推理通道"。

（2）完整性

数据的完整性详见 7.2.2 节介绍，主要包括物理完整性和逻辑完整性。

1）物理完整性。是指保证数据库中的数据不受物理故障（如硬件故障或断电等）的影响，并可设法在灾难性毁坏时重建和恢复数据库。

2）逻辑完整性。是指对数据库逻辑结构的保护，包括数据语义与操作完整性。前者主要指数据存取在逻辑上满足完整性约束，后者主要指在并发事务处理过程中保证数据的逻辑一致性。

（3）可用性

数据的可用性是指在授权用户对数据库中数据正常操作的同时，保证系统的运行效率，并提供用户便利的人机交互。

🔔 **【注意】** 实际上，有时数据的保密性和可用性之间存在一定的冲突。对数据库加密必然会带来数据存储与索引、密钥分配和管理等一系列问题，同时加密也会极大地降低数据库的访问与运行效率。

通常，操作系统中的对象是文件，而数据库支持的应用要求更为精细。通常，比较完整的数据库对数据安全性采取以下措施：

1）将数据库中需要保护的部分与其他部分进行隔离。

2）采用授权规则，如账户、口令和权限控制等访问控制方法。

3）对数据进行加密后存储于数据库中。

可靠性与可审查性与1.1.1节中介绍的完全一致。

7.2.2 数据库及数据的完整性

在计算机网络和企事业机构业务数据操作过程中，对数据库的表中大量各种数据进行统一组织与管理时，必须要求数据库中的数据满足数据库及数据的完整性。

1. 数据库完整性

数据库完整性（Database Integrity）是指其中数据的正确性和相容性。实际上，以各种完整性约束作保证，数据库完整性设计是数据库完整性约束的设计。可以通过 DBMS 或应用程序实现数据库完整性约束，基于 DBMS 的完整性约束以模式的一部分存入数据库中。数据库完整性对于数据库应用系统至关重要，其**主要作用**体现在 4 个方面：

1）可以防止合法用户向数据库中添加不合语义的数据。

2）利用基于 DBMS 的完整性控制机制实现业务规则，易于定义和理解，而且可以降低应用程序的复杂性，并提高应用程序的运行效率。同时，基于 DBMS 的完整性控制机制在于集中管理，比应用程序更容易实现数据库的完整性。

3）合理的数据库完整性设计，可协调兼顾数据库的完整性和系统效能。如加载大量数据时，只在加载之前临时使基于 DBMS 的数据库完整性约束失效，完成加载后再使其生效，既不影响数据加载的效率，又能保证数据库的完整性。

4）完善的数据库完整性在应用软件的功能测试中，有助于尽早发现应用软件的错误。

数据库完整性约束可分为 6 类：列级静态约束、元组级静态约束、关系级静态约束、列级动态约束、元组级动态约束、关系级动态约束。动态约束通常由应用软件实现，不同DBMS 支持的数据库完整性基本相同。

2. 数据完整性

数据完整性（Data Integrity）是指数据的精确性（Accuracy）和可靠性（Reliability），主要包括数据的正确性、有效性和一致性。**正确性**是指数据的输入值与数据表对应域的类型相同；有效性是指数据库中的理论数值满足现实应用中对该数值段的约束；**一致性**是指不同用户使用的同一数据完全相同。数据完整性可防止数据库中存在不符合语义规定的数据，并防止因错误数据的输入输出造成无效操作或产生错误。数据库中存储的所有数据都需要处于正确的状态，若数据库中存有不正确的数据值，则称该数据库已丧失数据完整性。

数据完整性为以下 4 种。

1）实体完整性（Entity Integrity）。明确规定表的每一行在表中是唯一的实体。表中定义的 UNIQUE PRIMARYKEY 和 IDENTITY 约束就是实体完整性的体现。

2）域完整性（Domain Integrity）。指数据库表中的列必须满足某种特定的数据类型或约束。其中，约束又包括取值范围、精度等规定。表中的 CHECK、FOREIGN KEY 约束和 DE-

FAULT、NOT NULL 定义都属于域完整性的范畴。

3）参照完整性（Referential Integrity）。指任何两表的主关键字和外关键字的数据需对应一致。确保表之间的数据的一致性，以防止数据丢失或无意义的数据在数据库中扩散。在 SQL Server中，主要作用为：禁止在从表中插入包含主表中不存在的关键字的数据行；禁止可导致从表中的相应值孤立的主表中的外关键字值改变；禁止删除在从表中有对应记录的主表记录。

4）用户定义完整性（User‑defined Integrity）。是针对某个特定关系数据库的约束条件，可以反映某一具体应用所涉及的数据必须满足的语义要求。SQL Server 提供了定义和检验这类完整性的机制，以便用统一的系统方法进行处理，而不是用应用程序承担此功能。其他的完整性类型都支持用户定义的完整性。

数据库采用多种方法保证数据完整性，包括外键、约束、规则和触发器。下面以 SQL Server 为例说明**实现数据完整性的方法**。

【**案例7-3**】SQL 提供的帮助用户实现数据完整性的机制，主要包括：规则（Rule）、默认值（Default）、约束（Constraint）和触发器（Trigger）。

1）规则（Rule）。执行与 CHECK 约束条件功能相同。区别是：规则作为独立的对象存在，可用于多表；约束条件只作为表的一部分存储。

2）默认值（Default）。为列自动定义的值，当插入一行且某列无定义值时，则此列使用默认值。默认值可选为常量、数学表达式、内部函数之一。

3）约束（Constraint）。以约束条件定义数据的完整性和有效性。可以为数据表列中的值建立规则。在触发器和规则上保证数据完整性和有效性的选择。约束条件有5种类型：一是 NOT NULL，要求列中不能有 NULL 值。二是 CHECK，为列指定能拥有的值的集合后，检查约束条件。三是 PRIMARY KEY，主关键字是列或列组合，用于唯一标识一行。四是 FOREIGN KEY，用于定义两表之间父子关系。五是 UNIQUE，唯一约束条件。

4）触发器（Trigger）。是一特殊类型的存储过程，当在指定表中使用数据修改操作 UP-DATE、INSERT 或 DELETE 对数据进行修改时生效。触发器是一个 TSQL 命令集，作为一个对象存储在数据库中，可查询其他表且可包含复杂的 SQL 语句。如可控制是否允许基于顾客的当前账户状态插入订单。触发器还有助于强制引用完整性，以便在添加、更新或删除表中的行时，保留表之间已定义的关系。

7.2.3　数据库的并发控制

1. 并行操作中数据的不一致性

【**案例7-4**】在飞机票售票中，有两个订票员（T_1，T_2）对某航线（A）的机票作事务处理，操作过程见表7-1。

表7-1　售票操作对数据库的修改内容

数据库中 A 的值	1	1	1	1	0	0
T_1操作	read A		A：=A-1		write A	
T_2操作		read A		A：=A-1		write A
T_1工作区中 A 的值	1	1	0	0	0	0
T_2工作区中 A 的值		1	1	0	0	0

首先 T_1 读 A，然后 T_2 也读 A。接着 T_1 将其工作区中的 A 减 1，T_2 也同样，都得 0 值，最后分别将 0 值写回数据库。在此过程中无任何非法操作，实际上却多出一张机票。

对此出现的情况称为**数据的不一致性**，主要原因是并行操作，是由处理程序工作区中的数据与数据库中的数据不一致造成的。若处理程序不对数据库中的数据进行修改，则不会造成不一致。另外，若没有并行操作发生，则这种临时的不一致也不会出现问题。

通常，**数据不一致性**包括 4 种：

1）丢失或覆盖更新。当两个或多个事务选择同一数据，并且基于最初选定的值更新该数据时，会发生丢失更新问题。每个事务都不知道其他事务的存在。最后的更新将重写由其他事务所做的更新，这将导致数据丢失。如上述飞机票售票问题。

2）不可重复读。在一个事务范围内，两个相同查询将返回不同数据，这是由于查询注意到其他提交事务的修改而引起的。如一个事务重新读取前面读取过的数据，发现该数据已经被另一个已提交的事务修改过。即事务 1 读取某一数据后，事务 2 对其作了修改，当事务 1 再次读数据时，得到与第一次不同的值。

3）读"脏"数据。指一个事务读取另一个未提交的并行事务所写的数据。当第二个事务选择其他事务正在更新行时，会发生未确认的相关性问题。第二个事务正在读取的数据还没确认并可能由更新此行的事务所更改。即若事务 T_2 读取事务 T_1 正在修改的 1 值（A），此后 T_1 由于某种原因撤销对该值的修改，造成 T_2 读取的值是"脏"的。

4）破坏性的数据定义语言（DDL）操作。当一个用户修改一个表的数据时，另一个用户同时更改或删除该表。

2. 并发控制及事务

数据库是一个共享资源，可供多个用户同时使用，可为多用户或多个应用程序提供共享数据资源。为了提高效率且有效地利用数据库资源，可以使多个程序或一个程序的多个进程并行运行，即数据库的并行操作。在多用户的数据库环境中，多用户程序可并行地存取数据库，需要进行并发控制，保证数据的一致性和完整性。

并发事件（Concurrent Events）是指在多用户同时操作共享数据资源时，出现多个用户同时存取数据的事件。对并发事件的有效控制称为并发控制（Concurrent Control）。并发控制是确保及时纠正由并发操作导致的错误的一种机制，是当多个用户同时更新运行时，用于保护数据库完整性的各种技术。控制不当可能导致"脏"读、不可重复读等问题。其目的是保证某用户的操作不会对其他用户的操作产生不合理的影响。

事务（Transaction）是并发控制的基本单位，是用户定义的一组操作序列。是数据库的逻辑工作单位，一个事务可以是一条或一组 SQL 语句。事务的开始或结束都可以由用户显式控制，若用户无显式地定义事务，则由数据库系统按默认规定自动划分事务。其操作"要么都做，要么都不做"，是一个不可分割的工作单位。通过事务，SQL Server 能将逻辑相关的一组操作绑定在一起，以便服务器保持数据的完整性。

事务通常是以 BEGIN TRANSACTION 开始，以 COMMIT 或 ROLLBACK 结束。其中，COMMIT 表示提交事务所做的操作，将事务中所有的操作写到物理数据库中后正常结束。ROLLBACK 表示回滚，当事务运行过程中发生故障时，系统将事务中的所有完成的操作全部撤销，退回到原有状态。**事务属性**（ACID 特性）包括：

1）原子性（Atomicity）。保证事务中的一组操作不可再分，即这些操作是一个整体，"要么都做，要么都不做"，不可只完成部分操作。系统对实际数据修改前都将其操作信息进行记录。当发生故障时，系统可根据记录当时该事务所处的状态，确定是撤销操作或重新执行。

2）一致性（Consistency）。要求事务执行完成后，将数据库从一个一致状态转变到另一个一致状态。例如转账操作中，各账户金额必须平衡，因此，一致性与原子性密切相关。

3）隔离性（Isolation）。指一个事务的执行不能被其他事务干扰。一个事务的操作及使用的数据与并发的其他事务是互相独立的，并发执行的各事务间不能互相影响。

4）持久性（Durability）。可以保证事务对数据库的影响是永久的。保证一旦事务提交，对数据库所做的操作是不变的，即使发生故障也不会对其有任何影响。如 ATM 机在向客户提供一笔款的同时，一定会记录此项取款信息。

3. 并发控制的具体措施

数据库管理系统（DBMS）对并发控制的任务是确保多个事务同时存取同一数据时，保持事务的隔离性与统一性和数据库的统一性，常用方法是对数据进行封锁。

封锁（Locking）是事务 T 在对某个数据对象（如表、记录等）操作之前，先向系统发出请求，对其加锁。加锁后事务 T 就对该数据对象有了一定的控制，在事务 T 释放该锁之前，其他事务不可更新此数据对象。封锁是实现并发控制的一项重要技术，一般在多用户数据库中采用某些数据封锁，以解决并发操作中的数据一致性和完整性问题。封锁是防止存取同一资源的用户之间破坏性干扰的机制，以保证随时都可以有多个正在运行的事务，而所有事务都在相互完全隔离的环境中运行。

采用的**封锁有两种**：排他（专用）封锁和共享封锁。排他封锁禁止相关资源的共享，若事务以排他方式封锁资源，只有此事务可更改该资源，直至释放此封锁。共享封锁允许相关资源共享，多个用户可同时读同一数据，几个事务可在同一资源上获取共享封锁。共享封锁比排他封锁具有更高的数据并行性。

🔔 **【注意】**在多用户系统中使用封锁后可能会出现死锁情况，导致一些事务难以正常工作。当多个用户彼此等待所封锁的数据时，就可能会出现死锁现象。

封锁按照对象不同，也可分为数据封锁和 DDL 封锁。数据封锁保护表数据，当多个用户并行存取数据时保证数据的完整性。数据封锁防止冲突的 DML（Data Manipulation Language）和 DDL（Data Definition Language）操作的破坏性干扰。DML 操作可在两个级获取数据封锁：指定行封锁和整个表封锁，在防止冲突的 DDL 操作时也需表封锁。当行要被修改时，事务在该行获取排他数据封锁。表封锁可以有下列方式：行共享、行排他、共享封锁、共享行排他和排他封锁。DDL 封锁（字典封锁）保护模式对象（如表）的定义，DDL 操作将影响对象，一个 DDL 语句隐式地提交一个事务。当 DDL 事务需要时由数据库系统自动获取字典封锁，用户不能显式地请求 DDL 封锁。在 DDL 操作过程，被修改或引用的模式对象被封锁。

4. 故障恢复

由数据库管理系统（DBMS）提供的机制和多种方法，可及时发现故障和修复故障，从而防止数据被破坏。数据库系统可以尽快修复数据库系统运行时出现的故障，可能是物理上或逻辑上的错误，如对系统的误操作造成的数据错误等。

关于数据库的备份与恢复的具体内容，将在7.5节单独介绍。

📖 讨论思考：

1）数据库及数据的安全性有哪些？

2）数据库及数据的完整性是指什么？

3）为何要进行并发控制？措施有哪些？

7.3 数据库的安全策略和机制

数据库的安全策略和机制对于数据库及数据的安全管理和应用极为重要，SQL Server 2012提供了强大的安全机制，可以有效地保障数据库及数据的安全。

7.3.1 SQL Server 的安全策略

数据库管理员（DBA）的一项最重要的任务是保证其业务数据的安全，可以利用SQL Server 2012 对大量庞杂的业务数据进行高效的管理和控制。SQL Server 2012 提供了强大的安全机制以保证数据库及数据的安全。其安全性包括3个方面，即管理规章制度方面的安全性、数据库服务器实体（物理）方面的安全性和数据库服务器逻辑方面的安全性。

1）管理规章制度方面的安全性。SQL Server 系统在使用中涉及企事业机构的各类操作人员，为了确保系统的安全，应制定严格的规章制度和对 DBA 的要求，以及在使用业务信息系统时的标准操作流程等。

2）数据库服务器物理方面的安全性。为了实现数据库服务器物理方面的安全，应该做好将数据库服务器置于安全房间、相关计算机置于安全场所、数据库服务器不与 Internet 直接连接、使用防火墙、定期备份数据库中的数据、使用磁盘冗余阵列等相关工作。

3）数据库服务器逻辑方面的安全性。身份验证模式是 SQL 系统验证客户端和服务器之间连接的方式。系统提供了两种身份验证模式：Windows 身份验证模式和混合模式。

SQL 服务器安全配置涉及用户账号及密码、审计系统、优先级模型和控制数据库目录的特别许可、内置式命令、脚本和编程语言、网络协议、补丁和服务包、数据库管理实用程序和开发工具。在设计数据库时，应考虑其安全机制，在安装时更要注意系统安全设置。

🔔【注意】在 Web 环境下，除了对 SQL Server 的文件系统、账号、密码等进行规划以外，还应注意数据库端和应用系统的开发安全策略，最大限度保证互联网环境下的数据库安全。

7.3.2 SQL Server 的安全管理机制

SQL Server 的安全机制对数据库系统的安全极为重要，包括：访问控制与身份认证、存取控制、审计、数据加密、视图机制、特殊数据库的安全规则等，如图7-5所示。

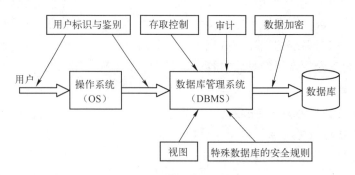

图 7-5 数据库系统的安全机制

SQL Server 具有权限层次安全机制。SQL Server 2012 的安全性管理可分为 3 个等级。

1）操作系统级的安全性。用户使用客户机通过网络访问 SQL Server 服务器时，先要获得操作系统的使用权。一般没必要在运行 SQL Server 服务器的主机登录，除非 SQL Server 服务器运行在本地机上。SQL Server 可直接访问网络端口，可实现对 Windows 安全体系以外的服务器及数据库的访问，操作系统安全性是其及网络管理员的任务。由于 SQL Server 采用了集成 Windows 网络安全性机制，使操作系统安全性得到了提高，同时也加大了 DBMS 安全性的灵活性和难度。

2）SQL Server 级的安全性。SQL Server 的服务器级安全性建立在控制服务器登录账号和口令的基础上。SQL Server 采用了标准 SQL Server 登录和集成 Windows NT 登录两种方式。无论是使用哪种登录方式，用户在登录时提供的登录账号和口令，都决定了用户能否获得 SQL Server 的访问权，以及在获得访问权后，用户在访问 SQL Server 时拥有的权力。

3）数据库级的安全性。在用户通过 SQL Server 服务器的安全性检验以后，将直接面对不同的数据库入口，这是用户将接受的第三次安全性检验。

🖳说明：在建立用户的登录账号信息时，SQL Server 会提示用户选择默认的数据库。以后用户每次连接服务器后，都会自动转到默认的数据库。对任何用户 master 数据库总是打开的，设置登录账号时没指定默认的数据库，则用户的权限将仅限于此。

在默认情况下，只有数据库的拥有者才可访问该数据库的对象。数据库的拥有者可分配访问权限给别的用户，以便让其他用户也拥有对该数据库的访问权力，在 SQL Server 中并非所有的权力都可转让分配。SQL Server 2012 支持的安全功能见表 7-2。

表 7-2 SQL Server 2012 支持的安全功能

功能名称	Enterprise	商业智能	Standard	Web	Express with Advanced Services	Express with Tools	Express
基本审核	支持	支持	支持	支持	支持	支持	支持
精细审核	支持						
透明数据库加密	支持						
可扩展密钥管理	支持						

7.3.3 SQL Server 安全性及合规管理

SQL Server Denali 在 SQL Server 环境中增加了灵活性、审核易用性和安全管理性，使企事业用户可以更便捷地面对合规管理策略的相关问题。

1）合规管理及认证。根据"美国政府有关文件"，从 SQL Server 2008 SP2 企业版就达到了完整的 EAL4 + 合规性评估。不仅通过了支付卡行业（Payment Card Industry，PCI）数据安全标准（Data Security Standard，DSS）的合规性审核，还通过了 HIPAA 的合规性审核，而且，以企业策略、HIPAA 和 PCI 的政府规范来确保合规性。

2）数据保护。用数据库解决方案帮助保护用户的数据，该解决方案在主数据库管理系统供应商方面具有最低的风险。

【案例 7-5】数据安全严重影响国家的安全和稳定。1997 年 3 月 24 日，美国计算机安全专家尤金·舒尔茨博士向英国媒体透露，海湾战争期间，一批荷兰黑客曾将数以百计的军事机密文件从美国政府的计算机网络中获取后提供给了伊拉克，对美军的确切位置和武器装备情况，甚至包括爱国者导弹的战术技术参数都一清二楚。

3）加密性能增强。SQL Server 可用内置加密层次结构，透明地加密数据，使用可扩展密钥管理，标记代码模块等。在很大程度上提高了 SQL Server 的加密性能，如以字节创建证书的能力，用 AES256 对服务器主密钥（SMK）、数据库主密钥（DMK）和备份密钥的默认操作，对 SHA2（256 和 512）新支持和对 SHA512 哈希密码的使用。

4）控制访问权限。通过有效地管理身份验证和授权，仅向有需求的用户提供访问权限来控制用户数据的访问权。

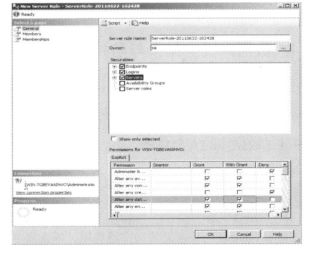

5）用户定义的服务器角色。提高了灵活性、可管理性且有助于使职责划分更加规范。允许创建新的服务器角色，以适应根据角色分离多位管理员的不同企业。用户也可嵌套角色，在映射企业的层次结构时获得更多的灵活性。为数据库管理无需再聘请系统管理员，用户定义服务器角色界面如图 7-6 所示。

图 7-6　用户定义服务器角色界面

6）默认的组间架构。数据库架构等同于 Windows 组而非个人用户，并以此提高数据库的合规性。可简化数据库架构的管理，削减通过个人 Windows 用户管理数据库架构的复杂性，可防止当用户变更组时向错误用户分配架构而导致的错误，避免不必要的架构创建冲突，并减少使用错误架构时查询错误产生的几率。

7）内置的数据库身份验证。通过允许用户在进入用户数据库时，直接进行身份验证而无需登录来提高合规性。用户的登录信息（用户名和密码）直接存储在用户数据库中，用户只需在其中进行 DML 操作而无需进行数据库实例级别的操作，内置的数据库身份验证使用户无需再登录数据库实例，并可避免数据库实例中孤立的或未使用的登录。这项特性用于 AlwaysOn，以促进在服务器发生故障时用户数据库在服务器间的可移植性，无需为群集中所有的数据库服务器进行登录。

8）SharePoint 激活路径。内置的 IT 的控制端使终端用户数据分析更加安全，包括为在 SharePoint 中发布与共享的终端用户报表而建立的新的 SharePoint 和激活路径安全模型。安全模型增强了在行和列级别上的控制。

SQL Server 相关功能特点包括：强制密码策略，用户角色和代理账户，提供安全性能提高的元数据访问权限，通过执行上下文提高安全性能。

9）对 SQL Server 所有版本的审核。允许企业将 SQL Server 的审核价值从企业版扩展到所有版本，这是因为更多的 SQL Server 数据库的审核惯例具有审核标准化、更优越的性能和更加丰富的功能的优势。

SQL Server 相关功能特点还包括：自动更新软件，以自动的基于策略的管理配置外围应用，用 SQL Server 审核提高审核性能，用 DDL 触发器来创建自定义的审核解决方案。在审核的恢复力方面，可从暂时的文件和网络问题中恢复审核数据。

对于用户定义的审核。允许应用程序将自定义事务写进审核日志以增强存储审核信息的灵活性。可对审核筛选，提供更强的灵活性来筛选进入审核日志的不需要的事务。

📖 讨论思考：

1）数据库安全的关键技术有哪些？

2）试说明数据库的安全策略和机制。

7.4 数据库安全体系与防护

数据库系统的安全不仅依赖自身内部的安全机制，还与外部网络环境、应用环境、从业人员素质等因素相关，数据库安全体系与防护对于网络数据库系统的安全极为重要。

7.4.1 数据库的安全体系

数据库系统的安全体系框架划分为 3 个层次：网络系统层、宿主操作系统层和数据库管理系统层。

1. 网络系统层

随着 Internet 的快速发展和广泛应用，越来越多的企业将其核心业务转向互联网，各种基于网络的数据库应用系统也得到了广泛应用，面向网络用户提供各种信息服务。在新的行业背景下，网络系统是数据库应用的重要基础和外部环境，数据库系统要发挥其强大作用离不开网络系统的支持，如数据库系统的异地用户、分布式用户也要通过网络才能访问数据库。

通常，所有的外部入侵事件基本都是从入侵网络系统开始，所以，网络系统的安全成为数据库安全的第一道屏障。计算机网络系统的开放式环境面临许多安全威胁，主要包括：欺骗、重发或重放、报文修改或篡改、拒绝服务、陷阱门或后门、病毒和攻击等。因此，必须采取有效的措施。技术上，网络系统层次的安全防范技术有多种，包括防火墙、入侵检测、协作式入侵检测技术等。

2. 宿主操作系统层

操作系统是大型数据库系统的运行平台，为数据库系统提供一定的安全保护。但是，主流操作系统平台的安全级别较低，为 C1 或 C2 级。在维护宿主操作系统安全方面提供了相关安全技术进行防御，包括操作系统安全策略、安全管理策略、数据安全等。

（1）操作系统安全策略

主要用于配置本地计算机的安全设置，包括密码策略、账户锁定策略、审核策略、IP 安全策略、用户权力指派、加密数据的恢复代理以及其他安全选项。**具体设置**体现在用户账户、口令、访问权限、审计等方面。

1）用户账户：用户访问系统的"身份证"，只有合法用户才拥有这种账户。

2）口令：用户的口令为用户访问系统提供凭证。

3）访问权限：规定用户访问的权力。

4）审计：对用户的操作行为进行跟踪和记录，便于系统管理员分析系统的访问情况以及事后的追踪调查。

（2）安全管理策略

安全管理策略是指网络管理员对系统实施安全管理所采取的方法及措施。针对不同的操作系统、网络环境需要采取的安全管理策略不尽相同，但是，其核心是保证服务器的安全和分配好各类用户的权限。

（3）数据安全

主要体现在：数据加密技术、数据备份、数据存储安全、数据传输安全等。可采用的技术包括 Kerberos 认证、IPSec（Internet Protocol Security）、安全套接层（Secure Sockets Layer，SSL）、安全传输层协议（Transport Layer Security，TLS）、VPN（PPTP、L2TP）等。

3. 数据库管理系统层

数据库系统的安全性很大程度上依赖于 DBMS。现在，关系数据库为主流数据库，而且 DBMS 的弱安全性功能，导致数据库系统的安全性存在一定风险和威胁。

由于数据库系统在操作系统层面均以文件形式进行管理，因此黑客可直接利用操作系统的漏洞窃取其文件，或直接利用操作系统工具非法伪造、篡改文件内容。分析和防范这种漏洞是 B2 级的安全技术措施。所以，当前面两个层次被突破时，DBMS 相关安全技术仍能保障数据安全，这要求 DBMS 必须有一套强有力的安全机制。其有效方法之一是 DBMS 对数据库文件进行加密处理。实际上，可在如下 3 个层次**对数据进行加密**。

（1）操作系统层加密

操作系统作为数据库系统的运行平台管理数据库的各种文件，并可通过加密系统对数据库文件进行加密操作。由于此层无法辨认数据库文件中的数据关系，使密钥难以进行管理和使用，因此，大型数据库在操作系统层无法实现对数据库文件的加密。

（2）DBMS 内核层加密

主要是指数据在物理存取之前完成加解密工作。其加密方式的优点是加密功能强，且基本不影响 DBMS 的功能，可实现加密功能与 DBMS 之间的无缝耦合。其缺点是加密运算在服务器端进行，加重了其负载，且 DBMS 和加密器之间的接口需要 DBMS 开发商的支持。

（3）DBMS 外层加密

在实际应用中，可将数据库加密系统做成 DBMS 的一个外层工具，根据加密要求自动完成对数据库数据的加解密处理。

7.4.2　数据库的安全防护

当今的网络数据库更多是多级的、互联的、不同安全级别的数据库，其安全性不仅关系到数据库之间的安全，而且关系到一个数据库中多级功能的安全性。通常，**侧重考虑两个层面**：一是外围层的安全，即操作系统、传输数据的网络、Web 服务器以及应用服务器的安全；二是数据库核心层的安全，即数据库本身的安全。

1. 外围层安全防护

外围层的安全主要包括计算机系统安全和网络安全。最主要的威胁来自本机或网络的人为攻击。因此，外围层需要对操作系统中数据读写的关键程序进行完整性检查，对内存中的数据进行访问控制，对 Web 服务器及应用服务器中的数据进行保护，对与数据库相关的网络数据进行传输保护等。具体包括以下 4 个方面。

（1）操作系统

操作系统是大型数据库系统的运行平台，为数据库系统提供运行支撑性安全保护。目前，操作系统平台大多数集中在 Windows Server 和 UNIX。主要安全技术有操作系统安全策略、安全管理策略、数据安全等，具体参见前面相关介绍。

（2）服务器及应用服务器安全

在分层体系结构中，Web 数据库系统的业务逻辑集中在网络服务器或应用服务器，客户端的访问请求、身份认证，特别是数据首先反馈到服务器，所以需要对其中的数据进行安全防护，防止假冒用户和服务器的数据失窃等。可以采用安全的技术手段，如防火墙技术、防病毒技术等，保证服务器安全，确保服务器免受病毒等非法入侵。

（3）传输安全

传输安全是指保护网络数据库系统内传输的数据安全。可采用 VPN 技术构建网络数据库系统的虚拟专用网，保证网络路由的接入安全及信息的传输安全，同时对传输的数据可以采用加密的方法防止泄露或破坏。根据具体实际需求可考虑 3 种加密策略，链路加密用于保护网络结点之间的链路安全；端点加密用于对源端用户到目的端用户的数据提供保护；结点加密用于对源结点到目的结点之间的传输链路提供保护。

（4）数据库管理系统安全

其他各章介绍的一些非网络数据库的安全防护技术或措施同样适用。

2. 核心层的安全防护

数据库和数据安全是网络数据库系统的关键。非网络数据库的安全保护措施同样也适用于网络数据库核心层的安全防护。

（1）数据库加密

网络系统中的数据加密是数据库安全的核心问题。为了防止利用网络协议、操作系统漏洞，绕过数据库的安全机制直接访问数据库文件，必须对其文件进行加密。

数据库加密不同于一般的文件加密，传统的加密以报文为单位，网络通信发送和接收的都是同一连续的比特流，传输的信息无论长短，密钥匹配都连续且顺序对应，传输信息的长度不受密钥长度的限制。在数据库中，一般记录长度较短，数据存储时间较长，相应密钥保存时间也由数据生命周期而定。若在库内使用同一密钥，则保密性差；若不同记录使用不同密钥，则密钥多、管理复杂。不可简单采用一般通用的加密技术，而应针对数据库的特点，选取相应的加密及密钥管理方法。对于数据库中数据，操作时主要是针对数据的传输，这种使用方法决定了不可能以整个数据库文件为单位进行加密。符合检索条件的记录只是数据库文件中随机的一段，通常的加密方法无法从中间开始解密。

（2）数据分级控制

根据数据库的安全性要求和存储数据的重要程度，应对不同安全要求的数据实行一定的级别控制。如为每一个数据对象都赋予一定的密级：公开级、秘密级、机密级、绝密级。对于不同权限的用户，系统也定义相应的级别并加以控制。由此，可通过DBMS建立视图，管理员也可根据查询数据的逻辑归纳，并将其查询权限授予指定用户。此种数据分类的操作单位为授权矩阵表中的一条记录的某个字段形式。数据分级作为一种简单的控制方法，其优点是数据库系统能执行"信息流控制"，可避免非法的信息流动。

（3）数据库的备份与恢复

数据库一旦遭受破坏，则数据库的备份是最后一道保障。建立严格的数据备份与恢复管理是保障网络数据库系统安全的有效手段。数据备份不仅要保证备份数据的完整性，而且要建立详细的备份数据档案。系统恢复时使用不完整或日期不正确的备份数据都会影响系统数据库的完整性，进而导致严重后果。

数据备份可分为硬件级和软件级两个层次：硬件级备份是指用冗余的硬件来保证系统的连续运行。软件级备份是指将系统数据保存到其他介质上，当出现错误时可将系统恢复到备份时的状态，以防止逻辑损坏。恢复技术主要有：基于备份的恢复技术、基于备份和运行日志的恢复技术、基于多备份的恢复技术。基于备份的恢复技术是最简单和实用的，可周期性地恢复磁盘上的数据库内容或转存到其他存储介质上。一般，网络数据库的恢复主要有磁盘镜像、数据库备份文件和数据库在线日志3种方式。

（4）网络数据库的容灾系统设计

容灾就是为恢复数字资源和计算机系统所提供的技术和设备上的保证机制，其主要手段是建立异地容灾中心。异地容灾中心一是保证受援中心数字资源的完整性，二是在完整数据基础上的系统恢复，数据备份是基础，如完全备份、增量备份或差异备份。对于数据量比较小、重要性较低的一些资料文档性质的数据资源，可采取单点容灾的模式，主要是利用冗余硬件设备保护该网络环境内的某个服务器或是网络设备，以避免出现该点数据失效。另外，可选择互联网数据中心（Internet Data Center，IDC）数据托管服务来保障数据安全。如果要求容灾系统具有与主处理中心相当的原始数据采集能力和相应的预处理能力，则需要构建应用级容灾中心。此系统在发生灾难、主中心瘫痪时，不仅可保证数据安全，且可保持系统正常运行。

📖 讨论思考：

1）数据库的安全体系框架主要包括哪些方面？

2）数据库的安全防护技术主要包括哪些方面？

7.5 数据库的备份与恢复

突发的意外事故极易导致出现系统问题，需要采取有效预防和应急措施，确保数据库及数据的安全并及时进行恢复。有关数据库备份与恢复、权限管理等 SQL Server 2012 操作，已经在《数据库原理应用与实践——SQL Server 2012》中进行了具体、详尽的介绍。

7.5.1 数据库的备份

数据库备份（Database Backup）是指为防止系统出现系统故障或操作失误导致数据丢失，而将数据库的全部或部分数据复制到其他存储介质的过程。

数据库系统一旦出现故障，数据库或数据极可能遭到破坏、丢失或不可用。其产生的主要因素包括：人为攻击或失误、网络故障、设备故障、断电、不正确或无效数据、程序错误、有冲突的事务或自然灾害等。保护数据库及其各种关键数据，并在数据发生意外时能够及时恢复至关重要。可通过 DBMS 的应急机制，实现数据库的备份与恢复。

确定**数据库备份策略**，需要重点考虑 3 个要素。

（1）备份内容及频率

1）备份内容。备份时应及时将数据库中全部数据、表（结构）、数据库用户（包括用户和用户操作权）及用户定义的数据库对象进行备份，并备份记录数据库的变更日志等。

2）备份频率。主要由数据库中数据内容的重要程度、对数据恢复作用的大小和数据量的大小确定，并考虑数据库的事务类型（读写操作比重）和事故发生的频率等。

不同的 DBMS 提供的备份种类不同。普通数据库可每周备份一次，事务日志可每日备份一次。对于一些重要的联机事务处理数据库需要每日备份，事务日志则每隔几小时备份一次。日志备份速度比数据库备份快且频率高，在进行数据恢复时，采用日志备份进行恢复所需要的时间却较长。

（2）备份技术

最常用的数据备份技术是数据转存和撰写日志。

1）数据转存。数据转存是将整个数据库复制到另一个磁盘进行保存的过程。当数据库遭到破坏时，可将转存的备份重新恢复并更新事务。

数据转存可分为静态转存和动态转存。静态转存要求一切事务必须在静态转存前结束，新的事务必须在转存结束后开始，即在转存期间不允许对数据库进行存取或修改等操作。动态转存对数据库中数据的操作无严格限制，转存和事务操作可同时进行。

鉴于数据转存效率、数据存储空间等相关因素，数据转存可以考虑完全转存（备份）与增量转存（备份）两种方式。完全转存指每次存储全部数据库的内容，增量转存指每次只转存上一次转存后更新过的内容。

2）撰写日志。日志文件是记录数据库更新操作的文件。用于在数据库恢复中进行事务故障恢复、系统故障恢复工作，当副本载入时将数据库恢复到转存结束时刻的正确状态，并可以将故障系统中已完成的事务进行重做处理。

不同数据库采用的日志文件格式各异。日志文件主要有两种格式：以记录为单位和以数据块为单位。前者记录有各事务开始（BEGIN TRANSACTION）标记、结束（COMMIT 或

ROLLBACK）标记和更新操作等。后者包括事务标识和更新的数据块。

为了保证数据库的可恢复性，撰写日志文件遵循的原则包括：撰写的次序严格按照并发事务执行的时间次序，应先写日志文件后写数据库。若没完成写数据库操作，也不会影响数据库的正确性。

（3）基本相关工具

DBMS 提供的备份工具（Back-up Facilities），可以对部分或整个数据库进行定期备份。日志工具维护事务和数据库变化的审计跟踪。通过检查点工具，DBMS 定期挂起所有的操作处理，使其文件和日志保持同步，并建立恢复点。

1）备份工具。DBMS 提供的备份工具，可以获取整个数据库、控制文件和日志的备份拷贝（或保存）。除数据库文件外，备份工具还应该创建相关数据库对象的拷贝，包括存储库（或系统目录）、数据库索引、源代码库等。

2）日志工具。用 DBMS 提供的日志工具，可对事务和数据库变化进行审计跟踪。一旦发生故障，使用日志中的信息和最新备份，便可进行恢复。基本日志有两种：一是事务日志，包括对数据库处理的各事务基本数据的记录。二是数据库变化日志，包括已被事务修改记录的前像和后像。前像是记录被修改前的拷贝，后像是记录被修改后的拷贝。有些系统也保存安全日志，并可对发生或可能发生的攻击等行为发出报警。

3）检查点工具。DBMS 中的检查点工具可定期拒绝接受任何新事务。所有进行中的事务被完成，并使日志文件保持最新。DBMS 将一特定的检查点记录写入日志文件中，记录含重启系统必需的信息，并将"脏"数据块（包含尚未写到磁盘中变化的存储页面）从内存写到磁盘，确保实施检查点之前的所有变化都写入并可长期保存。

7.5.2　数据库的恢复

数据库恢复（Database Recovery）是指当数据库或数据遭到意外破坏时，进行快速、准确恢复的过程。对不同的故障，相应的数据库的恢复策略和方法也不尽相同。

（1）恢复策略

1）事务故障恢复。事务在正常结束点前就意外终止运行的现象称为**事务故障**。利用 DBMS 可自动完成其恢复，主要是利用日志文件撤销故障事务对数据库所进行的修改。

事务故障恢复的步骤：先用事务日志文件中的日志按照时间顺序进行反向扫描，查找事务结束标志，并确定该事务最后一条更新操作，定位后对该事务所做的更新操作执行逆过程。依次按照上述步骤执行扫描、定位、撤销操作，直至读到该事务的开始标记。

2）系统故障恢复。由于系统故障，造成数据库状态不一致的要素包括：一是事务没有结束但对数据库的更新可能已写入数据库；二是已提交的事务对数据库的更新没完成（写入数据库），可能仍然留在缓冲区中。恢复步骤是撤销故障发生时没完成的事务，重新开始具体执行或实现事务。

【案例7-6】2001 年 9 月 11 日的恐怖袭击对美国及全球产生了巨大的影响。这次事件是继第二次世界大战期间珍珠港事件后，历史上第二次对美国造成重大伤亡的袭击。纽约世界贸易中心的两幢 110 层摩天大楼（双子塔）在遭到被劫持的飞机攻击后相继倒塌，世贸中心附近 5 幢建筑物也受震而坍塌损毁；五角大楼遭到局部破坏，部分结构坍塌；袭击事件令曼哈顿岛上空布满尘烟。在 9.11 事件中共有 2998 人遇难，其中 2974 人被官方证实死亡，另外还有24人下落不明。其中，美国五角大楼由于采取了西海岸异地数据备份和恢复应急措施，使很多极其重要的数据信息得到及时恢复并重新投入使用。

3）介质故障恢复。这种故障造成磁盘等介质上的物理数据库和日志文件破坏，同前两种故障相比，介质故障是最严重的故障，只能利用备份重新恢复。

（2）恢复方法

利用数据库备份、事务日志备份等，可将数据库从出错状态恢复到故障前的正常状态。

1）备份恢复。数据库维护过程中，数据库管理员定期对数据库进行备份，生成数据库正常状态的备份。一旦发生意外故障，即可及时利用备份对数据库进行恢复。

2）事务日志恢复。由于事务日志记载对数据库进行的各种操作，并记录所有插入、更新、删除、提交、回退和数据库模式变化等信息，所以，利用事务日志文件可以恢复没有完成的非完整事务，即从非完整事务当前值按事务日志记录的顺序撤销已执行操作，直到事务开始时的状态为止，通常可由系统自动完成。

3）镜像技术。镜像是指在不同设备上同时存储两个相同的数据库，一个称为主数据库，另一个称为镜像数据库。主数据库与镜像数据库互为镜像关系，两者中任何一个数据库的更新都会及时反映到另一个数据库中。如当主数据库更新时，DBMS自动把更新后的数据复制到另一个镜像设备（镜像数据库所在的设备）上确保一致。

（3）恢复管理器

恢复管理器是DBMS的一个重要模块。当发生意外故障时，恢复管理器先将数据库恢复到一个正确的状况，再继续进行正常处理工作。可使用前面提到的事务日志和数据库变化日志（根据需要，还可使用备份）等方法，进行恢复管理器。

📖 讨论思考：

1）什么是数据库的备份？备份重点考虑哪些方面？

2）什么是数据库的恢复？恢复方法有哪些？

7.6 数据库安全解决方案

实际上经常需要一些数据库安全整体解决方案，帮助安全管理人员在复杂的多平台数据库应用环境中，快速实现基于策略的安全统一管理，增强数据库的安全保护。

7.6.1 数据库安全策略

1. 管理 sa 密码

系统密码和数据库账号的密码安全是第一关口。同时不要将 sa 账号的密码写于应用程序或脚本等处。SQL安装时，若使用混合模式，就需要输入 sa 密码，并养成定期修改密码的好习惯。DBA 应定期检查是否有不符合密码要求的账号。

可以使用下面的 SQL 语句：

```
Use master
Select name, Password from syslogins where password is null
```

分配 sa 密码，可按照以下步骤操作：

1）展开服务器组，然后展开"服务器"。

2）单击"安全性"，然后单击"登录"。

3）在"细节"窗格中，右键单击 SA，然后在弹出的快捷菜单中单击"属性"。

4）在"密码"方框中，输入新的密码。

2. 采用安全账号策略和 Windows 认证模式

由于 SQL Server 不能更改 sa 用户名称，也不能删除超级用户，因此，必须对此账号进行严格的保管，包括使用一个非常健壮的密码，尽量不在数据库应用中使用 sa 账号，只有当没有其他方法登录 SQL Server 时（如其他系统管理员不可用或忘记密码）才使用 sa。建议 DBA 新建立一个拥有与 sa 一样权限的超级用户管理数据库。

始终保持对 SQL Server 的连接，要求使用 Windows 认证模式。

Windows 认证模式比混合模式更优越，主要包括 4 个原因：

1）通过系统限制对 Windows 用户和域用户账户的连接，保护 SQL Server 免受大部分 Internet 工具的侵扰。

2）网络服务器充分利用 Windows 安全增强机制，如更强的身份验证协议以及强制的密码复杂性和过期时间。

3）使用 Windows 认证，不需将密码存放在连接字符串中。存储密码是使用标准 SQL Server 登录的应用程序的主要漏洞之一。

4）Windows 认证意味着只需要将密码存放在一个地方。

在 SQL Server 的 Enterprise Manager 中安装 Windows 认证模式的步骤：展开服务器组，右键单击服务器，然后在弹出的快捷菜单中单击"属性"，在"安全性"选项卡的身份验证中，单击"仅限 Windows"。

3. 防火墙禁用 SQL Server 端口

SQL Server 的默认安装可监视 TCP 端口 1433 以及 UDP 端口 1434。配置的防火墙可过滤掉到达这些端口的数据包。而且，还应在防火墙上阻止与指定实例相关联的其他端口。

4. 审核指向 SQL Server 的连接

SQL Server 可以记录事件信息，用于系统管理员的审查。至少应记录失败的 SQL Server 连接尝试，并定期地查看此日志。尽可能不要将这些日志和数据文件保存在同一个硬盘上。

在 SQL Server 的 Enterprise Manager 中审核失败连接的步骤：

1）单击展开服务器组。

2）右键单击"服务器"，然后在弹出的快捷菜单中单击"属性"。

3）在"安全性"选项卡的审核等级中，单击"失败"。

4）要使这个设置生效，必须停止并重新启动服务器。

5. 管理扩展存储过程

改进存储过程，并慎重处理账号调用扩展存储过程的权限。其实在多数应用中根本用不到多少系统的存储过程，而 SQL Server 的系统存储过程只用于适应广大用户的需求，有些系统的存储过程能很容易地被利用提升权限或进行破坏，所以应删除不必要的存储过程。若不需要扩展存储过程，xp_cmdshell 应去掉。使用 SQL 语句的语法格式为：

```
use master
sp_dropextendedproc 'xp_cmdshell'
```

其中，xp_cmdshell 是进入操作系统的最佳捷径，是数据库留给操作系统的一个大后门。若需要这个存储过程，可用如下语句恢复。

sp_addextendedproc 'xp_cmdshell', 'xpsql70. dll'

若不需要，则应去掉 OLE 自动存储过程（会造成管理器中的某些特征不能用）：

Sp_OACreate Sp_OADestroy Sp_OAGetErrorInfo Sp_OAGetProperty
Sp_OAMethod Sp_OASetProperty Sp_OAStop

注册表存储过程可能读出管理员的密码，应删除不需要的注册表访问的存储过程：

Xp_regaddmultistring Xp_regdeletekey Xp_regdeletevalue
Xp_regenumvalues Xp_regread Xp_regremovemultistring
Xp_regwrite

🔔【注意】检查其他扩展存储过程，在处理时应进行确认，以免造成误操作。

6. 用视图和存储程序限制用户访问权限

使用视图和存储程序以分配给用户访问数据的权力，而不是让用户编写一些直接访问表格的特别查询语句。通过这种方式，无需在表格中将访问权力分配给用户。视图和存储程序也可限制查看的数据。如对包含保密信息的员工表格，可建立一个省略工资栏的视图。

7. 使用最安全的文件系统

NTFS 是最适合安装 SQL Server 的文件系统，比 FAT 文件系统更稳定且更容易恢复。而且还包括一些安全选项，如文件和目录 ACL 以及文件加密（EFS）。在安装过程中，若侦测到 NTFS，SQL Server 将在注册表键和文件上设置合适的 ACL。不应该去更改这些权限。通过 EFS，数据库文件将在运行 SQL Server 的账户身份下进行加密。只有这个账户才能解密这些文件。若需要更改运行 SQL Server 的账户，那么必须首先在原有账户下解密这些文件，然后在新账户下重新进行加密。

8. 安装升级包

为了提高服务器安全性，最有效的方法是升级 SQL Server 和及时对安全漏洞等更新。

9. 利用 MBSA 评估服务器安全性

基线安全性分析器（MBSA）是一个扫描多种 Microsoft 产品的不安全配置的工具，可在 Microsoft 网站免费下载，包括 SQL Server 等。可用 SQL Server 对以下问题进行检测：

1）过多的 sysadmin 固定服务器角色成员。

2）授予 sysadmin 以外的其他角色创建 CmdExec 作业的权力。

3）空的或简单的密码。

4）脆弱的身份验证模式。

5）授予管理员组过多的权力。

6）SQL Server 数据目录中不正确的访问控制表（ACL）。

7）安装文件中使用纯文本的 sa 密码。

8）授予 Guest 账户过多的权力。

9）在同时是域控制器的系统中运行 SQL Server。

10）所有人（Everyone）组的不正确配置，提供对特定注册表键的访问。

11）SQL Server 服务账户的不正确配置。

12）没有安装必要的服务包和安全更新。

10. 其他安全策略

在安装 SQL Server 时，有些问题应当注意。

在 TCP/IP 中，采用微软推荐使用且经受考验的 SQL Server 的网络库，若服务器与网络连接，使用非标准端口容易被破坏。

采用一个低级别的（非管理）账号来运行 SQL Server，当系统崩溃时进行保护。

不允许未获得安全许可的客人访问任何包括安全数据的数据库。

将数据库保护于一个"更安全的房间"。因为很多安全问题是由内部人引起的。

7.6.2　数据加密技术

1. 数据加密的概念

数据加密是防止数据在存储和传输中失密的有效手段。对军事、国家安全、经济、财务等高度机密数据，除了上述安全性措施外，还应该采用数据加密技术。加密的基本思想是根据一定的算法将原始数据（称为明文）变换为不可直接识别的格式（称为密文），从而使得不知道解密算法的人无法获得数据内容。加密方法主要有两种方式：

1）替换方法。使用密钥（Encryption Key）将明文中的每个字符转换为密文中的字符。

2）置换方法。只将明文的字符按不同的顺序重新排列。

将这两种方式结合，就可达到相当高的安全程度。

2. SQL Server 加密技术

数据用数字方式存储在服务器中并非万无一失。数据加密成为更好的数据保护技术，好像对数据增加了一层保护。SQL Server 通过将数据加密作为数据库的内在特性，提供了多层次的密钥和丰富的加密算法，而且用户还可以选择数据服务器管理密钥。其加密方法为：

1）对称式加密（Symmetric Key Encryption）。对称式加密使加密和解密使用相同的密钥。SQL Server 提供 RC4、RC2、DES 和 AES 加密算法，可以在 SQL Server 中存储数据时，利用服务器进行加密和解密。

2）非对称密钥加密（Asymmetric Key Encryption）。非对称密钥加密使用一组公共/私人密钥系统，加解密时各使用一种密钥。公共密钥可以共享和公开。当需要用加密方式向服务器外部传送数据时，这种加密方式更方便。SQL Server 支持 RSA 加密算法和 512 位、1024 位和 2048 位的密钥强度。

3）数字证书（Certificate）。数字证书是一种非对称密钥加密，而用户可以使用证书并通过数字签名将一组公钥和私钥与其拥有者相关联。SQL Server 采用多级密钥保护内部的密钥和数据，支持"因特网工程工作组"（IETF）X. 509 版本 3（X. 509v3）规范。用户可以对其使用外部生成的证书，或可以使用其生成证书。

7.6.3　数据库安全审计

审计功能是将用户对数据库的操作自动记录下来存入审计日志（Audit Log），当数据被非法存取时，DBA 可以利用审计跟踪的信息，确定非法存取数据的人、时间和内容等。

审计功能可有效地保护和维护数据安全。由于审计功能耗时、费空间，所以 DBA 应当根据实际业务需求和对安全性的要求，选用审计功能。

可以利用 SQL Server 自身的功能实现数据库审计：

1）启用 SQL 服务。

2）打开 SQL 事件探查器并按〈Ctrl + N〉键新建一个跟踪。

3）在弹出的对话框中直接单击"运行"，以默认状态进行测试。如图 7-7 所示，其中默认安全审核选择 Audit Login 和 Audit Logout，左侧"安全审核"子项为可以审核的语句。

4）登录查询分析器，分别用 Windows 身份验证和 SQL Server 身份验证登录，记录登录的事件：用户、时间、操作事项，并查看分析结果，如图 7-8 所示。

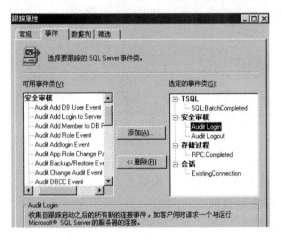
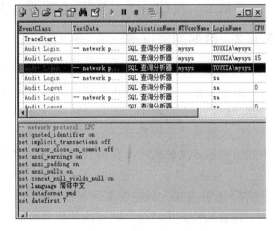

图 7-7 选择要跟踪的事件类   图 7-8 登录事件查询分析器

【案例 7-7】 光大证券"乌龙指"致股市暴涨，涉操纵市场。2013 年 8 月 16 日，光大证券的全资子公司光大期货，在股指期货上的空头陡增 7023 手，价值逾 48 亿元。导致沪指惊天逆转一度飙升 5%，上证指数瞬间飙升逾 100 点，最高冲至 2198.85 点，部分权重股瞬间冲到涨停板。数据显示，在股指期货市场上，光大期货单日持有的 IF1309 合约空单增加 7023 手，超过持续排名第一的中证期货，成为昨日股指期货市场上持空单过夜做多的机构。根据当天 A 股走势，光大证券自营盘动用 70 亿元资金，在涨停价格上买入大量蓝筹股，随后股价大幅回落，按照上证 50 指数最终跌 0.15% 的幅度测算，错误交易可能导致光大证券近 7 亿元的浮亏，却可能通过做空获利约 48 亿元。

7.6.4 银行数据库安全解决方案

1. 银行数据库安全面临的风险

网络信息技术的发展和电子商务的普及，对企业传统的经营思想和经营方式产生了强烈的冲击。以互联网技术为核心的网上银行使银行业务也发生了巨大变化。在开放网络中流动的大量金融交易数据，不仅涉及巨大的经济利益，而且包含大量的用户个人隐私信息，必然吸引不法分子的网络入侵、网上侦听、电子欺诈和攻击行为，对于信用重于一切的银行来说，这都是极大的风险。对内部网络来讲，同样存在着针对银行核心数据库操作的安全隐患，例如非工作时间访问核心业务表、非工作场所访问数据库、第三方软件开发商远程访问等行为，都可能存在着重大安全隐患。银行机构具体数据库安全需求分析，如图 7-9 所示。

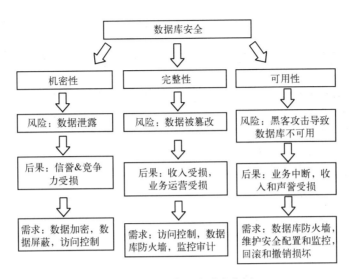

图 7-9　数据库安全需求分析

2. 解决方案的制定与实施

1）面对外部的 Web 应用风险，应从两个方面来进行解决。一方面是了解目前现有网上银行及 Web 网站存在的安全漏洞，可通过安恒的明御 Web 应用弱点扫描系统了解已知的 Web 应用系统（Web 网站、网上银行、其他 B/S 应用）存在的风险，对通过扫描器发现的漏洞进行加固防护。另一方面是通过部署明御 Web 应用防火墙抵御互联网上针对 Web 应用层的攻击行为，提高商业银行的抗风险能力，保障商业银行的正常运行，为商业银行客户提供全方位的保障。

在提供网上银行服务的服务器前端直连部署明御 Web 应用防火墙（WAF），采用国内首创全透明部署的 Web 应用防火墙硬件设备，无需改变用户现有的网络结构和 DNS 配置，安装部署方便简单。明御 Web 应用防火墙可以提供针对 Web 应用层的攻击防御和流量监控，完全支持 HTTPS 加密协议的攻击防御。例如，SQL 注入攻击、跨站脚本攻击、应用层 DDOS 攻击、表单绕过、缓冲区溢出、恶意报文攻击、网页盗链、钓鱼攻击、Cookie 注入等攻击防御，并通过强大的缓存技术和负载均衡技术提高网站及网上银行的访问速度。

2）面对内部的数据库风险，通过部署数据库审计与风险控制系统对数据库的操作行为进行全方位的审计，包括网上银行及其他业务系统执行的数据操作行为、数据库的回应信息，并提供细粒度的审计策略、细粒度的行为检索、合规化的审计报告，为后台数据库的安全运行提供安全保障。

通过建立完善的数据库操作访问审计机制，提供全方位的实时审计与风险控制，包括细粒度的操作审计、精细化的行为检索、全方位的风险控制、友好真实的操作过程回放、完备的双向审计、独立的三层审计（应用层、中间层、数据库层）、灵活的策略定制、多形式的实时告警、安全事件精确定位、远程访问监控等功能。

3）数据库安全解决方案。传统的数据库安全解决方案不利于内部数据防御各种入侵攻击，需要根据实际情况采取实际有效的防御措施，数据保护防御需要做到：敏感数据"看不见"、核心数据"拿不走"、运维操作"能审计"。加强数据库安全有 9 个要点，具体的实际防御步骤见表 7-3。

表7-3　数据库安全防御要点

序　号	防 御 步 骤	防 御 功 能
1	防止威胁侵入	阻止和记录：边界防御
2	漏洞评估和安全配置	审计监视：安全配置、检测审计误用、回滚撤销损坏
3	自动化活动监视和审计报告	
4	安全更改跟踪	
5	特权用户访问控制和多因素授权	访问控制：控制特权用户、多因素授权
6	数据分类以实现访问控制	
7	基于标准的全面加密	加密和屏蔽：加密敏感或传输数据，保护数据备份，屏蔽开发或测试数据
8	集成的磁带或云备份管理	
9	不可逆地去除身份信息	

数据库安全整体架构设计和部署，分别如图7-10和图7-11所示。

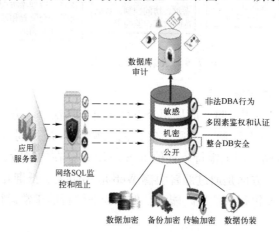

图7-10　数据库安全整体架构设计

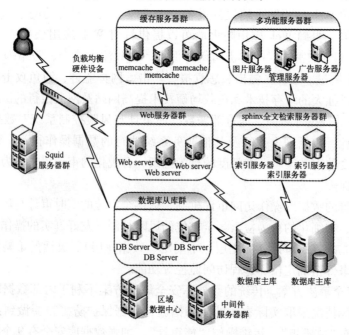

图7-11　数据库安全架构部署

1）数据库的安全策略有哪些？

2）为何要进行数据加密？加密方法有哪些？

3）数据库审计的意义是什么？如何进行数据库审计？

7.7　SQL Server 2012 用户安全管理实验

SQL Server 2012 用户安全管理操作实验，有助于通过实际操作进一步理解 SQL Server 2012 身份认证模式、掌握 SQL Server 2012 创建和管理登录用户的方法、了解创建应用程序角色的过程和方法、掌握管理用户权限的操作方法。

7.7.1　实验目的

通过对 SQL Server 2012 的用户安全管理实验，达到如下目的：

1）理解 SQL Server 2012 身份认证模式。

2）掌握 SQL Server 2012 创建和管理登录用户的方法。

3）了解创建应用程序角色的过程和方法。

4）掌握管理用户权限的操作方法。

7.7.2　实验要求

实验预习：预习"数据库原理及应用"课程有关用户安全管理的内容。

实验设备：安装有 SQL Server 2012 的联网计算机。

实验用时：2 学时（90～120 min）。

7.7.3　实验内容及步骤

1. SQL Server 2012 认证模式

SQL Server 2012 提供 Windows 身份和混合安全身份两种认证模式。在第一次安装 SQL Server 2012 或使用 SQL Server 2012 连接其他服务器时，需要指定认证模式。对于已经指定认证模式的 SQL Server 2012，服务器仍然可以设置和修改身份认证模式。

1）打开 SSMS（SQL Server Management Studio）窗口，选择一种身份认证模式，建立与服务器的连接。

2）在"对象资源管理器"窗口中右击服务器名称，在弹出的快捷菜单中选择"属性"，弹出"服务器属性"对话框。

3）在"选项页"列表中单击"安全性"标签，打开如图 7-12 所示的"安全性属性"选项，其中可以设置身份认证模式。

通过单选按钮来选择使用的 SQL Server 2012 服务器身份认证模式。不管使用哪种模式，都可以通过审核来跟踪访问 SQL Server 2012 的用户，默认设置下仅审核失败的登录。

启用审核后，用户的登录被写入 Windows 应用程序日志、SQL Server 2012 错误日志或两者之中，取决于对 SQL Serer 2012 日志的配置。

可用的审核选项有：无（禁止跟踪审核）、仅限失败的登录（默认设置，选择后仅审核失败的登录尝试）、仅限成功的登录（仅审核成功的登录尝试）、失败和成功的登录（审核所有成功和失败的登录尝试）。

2. 管理服务器账号

（1）查看服务器登录账号

打开"对象资源管理器"，可以查看当前服务器所有的登录账户。在"对象资源管理器"中选择"安全性"，单击"登录名"后可以得到如图 7-13 所示的界面。列出的登录名为安装时默认设置的。

（2）创建 SQL Server 2012 登录账户

1）打开 SSMS，展开"服务器"，然后单击"安全性"结点。

2）右击"登录名"结点，在弹出的快捷菜单中选择"新建登录名"命令，弹出"登录名-新建"对话框。

3）输入登录名 NewLogin，选择 SQL Serer 身份认证并输入符合密码策略的密码，默认数据库设置为 master，如图 7-14 所示。

图 7-12　安全性属性界面

图 7-13　对象资源管理器

4）在"服务器角色"页面给该登录名选择一个固定的服务器角色，在"用户映射"页面选择该登录名映射的数据库，并为之分配相应的数据库角色，如图 7-15 所示。

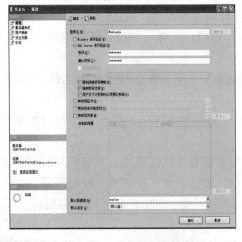

图 7-14　新建登录名

图 7-15　服务器角色设置

5）在"安全对象"页面为该登录名配置具体的表级权限和列级权限。配置完成后，单击"确定"按钮返回。

（3）修改/删除登录名

1）在 SSMS 中，右击登录名，在弹出的快捷菜单中选择"属性"，弹出"登录属性"对话框。该对话框格式与"新建登录"相同，用户可以修改登录信息，但不能修改身份认证模式。

2）在 SSMS 中，右击登录名，在弹出的快捷菜单中选择"删除"，弹出"删除对象"对话框，单击"确定"按钮可以删除选择的登录名。默认登录名 sa 不允许删除。

3. 创建应用程序角色

1）打开 SSMS，展开"服务器"，单击展开"数据库"并选择 master，选择"安全性"，然后单击"角色"结点，右击"应用程序角色"，在弹出的快捷菜单中选择"新建应用程序角色"命令。

2）在"角色名称"文本框中输入 Addole，然后在"默认架构"文本框中输入 dbo，在"密码"和"确认密码"文本框中输入相应密码，如图 7-16 所示。

图 7-16　新建应用程序角色

3）在"安全对象"页面上单击"搜索"按钮，选择"特定对象"单选按钮，然后单击"确定"按钮。单击"对象类型"按钮，选择"表"，单击"浏览"按钮，选择 spt_fallback_db 表，然后单击"确定"按钮。

4）在 spt_fallback_db 显示权限列表中，启用"选择"，选择"授予"复选框，然后单击"确定"按钮。

4. 管理用户权限

1）单击 SSMS，打开"服务器"中的"数据库"，选择 master 并展开"安全性"中的"用户"结点。

2）右击 NewLogin 结点，在弹出的快捷菜单中选择"属性"，弹出"数据库用户 – NewLogin"对话框。

3）选择"选项页"中的"安全对象"，单击"权限"选项页面，再单击"搜索"按钮，弹出"添加对象"对话框，并选择其中的"特定对象 .."，单击"确定"按钮后弹出"选择对象"对话框。

4）单击"对象类型"按钮，弹出"选择对象类型"对话框，选中"数据库"，单击"确定"按钮后返回，此时"浏览"按钮被激活。单击"浏览"按钮弹出"查找对象"对话框。

5）选中数据库 master，一直单击"确定"按钮返回"数据库用户属性"窗口，如图 7-17 所示。此时，数据库 master 及其对应的权限出现在窗口，可以通过选择复选框的方式设置用户权限。配置完成后，单击"确定"按钮即可实现用户权限的设置。

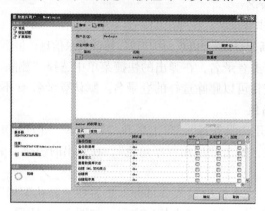

图 7-17　管理用户权限

7.8　本章小结

数据库安全技术对于整个网络系统的安全极为重要，关键在于数据资源的安全。

本章概述了数据安全性、数据库安全性和数据库系统安全性的有关概念，数据库安全的主要威胁和隐患，数据库安全的层次结构。数据库安全的核心和关键是数据安全。在此基础上介绍了数据库安全特性，包括安全性、完整性、并发控制和备份与恢复技术等，同时，介绍了数据库的安全策略和机制、数据库安全体系与防护技术及解决方案。最后，简要介绍了SQL Server 2012 用户安全管理实验的目的、内容和操作步骤等。

7.9　练习与实践

1. 选择题

（1）数据库系统的安全不仅依赖自身内部的安全机制，还与外部网络环境、应用环境、从业人员素质等因素息息相关。因此，数据库系统的安全框架划分为 3 个层次：网络系统层、宿主操作系统层、（　　），3 个层次一起形成数据库系统的安全体系。

　　　　A. 硬件层　　　　B. 数据库管理系统层　　　　C. 应用层　　　　D. 数据库层

（2）数据完整性是指数据的精确性和（　　）。它是为防止数据库中存在不符合语义规定的数据和防止因错误信息的输入输出造成无效操作或错误信息而提出的。数据完整性分为4 类：实体完整性（Entity Integrity）、域完整性（Domain Integrity）、参照完整性（Referential Integrity）、用户定义完整性（User – defined Integrity）。

　　　　A. 完整性　　　　B. 一致性　　　　　　　C. 可靠性　　　　D. 实时性

（3）本质上，网络数据库是一种能通过计算机网络通信进行组织、（　　）、检索的相关数据集合。

　　　　A. 查找　　　　　B. 存储　　　　　　　　C. 管理　　　　　D. 修改

（4）考虑到数据转存效率、数据存储空间等相关因素，数据转存可以考虑完全转存（备份）与（　　　　）转存（备份）两种方式。

  A. 事务   B. 日志   C. 增量   D. 文件

（5）保障网络数据库系统安全，不仅涉及应用技术，还包括管理等层面上的问题，是各个防范措施综合应用的结果，是物理安全、网络安全、（　　　　）安全等方面防范策略有效的结合。

  A. 管理   B. 内容   C. 系统   D. 环境

（6）通常，数据库的保密性和可用性之间不可避免地存在冲突。对数据库加密必然会带来数据存储与索引、（　　　　）管理等一系列问题。

  A. 有效查找 B. 访问特权   C. 用户权限 D. 密钥分配

2. 填空题

（1）SQL Server 2012 提供两种身份认证模式来保护对服务器访问的安全，它们分别是__＿＿＿＿＿＿＿和＿＿＿＿＿＿＿＿＿。

（2）数据库的保密性是在对用户的＿＿＿＿＿＿＿＿、＿＿＿＿＿＿＿、＿＿＿＿＿＿及推理控制等安全机制的控制下得以实现的。

（3）数据库中的事务应该具有 4 种属性：＿＿＿＿＿＿、＿＿＿＿＿＿、＿＿＿＿＿＿和持久性。

（4）网络数据库系统的体系结构分为两种类型：＿＿＿＿＿＿和＿＿＿＿＿＿。

（5）访问控制策略、＿＿＿＿＿＿＿＿、＿＿＿＿＿＿＿＿和＿＿＿＿＿＿＿＿＿构成网络数据库访问控制模型。

（6）在 SQL Server 2012 中可以为登录名配置具体的＿＿＿＿＿＿权限和＿＿＿＿＿＿权限。

3. 简答题

（1）简述网络数据库结构中 C/S 与 B/S 的区别。

（2）网络环境下，如何对网络数据库进行安全防护？

（3）数据库的安全管理与数据的安全管理有何不同？

（4）如何保障数据的完整性？

（5）如何对网络数据库的用户进行管理？

4. 实践题

（1）在 SQL Server 2012 中进行用户密码的设置，体现出密码的安全策略。

（2）通过实例说明在 SQL Server 2012 中如何实现透明加密。

第 8 章　计算机病毒防范

计算机网络为人类工作和生活带来了极大的便利，同时计算机病毒的传播扩散也对网络安全带来极大风险和威胁。由于各种计算机病毒及恶意软件不断更新变异、繁衍传播和破坏性的增强，致使对计算机病毒的防范、检测、清理更加繁重，掌握和控制计算机病毒威胁非常重要。近几年出现的恶意软件，使用户难以摆脱新的烦恼，因此，加强对网络环境下病毒和恶意软件的防范、检测及清除非常重要。

> 📖 **教学目标**
> * 了解计算机病毒发展的历史和趋势。
> * 理解病毒的定义、分类、特征、结构、传播方式和产生。
> * 掌握病毒检测、清除、防护和防病毒的发展趋势。
> * 掌握恶意软件的概念、分类、防护和清除。
> * 掌握 360 安全卫士及杀毒软件应用实验。

8.1　计算机病毒概述

【**案例 8-1**】海湾战争中用网络病毒攻击取得重大战果。据报道，1991 年的海湾战争是美军主导参加的一场大规模局部战争。美国在伊拉克从第三方国家购买的打印机里植入可远程控制的网络病毒，在开战前，使伊拉克整个计算机网络管理的雷达预警系统全部瘫痪，并首次将大量高科技武器投入实战，取得了压倒性的制空、制电磁优势，也是世界首次公开在实战中用网络病毒攻击取得重大战果，强化了美军在该地区的军事存在，同时为 2003 年的伊拉克战争奠定了基础。

8.1.1　计算机病毒的概念及发展

1. 计算机病毒的概念

计算机病毒（Computer Viruses）在《中华人民共和国计算机信息系统安全保护条例》中被明确定义为：是指编制者在计算机程序中插入的破坏计算机功能或者破坏数据，影响计算机使用并且能够自我复制的一组计算机指令或者程序代码。在一般教科书及通用资料中，被定义为：利用计算机软件与硬件的缺陷或操作系统漏洞，由被感染机内部发出的破坏计算机数据并影响计算机正常工作的一组指令集或程序代码。国外关于计算机病毒最流行的定义为：计算机病毒是一段依附在其他程序上的可进行自我繁殖的程序代码。

由于计算机病毒与生物学"病毒"特性很类似，因此得名。现在，计算机病毒也可通过网络系统传播、感染、攻击和破坏，因此，也称为计算机网络病毒，简称病毒。

📖 **拓展阅读**：随着 Internet 的快速发展，计算机病毒的定义也在不断发展变化。具有计算机病毒的特征及危害的"特洛伊木马（Trojan Horse）"，广义上也应归为计算机病毒，是一种具有潜伏执行非授权功能的黑客程序，在程序中存放秘密指令，使计算机在仍能完成原先指定任务的情况下，执行非授权功能。

2. 计算机病毒的发展

【**案例8-2**】计算机病毒概念的起源。在第一台商用计算机推出前，计算机先驱冯·诺依曼（John Von Neumann）在一篇论文中，曾初步概述了病毒程序的概念。当时，绝大部分的计算机专家都无法想象会有这种能自我繁殖的程序。美国著名的 AT&T 贝尔实验室中，3个年轻人工作之余玩一种"磁芯大战（Core War）"的游戏：编出能吃掉别人编码的程序进行互相攻击，这种游戏呈现出病毒程序的感染性和破坏性。最早的科学定义出现在1983：在 Fred Cohen（南加大）的博士论文中。

随着计算机及其网络技术的快速发展，计算机病毒日趋复杂多变，其破坏性和传播能力也不断增强。计算机病毒发展主要经历了5个重要阶段。

（1）原始病毒阶段（第一阶段）

从1986到1989年，当时计算机应用程序较少，大部分为单机运行，计算机病毒的种类也较少，且难以广泛传播，清除病毒也相对容易。这一阶段病毒的主要特点为：相对攻击目标和破坏性比较单一，主要通过截获系统中断向量的方式监视系统的运行状态，并在一定的条件下对目标进行传染，病毒程序不具有自我保护功能，较容易被人们分析、识别和清除。

（2）混合型病毒阶段（第二阶段）

从1989到1991年，是计算机病毒由简到繁的发展阶段。随着计算机局域网的应用与普及，给计算机病毒带来了第一次流行高峰。这一阶段病毒的主要特点为：攻击目标趋于混合，以更为隐蔽的方法驻留在内存和传染目标中，系统感染病毒后没有明显的特征，病毒程序具有自我保护功能，出现众多病毒的变种。

（3）多态性病毒阶段（第三阶段）

从1992年到20世纪90年代中期，此阶段病毒的主要特点是，在每次传染目标时，放入宿主程序中的病毒程序大部分都是可变的，因此，防病毒软件查杀非常困难，如1994年在国内出现的"幽灵"病毒。在此阶段，病毒技术开始向多维化方向发展。

（4）网络病毒阶段（第四阶段）

从20世纪90年代中后期开始，随着国际互联网的广泛发展，依赖互联网络传播的邮件病毒和宏病毒等大肆泛滥，呈现出病毒传播快、隐蔽性强、破坏性大的特点。从这一阶段开始，防病毒产业开始产生并逐步成为规模较大的新兴产业。

（5）主动攻击型病毒阶段（第五阶段）

近几年，主要典型代表为"冲击波"病毒、"震荡波"病毒和木马等。各种病毒具有主动攻击性，利用操作系统的漏洞进行攻击性的传播扩散，并不需要任何物理媒介或操作，用户只要接入互联网就有可能被感染，病毒对网络系统软硬件和重要信息的危害性更大。

【**案例8-3**】下载《2012》，当心凶猛病毒。计算机病毒傍热映大片兴风作浪。计算机防病毒机构发布警示称，随着灾难大片《2012》的热映，很多电影下载网站均推出在线收看或下载服务，一种名为"中华吸血鬼"变种的病毒，被从一些挂马的电影网站中截获。

另据瑞星"云安全"监控发现，潜伏在被挂马的电影网站中的"中华吸血鬼"变种，能感染多种常用软件和压缩文件，利用不同方式关闭杀毒软件，以变形破坏功能与加密下载木马病毒。该病毒具有一个生成器，可随意定制下载地址和功能。一些政府网站被黑客挂马，黑客利用微软最新视窗漏洞和服务器不安全设置入侵，通过访问网页感染木马等病毒。

3. 计算机病毒的产生原因

计算机病毒的起因和来源情况各异，有的是为了某种目的，分为个人行为和集团行为两种。有的病毒还曾是为用于研究或实验而设计的"有用"程序，后来失制扩散或被利用。

计算机病毒的**产生原因**主要有 4 个方面：

1）恶作剧型。个别计算机爱好者，为了炫耀表现个人的高超技能和智慧，凭借对软硬件的深入了解，编制一些特殊的程序，通过载体传播后，在一定条件下被触发。

2）报复心理型。个别软件研发人员，开发遇到不满编制的发泄程序。如某公司职员在职期间编制了一段代码隐藏在其系统中，当检测到他的工资减少时，代码段就立即发作破坏系统。

3）版权保护型。由于很多商业软件经常被非法复制，一些开发商为了保护自己的经济利益制作了一些特殊程序附加在软件产品中。如 Pakistan 病毒，制作目的是保护自身利益，并追踪那些非法复制其产品的用户。

4）特殊目的型。一些集团组织或个人为达到某种特殊目的研发，对政府机构、单位的特殊系统进行宣传或破坏，或用于军事目的，或为了某种职位安排或报酬不满预留陷阱程序予以发泄等。

4. 计算机病毒的命名方式

为了进行防范和研究防病毒技术，需要规范计算机病毒命名方式。通常根据病毒的特征和对用户造成的影响等多方面情况来确定，由防病毒厂商给出一个合适名称。目前，公安部门也正在规范病毒的命名。病毒的命名并无统一的规定，不同防病毒厂商的命名规则也不尽一致，基本上是采用前后缀法来进行命名。命名由多个前缀与后缀组合，中间以点"."分隔，**一般格式**为：［前缀］.［病毒名］.［后缀］。如震荡波蠕虫病毒的变种"Worm. Sasser. c"，其中 Worm 指病毒的种类为蠕虫，Sasser 是病毒名，c 指该病毒的变种。

（1）病毒前缀

病毒前缀表示一个病毒的种类，如木马病毒的前缀是"Trojan"，蠕虫病毒的前缀为"Worm"、宏病毒的前缀是"Macro"、后门病毒的前缀是"Backdoor"、脚本病毒的前缀是"Script"，系统病毒的前缀为 Win32、PE、Win95、W32、W95 等。

（2）病毒名

病毒名即病毒的名称，如"病毒之母"CIH 病毒及其变种的名称一律为"CIH"，冲击波蠕虫的病毒名为"Blaster"。病毒名也有一些约定俗成的方式，可按病毒发作的时间命名，如黑色星期五；也可按病毒发作症状命名，如小球；或按病毒自身包含的标志命名，如CIH；还可按病毒发现地命名，如耶路撒冷病毒；或按病毒的字节长度命名，如 1575。

（3）病毒后缀

病毒后缀表示一个病毒的变种特征，一般是采用英文中的 26 个字母来表示的。如"Worm. Sasser. c"是指震荡波蠕虫病毒的变种 c。如果病毒的变种太多，也可采用数字和字母混合的方法来表示。

8.1.2　计算机病毒的主要特点

做好计算机病毒的防范和清查，必须掌握好其特点和行为特征。根据对病毒的产生、传播和破坏行为的分析，可将病毒概括为以下 6 个**主要特点**。

1. 传播性

传播性是病毒的基本特点。计算机病毒与生物病毒类似，也会通过各种途径传播扩散，在一定条件下造成被感染的计算机系统工作失常，甚至瘫痪。与生物病毒不同的是，计算机病毒是人为编制的计算机程序，一旦进入计算机系统并运行，就会搜寻其他适合其传播条件的程序或存储介质，确定目标后再将自身代码插入其中，达到自我繁殖的目的。对于感染病毒的计算机系统，如果发现处理不及时，病毒就会在这台机器上迅速扩散，大量文件会被感染。致使被感染的文件又成了新的传播源，当再与其他机器进行数据交换或通过网络连接时，病毒就会继续进行传播。传播性是判别一个程序是否为计算机病毒的首要条件。

2. 窃取系统控制权

一般正常的程序对用户的功能和目的性很明确。而病毒不仅具有正常程序的一切特性，而且隐藏在其中，当用户调用正常程序时窃取到系统的控制权，先于正常程序执行，病毒的动作、目的对用户往往是未知的，未经用户允许。

3. 隐蔽性

病毒与正常程序只有经过代码分析才能区别。一般在无防护措施的情况下，病毒程序取得系统控制权后，可在很短的时间内传播扩散。中毒的计算机系统通常仍能正常运行，使用户不会感到任何异常。其隐蔽性还体现在病毒代码本身设计得较短小，一般只有几百到几千字节，非常便于隐藏到其他程序中或磁盘的某一特定区域内。随着病毒编写技巧的提高，病毒代码本身加密或变异，使对其查找和分析更困难，且易造成漏查或错杀。

4. 破坏性

侵入系统的任何病毒，都会对系统及应用程序产生影响。占用系统资源，降低计算机工作效率，甚至可导致系统崩溃。其破坏性多种多样，除了极少数只窥视信息、显示画面等病毒，占用系统资源外，绝大部分病毒包含损害、破坏计算机系统的代码，破坏目的非常明确，如破坏数据、删除文件、加密磁盘、格式化磁盘或破坏主板等。

5. 潜伏性

绝大部分的计算机病毒感染系统之后一般不会马上发作，可长期隐藏在系统中，只有当满足其特定条件时才启动其破坏代码，显示发作信息或破坏系统。触发条件主要有 3 种。

1）以系统时钟为触发器，这种触发机制被大量病毒使用。

2）病毒自带计数器触发。以计数器记录某种事件发生的次数，达到设定值后执行破坏操作。如开机次数、病毒运行的次数等。

3）以执行某些特定操作为触发。以某些特定的组合键，对磁盘的读写或执行的命令等为特定操作。触发条件多种多样，可由多个条件组合、基于时间、操作等条件。

6. 不可预见性

不同种类的病毒代码相差很大，但有些操作具有共性，如驻内存、改中断等。利用这些共性已研发出查病毒程序，但由于软件种类繁多、病毒变异难预见，且有些正常程序也借鉴了某些病毒技术或使用了类似病毒的操作，这种对病毒进行检测的程序容易造成较多误报，而且病毒对防病毒软件往往是超前的。

📖 **拓展阅读：** 计算机病毒的生命周期分为 7 个阶段：开发期→传染期→潜伏期→发作期→发现期→消化期→消亡期，不同种类的计算机病毒在每个阶段的特征都有所不同。

8.1.3 计算机病毒的分类

随着计算机网络技术的快速发展，各种计算机病毒及变异也不断涌现、快速增长。按照病毒的特点及特性，其分类方法有多种，同一种病毒也会有多种不同的分法。

1. 以病毒攻击的操作系统分类

1）攻击 DOS 的病毒。DOS 是人们最早广泛使用的操作系统，无自我保护的功能和机制，因此，这类病毒出现最早、最多，变种也最多。

2）攻击 Windows 的病毒。随着 Windows 系统的广泛应用，已经成为计算机病毒攻击的主要对象。首例破坏计算机硬件的 CIH 病毒就属于这种病毒。

3）攻击 UNIX 的病毒。由于许多大型主机采用 UNIX 作为主要的网络操作系统，针对这些大型主机网络系统的病毒，其破坏性更大、范围更广。

4）攻击 OS/2 的病毒。现已经出现专门针对 OS/2 系统进行攻击的一些病毒和变种。

5）攻击 NetWare 的病毒。针对此类系统的 NetWare 病毒已经产生、发展和变化。

2. 以病毒的攻击机型分类

1）攻击微机的病毒。微机是人们应用最为广泛的办公及网络通信设备，因此，攻击微型计算机的各种计算机病毒也最为广泛。

2）攻击小型机的病毒。小型机的应用范围也更加广泛，它既可以作为网络的一个结点机，也可以作为小型的计算机网络的主机，因此，计算机病毒也伴随而来。

3）攻击服务器的病毒。随着计算机网络的快速发展，计算机服务器有了较大的应用空间，并且其应用范围也有了较大的拓展，攻击计算机服务器的病毒也随之产生。

3. 按照病毒的链接方式分类

通常，计算机病毒所攻击的对象是系统可执行部分，按照病毒链接方式可分为 4 种：

1）源码型病毒。这种病毒攻击高级语言编写的程序，在高级语言所编写的程序编译前插入到源程序中，经编译成为合法程序的一部分，会终身伴随合法程序，一旦达到设定的触发条件就会被激活、运行、传播和破坏。

2）嵌入型病毒。嵌入型病毒可以将自身嵌入到现有程序中，将计算机病毒的主体程序与其攻击对象以插入的方式进行链接，一旦进入程序中就难以清除。如果同时再采用多态性病毒技术、超级病毒技术和隐蔽性病毒技术，就会给防病毒技术带来更严峻的挑战。

3）外壳型病毒。外壳型病毒将其自身包围在合法的主程序的周围，对原来的程序并不做任何修改。这种病毒最为常见，又易于编写，也易于发现，一般测试文件的大小即可察觉。

4）操作系统型病毒。操作系统型病毒把自身的程序代码加入到操作系统之中或取代部分操作系统进行运行，具有极强的破坏力，甚至可以导致整个系统的瘫痪。例如，圆点病毒和大麻病毒就是典型的操作系统型病毒。这种病毒在运行时，用自己的程序代码取代操作系统的合法程序模块，对操作系统进行干扰和破坏。

4. 按照病毒的破坏能力分类

根据病毒破坏的能力可划分为 4 种：

1）无害型。除了传染时减少磁盘的可用空间外，对系统没有任何破坏。

2）无危险型。只是减少内存，并对图像显示、发出声音及同类音响略有影响。

3）危险型。此类病毒可以对计算机系统功能和操作造成严重的干扰和破坏。

4）非常危险型。此类病毒能够删除程序、破坏数据、清除系统内存区和操作系统中重要的文件信息，甚至控制机器、盗取账号和密码。

📖 **拓展阅读：** 病毒对系统造成的危害，并非程序本身的算法中存在危险的调用，而是当它们传染时会引起无法预料的、甚至灾难性的混乱和破坏。由病毒引起其他的程序产生的错误指令也会破坏软件、硬件和文件信息。需要指出的是，原本一些无害型或无危险型病毒也可能会由于其他因素影响而产生变异，从而产生破坏性甚至对操作系统造成破坏。

5. 按照传播媒介不同分类

按照计算机病毒的传播媒介分类，可分为单机病毒和网络病毒。

1）单机病毒。单机病毒的载体是磁盘、光盘、U 盘或其他存储介质，病毒通过这些存储介质传入硬盘，计算机系统感染后再传播到其他存储介质，再互相交叉传播到其他系统。

2）网络病毒。网络病毒的传播媒介不再是移动式载体，而是相连的网络通道，这种病毒的传播能力更强、更广泛，因此其破坏性和影响力也更大。

6. 按传播方式不同分类

按照计算机病毒的传播方式分类，可分为引导型病毒、文件型病毒和混合型病毒。

1）引导型病毒。主要是感染磁盘的引导区，在用受感染的磁盘（包括 U 盘）启动系统时就先取得控制权，驻留内存后再引导系统，并传播其他硬盘引导区，一般不感染磁盘文件。

按其寄生对象的不同，这种病毒又可分为 MBR（主引导区）病毒及 BR（引导区）病毒。其中，MBR 病毒也称为分区病毒，将病毒寄生在硬盘分区主引导程序所占据的硬盘。典型的病毒有大麻、Brain、小球病毒等。

2）文件型病毒。以传播 .COM 和 .EXE 等可执行文件为主，在调用传染病毒的可执行文件时，病毒首先被运行，然后病毒驻留在内存再传播其他文件，其特点是附着于正常程序文件。已感染病毒的文件执行速度会减缓，甚至无法执行或一执行就会被删除。

3）混合型病毒。混合型病毒兼有以上两种病毒的特点，既感染引导区又感染文件，因而扩大了这种病毒的传播途径，使其传播范围更加广泛，其危害性也更大。

📖 **拓展阅读：** 混合型病毒具有系统型和文件型病毒的特性，其"性情"更为"凶残"。这种病毒透过这两种方式来进行感染，使病毒的传染性以及存活率更高。一旦中毒就会经启动或执行程序而感染其他的磁盘或文件，此种病毒也最难清除。

7. 以病毒特有的算法不同分类

根据病毒程序特有的算法，可将病毒划分为 6 种：

1）伴随型病毒。不改变原有程序，由算法产生 EXE 文件的伴随体，具有相同文件名（前缀）和不同的扩展名（COM），当操作系统加载文件时，伴随体优先被执行，再由伴随体加载执行原来的 EXE 文件。

2）"蠕虫"型病毒。将病毒通过网络发送和传播，但不改变文件和资料信息。有时存在系统中，一般除了内存不再占用其他资源。"蠕虫"型病毒有时传播速度很快，甚至达到阻塞网络通信的程度，对网络系统造成干扰和破坏。

3）寄生型病毒。主要依附在系统的引导扇区或文件中，通过系统运行进行传播扩散。如宏病毒寄存于 Word 等文档或模板"宏"中。文档一打开，宏病毒被激活，转移到计算机上，并驻留在 Normal 模板上。此后，所有自动保存的文档都会被"感染"上，而且如果其他用户打开了感染病毒的文档，宏病毒又会转移到其他计算机。

4）练习型病毒。病毒自身包含错误，不能很好进行传播，如一些在调试中形成的病毒。

5）诡秘型病毒。一般利用 DOS 空闲的数据区进行工作，不直接修改 DOS 和扇区数据，而是通过设备技术和文件缓冲区等内部修改不易察觉到的资源。

6）变型病毒。也称为幽灵病毒，使用一些复杂的算法，使每次传播不同的内容和长度。一般是由一段混有无关指令的解码算法和被变化过的病毒体组成。

8. 以病毒的寄生部位或传染对象分类

传染性是计算机病毒的本质属性。根据寄生部位或传染对象，即根据计算机病毒传染方式进行分类，有以下 3 种：

1）磁盘引导区传染的病毒。主要是用病毒的逻辑取代引导记录，而将正常的引导记录隐藏在磁盘的其他地方。由于引导区是磁盘能正常使用的先决条件，因此，这种病毒在开始运行时就获得控制权，在运行中就会导致引导记录的破坏，如大麻和小球病毒。

2）操作系统传染的病毒。利用操作系统中所提供的一些程序及程序模块寄生并进行传染。它经常作为操作系统的一部分，计算机运行后，病毒随时被触发。而操作系统的开放性和不完善性给这类病毒出现的可能性与传染性提供了方便，如黑色星期五病毒。

3）可执行程序传染的病毒。主要寄生在可执行程序中，程序执行后病毒就被激活，病毒程序首先被执行，并将自身驻留内存，然后设置触发条件进行传染。

以上 3 种病毒可归纳为两大类：引导区型传染的病毒和可执行文件型传染的病毒。

9. 以病毒激活的时间分类

按照计算机病毒激活的时间可分为定时的和随机的。定时病毒仅在某一特定时间才发作，而随机病毒一般不是由时钟来激活的。

8.1.4 计算机中毒的异常症状

计算机病毒是一段程序代码，病毒的存在、感染和发作的特征表现可分为 3 类：计算机病毒发作前、发作时和发作后。通常病毒感染比系统故障情况更多些。

1. 计算机病毒发作前的情况

计算机病毒发作前指病毒感染并潜伏在系统内，直到病毒激发条件而发作前的一个阶段。此阶段病毒的行为主要是以潜伏、传播为主。其常见的情况为：

1）突然经常性地死机。感染了病毒的计算机系统，病毒程序驻留在系统内并修改中断处理程序等，引起系统工作不稳定，进而造成死机。

2）无法正常启动操作系统。开机启动后，系统显示缺少启动文件或启动文件被破坏，系统无法启动。可能是病毒感染后使文件结构发生变化，操作系统无法加载引导。

3）运行速度明显变慢。在硬件无更换或损坏的情况下，计算机运行同样的应用程序时速度明显变慢，而且重启后依然很慢。可能是病毒占用了大量的系统资源，并且病毒运行占用了大量的处理器时间，造成系统资源不足，运行变慢。

4）经常发生内存不足的情况。当程序启动后经常出现"系统内存不足"提示，或者使用应用程序中的某个功能时出现内存不足情况。很可能是病毒驻留后占据了内存空间，但应注意个别不当操作时，也可能出现"内存不足，不能完成操作！"等提示。

5）打印和通信异常。如果发现打印机无法打印或打印出乱码，或串口设备无法正常工作，如调制解调器不运行等。可能是病毒驻留内存后占用了端口的中断服务程序。

6）经常出现非法错误。硬件及操作系统无改动，以往正常运行的应用程序突然增加了非法错误或死机。可能是病毒感染应用程序后破坏了原正常功能，或病毒程序兼容性问题所致。

7）基本内存发生变化。可能是计算机系统感染了引导型病毒或病毒占据内存。

8）应用程序时间及大小变异。明显是病毒感染迹象。应用程序文件感染病毒后，大小有所增加，访问和修改日期及时间也会被改成感染时的时间。而一般系统文件不会被修改，除非系统升级或打补丁时应用程序涉及数据文件，才会改变，并非病毒影响。

9）无法另存为 Word 文档。当正常运行 Word 并打开文档后，在另存时却只能以模板方式保存，可能是打开的文档感染了 Word 宏病毒。

10）磁盘容量骤减。若没有安装新程序，系统可用磁盘容量却骤减，可能是病毒感染所致。

🔔【注意】经常浏览网页、回收站文件过多、临时文件多或大、系统曾意外断电等，也可能造成类似情况。另外，Windows 内存交换文件，随着运行程序增加也会增大。

11）难以调用网络驱动器卷或共享目录。无法正常访问、浏览有读权限的网络驱动器卷、共享目录等，或无法对其创建、修改。可能是病毒的某些行为影响。

12）陌生的垃圾邮件。收到陌生的电子邮件，邮件标题一般具有诱惑性，通常是一些较流行的词语、祝福语、笑话、情书等，常带有附件。

13）自动链接到陌生网站。联网的计算机自动连接到一个陌生网站，或上网时发现网络运行很慢，出现异常的网络链接。可能是黑客程序将收集到的信息发送某个特定的网站，可以通过 netstat 命令查看当前建立的网络链接，并比对访问的网站。

2. 计算机病毒发作时的症状

1）提示无关对话。操作时提示一些无关对话，如打开感染 Word 宏病毒的文档，满足发作时会弹出"这个世界太黑暗了！"的对话框，并要求输入"太正确了"后单击"确定"按钮。

2）发出声响。一种恶作剧式的计算机病毒，在病毒发作时会发出一些音乐。

3）产生图像。也是恶作剧式的病毒，如小球病毒，发作时会从屏幕上落下小球图案。只产生图像的病毒，只在发作时影响用户显示界面，干扰正常使用。

4）硬盘灯不断闪烁。当对硬盘有持续大量的读写操作时，硬盘灯就会不断闪烁，如格式化或写入大量的文件。有时对某个硬盘扇区或文件反复读取的情况下也会造成硬盘灯不断闪烁。有的计算机病毒会在发作时对硬盘进行格式化，或写入垃圾文件，或反复读取某个文件，致使硬盘上的数据遭到破坏。具有这类发作情况的基本是恶性病毒。

5）算法游戏。以某些算法游戏中断运行，赢了才可继续。曾流行的"台湾一号"宏病毒，系统日期为 13 日时发作，弹出对话框让用户做算术题，当用户做错后进行破坏。

6）桌面图标发生变化。一般也属恶作剧式病毒，将 Windows 默认的图标改成其他样式，或将其他应用程序、快捷方式图标改成默认图标，迷惑用户。

7）突然重启或死机。有些病毒程序兼容性有问题，代码无严格测试，发作时会出现意外情况，或在 Autoexec.bat 中添加了 Format c：等破坏命令，当系统重启后进行实施。

8）自动发送邮件。很多邮件病毒都采用自动发送的方式进行传播，或在某一时刻向同一个邮件服务器发送大量无用信件，以阻塞该邮件服务器的正常服务功能。

9）自移动鼠标。没有进行操作，也没有运行任何程序，而屏幕上的鼠标却自移动，应用程序在运行，这可能是受远程黑客遥控或病毒发作。

3. 计算机病毒发作后的后果

绝大部分计算机病毒都属于恶性病毒，发作后常会带来重大损失。恶性计算机病毒发作后的情况及造成的后果包括：

1）硬盘无法启动，数据丢失。病毒破坏硬盘的引导扇区后，无法从硬盘启动系统。病毒修改硬盘的关键内容（如文件分配表、根目录区等）后，可使保存的数据丢失。

2）文件丢失或被破坏。病毒删除或破坏系统文件、文档或数据，可能影响系统启动。

3）文件目录混乱。目录结构被病毒破坏，目录扇区为普通扇区，填入无关数据而难以恢复。或将原目录区移到硬盘其他扇区，可正确读出目录扇区，并在应用程序需要访问该目录时提供正确目录项，表面看正常。无此病毒后，将无法访问到原目录扇区，但可恢复。

4）BIOS 程序混乱使主板遭破坏。如同 CIH 病毒发作后的情形，系统主板上的 BIOS 被病毒改写，致使系统主板无法正常工作，计算机系统被破坏。

5）部分文档自动加密。病毒利用加密算法，将密钥保存在病毒程序内或其他隐蔽处，使感染的文件被加密，当内存中驻留此病毒后，系统访问被感染的文件时可自动解密，不易察觉。一旦此种病毒被清除，被加密的文档将难以恢复。

6）计算机重启时格式化硬盘。在每次系统重新启动时都会自动运行 Autoexec.bat 文件，病毒通过修改此文件，并增加 Format c：项，从而达到破坏系统的目的。

7）导致计算机网络瘫痪，无法正常提供服务。

📖 **讨论思考：**

1）什么是计算机病毒？计算机病毒的特点有哪些？

2）计算机病毒的种类具体有哪些？

3）计算机中毒后所出现怎样的情况？

8.2 计算机病毒的构成与传播

为了进一步深入研究和防范计算机病毒，需要理解和掌握计算机病毒的组成结构、传播途径、工作原理与运行机制等相关知识。

8.2.1 计算机病毒的组成结构

计算机病毒种类很多，但其结构都由 3 个部分构成，即引导模块、传播模块和表现模块。

（1）引导模块

引导模块的功能是将病毒加载到内存中，并对其存储空间进行保护，以防被其他程序所覆盖，同时修改一些中断及高端内存、保存原中断向量等系统参数，为传播作准备。它也称潜伏机制模块，具有初始化、隐藏和捕捉功能。随着感染的宿主程序的运行进入内存，先初始化运行环境，为传染机制做好准备；然后，利用各种隐藏方式躲避检测，欺骗系统；最后，不断捕捉感染目标交给传染机制。

（2）传播模块

传播模块是病毒程序的核心，主要功能是传播病毒，一般由两个部分构成，一是传播条件判断部分；二是传播部分。前者的功能是判断计算机系统是否达到病毒传播条件，不同病毒的传播条件不同。后者的功能是在满足传播条件时，实施具体的病毒传播，按照制定的传播方式将病毒程序嵌入到传播目标中。

（3）表现模块

表现模块由两个部分构成，一是病毒的触发条件判断部分，二是病毒的具体表现部分。当判断触发条件满足时，就会调用病毒的具体表现部分，对计算机系统进行干扰和破坏。表现部分在不同病毒程序中的具体破坏和影响不同。

【案例8-4】 国家计算机病毒应急处理中心（http://www.antivirus-china.org.cn/）发布2013年3月计算机病毒总体情况，共发现病毒639056个，比上月下降13.6%，新增病毒75051个，比上月下降18.8%，感染计算机32202851台，比上月上升16.8%，主要传播途径仍以"网络钓鱼"和"网页挂马"为主。

8.2.2 计算机病毒的传播

计算机病毒依靠传播实现其功能，下面分析其传播方式、传播过程和传播机理。

1. 计算机病毒的传播方式和途径

病毒传播指病毒从一载体传播到另一载体，由一个系统进入另一个系统的过程。其载体是病毒赖以生存和传播的媒介。**病毒传播方式**分为两种。一种是通过复制磁盘或文件在网络进行传播，这种传播方式称为**病毒被动传播**；另一种是计算机系统运行且病毒程序被激活后，主动将病毒传播给另一载体或系统，这种传播方式称为**病毒主动传播**。病毒传播方式也可分为两大类：一是立即传播，指病毒激活后，先感染磁盘上的其他程序，然后再执行宿主程序；二是驻留内存并伺机传播，内存中病毒实时检测系统环境，当执行一个程序或操作时传播磁盘上的程序，驻留内存中的病毒在宿主程序运行后仍可活动，直到关闭计算机。

病毒传播途径为：一是通过不可移动的计算机硬件设备进行传播，如利用ASIC芯片和硬盘传播，此种病毒虽少，破坏力却很大；二是通过移动存储设备传播，其中U盘和移动硬盘是使用最广泛、移动最频繁的存储介质，也成了计算机病毒寄生的"温床"；三是通过计算机网络进行传播，现在已成为计算机病毒的第一传播途径；四是通过点对点通信系统和无线通道传播。

2. 计算机病毒的传播过程

病毒被动传播的过程是随着复制磁盘或文件工作进行的；而病毒主动传播的过程是在系统运行时，病毒通过病毒载体，由系统外存进入内存，并监视系统运行，在病毒引导模块将其传播模块驻留内存中，还将修改系统中数据向量入口地址。

【案例8-5】 int 13H 或 int 21H，可使数据向量指向病毒程序的传播模块。当系统执行磁盘读写操作或功能调用时，该模块被激活，判断传播条件满足后，利用系统 int 13H 读写磁盘中断将病毒传播给被读写的磁盘或被加载的程序，再转移到原数据服务程序执行原有操作。

3. 系统型病毒的传播机理

系统型病毒利用在启动引导时窃取 int 13H 控制权，在整个计算机运行过程中实时监视磁盘操作，当读写磁盘时读出磁盘引导区，判断磁盘是否中毒，如未中毒就按病毒的寄生方式将原引导区改写到磁盘的另一位置，而将病毒写入第一个扇区，完成对磁盘的传播。中毒机器又会传播其他计算机，由于在每个读写阶段病毒都要读引导区，既影响工作效率，又容易因频繁操作造成物理损伤。

4. 文件型病毒的传播机理

病毒执行被传播的 .COM 或 .EXE 可执行文件后进驻内存，并检测系统的运行，当发现被传播的目标时，对运行的可执行文件特定地址的标识位判断是否中毒；当条件满足时，利用 int 13H 将病毒链接到可执行文件的首部或尾部，并存入磁盘；传播后继续监视系统的运行，并试图寻找新目标。它通过磁盘文件操作传播，主要传播途径有以下 3 种：

1）加载执行文件。此病毒进驻内存后，通过它截获的 int 21H 检查每个要运行的可执行文件，加载传播方式每次只传播一个用户准备运行的文件。

2）列目录过程。当用户打开硬盘目录时，病毒逐一检查每个文件的扩展名，对可执行文件即刻调用病毒传播模块进行传播，可一次传播硬盘一个子目录下的所有可执行文件。

3）新建文件过程。此病毒利用创建文件过程附加到新文件上，其传播方式更隐蔽。加载传播和列目录传播都使病毒感染磁盘上的原有文件，用户可对比文件感染病毒前后长度变化来判断是否中毒，而此传播手段却造成了新文件一创建就带病毒，这是此病毒发展的新动向。

8.2.3 计算机病毒的触发与生存

1. 计算机病毒的触发机制

病毒的基本特性是感染、潜伏、可触发、破坏。感染使病毒传播。破坏性体现其杀伤力。可触发性兼顾杀伤力和潜伏性，并可控制病毒感染和破坏的频度。严格的触发条件，使病毒潜伏性好，但不易传播，杀伤力低。而宽松的触发条件可使病毒频繁感染与破坏，易暴露引起用户处理，杀伤力也不大。病毒在传播和发作前，常要判断某些特定条件，满足则传播或发作，否则不传播或只传播不发作。病毒采用的**触发条件**主要有 7 种。

1）时间触发。包括特定时间触发、感染病毒后累计工作时间触发、文件最后写入时间触发等。

2）键盘触发。以用户的击键动作为触发条件，当用户达到时，病毒被激活，进行某些特定操作。键盘触发包括击键次数触发、组合键触发、热启动触发等。

3）感染触发。很多病毒以感染有关的信息作为破坏的触发条件。包括：运行感染文件个数触发、感染序数触发、感染磁盘数触发、感染失败触发等。

4）启动触发。病毒对机器的启动次数计数，并将此值作为触发条件。

5）访问磁盘次数触发。以磁盘 I/O 访问的次数作为触发条件。

6）调用中断功能触发。病毒对中断调用次数计数，以预定次数作为触发条件。

7）CPU 型号/主板型号触发。以运行环境的 CPU 型号/主板型号作为触发条件。

2. 计算机病毒的生存周期

计算机**病毒的产生和发展过程**分为：程序设计→传播→潜伏→触发→运行→实行攻击。从产生到彻底根除，病毒拥有一个完整的生存周期。

1）开发期。一些简单的计算机编程知识就可以制造或改换病毒。通常，计算机病毒是一些误入歧途的、试图传播病毒和破坏系统的个人或组织所为。

2）传播期。病毒制成后，其研制者将其复制并确认已被传播。通常的办法是感染一个流行的程序，然后进行广泛传播。

3）潜伏期。病毒以自然的方式复制。一个设计良好的病毒可在其消亡前长期被复制。

4）发作期。病毒会在某一特定条件下被激活，并进行发作。

5）发现期。当一个病毒被检测到并被隔离后，送到计算机安全机构或防病毒研究部门。病毒往往是在发作造成危害之后才被发现的。

6）消化期。开发人员研发防病毒软件或更新病毒库，检测、查杀新发现的病毒。主要取决于开发人员的业务素质能力和病毒的类型。

7）消亡期。用户安装并使用查杀病毒软件，就可在本地将病毒扫除。有些病毒消亡期较长，甚至难以完全消失，但在较长时间内不再成为一个重要威胁。

3. 躲避侦测的生存方法

计算机病毒为了长期生存，采取变异等多种方式和方法。

（1）隐蔽

病毒会借由拦截杀毒软件对操作系统的调用来欺骗杀毒软件。当杀毒软件要求操作系统读取文件时，病毒可以拦截并处理此项要求，而非交给操作系统运行该要求。病毒可以返回一个未感染的文件给杀毒软件，使得杀毒软件认为该文件是干净未被感染的。如此一来，病毒可以将自己隐藏起来。现在的杀毒软件使用各种技术来反击这种手段。要反击病毒匿踪，唯一完全可靠的方法是从一个已知是干净的媒介开始启动。

（2）自修改

大部分杀毒软件通过所谓的病毒特征码来侦测一个文件是否被感染。特定病毒，或是同属于一个家族的病毒会具有特定可识别的特征。如果杀毒软件侦测到文件具有病毒特征码，它便会通知用户该文件已被感染。用户可以删除或是修复被感染的文件。某些病毒会利用一些技巧使得通过病毒特征码进行侦测较为困难。这些病毒会在每一次感染时修改其自身的代码。换言之，每个被感染的文件包含的是病毒的变种。

（3）随机加密

更高级的是对病毒本身进行简单的加密。这种情况下，病毒本身会包含数个解密模块和一份被加密的病毒拷贝。如果每一次的感染，病毒都用不同的密钥加密，那病毒中唯一相同的部分就只有解密模块，这部分通常会附加在文件尾端。杀毒软件无法直接通过病毒特征码侦测病毒，但它仍可以侦知解密模块的存在，这使得间接侦测病毒是有可能的。因为这部分是存放在宿主上面的对称式密钥，杀毒软件可以利用密钥将病毒解密，但这不是必需的。这是因为自修改代码很少见，杀毒软件至少可以将这类文件标记成可疑的。

一个古老但简洁的加密技术将病毒中每一个字节和一个常数做逻辑异或，欲将病毒解密只需逻辑异或。一个会修改其自身代码的程序是可疑的，因此加解密的部分在许多病毒定义中被视为病毒特征码的一部分。

（4）多态

计算机病毒的多态性是第一个对杀毒软件造成严重威胁的技术。就像一般被加密的病毒，一个多态病毒以一个加密的自身拷贝感染文件，并由其解密模块加以解码。但是其加密模块在每一次的感染中也会有所修改。所以，一个认真设计的多态病毒在每一次感染中没有一个部分是相同的。这使得使用病毒特征码进行侦测变得困难。杀毒软件必须在一模拟器上对该病毒加以解密进而侦知该病毒，或是利用加密病毒其统计样板上的分析。要使得多态代码成为可能，病毒必须在其加密处有一个多态引擎（又称突变引擎）。

有些多态病毒会限制其突变的速率。例如，一个病毒可能随着时间只有一小部分突变，或是病毒侦知宿主已被同一个病毒感染，它可以停止自己的突变。如此慢速的突变，其优点在于杀毒专家很难得到该病毒具有代表性的样本。因为在一轮感染中，诱饵文件只会包含相同或是近似的病毒样本。这会使得杀毒软件的侦测结果变得不可靠，而有些病毒会躲过其侦测。

（5）变形

为了更好地避免被杀毒软件模拟而被侦知，有些病毒在每次感染时都完全将其自身改写。利用此种技术的病毒被称为可变形的。要达到可变形，一个变形引擎是必需的。一个变形病毒通常非常庞大且复杂，如 Simile 病毒包含 14000 行汇编语言，其中 90% 都是变形引擎。

8.2.4 特种及新型病毒实例

对一些特殊和新型病毒进行认真研究，才能及时掌握其动态和新变化。下面对特洛伊木马、Nimda 病毒、CodeRed 病毒、CIH 病毒和新型病毒进行实例分析。

1. 特洛伊木马

（1）特洛伊木马的特性

特洛伊木马（Trojan）病毒是一种具有攻击系统、破坏文件、发送密码和记录键盘等特殊功能的后门程序，其特性也已变异更新。

第一代木马：伪装型病毒。伪装成一种合法程序诱骗用户，但不具有传播性。1986 年世上第一个 PC - Write 木马，伪装成共享软件 PC - Write 的 2.72 版本，当用户运行程序后硬盘被格式化。又如登录界面木马，当用户输入一伪登录界面后，木马便保存了用户名 ID 和密码，提示"密码错误请重新输入"，当再登录时便成了其牺牲品。

第二代木马：AIDS 型木马。1989 年出现 AIDS 木马，当时电子邮件还没流行，只好利用传统的邮递方式，分别给多人邮寄含有木马磁盘的邮件。用户运行木马程序后，数据虽没被破坏，硬盘却被加密锁死，只能按提示花钱解决。

第三代木马：网络传播型木马。随着 Internet 的广泛应用，这一代木马兼备伪装和传播两种特征并结合 TCP/IP 网络技术大肆泛滥，同时也增加了**新特性**。

1）"后门"功能。后门是一种通过网络为计算机系统秘密开启其他用户访问端口的程序。一经安装就可使攻击者绕过安全程序进入系统。目的是收集系统中的重要信息和控制系统，成为攻击其他用户帮凶的"肉鸡"。由于后门隐藏在系统后运行，因此很难被检测。

2）击键记录功能。记录用户的击键内容形成日志文件，以便窃取信用卡号等重要信息。如国外 BO2000（Back Orifice）和国内冰河木马的共同特点是：基于网络的客户端/服务器应用程序，具有搜集信息、执行系统命令、重新设置机器、重新定向等功能。

3）监控破坏功能。木马俘获"肉鸡"完全成为黑客控制的傀儡主机，其操作毫无秘密，黑客成了超级用户，而且以"肉鸡"为挡箭牌和跳板远程监控对其他主机的攻击。

【**案例 8-6**】金山安全 2010 木马发展趋势报告。从 2010 年以来，绑架型木马增长迅猛，成为互联网新增木马的主流。无论是木马启动方式，还是对用户电脑系统的破坏性，绑架型木马均超出了传统木马以及感染型木马。而且杀毒软件对此类木马的查杀技术也面临着严峻的考验。2010 年之前，绑架型木马已经出现，但并没有大规模爆发。进入 2010 年，绑架型木马增长迅猛，仅 2010 年前 9 个月即新增绑架型木马 943862 个，占据新增木马的 84.2%。

📖 **拓展阅读**：木马病毒使网络安全形势异常严峻。一款名为"母马下载器"的恶性木马病毒，集成了其他木马和病毒，执行后将生成数以千计的"子木马"，凭借其超强的"穿透还原"、"超快更新变异"和"反杀"能力，广泛流行且使众多查毒软件难以处理。同一台计算机，中毒后也会随机出现不同症状。

2013 年发现手机木马 Android. Hehe，可以阻止安卓设备上的来电和短信，并从受感染的设备上窃取信息。该木马可能作为一个安装包被下载，当手机被安装了木马，要求一些权限来执行、监测读写并创建新的短信、打开网络连接、检查手机的当前状态、读取外部存储、使手机震动、装载或卸载可移动存储设备上的文件、关于网络访问信息、发起电话呼叫、允许访问低级别的电源管理、读取用户联系人数据、创建新的联系人数据、关于无线网络状态信息的访问、写入外部存储设备、安装软件包，接入位置信息，如小区 ID 或 WiFi、GPS 信息，改变 WiFi 连接状态。木马伪装成安卓的安全软件，一旦木马执行，就会显示一个页面，告诉用户该软件是最新版本。

从应用程序页面隐藏其图标，然后连接一个 C&C 服务器，以便接受电话号码列表，如果木马检测到时在模拟器中运行，不会连接 C&C 服务器。木马监视设备上的电话和短信。如果收到电话和短信，木马会抑制安卓设备显示通知，并删除设备上的日志信息或被调用的痕迹。封锁的短信都记录在一个内部数据库中，并上传到 C&C 服务器，该木马具有自我更新的能力。用户不要下载不明渠道的 APP，应尽可能通过正规 APP 商店来获取安装包。若非必要，尽量不要 root，获取系统权限。

（2）特洛伊木马的类型

1）破坏型。破坏并删除文件，可自动删除计算机上的 DLL、INI、EXE 文件。

2）密码发送型。可寻找到用户记载或用过的密码及账户信息，并发送到指定的信箱。有的则长期潜伏，记录操作者的键盘操作，从中寻找密码。

3）远程访问型。获取服务端的 IP 地址，只需运行服务端程序，即可实现远程控制。用户报文协议是因特网上广泛采用的一种非连接的传输协议。无确认机制，效率比 TCP 高但可靠性差，被用于远程屏幕监控和窥视。

4）键盘记录木马。不仅具有"在线"和"离线"记录用户击键机密记录的功能，还具有将窃取的机密记录通过邮件进行发送的功能。

5）DoS 攻击木马。拒绝服务攻击（DoS）的木马很多。黑客控制的"肉鸡"越多，发动 DoS 攻击取得成功的几率越大。其危害不仅体现在中毒的计算机上，而且黑客可利用众多"肉鸡"同时攻击某一目标。还有一种类似的邮件炸弹木马，木马会随机生成或发送各种垃圾邮件，直到对方不能接受邮件服务为止，还可掩盖其破坏行动。

6）代理木马。黑客入侵时要掩盖其行踪，谨防其真实的 IP 地址等被发现，常给被控制的"肉鸡"安装上，使其成为发动攻击的跳板，再利用 Telnet、ICQ、IRC 等程序作案。

7）FTP 木马。主要功能是打开联网用户的 21 端口盗取和编译密码。

8）程序杀手木马。主要用于关闭对方运行的程序，让其他的木马更好地发挥作用。

9）反弹端口型木马。由于防火墙对连入的链接过滤很严，对连出的链接却很松。故与一般木马相反，其服务端（被控制端）使用主动端口，客户端（控制端）使用被动端口。定时监测控制端，发现上线立即弹出端口主动连接控制端打开的主动端口，为了隐蔽，控制端的被动端口设为80，即使用户扫描端口，也常以为是用户个人在浏览网页。

【案例8-7】谨防新型盗号木马。国家计算机病毒应急处理中心，2013年12月通过对互联网的监测发现，近期出现恶意木马程序新变种Trojan_Generic.OJX。运行后获取系统路径，判断自身是否在系统目录下，如果不是，则将自身复制到指定目录下并重命名，其文件名随机生成。该变种会打开受感染操作系统中的服务控制管理器，创建服务进程，启动类型为自动。与此同时，变种获取系统缓存目录，将病毒文件移动重命名，并设置重启删除。随后，变种会获取受感染操作系统的本机信息，包括计算机名、操作系统版本、处理器类型、内存大小等，将其发送到恶意攻击者指定的远程服务器主机，并从主机上接收恶意指令。另外，该变种会迫使受感染的操作系统主动连接访问互联网络中指定的Web服务器，下载其他木马、病毒等恶意程序。2009年曾经出现过一种新型盗号木马，用户使用网银时，中毒计算机即刻黑屏（黑客借机作案），黑客通过远程控制及网络钓鱼进行作案，用户必须重装系统才能开机，当再次使用网银（或证券、游戏等网站）时，账户已空。

2010年初，木马Trojan/Buzus.wnk"霸族"变种wnk，Trojan/Chifrax.bfz"橘色诱惑"变种bfz，以及后面程序Backdoor/PcClient.acbq"友好客户"变种acbq先后出笼，其功能类似。

2. 蠕虫病毒及新变种

蠕虫病毒（Nimda）是一种破坏力很强的恶意代码，可在网络上快速传播蔓延，感染Windows系列多种计算机系统，传播速度快、渠道多、影响范围广、破坏力强。中毒用户邮件的正文为空，看似无附件，实际上邮件中嵌入了病毒的执行代码，用户浏览时病毒被激活，复制到临时目录，并运行其中的副本。还会在Windows的system目录中生成load.exe文件，并修改system.ini文件，使其在下次系统启动时仍被激活，并在system目录下生成一副本。为了通过邮件传播，使用了MAPI函数读取用户的E-mail，并从中读取SMTP地址和邮件地址。

中毒计算机不断向地址簿中的所有邮箱发送带毒邮件的副本。客户端计算机会扫描有漏洞的IIS服务器，搜寻以往IIS病毒留下的后门。除了改变网页的目录以繁衍自身外，还可通过大量发送电子邮件和扫描网络导致网络"拒绝服务"。

【案例8-8】2009年曾经出现过一种蠕虫新变种Worm_Pijoyd.B。可感染操作系统中可执行文件、网页文件和脚本文件等。变种运行后，生成一个动态链接库文件，使受感染操作系统中的文件保护功能失效，无法对变种自我复制的链接库修改文件，躲避被查杀以进行自保护。然后，修改加载动态链接库文件的时间，并启动服务进程。变种会迫使受感染的操作系统主动连接访问互联网络中指定的Web服务器，下载其他木马、病毒等恶意程序。另外，近期出现一个通过移动存储设备传播的新型蠕虫（WormFiala.A）。该蠕虫利用Windows操作系统自带的标准文件图标（后缀名为Tpeg）诱使用户点击运行，从而入侵系统。

国家互联网应急中心2009年下半年监测数据表明，全球感染量最大的"飞客"（Conficker）蠕虫，我国境内每月约有1800余万个主机IP受感染，占全球感染总量的30%，是全球"重灾区"，占各国感染比例的第一位。"飞客"蠕虫的大范围传播也已经形成一个包含上千万被控主机的攻击平台，不仅能够被用于大范围的网络欺诈和信息窃取，而且能够被用于发动大规模拒绝服务攻击。

3. 多重新型病毒

CodeRedII 是一种蠕虫与木马双型的病毒。此新病毒极具危险，不仅可修改主页，而且可通过 IIS 漏洞对木马文件进行上传和运行。可先给自身建立一个环境并取得本地 IP，用于分析网络的子网掩码，判断当前操作系统的版本等信息及被感染的情况，如果是，则此进程将转入休眠，之后根据判断增加线程。它将大量的繁殖线程转入后台，并大规模地复制自身后，在系统中安装一个木马，用于进一步传播并储存本地 IP。通过获取的系统时间，确定蠕虫按一定规律生成目标主机 IP 地址，并设法连接一个远程主机，建立连接后试图感染对方主机。它可有计划地将 cmd. exe 以 root. exe 的名字复制到 msadc 和 scripts 目录下，更名为 root. exe，成为一个后门。并将蠕虫中包含的一段二进制代码拆离成为 explore. exe 的木马放到本地驱动器。通过此后门，可修改注册表，将 c:\和 d:\变成 IIS 的虚拟目录。

【案例 8-9】 瑞星"云安全"系统 2014 年初截获了多种新型感染病毒，其特点为：病毒感染能力强、可释放多个木马程序、变异快、可逃脱很多杀毒软件的查杀与监控。当用户从网上下载游戏、MP3、exe、flash 等时，很可能带有病毒，用户运行后即可感染计算机中的其他文件。Win32. virut、Win32. BMW 和 Worm. Win32. viking 是其中 3 个威力最强的感染型病毒。

4. CIH 病毒

CIH 病毒属于文件型恶性病毒，其别名为 Win95. CIH、Win32. CIH、PE_ CIH，主要感染 Windows 可执行文件。CIH 经历了多个版本的发展变化，发作日期为每年的 4 月 26 日或 6 月 26 日，而版本 CIH V1.4 的发作日期则被修改为每月的 26 日，改变后缩短了发作期限，增加了破坏性。当发作条件成熟时，将破坏硬盘数据，并可破坏 BIOS 程序。CIH 不会重复多次地感染 PE 格式文件，同时可执行文件的只读属性是否有效，不影响感染过程，文件感染后的日期与时间信息不变。大多数被感染的 PE 程序的长度也不变，它将自身分成多段，插入到程序中。完成驻留后的 CIH 将原 IDT 中断表中的 int 3 入口恢复成原样。

5. "U 盘杀手"新变种

2009 年国家计算机病毒应急处理中心通过监测发现，新的"U 盘杀手"新变种（Worm _Autorun. LSK），运行后在受感染操作系统的系统目录下释放恶意驱动程序，并将自身图标伪装成 Windows 默认文件夹。变种可将其自身复制到系统分区以外的所有分区根目录下，将分区下已存在的文件夹隐藏，并以这些文件夹的名称自我命名，以此来诱骗用户点击运行变种文件。另外，变种还会强行篡改受感染操作系统的注册表相关键值项，最终导致系统中"显示系统隐藏文件"功能失效，同时可执行文件的扩展名被隐藏，以此保护病毒不被发现。变种还会通过安装消息钩子的方式，监视计算机用户操作系统的运行状态，对计算机用户的鼠标、键盘操作以及当前系统中的窗口执行一些恶意破坏行为。

【案例 8-10】 新型 U 盘病毒瞄准 Windows 7。金山"云安全"中心发布预警称，新操作系统 Windows 7 上市后，已发现针对 Windows 7 的病毒新变种。目前，感染量最高的 U 盘病毒"文件夹模仿者"系列，除了进行免杀处理外，还将所伪装的文件夹图标采用了 Windows 7 的图标风格。其新变种实质上是广告木马。它通过隐藏 U 盘中的真实文件并替换其中文件夹图标为自己图标的方式，诱使用户在每次查看文件时点击木马图标激活运行，弹出指向某些网站的 IE 窗口，才允许用户进入文件夹内。

6. 磁碟机病毒

磁碟机病毒是比较流行，感染度比较高的病毒。磁碟机病毒又名 dummycom 病毒，是近年来传播最迅速、变种最快、破坏力最强的病毒。据 360 安全中心统计每日感染磁碟机病毒人数已逾 1001000 用户，目前，已经出现 100 余个变种，病毒感染和传播范围呈现蔓延之势。病毒造成的危害及损失 10 倍于"熊猫烧香"。此病毒主要通过 U 盘和局域网 ARP 攻击传播，如果无法访问各个安全软件站点，或从安全站点的官网上下载的安装程序有问题，则极有可能是已经中了磁碟机病毒。

磁碟机病毒是一个下载者病毒，会关闭一些安全工具和杀毒软件并阻止其运行，并不断检测窗口来关闭一些杀毒软件及安全辅助工具，破坏安全模式，删除一些杀毒软件和实时监控的服务，远程注入到其他进程来启动被结束进程的病毒。

磁碟机病毒的主要危害如下：

1）修改系统默认加载的 DLL 列表项来实现 DLL 注入。通过远程进程注入，并设法关闭杀毒软件和病毒诊断等工具。

2）修改注册表，破坏文件夹选项的隐藏属性，使隐藏的文件无法被显示。

3）自动下载最新版本和其他的一些病毒木马到本地运行。

4）不断删除注册表的关键字来破坏安全模式和杀毒软件主动防御的服务，使很多主动防御软件和实时监控无法再被开启。

5）病毒并不主动添加启动项，而是通过重启重命名方式。这种方式自启动极为隐蔽，现有的安全工具很难检测出来。

6）病毒会感染除 SYSTEM32 目录外其他目录下的所有可执行文件，并且会感染压缩包内的文件。

感染磁碟机病毒的主要症状如下：

1）系统运行缓慢，频繁出现死机、蓝屏、报错等现象。

2）进程中出现两个 lsass. exe 和两个 smss. exe，且病毒进程的用户名是当前登录用户名；注：若只有 1 个 lsass. exe 和 smss. exe，且对应用户名 system，则是系统正常文件。

3）杀毒软件被破坏，多种安全软件无法打开，安全站点无法访问。

4）系统时间被篡改，无法进入安全模式，隐藏文件无法显示。

5）病毒感染 .EXE 文件导致其图标发生变化。

6）会对局域网发起 ARP 攻击，并将下载链接篡改为病毒链接。

7）弹出钓鱼网站。

磁碟机病毒的主要防范方法，包括：

1）使用 360 安全卫士"清理恶评插件"功能进行检测，在弹出的免疫提示框中单击"确定"按钮。

2）下载 360 磁碟机病毒专杀工具，选择"开启免疫"。

3）通过 host 表屏蔽磁碟机病毒升级及下载站点 。

4）通过免疫文件保护防止磁碟机病毒文件创建 < U >［font color = #0000cc］［/font］</U >。

📖 **讨论思考：**

1）计算机病毒由哪些部分构成？计算机病毒的传播方式有哪些？

2）计算机病毒的生存周期具体包括哪些过程？

3）特洛伊木马的特性和类型有哪些？

8.3 计算机病毒的检测、清除与防范

计算机病毒的危害和威胁极大，必须"预防为主，补救为辅"，采取防范和实时监测是最有效的措施，如果不慎被病毒感染，就要设法进行清除。

8.3.1 计算机病毒的检测

对系统进行检测，可以及时掌握系统是否感染病毒，以及被感染的情况，以便于及时对症处理。检测病毒的方法有：特征代码法、校验和法、行为监测法、软件模拟法。

1. 特征代码法

特征代码法是检测已知病毒的最简单、开销较小的方法，早期应用于 SCAN、CPAV 等著名病毒检测工具中。其检测步骤为：采集中毒样本，并抽取特征代码。原则上抽取的代码具有特殊性，不能与普通正常程序代码相同。在保持唯一性的前提下，尽量使特征代码长度短些，以减少空间与时间。在感染 COM 文件又感染 EXE 文件的病毒样本中，要抽取两种样本所共有的代码，将特征代码纳入病毒数据库。打开被检测文件，然后在文件中搜索，检查文件中是否含有病毒库中的病毒特征代码。可利用特征代码与病毒的一一对应关系，断定被查文件中含有哪种病毒。采用的检测工具，需要不断及时更新病毒库。其优点是：检测准确快速、可识别病毒的名称、误报警率低、依据检测结果可及时杀毒处理。缺点是：不能检测未知病毒、检测量大，长时间检测使网络性能及效率降低。

2. 校验和法

校验和法指在使用文件前或定期地检查文件内容前后的校验和变化，发现文件是否被感染的一种方法。既可发现已知病毒，又可发现未知病毒，却无法识别病毒类和病毒名。文件内容的改变可能是病毒感染所致，也可能是正常程序引起，它对正常文件内容的变化难以辨识且敏感，误报多，且影响文件的运行速度。这种方法对软件更新、变更密码、修改运行参数时都会误报警，而对隐蔽性病毒无效。隐蔽性病毒进驻内存后，会自动剥去染毒程序中的病毒代码，使校验和法受骗，对中毒文件算出正常校验和。

3. 行为监测法

行为监测法是利用病毒的行为特征监测病毒的一种方法。病毒的一些行为特征比较特殊且具有其共性，监视程序运行，可发现病毒并及时报警。通常系统启动时，引导型病毒占用int13H 攻击 Boot 扇区或主引导区获得执行权，而其他系统功能未设置好无法利用，然后在其中放置病毒所需代码，病毒常驻内存后，为了防止被覆盖，修改系统内存总量，然后通过写操作感染 COM、EXE 文件，致使病毒先运行，宿主程序后执行。当切换时可表现出许多特征行为。其优点是：可发现未知病毒、准确地预报未知的多数病毒。缺点是：误报警、无法识别病毒名称、实现难度较大。

4. 软件模拟法

多态性病毒代码密码化，且每次激活的密钥各异，对比感染病毒代码也无法找出共性特征的稳定代码。此时，特征代码法无效，而行为检测法虽然可检测多态性病毒，但是在检测

出病毒后，因为不知道病毒的种类，也难于进行杀毒处理，只好借助于软件模拟，进行智能辨识检测。目前，很多杀毒软件已具有实时监测功能，在预防病毒方面效果也很好。

8.3.2 常见病毒的清除方法

计算机系统意外中毒，需要及时采取措施，常用的处理方法是清除病毒：

1）对系统被破坏的程度调查评估，并有针对性地采取有效的清除对策和方法。对一般常见的计算机病毒，通常利用杀毒软件即可清除，若单个可执行文件的病毒不能被清除，可将其删除，然后重新安装。若多数系统文件和应用程序被破坏，且中毒较重，则最好删除后重新安装。而当感染的是关键数据文件，或受破坏较重，如硬件被 CIH 病毒破坏时，可请病毒专业人员进行清除和数据恢复。修复前应备份重要的数据文件，不能在被感染破坏的系统内备份，也不应与平时的常规备份混在一起，大部分杀毒软件杀毒前基本都可保存重要数据和被感染的文件，以便在误杀或出现意外时进行恢复。

2）安装、启动或升级杀毒软件。并对整个硬盘进行扫描检测。有些病毒在 Windows 下难以完全清除，如 CIH 病毒，则应使用未感染病毒的 DOS 系统启动，然后在 DOS 下运行杀毒软件进行清除。杀毒后重启计算机，再用防杀病毒软件检查系统，并确认完全恢复正常。

8.3.3 计算机病毒的防范

计算机病毒的防范重于其检测和清除。对病毒的防范工作是一项系统工程，需要全社会的共同努力。国家以科学、严谨的立法和严格的执法打击病毒的制造者和蓄意传播者，同时建立专门的计算机病毒防治机构及处理中心，从政策与技术上组织、协调和指导全国的计算机病毒防治。通过建立科学有效的计算机病毒防范体系和制度，实时检测、及时发现计算机病毒的侵入，并采取有效的措施遏制病毒的传播和破坏，尽快恢复受影响的计算机系统和数据。企事业单位应牢固树立"预防为主"的思想，制定出一系列具体有效的、切实可行的管理措施，以防止病毒的相互传播，建立定期专项培训制度，提高计算机使用人员的防病毒意识。个人用户也要遵守病毒防治的法纪和制度，不断学习、积累防治病毒的知识和经验，养成良好的防治病毒习惯，既不制造病毒，也不传播病毒。

计算机病毒防范制度是防范体系中每个成员都必须遵守的行为规程，为了确保系统和业务的正常安全运行，必须制定和完善切合实际的防范体系和防范制度，并认真进行管理和运作。对于重要部门，应做到专机专用；对于具体用户，一定要遵守以下规则和习惯：配备杀毒软件，并及时升级；留意有关的安全信息，及时获取并打好系统补丁；至少保证经常备份文件并杀毒一次；对于一切外来的文件和存储介质都应先查毒后使用；一旦遭到大规模的病毒攻击，应立即采取隔离措施，并向有关部门报告，再采取措施清除病毒；不点击不明网站及链接；不使用盗版光盘；不下载不明文件和游戏等。

8.3.4 木马的检测、清除与防范

随着计算机网络的广泛应用，木马的攻击及危害性越来越大。它常以隐蔽的方式依附在一些游戏、视频、歌曲等应用软件中，可随同下载的文件进入计算机系统，运行后发作，在进程表及注册表中留下信息，对其检测、清除、防范具有一定特殊性。

1. 木马的检测方法

（1）检测系统进程

通常木马在进程管理器中运行后出现异常，通过与正常进程 CPU 资源占用率和句柄数的比较，发现其症状。对系统进程列表进行分析和过滤，即可发现可疑程序。

（2）检查注册表、ini 文件和服务

木马为在开机后自动运行，经常在注册表的下列选项中添加注册表项：

HKEY_LOCAL_MACHINE\Software\Microsoft\Windows\CurrentVersion\Run

HKEY_LOCAL_MACHINE\Software\Microsoft\Windows\CurrentVersion\RunOnce

HKEY_LOCAL_MACHINE\Software\Microsoft\Windows\CurrentVersion\RunOnceEx

HKEY_LOCAL_MACHINE\Software\Microsoft\Windows\CurrentVersion\RunServices

HKEY_LOCAL_MACHINE\Software\Microsoft\Windows\CurrentVersion\RunServicesOnce

【案例 8-11】 木马可在 Win. ini 和 System. ini 的"run ="、"load ="、"shell ="后面加载，若在这些选项后的加载程序很陌生，可能就是木马。它通常将"Explorer"变为自身程序名，只需将其中的字母"l"改为数字"1"，或将字母"o"改为数字"0"，不易被发现。

在 Windwos 中，木马作为服务添加到系统中，甚至随机替换系统未启动的服务程序进行自动加载，检测时应注意操作系统的常规服务。

（3）检测开放端口

远程控制型或输出 Shell 型木马，常在系统中监听一些端口，接收并执行从控制端发出的命令。通过检测系统上开启的"异常"端口，即可发现木马。在命令行中输入 Netstat – na，可看见系统打开的端口和连接。也可用 Fport 等端口扫描检测软件，查看打开端口的进程名、进程号和程序的路径等信息。

（4）监视网络通信

利用网际控制信息协议（ICMP）数据通信的木马，被控端无打开的监听端口，无反向连接，使其无法建立连接，此时不能采用检测开放端口的方法。可先关闭所有网络行为的进程，然后利用 Sniffer 监听，若仍有大量的数据，则可以断定木马正在后台运行。

2. 木马的清除方法

（1）手工删除

对于一些可疑文件，应当慎重，以免由于误删系统文件而使系统无法正常工作。首先备份可疑文件和注册表，再用 Ultraedit32 编辑器查看文件首部信息，通过其中的明文字符查看木马。还可通过 W32Dasm 等专用反编译软件对可疑文件静态分析，查看文件的导入函数列表和数据段部分，查看程序的主要功能，最后删除木马文件及注册表中键值。

（2）杀毒软件清除

由于木马程序变异及自我保护机制，一般用户最好利用专用的杀毒软件进行杀毒，并对杀毒软件及时更新，并通过网络安全病毒防范公告及时掌握新木马的预防和查杀方法。

【案例 8-12】 上海市经济和信息化委员会 2013 年 8 月 23 日发布计算机病毒预报。

计算机病毒之一 Trojan. Bladabindi 病毒执行体描述。Trojan. Bladabindi 是一个木马，它在受感染的计算机上窃取信息。木马执行时，会复制自身到以下位置：

%Temp% \Trojan. exe

该木马还会创建以下文件：

%UserProfile% \Start Menu\Programs\Startup\ [RANDOM FILE NAME]. exe

该木马会创建以下注册表项，达到开机启动的目的：

HKEY_LOCAL_MACHINE\SOFTWARE\Microsoft\Windows\CurrentVersion\Run\"[RANDOM FILE NAME]"

= "%Temp% \Trojan. exe"

然后，木马创建以下注册表项：

HKEY_LOCAL_MACHINE\SYSTEM\ControlSet001\Services\SharedAccess\Parameters\FirewallPolicy\ StandardProfile\AuthorizedApplications\List\"%Temp% \Trojan. exe" = "%Temp% \Trojan. exe：*： Enabled；Trojan. exe"

HKEY_LOCAL_MACHINE\SYSTEM\CurrentControlSet\Services\SharedAccess\Parameters\FirewallPol icy\ StandardProfile\ AuthorizedApplications \ List \ "% Temp% \ Trojan. exe " = "% Temp% \ Trojan. exe：*

：Enabled；Trojan. exe"

该木马会记录所有打开窗口的标题和击键记录，将收集到的数据保存在以下文件：

%Temp% \Trojan. exe. tmp

所收集的数据随后被发送到一个预定的远程地址。

预防和清除：不要点击不明网站；不要打开不明邮件附件；定时更新杀毒软件病毒数据库，最好打开杀毒软件的病毒数据库自动更新功能。关闭计算机的共享功能，关闭允许远程连接计算机的功能。安装最新的系统补丁。

3. 木马的防范方法

（1）堵住控制通路

如果网络连接处于禁用或取消连接状态，却出现反复启动、打开窗口等异常情况，则计算机可能中了木马。断开网络连接或拔掉网线，即可完全避免远端计算机通过网络对其控制，也可在清除木马后重设防火墙，加固或过滤 UDP、TCP、ICMP 端口等进行防护。

（2）堵住可疑进程

通过进程管理软件（或 Windwos 自带的任务管理器）查看可疑进程，以其工具结束可疑进程后计算机正常，表明可疑进程被远程控制，需尽快堵住此进程。

（3）利用查毒软件

如后面介绍的瑞星全功能安全软件 2010 采用了多种新技术、新功能，深度应用全新的"查杀木马引擎"、"木马行为分析"和"启发式扫描"等技术，增强了对病毒木马的拦截和查杀。

8.3.5 病毒和防病毒技术的发展趋势

只有及时了解计算机病毒的发展变化，掌握计算机病毒的最新发展趋势和最新防范技术，才能更有效地进行防范。

1. 计算机病毒的发展趋势

计算机病毒技术发展变化很快，而且造成的影响更为广泛，从最早的单片机到现在的联网手机，并朝着网络化、智能化和目的化方向发展。一些新病毒更加隐蔽，针对查毒软件而设计的多形态病毒使查毒更困难。

【案例8-13】据瑞星网站报道，2013年1至6月，瑞星"云安全"系统共截获新增病毒样本1633万余个，病毒总体数量比2012年下半年增长93.01%，呈现出一个爆发式的增长态势。其中木马病毒1172万个，占总体病毒的71.8%，和2012年一样是第一大种类病毒。新增病毒样本包括蠕虫病毒（Worm）198万个，占总体数量的12.12%，为第二大种类病毒。感染型（Win32）病毒97万个，占总体数量的5.94%，后门病毒（Backdoor）66万个，占总体数量的4.04%，位列第三和第四。恶意广告（Adware）、黑客程序（Hack）、病毒释放器（Dropper）、恶意驱动（Rootkit）依次排列，比例分别为1.91%、1.03%、0.62%和0.35%。

一些病毒可以生成工具，常以菜单形式驱动，只要生成工具即可轻易地制造出病毒，而且可设计出非常复杂的具有偷盗和多形态特征的病毒。通过网络广泛利用木马实施攻击。

一般病毒攻击计算机时，可窃取某些中断功能，并借助DOS完成操作。而一些超级病毒技术可对抗计算机病毒的预防技术，进行感染破坏时，防病毒工具根本无法获取运行的机会，使病毒的感染破坏顺利进行。所以，预防病毒的关键是：在对磁盘读写操作时，病毒预防工具能否获得运行的机会，以对其读写操作进行判断分析。

目前，一些病毒可让杀毒软件不能正常启动。最近的Ghost. pif就是这类病毒，它在杀毒软件安装目录里伪造一个恶意的Ws2_32. dll文件，导致杀毒软件在启动时不能加载正确的Ws2_32. dll文件，出现"0xc00000ba"错误。

📖 **拓展阅读**：一种通过特定的网络钓鱼和偷渡式下载传播恶意软件的木马病毒Zeus，可越过登录名和密码，窃取网上银行凭证。廉价的工具包可创建Zeus的变种，却难被防病毒程序检测发现。2013年全球受到Zeus等僵尸网络感染的计算机将近300万台。

2. 病毒防范技术的发展趋势

传统防病毒技术依赖于基于病毒特征码和特征库的病毒侦测率，先在计算机程序中找特征码，然后与病毒库比对。当防病毒工具面对太多种新病毒时，扫描一次就需要很多内存空间和时间。病毒清除新技术和新发展主要体现如下。

（1）实时监测技术

为计算机构筑起一道动态、实时的防病毒防线，通过修改操作系统，使其具备防病毒功能，将病毒拒于系统之外。实时监测系统中的病毒活动、系统状况，以及因特网、电子邮件上和存储介质的病毒传播，将病毒阻止在操作系统之外。由于采用了与操作系统的底层无缝连接技术，实时监测占用的系统源极小，对计算机性能的影响也很小。

（2）自动解压缩技术

现在因特网、光盘及Windows中涉及的文件基本是以压缩状态存放的，以节省传输时间和存放空间，却使各类压缩文件成为计算机病毒传播的"温床"，现有技术只能查、不能消除，但自动解压缩技术可避免这个问题。

（3）跨平台防病毒技术

病毒活跃的平台基本是各流行操作系统，为使防病毒软件与系统的底层无缝连接、可靠地实时检测和清除病毒，在不同平台上使用跨平台防病毒软件。

（4）云端杀毒

熊猫公司将云计算服务称为 Collective Intelligence（集体人工智能），通过云端的主机群收集并存储终端用户和互联网应用程序的行为模式、档案记录和新恶意程序样本。每天监测上千万个网站，分析采集超过 8TB 的资料，瑞星等也已得到应用。

云计算防病毒技术不再需要客户端保留病毒库软件，所有的特征信息都将存放于互联网中。当任何终端用户连接到互联网后，与云端的服务器保持实时联络，当发现异常行为或病毒等风险后，自动提交到云端的服务器群组中，由云计算技术进行集中分析和处理。将病毒特征库放置于"云"中，不仅可节省因病毒不断泛滥而造成的软硬件资源开支，而且还能获得更加高效的病毒防范能力。云计算技术可生成一份对风险的处理意见，同时对客户端进行统一分发，客户端可以自动进行阻断拦截及查杀等操作。

（5）其他防范管理新方法

1）完善产品体系及提高病毒检测率。在各种需要防护的平台上部署防病毒软件，主要包括客户端、邮件服务器、其他服务器、网关等几类平台。

2）功能完善的控制台。为了方便集中管理，通过集中分发软件、病毒特征码升级的防病毒软件控制台，用网络对防病毒软件集中管理、统一配置。对控制台先要解决管理容量问题，可根据需要按照 IP 地址、计算机名称、子网及 NT 域设置不同的防病毒策略分别实施。

3）减少通过广域网流量管理。由于广域网的带宽有限，新防病毒软件应尽量减少带宽占用。尽量在非工作时间自动升级，对频繁升级的特征码，应采用增量升级方式等对其压缩。

4）实时防范能力。传统的防病毒软件必备的功能是防止病毒常驻内存，并对所有活动的文件进行病毒扫描和清除。新的自动病毒防范能力则需要具有一定的未知病毒识别判断能力。

5）快速及时的病毒特征码升级。防病毒系统的重要功能之一是提供便捷升级，对防病毒软件的技术和售后服务的要求很高。对整个网络规范化的病毒防范，必须了解最新技术，结合网络的病毒入口点分析，形成协同作战、统一管理的病毒防范体系。

📖 **讨论思考：**

1）如何进行常见病毒的检测、清除和防范？

2）如何进行木马病毒的检测、清除和防范？

3）计算机病毒和防病毒技术的发展趋势是什么？

8.4 恶意软件的危害和清除

从广义上讲，计算机病毒也是恶意软件的一种。目前，为了具体分析研究计算机病毒，通常将恶意软件与计算机病毒在狭义上加以区别，讨论恶意软件旨在保证系统正常运行。

8.4.1 恶意软件简介

1. 恶意软件的概念

恶意软件也称恶意代码，是具有扰乱系统正常运行和操作功能的程序。广义上讲，计算机病毒也是恶意软件的一种。狭义上讲，恶意软件是介于病毒和正规软件之间的程序。恶意软件一般同时具有下载、媒体播放等正常功能和自动弹出、开后门、难清除等恶意行为，经常给广大计算机用户带来一定的干扰和麻烦。其共同的特征是未经用户许可强行潜入到用户计算机中，而且无法正常卸载和删除，经常删除后又自动生成，因此，也被称为"流氓软件"。

2. 恶意软件的分类

按照恶意软件的特征和危害可以分为6类。

（1）广告软件

广告软件（Adware）是指未经用户允许，下载并安装在用户计算机上，或与其他软件捆绑，通过弹出式广告等形式牟取商业利益的程序。一般会强制安装并无法卸载；在后台收集用户信息牟利，危及用户隐私；频繁弹出广告，消耗系统资源，使其运行变慢等。如用户安装了图片下载软件后，经常会一直弹出带有广告的窗口，干扰正常使用。有的软件安装后，在 IE 浏览器的工具栏位置添加与其功能不相干的广告图标，难以清除。

（2）间谍软件

间谍软件（Spyware）是一种能够在用户不知情时，在其计算机上安装后门程序并收集用户信息的木马程序。用户的隐私数据和重要信息被其捕获，并被发送给黑客、商业公司等。这些"后门程序"甚至使用户的计算机被远程操纵，组成庞大的"僵尸网络"。

（3）浏览器劫持

浏览器劫持是一种恶意程序，通过浏览器插件、浏览器辅助对象 BHO、Winsock LSP 等形式对用户的浏览器进行篡改，使浏览器配置不正常，被强行引导到商业网站。

（4）行为记录软件

行为记录软件（Track Ware）是指未经用户许可，窃取并分析用户隐私数据，记录用户计算机使用习惯、网络浏览习惯等个人行为的软件。行为记录软件危及用户隐私，可被黑客利用进行网络诈骗。

（5）恶意共享软件

恶意共享软件（Malicious Shaoreware）是指为了获利，采用诱骗等手段让用户注册，或在软件体内捆绑各类恶意插件，未经允许即将其安装到用户机器中。如强迫用户进行注册，否则会丢失个人资料或数据。结果可能造成用户浏览器被劫持、隐私被窃取或敲诈等。还有的用户安装某媒体播放软件后，不提示被安装其他软件（搜索插件、下载软件），用户卸载播放软件时不会自动卸载这些附加安装的软件。

（6）其他"流氓软件"

随着网络的发展，"流氓软件"的分类也越来越多，一些新种类的流氓软件不断出现，分类方式也有所不同。

8.4.2 恶意软件的危害与清除

1. 恶意软件的危害

（1）强制弹出广告软件

一般弹出广告的恶意软件较隐蔽，在用户的桌面、程序组中无快捷方式，有的甚至隐藏了系统进程，使用户很难发觉。既占据用户的带宽，又以弹出广告的形式影响正常操作。

（2）劫持浏览器

一些不良网站带有很多欺骗性质的链接，引诱用户点击，点击后自动在后台下载、安装程序或代码，不仅更改浏览器默认首页及搜索引擎，还强迫用户改变使用习惯，造成不便。

（3）后台记录

有的软件以"免费在线升级"为诱饵，其插件可以在很短的间隔扫描（访问）某个域名。在提升网站排名的同时记录了用户的使用习惯，以图不轨。

（4）强制改写系统文件

一些软件虽不具备恶意软件的明显特征，但在安装时会替换掉用户系统中的原系统文件。其制作粗糙，令用户操作系统极为不稳定，严重时可能会引起系统瘫痪。

2. 恶意软件的清除

可利用恶意软件清除工具对恶意软件进行清理，如 Windows 优化大师、恶意软件清理助手、金山清理专家、超级巡警（云查杀）、Windows 清理助手等，其使用方法较为简单。

【**案例 8-14**】Windows 优化大师清除恶意软件方法。Windows 优化大师是一款功能强大的系统工具软件，提供了全面有效且简便安全的系统检测、优化、清理、维护 4 大功能模块和附加的工具软件；可有效帮助用户了解计算机软硬件信息，简化操作系统设置步骤，提升计算机运行效率，清理系统运行时产生的垃圾，修复系统故障及安全漏洞，维护系统的正常运转。其中，强大的清理功能如下。

1）注册信息清理：快速安全扫描、分析和清理注册表。

2）磁盘文件管理：快速安全扫描、分析并清理选中硬盘分区或文件夹中的无用文件，统计选中分区或文件夹空间占用、重复文件分析、删除顽固文件。

3）冗余 DLL 清理：快速分析硬盘中冗余动态链接库文件，并在备份后予以清除。

4）ActiveX 清理：快速分析系统中冗余的 ActiveX/COM 组件，并在备份后予以清除。

5）软件智能卸载：自动分析指定软件在硬盘中关联的文件以及在注册表中登记的相关信息，并在备份后予以清除。

6）历史痕迹清理：快速安全扫描、分析和清理历史痕迹，保护用户隐私。

7）备份恢复管理：所有被清理删除的项目均可从自带的备份与恢复管理器中进行恢复。

Windows 优化大师主要操作界面，如图 8-1 所示。

图 8-1 Windows 优化大师主要操作界面

📖 讨论思考：

1）什么是恶意软件？请指出其特征。

2）恶意软件的种类具体有哪些？

3）恶意软件的危害和清除方法有哪些？

8.5 360 安全卫士及杀毒软件应用实验

360 安全卫士及杀毒软件应用很广泛，其中，企业版获得"2013 年度中国 IT 创新奖"，可以面向企业级用户推出专业、安全的解决方案，致力解决企业用户普遍的网络安全问题，让繁杂的网络安全管理简单化，而且与传统企业级杀毒软件不同，更加实用方便，全面防护企业网络安全，还可以集成企业白名单技术，有效杜绝各种专用软件风险误报。

8.5.1 实验目的

360 安全卫士及杀毒软件的实验目的主要包括：
1）了解 360 安全卫士及杀毒软件的主要功能及特点。
2）理解 360 安全卫士及杀毒软件的主要技术和应用。
3）掌握 360 安全卫士及杀毒软件的主要操作界面和方法。

8.5.2 实验内容

1. 主要实验内容

360 安全卫士及杀毒软件的实验内容主要包括：
1）360 安全卫士及杀毒软件的主要功能及特点。
2）360 安全卫士及杀毒软件的主要技术和应用。
3）360 安全卫士及杀毒软件的主要操作界面和方法。
实验用时：2 学时（90～120 min）。

2. 360 安全卫士的主要功能特点

360 安全卫士的主要功能特点包括：
1）电脑体检。可对用户计算机进行安全方面的全面细致检测。
2）查杀木马。使用 360 云引擎、启发式引擎、本地引擎、360 奇虎支持向量机 QVM（Qihoo Support Vector Machine）四引擎毒查杀木马。
3）修复漏洞。为系统修复高危漏洞、加固和功能性更新。
4）系统修复。修复常见的上网设置和系统设置。
5）电脑清理。清理插件、清理垃圾和清理痕迹并清理注册表。
6）优化加速。通过系统优化，加快开机和运行速度。
7）电脑门诊。解决计算机使用过程中遇到的有关问题。
8）软件管家。安全下载常用软件，提供便利的小工具。
9）功能大全。提供各式各样的与安全防御有关的功能。
360 安全卫士 9.6 版，将木马防火墙、网盾及安全保镖合三为一，安全防护体系功能大幅增强。具有查杀木马及病毒、清理插件、修复危险项漏洞、电脑体检、开机加速等多种功能，并独创了木马防火墙功能，利用提前侦测和云端鉴别，可全面、智能地拦截各类木马，保护用户的账号、隐私等重要信息。运用云安全技术，在拦截和查杀木马的效果、速度以及专业性上表现出色，可有效防止个人数据和隐私被木马窃取。还具有广告拦截功能，并新增了网购安全环境修复功能。

3. 360 杀毒软件的主要功能特点

360 杀毒软件和 360 安全卫士配合使用，可提供全时、全面的病毒防护。360 杀毒软件的主要功能特点包括：

1）360 杀毒无缝整合国际知名的 BitDefender 病毒查杀引擎和安全中心领先云查杀引擎。

2）双引擎智能调度，为计算机提供完善的病毒防护体系，不但查杀能力出色，而且能第一时间防御新出现的病毒木马。

3）以独有的技术体系对系统资源占用少，杀毒快、误杀率低。

4）快速升级和响应，病毒特征库及时更新，确保对爆发性病毒的快速响应。

5）对感染型木马强力的查杀功能，强大的反病毒引擎，以及实时保护技术，采用虚拟环境启发式分析技术发现和阻止未知病毒。

6）超低系统资源占用，人性化免打扰设置。在用户打开全屏程序或运行应用程序时自动进入"免打扰模式"。

新版 360 杀毒软件整合了四大领先防杀引擎，包括国际知名的 BitDefender 病毒查杀、云查杀、主动防御、QVM 人工智能引擎，不但查杀能力出色，而且能第一时间防御新出现或变异的新病毒。数据向云杀毒转变，自身体积变得更小，刀片式智能引擎架构可根据用户需求和计算机实际情况自动组合协调杀毒配置。

360 杀毒软件具备 360 安全中心的云查杀引擎，双引擎智能调度不但查杀能力出色，而且能第一时间防御新出现的病毒木马，提供全面保护。

8.5.3 实验方法及步骤

1. 360 安全卫士操作界面

鉴于广大用户对 360 安全卫士等软件比较熟悉，且限于篇幅，在此只作概述。

360 安全卫士最新 9.6 版的主要操作界面，如图 8-2 ~ 图 8-7 所示。

图 8-2　360 安全卫士主界面及电脑体检界面

图 8-3　360 安全卫士木马查杀界面

图 8-4　360 安全卫士系统修复界面

图 8-5　360 安全卫士电脑清理界面

图 8-6　360 电脑救援操作界面

图 8-7　360 手机安全助手

2. 360 杀毒软件操作界面

360 杀毒软件的主要功能界面，如图 8-8 ~ 图 8-11 所示。

图 8-8　360 杀毒软件主界面

图 8-9　360 杀毒软件全面扫描界面

图 8-10　快速扫描操作界面

图 8-11　功能大全选项界面

8.6　本章小结

计算机病毒的防范重于对病毒的检测和清除，计算机病毒防治是一项系统工程，需要各方面密切配合、综合治理。本章首先进行了计算机病毒概述，包括计算机病毒的概念及发展、计算机病毒的分类、计算机病毒的主要特点、计算机中毒初期/中期/后期的异常表现、特洛伊木马特性及变异；介绍了计算机病毒的组成结构、计算机病毒的各种传播方式、计算机病毒的触发条件与生存周期、近年出现的特种及新型计算机病毒实例分析等；同时还具体地介绍了计算机病毒的检测、清除与防范技术和方法，包括常见的病毒清除方法和木马的检测清除与防范技术，以及计算机病毒和防病毒的发展趋势及新技术方法；结合实际讨论了恶意软件的类型、危害、清除和防范方法；最后，对 360 安全卫士和杀毒软件的功能、特点和操作界面，以及实际应用和具体的实验目的、内容等进行了简单介绍，便于读者理解和掌握具体实验过程及方法。

8.7　练习与实践

1. 选择题

（1）在计算机病毒发展过程中，（　　）给计算机病毒带来了第一次流行高峰，同时病毒具有了自我保护的功能。

    A. 多态性病毒阶段 　　　　　　　　　B. 网络病毒阶段

    C. 混合型病毒阶段 　　　　　　　　　D. 主动攻击型病毒

（2）以病毒攻击的不同操作系统分类中，（　　）已经取代 DOS 系统，成为病毒攻击的主要对象。

    A. UNIX 系统 　　　　　　　　　　　B. OS/2 系统

    C. Windows 系统 　　　　　　　　　　D. NetWAre 系统

（3）（　　）是一种更具破坏力的恶意代码，能够感染多种计算机系统，其传播之快、影响范围之广、破坏力之强都是空前的。

    A. 特洛伊木马 　　　　　　　　　　　B. CIH 病毒

    C. CoDeReDII 双型病毒 　　　　　　　D. 蠕虫病毒

（4）按照计算机病毒的链接方式不同分类，（　　）是将其自身包围在合法的主程序的四周，对原来的程序不做修改。

    A. 源码型病毒   B. 外壳型病毒

    C. 嵌入型病毒   D. 操作系统型病毒

（5）（　　）属于蠕虫病毒，由 Delphi 工具编写，能够终止大量的防病毒软件和防火墙软件进程。

    A. 熊猫烧香   B. 机器狗病毒

    C. AV 杀手   D. 代理木马

2. 填空题

（1）计算机病毒是在_____中插入的破坏计算机功能或数据，影响计算机使用并且能够_____的一组计算机指令或者_____。

（2）病毒基本采用_____法来进行命名。病毒前缀表示_____，病毒名表示_____，病毒后缀表示_____。

（3）计算机病毒按传播方式分为_____、_____、_____。

（4）计算机病毒的组织结构包括_____、_____和_____。

（5）_____、_____、_____、_____是计算机病毒的基本特征。_____使病毒得以传播，_____体现病毒的杀伤能力，_____是病毒的攻击性和潜伏性之间的调整杠杆。

3. 简答题

（1）计算机病毒的特点有哪些？

（2）计算机中毒的异常表现有哪些？

（3）简述计算机病毒发展的过程。

（4）简述病毒的危害。

（5）怎样识别计算机病毒？

（6）如何清除计算机病毒？

（7）计算机病毒的类型有哪些？

（8）简述计算机的防病毒技术。

4. 实践题

（1）下载一种计算机查毒杀毒软件，进行安装、设置、查毒、杀毒操作。

（2）调研一个企事业网站，分析病毒的危害和中毒的异常表现。

（3）通过网络查询一种最新的病毒预防通告，查看其特征、危害和预防方法。

（4）利用计算机杀毒软件，进行清查木马和清除操作。

第9章　防火墙应用技术

防火墙技术是较成熟、较早用于保护计算机网络安全的产品化技术。防火墙属于网络访问的控制设备，位于两个（或多个）内外网络之间，通过执行访问策略来达到隔离和过滤安全的目的，是常用的网络安全技术和方法，对于网络系统的安全非常重要。

📖 **教学目标**
- 掌握防火墙的概念。
- 掌握防火墙的功能。
- 了解防火墙的不同分类。
- 掌握 SYN Flood 攻击的方式及用防火墙阻止其攻击的方法。

9.1　防火墙概述

【**案例9-1**】某中型企业购买了适合网络特点的防火墙，刚投入使用后，发现以前局域网中肆虐横行的蠕虫病毒不见了，企业网站遭受拒绝服务攻击的次数也大大减少，为此，公司领导特意表扬了负责防火墙安装实施的信息部。

9.1.1　防火墙的概念和功能

1. 防火墙的概念和部署

对于网络管理人员和用户来说，首先需要考虑保持信息的**保密性**、**防止非法访问**，以及**预防来自内外网络的攻击**。网络的漏洞必须不断被监视、发现和解决，否则就有可能被入侵者或黑客利用。防火墙技术就是保护计算机网络安全的较为可靠的技术措施。

防火墙**隔离**内部、外部网络系统，是对于内、外部网络通信进行安全过滤的主要途径，能够根据制定的访问规则对流经它的信息进行监控和审查，从而保护内部网络不受外界的非法访问和攻击。网络防火墙的部署结构如图9-1所示。

传统的防火墙通常是基于访问控制列表（ACL）进行包过滤的，位于内部专用网的入口处，所以也俗称为"边界防火墙"。随着网络技术的发展，防火墙技术也得到了发展，出现了一些新的防火墙技术，如电路级网关技术、应用网关技术和动态包过滤技术，在实际运用中，这些技术差别非常大，有的工作在 OSI 参考模式的网络层，有的工作在传输层，还有的工作在应用层。除了访问控制功能外，现在大多数的防火墙制造商在自己的设备上还集成了其他的安全技术，如 NAT 和 VPN、病毒防护等。

2. 防火墙的主要功能

实际上，防火墙是一个分离器、限制器或分析器，能够有效地监控内部网络和外部网络之间的所有活动，其**主要功能**如下：

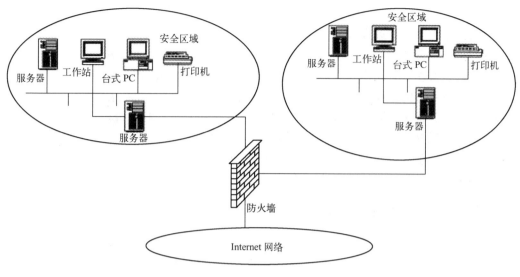

图 9-1　网络防火墙的部署结构

1）建立一个集中的监视点。防火墙位于两个或多个网络之间，对所有流经它的数据包都进行过滤和检查，这些检查点被称为"阻塞点"。通过强制所有进出流量通过阻塞点，网络管理员可以集中在较少地方实现安全的目的。

2）隔绝内、外网络，保护内部网络。这是防火墙的基本功能，通过隔离内、外网络，可以防止非法用户进入内部网络，并能有效防止邮件炸弹、蠕虫病毒、宏病毒的攻击。

3）强化网络安全策略。通过以防火墙为中心的安全方案配置，能将所有的安全软件（如口令、加密、身份认证、审计等）配置在防火墙上。与将网络安全问题分散在各个主机上相比，防火墙的集中安全管理更为经济。

4）有效记录和审计内、外网络之间的活动。因为内、外网络之间的数据包必须经过防火墙，所以防火墙能够对这些数据包进行记录并写进日志系统，同时可以对使用情况进行数据统计。当发现可疑动作时，防火墙能进行适当报警，并提供网络是否受到监测和攻击的详细信息。

9.1.2　防火墙的特性

目前，网络防火墙需要具备以下技术和功能特性，才能成为企事业和个人用户欢迎的防火墙产品。

1）安全、成熟、国际领先的特性。

2）具有专有的硬件平台和操作系统平台。

3）采用高性能的全状态检测（Stateful Inspection）技术。

4）具有优异的管理功能，提供优异的 GUI 管理界面。

5）支持多种用户认证类型和多种认证机制。

6）支持用户分组，并支持分组认证和授权。

7）支持内容过滤。

8）支持动态和静态地址翻译（NAT）。

9）支持高可用性，单台防火墙的故障不能影响系统的正常运行。

10）支持本地管理和远程管理。

11）支持日志管理和对日志的统计分析。

12）实时告警功能，在不影响性能的情况下，支持较大数量的连接数。

13）在保持足够的性能指标的前提下，能够提供尽量丰富的功能。

14）可以划分很多不同安全级别的区域，相同安全级别可控制是否相互通信。

15）支持在线升级。

16）支持虚拟防火墙及对虚拟防火墙的资源限制等功能。

17）防火墙能够与入侵检测系统互动。

9.1.3　防火墙的主要缺点

防火墙是网络上使用最多的安全设备，是网络安全的基石。但是，防火墙并不是万能的，其功能和性能都有一定的局限性，只能满足系统与网络特定的安全需求。

防火墙的主要缺点有以下几个方面：

1）无法防范不经由防火墙的攻击。如果数据一旦绕过防火墙，就无法检查。例如，内部网络用户直接从 Internet 服务提供商那里购置 SLIP 或 PPP 连接，就绕过了防火墙系统所提供的安全保护，从而造成了一种潜在的后门攻击渠道。入侵者就可以伪造数据绕过防火墙对这个敞开的后门进行攻击。

2）防火墙是一种被动安全策略执行设备，即对于新的未知攻击或者策略配置有误，防火墙就无能为力了。

3）防火墙不能防止利用标准网络协议中的缺陷进行的攻击。一旦防火墙允许某些标准网络协议，就不能防止利用协议缺陷的攻击。例如，DoS 或者 DDoS 进行的攻击。

4）防火墙不能防止利用服务器系统漏洞进行的攻击。防火墙不能阻止黑客通过防火墙准许的访问端口对该服务器漏洞进行的攻击。

5）防火墙不能防止数据驱动式的攻击。当有些表面看起来无害的数据传送或复制到内部网的主机上并被执行，可能会发生数据驱动式的攻击。

6）防火墙无法保证准许服务的安全性。防火墙可以准许某项服务，但不能保证该服务的安全性。准许服务的安全性问题必须通过应用安全来解决。

7）防火墙不能防止本身的安全漏洞威胁。防火墙有时无法保护自己。目前没有厂商能绝对保证自己的防火墙产品不存在安全漏洞，所以，对防火墙也必须提供某种安全保护。

8）防火墙不能防止感染了病毒的软件或文件的传输。防火墙本身不具备查杀病毒的功能，即使有些防火墙集成了第三方的防病毒软件，也没有一种软件可以查杀所有病毒。

此外，防火墙在性能上还不具备实时监控入侵的能力，其功能与速度成反比。防火墙的功能越多，对 CPU 和内存的消耗越大，速度越慢。管理上，人为因素对防火墙安全的影响也很大。因此，仅仅依靠现有的防火墙技术是远远不够的。

📖 **讨论思考：**

1）什么是防火墙？现实生活中有没有类似于防火墙功能的生活现象？

2）使用防火墙构建企业网络体系后，管理员是否可以高枕无忧？

3）能否提出一种思路，快速响应网络攻击行为？

9.2　防火墙的类型

为了更好地分析研究防火墙技术，需要掌握防火墙的类型、原理及特点、功能和结构等相关知识，以及不同的分类方式。

9.2.1　以防火墙的软硬件形式分类

如果从防火墙的软硬件形式来分，防火墙可以分为软件防火墙和硬件防火墙以及芯片级防火墙。

1. 软件防火墙

软件防火墙运行于特定的计算机上，它需要客户预先安装好的计算机操作系统的支持，一般来说这台计算机就是整个网络的网关，俗称"个人防火墙"。软件防火墙就像其他的软件产品一样需要先在计算机上安装并做好配置才可以使用。防火墙厂商中做网络版软件防火墙最出名的莫过于 Checkpoint。使用这类防火墙，需要网管对所工作的操作系统平台比较熟悉。

2. 硬件防火墙

这里说的硬件防火墙是指"所谓的硬件防火墙"。之所以加上"所谓"二字，是针对芯片级防火墙说的。它们最大的差别在于是否基于专用的硬件平台。目前市场上大多数防火墙都是这种所谓的硬件防火墙，它们都基于 PC 架构，就是说，它们和普通家庭用的 PC 没有太大区别。在这些 PC 架构计算机上运行一些经过裁剪和简化的操作系统，最常用的有老版本的 UNIX、Linux 和 FreeBSD 系统。值得注意的是，由于此类防火墙采用的依然是别人的内核，因此依然会受到 OS（操作系统）本身的安全性影响。

传统硬件防火墙一般至少应具备 3 个端口，分别接内网、外网和 DMZ 区（非军事化区），现在一些新的硬件防火墙往往扩展了端口，常见四端口防火墙一般将第四个端口作为配置口、管理端口。很多防火墙还可以进一步扩展端口数目。

3. 芯片级防火墙

芯片级防火墙基于专门的硬件平台，没有操作系统。专有的 ASIC 芯片促使它们比其他种类的防火墙速度更快，处理能力更强，性能更高。做这类防火墙最出名的厂商有 NetScreen、FortiNet、Cisco 等。这类防火墙由于是专用 OS（操作系统），因此防火墙本身的漏洞比较少，不过价格相对比较高昂。

9.2.2　以防火墙技术分类

按照防火墙的技术分类，可以分为"包过滤型"和"应用代理型"两大类。

防火墙技术虽然出现了许多，但总体来讲可分为"包过滤型"和"应用代理型"两大类。前者以以色列的 Checkpoint 防火墙和美国 Cisco 公司的 PIX 防火墙为代表，后者以美国 NAI 公司的 Gauntlet 防火墙为代表。

1. 包过滤（Packet Filtering）型

包过滤型防火墙工作在 OSI 网络参考模型的网络层和传输层，它根据数据包头源地址、目的地址、端口号和协议类型等标志确定是否允许通过。只有满足过滤条件的数据包才被转发到相应的目的地，其余数据包则被从数据流中丢弃。其网络结构如图9-2所示。

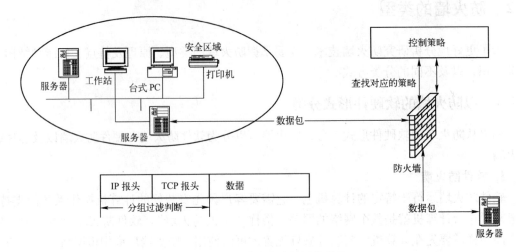

图9-2　包过滤防火墙的网络结构

包过滤方式是一种通用、廉价和有效的安全手段。之所以通用，是因为它不是针对各个具体的网络服务采取特殊的处理方式，而且适用于所有网络服务；之所以廉价，是因为大多数路由器都提供数据包过滤功能，所以这类防火墙多数是由路由器集成的；之所以有效，是因为它能很大程度上满足绝大多数企业的安全要求。

在整个防火墙技术的发展过程中，包过滤技术出现了两种不同版本，称为"第一代静态包过滤"和"第二代动态包过滤"。

（1）第一代静态包过滤类型防火墙

这类防火墙几乎是与路由器同时产生的，是根据定义好的过滤规则审查每个数据包，以便确定其是否与某一条包过滤规则匹配。过滤规则基于数据包的报头信息来制定。报头信息中包括IP源地址、IP目标地址、传输协议（TCP、UDP、ICMP等）、TCP/UDP目标端口、ICMP消息类型等。其数据通路如图9-3所示（图中间一列表示的是防火墙，左右两列分别表示进行连接的两台计算机）。

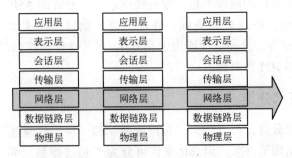

图9-3　第一代静态包过滤防火墙的数据通路

（2）第二代动态包过滤类型防火墙

这类防火墙采用动态设置包过滤规则的方法，避免了静态包过滤所具有的问题。这种技术后来发展成为包状态监测（Stateful Inspection）技术。采用这种技术的防火墙对通过其建立的每一个连接都进行跟踪，并且根据需要可动态地在过滤规则中增加或更新条目，具体的数据通路如图9-4所示。

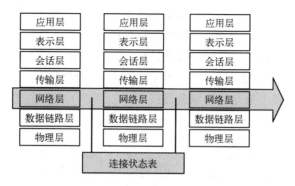

图9-4　第二代包过滤防火墙的数据通路

包过滤方式的优点是不用改动客户机和主机上的应用程序，因为它工作在网络层和传输层，与应用层无关。但其弱点也是明显的：过滤判别的依据只是网络层和传输层的有限信息，因而各种安全要求不可能充分满足；在许多过滤器中，过滤规则的数目是有限制的，且随着规则数目的增加，性能会受到很大影响；由于缺少上下文关联信息，不能有效地过滤如UDP、RPC（远程过程调用）一类的协议；另外，大多数过滤器中缺少审计和报警机制，它只能依据包头信息，而不能对用户身份进行验证，很容易受到"地址欺骗型"攻击。对安全管理人员素质要求高，建立安全规则时，必须对协议本身及其在不同应用程序中的作用有较深入的理解。因此，过滤器通常是和应用网关配合使用，共同组成防火墙系统。

2. 应用代理（Application Proxy）型

应用代理型防火墙工作在OSI的最高层，即应用层。其特点是完全"阻隔"了网络通信流，通过对每种应用服务编制专门的代理程序，实现监视和控制应用层通信流的目的。其典型网络结构如图9-5所示。

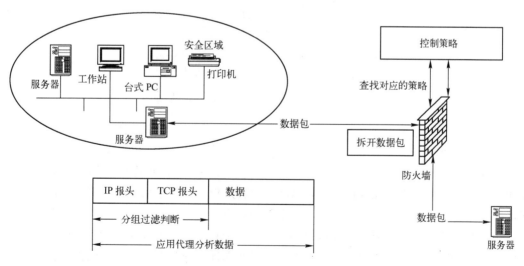

图9-5　应用代理型防火墙的网络结构

在代理型防火墙技术的发展过程中，它也经历了两个不同的版本，即第一代应用网关型代理防火墙和第二代自适应代理型防火墙。

（1）第一代应用网关（Application Gateway）型代理防火墙

这类防火墙通过一种代理（Proxy）技术参与到一个 TCP 连接的全过程。如图 9-6 所示，从内部发出的数据包经过这样的防火墙处理后，就好像是源于防火墙外部网卡一样，从而可以达到隐藏内部网结构的作用。这种类型的防火墙被网络安全专家和媒体公认为是最安全的防火墙。它的核心技术就是代理服务器技术。

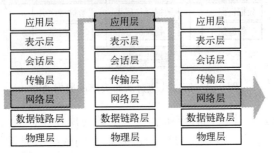

图 9-6　第一代应用网关型代理防火墙的数据通路

（2）第二代自适应代理（Adaptive Proxy）型防火墙

它是近几年才得到广泛应用的一种新的防火墙类型。它可以结合代理型防火墙的安全性和包过滤防火墙的高速度等优点，在不损失安全性的基础上将代理型防火墙的性能提高 10 倍以上。此类防火墙的数据通路如图 9-7 所示。组成这种类型防火墙的基本要素有两个：自适应代理服务器（Adaptive Proxy Server）与动态包过滤器（Dynamic Packet Filter）。

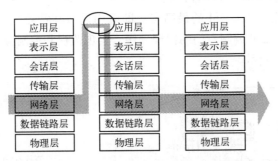

图 9-7　第二代自适应代理型防火墙的数据通路

从图 9-7 可以看出，在"自适应代理服务器"与"动态包过滤器"之间存在一个控制通道。在对防火墙进行配置时，用户仅仅将所需要的服务类型、安全级别等信息通过相应 Proxy 的管理界面进行设置就可以了。然后，自适应代理就可以根据用户的配置信息，决定是使用代理服务从应用层代理请求还是从网络层转发包。如果是后者，它将动态地通知包过滤器增减过滤规则，满足用户对速度和安全性的双重要求。

代理类型防火墙的最突出的优点就是安全。由于它工作于最高层，所以它可以对网络中任何一层数据通信进行筛选保护，而不是像包过滤那样，只是对网络层的数据进行过滤。

另外，代理型防火墙采取的是一种代理机制，它可以为每一种应用服务建立一个专门的代理，所以内外部网络之间的通信不是直接的，而是需要先经过代理服务器审核，通过后再由代理服务器代为连接，根本没有给内外部网络计算机任何直接会话的机会，从而避免了入侵者使用数据驱动类型的攻击方式入侵内部网络。

代理防火墙的最大缺点就是速度相对比较慢，当用户对内外部网络网关的吞吐量要求比较高时，代理防火墙就会成为内外部网络之间的瓶颈。因为防火墙需要为不同的网络服务建立专门的代理服务，在自己的代理程序为内外部网络用户建立连接时需要时间，所以给系统性能带来了一些负面影响，但通常不会很明显。

9.2.3 以防火墙体系结构分类

从防火墙的结构上分，防火墙主要有：单一主机防火墙、路由器集成式防火墙和分布式防火墙3种。

单一主机防火墙是最为传统的防火墙，独立于其他网络设备，位于**网络边界**。

这种防火墙其实与一台计算机结构差不多，同样包括 CPU、内存、硬盘、主板等基本组件，且主板上也有南、北桥芯片。它与一般计算机最主要的区别就是一般防火墙都集成了两个以上的以太网卡，因为它需要连接一个以上的内外部网络。其中的硬盘就是用来存储防火墙所用的基本程序，如包过滤程序和代理服务器程序等，有的防火墙还把日志也记录在此硬盘上。虽然如此，但不能说防火墙就与常见的 PC 一样，因为它的工作性质，决定了它要具备非常高的稳定性、实用性，以及非常高的系统吞吐性能。正因如此，看似与 PC 差不多的配置，价格却相差甚远。

随着防火墙技术的发展及应用需求的提高，原来作为单一主机的防火墙现在已发生了许多变化。最明显的变化就是现在许多中高档的路由器中已集成了防火墙功能，还有的防火墙已不再是一个独立的硬件实体，而是由多个软硬件组成的系统，这种防火墙俗称"**分布式防火墙**"。

原来单一主机的防火墙由于价格非常昂贵，仅有少数大型企业才能承受得起，为了降低企业网络投资，现在许多中高档路由器中集成了防火墙功能，如 Cisco IOS 防火墙系列。这样企业就不用再同时购买路由器和防火墙，大大降低了网络设备购买成本。

分布式防火墙再也不是只位于网络边界，而是渗透于网络的每一台主机，对整个内部网络的主机实施保护。在网络服务器中，通常会安装一个防火墙系统管理软件，在服务器及各主机上安装有集成网卡功能的 PCI 防火墙卡，这样一块防火墙卡同时兼有网卡和防火墙的双重功能，一个防火墙系统就可以彻底保护内部网络了。各主机把任何其他主机发送的通信连接都视为"不可信"的，都需要严格过滤。而不是传统边界防火墙那样，仅对外部网络发出的通信请求"不信任"。

9.2.4 以性能等级分类

如果按防火墙的性能来分，可以分为百兆级防火墙和千兆级防火墙两类。

因为防火墙通常位于网络边界，所以不可能只是十兆级的。这主要是指防火墙的通道带宽（Bandwidth），或者说是吞吐率。当然通道带宽越宽，性能越高，这样的防火墙因包过滤或应用代理所产生的延时也越小，对整个网络通信性能的影响也就越小。

📖 讨论思考：

1）软件防火墙、硬件防火墙和芯片防火墙的主要区别是什么？

2）包过滤防火墙工作在 OSI 模型的哪一层？

3）应用代理型防火墙为什么比包过滤型防火墙的性能要好？

9.3 防火墙的主要应用

计算机网络防火墙的主要应用包括：企业网络体系结构、内部防火墙系统应用、外围防火墙设计、用防火墙阻止 SYN Flood 攻击的方式方法等。

9.3.1 企业网络体系结构

来自外部用户和内部用户的网络入侵日益频繁，必须建立保护网络不会受到这些入侵破坏的机制。虽然防火墙可以为网络提供保护，但是它同时也会耗费资金，并且会对通信产生障碍，因此应该尽可能寻找最经济、效率最高的防火墙。

企业网络体系结构如图 9-8 所示，通常由边界网络、外围网络和内部网络 3 个区域组成。

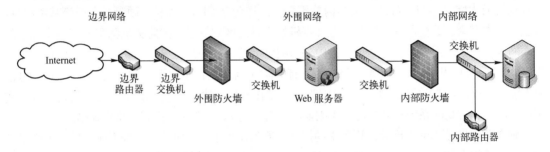

图 9-8 企业网络体系结构

(1) 边界网络

边界网络通过路由器直接面向 Internet，应该以基本网络通信筛选的形式提供初始层面的保护。路由器通过外围防火墙将数据一直提供到外围网络。

(2) 外围网络

外围网络通常称为 无戒备区网络（Demilitarized Zone Network，DMZ）或者边缘网络，它将外来用户与 Web 服务器或其他服务链接起来。然后，Web 服务器将通过内部防火墙链接到内部网络。

(3) 内部网络

内部网络链接各个内部服务器（如 SQL Server）和内部用户。

以天网防火墙为例，组建的小型企业网络方案如图 9-9 所示。

在这个网络方案中，小型企业通常采用 2 Mbit/s 以下的专线实现与 Internet 的互连，在线路速度上对防火墙的要求不高。企业通过路由器与 DDN 连接上 Internet，路由器的以太网接口直接连接到防火墙的网络端口 1 上；企业的服务器直接连接到防火墙的网络端口 2 上，如果企业多有台服务器，可以通过集线器连接到防火墙到网络端口 2 上；企业的工作站通过网络集线器连接到防火墙的网络端口 3 上。通过这种方式，防火墙可以同时保护企业的服务器和内部的工作站。

内部的所有工作站可以采用内部网的私有网络地址，例如 192.168.0.xxx 网段，通过防火墙的 NAT 功能连接上 Internet，将宝贵的 IP 地址资源保留给服务器使用。

252

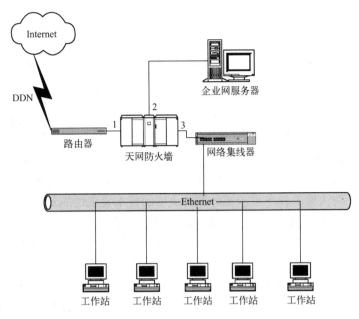

图 9-9　使用天网防火墙的典型企业结构

9.3.2　内部防火墙系统应用

内部防火墙用于控制对内部网络的访问以及从内部网络进行访问。用户类型包括如下几种。

1）完全信任用户：例如组织的雇员，可以是要到外围区域或 Internet 的内部用户、外部用户（如分支办事处工作人员）、远程用户或在家中办公的用户。

2）部分信任用户：例如，组织的业务合作伙伴，这类用户的信任级别比不受信任的用户高。但是，其信任级别经常比组织的雇员要低。

3）不信任用户：例如，组织公共网站的用户。

理论上，来自 Internet 的不受信任的用户应该仅访问外围区域中的 Web 服务器。如果他们需要对内部服务器进行访问（例如，检查股票级别），受信任的 Web 服务器会代表他们进行查询，这样应该永远不允许不受信任的用户通过此内部防火墙。

在选择准备在此容量中使用的防火墙类别时，应该考虑许多问题。表 9-1 着重说明这些问题。

表 9-1　内部防火墙类别选择问题

问　　题	以此容量实现的防火墙的典型特征
所需的防火墙功能，如安全管理员所指定的	这是所需的安全程度与功能的成本以及增加的安全可能导致的性能的潜在下降之间的权衡。虽然许多组织希望这一容量的防火墙提供最高的安全性，但是有些组织并不愿意接受伴随而来的性能降低。例如，对于容量非常大的非电子商务网站，基于通过使用静态数据包筛选器而不是应用程序层筛选获得的较高级别的吞吐量，可能允许较低级别的安全
该设备是专用的物理设备，提供其他功能，还是物理设备上的一个逻辑防火墙	这取决于所需的性能、数据的敏感性和需要从外围区域进行访问的频率
设备的管理功能要求，如组织的管理体系结构所指定的	通常使用某种形式的日志，但是通常还需要事件监视机制。用户可能在这里选择不允许远程管理以阻止恶意用户远程管理设备

问　　题	以此容量实现的防火墙的典型特征
吞吐量要求很可能由组织内的网络和服务管理员来确定	这些将根据环境而变化，但是设备或服务器中硬件的功能以及要使用的防火墙功能将确定整个网络的可用吞吐量
可用性要求	取决于来自 Web 服务器的访问要求。如果它们主要用于处理提供网页的信息请求，则内部网络的通信量将很低。但是，电子商务环境将需要高级别的可用性

1. 内部防火墙规则

内部防火墙监视外围区域和信任的内部区域之间的通信。由于这些网络之间通信类型和流的复杂性，内部防火墙的技术要求比外围防火墙的技术要求更加复杂。

在本部分中提及了**堡垒（Bastion）主机**，堡垒主机是位于外围网络中的服务器，向内部和外部用户提供服务。堡垒主机包括 Web 服务器和 VPN 服务器。通常，内部防火墙在默认情况下或者通过设置，将需要实现下列规则。

1）默认情况下，阻止所有数据包。

2）在外围接口上，阻止看起来好像来自内部 IP 地址的传入数据包，以阻止欺骗。

3）在内部接口上，阻止看起来好像来自外部 IP 地址的传出数据包，以限制内部攻击。

4）允许从内部 DNS 服务器到 DNS 解析程序堡垒主机的基于 UDP 的查询和响应。

5）允许从 DNS 解析程序堡垒主机到内部 DNS 服务器的基于 UDP 的查询和响应。

6）允许从内部 DNS 服务器到 DNS 解析程序堡垒主机的基于 TCP 的查询，包括对这些查询的响应。

7）允许从 DNS 解析程序堡垒主机到内部 DNS 服务器的基于 TCP 的查询，包括对这些查询的响应。

8）允许 DNS 广告商堡垒主机和内部 DNS 服务器主机之间的区域传输。

9）允许从内部 SMTP 邮件服务器到出站 SMTP 堡垒主机的传出邮件。

10）允许从入站 SMTP 堡垒主机到内部 SMTP 邮件服务器的传入邮件。

11）允许来自 VPN 服务器上后端的通信到达内部主机，并且允许响应返回到 VPN 服务器。

12）允许验证通信到达内部网络上的 RADUIS 服务器，并且允许响应返回到 VPN 服务器。

13）来自内部客户端的所有出站 Web 访问将通过代理服务器，并且响应将返回客户端。

14）在外围域和内部域的网段之间支持 Microsoft Windows 2000/2003 域验证通信。

15）至少支持 5 个网段。

16）在所有加入的网段之间执行数据包的状态检查（线路层防火墙，即第 3 层和第 4 层）。

17）支持高可用性功能，如状态故障转移。

18）在所有连接的网段之间路由通信，而不使用网络地址转换。

2. 内部防火墙的可用性

为了增加防火墙的可用性，可以将它实现为具有或不具有冗余组件的单一防火墙设备，或者合并了某些类型的故障转移/负载平衡机制的防火墙的冗余对。下面分别介绍这些选项的优点和缺点。

（1）没有冗余组件的单一防火墙

图 9-10 描述了没有冗余组件的单一防火墙。

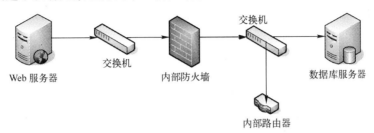

图 9-10　没有冗余组件的单一防火墙

没有冗余组件的单一防火墙的**优点**如下。

- 成本低：由于只有一个防火墙，所以硬件成本和许可成本都较低。
- 管理简单：管理工作得到简化，因为整个站点或企业只有一个防火墙。
- 单个记录源：所有通信记录操作都集中在一台设备上。

没有冗余组件的单一防火墙的**缺点**如下。

- 单一故障点：对于入站/出站访问存在单一故障点。
- 可能的通信瓶颈：单一防火墙可能是一个通信瓶颈，这取决于连接的个数和所需的吞吐量。

（2）具有冗余组件的单一防火墙

图 9-11 描述了具有冗余组件的单一防火墙。

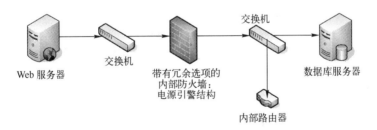

图 9-11　具有冗余组件的单一防火墙

具有冗余组件的单一防火墙的**优点**如下。

- 成本低：由于只有一个防火墙，所以硬件成本和许可成本都较低。冗余组件的成本，如电源，也不高。
- 管理简单：管理工作得到简化，因为整个站点或企业只有一个防火墙。
- 单个记录源：所有通信记录操作都集中在一台设备上。

具有冗余组件的单一防火墙的**缺点**如下。

- 单一故障点：根据冗余组件数量的不同，对于入站/出站访问仍然可能只有一个故障点。
- 成本：成本比没有冗余组件的防火墙高，并且可能还需要更高类别的防火墙才可以添加冗余。

- 可能的通信瓶颈：单一防火墙可能是一个通信瓶颈，这取决于连接的个数和所需的吞吐量。

（3）容错防火墙集

容错防火墙集包括一种使每个防火墙成为双工的机制，如图9-12所示，图中的小箭头表示：防火墙在不断进行扫面检测。

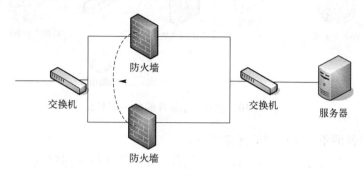

图9-12　容错防火墙

容错防火墙集的优点如下。

- 容错：使用成对的服务器或者设备有助于提供所需级别的容错能力。
- 集中通信日志：由于两个防火墙或者其中的一个可能正在记录其他合作者或某个单独服务器的活动，所以通信日志变得更可靠。
- 可能的状态共享：根据产品的不同，集中的防火墙可以共享会话的状态。

容错防火墙集的缺点如下。

- 复杂程度增加：由于网络通信的多路径性质，这一类型的解决方案的设置和支持更复杂。
- 配置更复杂：各组防火墙规则如果配置不正确，可能会导致安全漏洞以及支持问题。
- 成本增加：当至少需要两个防火墙时，成本将超过单一防火墙。

9.3.3　外围防火墙系统设计

设置外围防火墙是为了满足组织边界之外用户的需要。这些用户类型如下。

- 完全信任用户：例如组织的员工，如各个分支办事处工作人员、远程用户或者在家工作的用户。
- 部分信任用户：例如组织的业务合作伙伴，这类用户的信任级别比不受信任的用户高。但是，这类用户通常又比组织的员工低一个信任级别。
- 不信任用户：例如组织公共网站的用户。

要考虑的重要一点是，外围防火墙特别容易受到外部攻击，因为入侵者必须破坏该防火墙才能进一步进入内部网络。因此，它将成为明显的攻击目标。

边界位置中使用的防火墙是通向外部世界的通道。在很多大型组织中，此处实现的防火墙类别通常是高端硬件防火墙或者服务器防火墙，但是某些组织使用的是路由器防火墙。选择防火墙用作外围防火墙时，应该考虑一些问题。表9-2重点列出了这些问题。

表9-2　外围防火墙类别选择问题

问　题	在此位置实现的典型防火墙特征
安全管理员指定的必需防火墙功能	这是一个必需安全性级别与功能成本以及增加安全性可能导致的性能下降之间的平衡问题。虽然很多组织想通过外围防火墙得到最高的安全性，但有些组织不想影响性能。例如，不涉及电子商务的高容量网站，在通过使用静态数据包筛选器而不是使用应用程序层筛选而获取较高级别吞吐量的基础上，可能允许较低级别的安全性
该设备是一个专门的物理设备、提供其他功能，还是物理设备上的一个逻辑防火墙	作为 Internet 和企业网络之间的通道，外围防火墙通常实现为专用的设备，这样是为了在该设备被侵入时将攻击的范围和内部网络的可访问性降到最低
组织的管理体系结构决定了设备的可管理性要求	通常，需要使用某些形式的记录，一般还同时需要一种事件监视机制。为了防止恶意用户远程管理该设备，此处可能不允许远程管理，而只允许本地管理
吞吐量要求可能是由组织内部的网络和服务管理员决定的	这些要求会根据每个环境的不同而发生变化，但是设备或者服务器中的硬件处理能力以及所使用的防火墙功能将决定可用的网络整体吞吐量
可用性要求	作为大型组织通往 Internet 的通道，通常需要高级的可用性，尤其是当外围防火墙用于保护一个产生营业收入的网站时

1. 外围防火墙规则

通常情况下，外围防火墙需要以默认的形式或者通过配置来实现下列规则：

1）拒绝所有通信，除非显式允许的通信。

2）阻止声明具有内部或者外围网络源地址的外来数据包。

3）阻止声明具有外部源 IP 地址的外出数据包（通信应该只源自堡垒主机）。

4）允许从 DNS 解析程序到 Internet 上的 DNS 服务器的基于 UDP 的 DNS 查询和应答。

5）允许从 Internet DNS 服务器到 DNS 解析程序的基于 UDP 的 DNS 查询和应答。

6）允许基于 UDP 的外部客户端查询 DNS 解析程序并提供应答。

7）允许从 Internet DNS 服务器到 DNS 解析程序的基于 TCP 的 DNS 查询和应答。

8）允许从出站 SMTP 堡垒主机到 Internet 的外出邮件。

9）允许外来邮件从 Internet 到达入站 SMTP 堡垒主机。

10）允许代理发起的通信从代理服务器到达 Internet。

11）允许代理应答从 Internet 定向到外围上的代理服务器。

2. 外围防火墙的可用性

要增加外围防火墙的可用性，可以将其实现为带有冗余组件的单个防火墙设备，或者实现为一个冗余防火墙对，其中结合一些类型的故障转移/负载平衡机制。

（1）单个无冗余组件的防火墙

图9-13 描述了单个无冗余组件的防火墙。

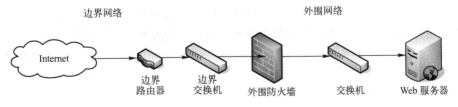

图9-13　单个无冗余组件的防火墙

单个无冗余组件的防火墙的**优点**如下。

● 成本低：由于只有一个防火墙，所以硬件成本和许可成本都较低。

● 管理简单：管理工作得到简化，因为整个站点或企业只有一个防火墙。

● 单个记录源：所有通信记录操作都集中在一台设备上。

单个无冗余组件的防火墙的**缺点**如下。

● 单一故障点：对于出站/入站 Internet 访问，存在单一故障点。

● 可能存在通信瓶颈：单个防火墙可能是通信瓶颈，具体情况视连接数量和所需的吞吐量而定。

（2）单个带冗余组件的防火墙

图 9-14 描述了单个带冗余组件的防火墙。

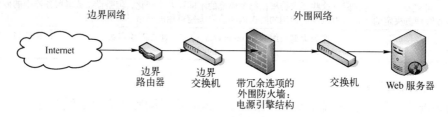

图 9-14　单个带冗余组件的防火墙

单个带冗余组件的防火墙的**优点**如下。

● 成本低：由于只有一个防火墙，所以硬件成本和许可成本都较低。冗余组件的成本不是很高，如电源装置。

● 管理简单：管理工作得到简化，因为整个站点或企业只有一个防火墙。

● 单个记录源：所有通信记录操作都集中在一台设备上。

单个带冗余组件的防火墙的**缺点**如下。

● 单一故障点：根据冗余组件数量的不同，对于入站/出站 Internet 访问仍然可能只有一个故障点。

● 成本：成本比没有冗余的防火墙高，并且可能还需要更高类别的防火墙才可以添加冗余。

● 可能存在通信瓶颈：单个防火墙可能是通信的瓶颈，具体情况视连接的数量和所需的吞吐量而定。

（3）容错防火墙集

容错防火墙集包括为每个防火墙配置备用装置的机制，如图 9-15 所示。

容错防火墙集的**优点**如下。

● 容错：使用成对的服务器或者设备有助于提供所需级别的容错能力。

● 集中记录日志：所有通信记录都集中到一对具有很好互连性的设备。

● 共享会话状态：根据设备供应商的不同，此级别的防火墙之间可能能够共享会话状态。

容错防火墙集的**缺点**如下。

● 复杂程度增加：由于网络通信的多通路特性，设置和支持这种类型的解决方案变得更加复杂。

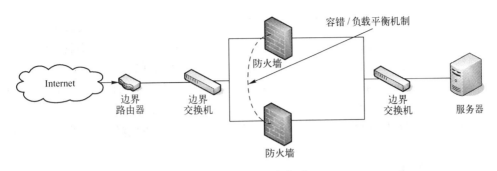

图 9-15　容错防火墙

● 配置更复杂：各组防火墙规则如果配置不正确，可能会导致安全漏洞以及支持问题。

在前面的方案中，防火墙既可以基于硬件，也可以基于软件。在图 9-15 中，防火墙的作用是组织和 Internet 之间的通道，但是在该防火墙外面放置了边界路由器。此路由器尤其容易被入侵，因此还必须配置一些防火墙功能。可以实现有限的一些防火墙功能，而不用设置完整的防火墙功能集，从而依赖于防火墙设备来阻止全面的入侵。另外，防火墙可以在路由器中进行合并，而不用附加的独立防火墙设备。

9.3.4　用防火墙阻止 SYN Flood 攻击

在常见的攻击手段中，拒绝服务（DoS）攻击是最主要，也是最常见的。而在拒绝服务攻击里，又以 SYN Flood（洪水攻击）攻击最为有名。SYN Flood 利用 TCP 设计上的缺陷，通过特定方式发送大量的 TCP 请求，从而导致受攻击方 CPU 超负荷或内存不足。

1. SYN Flood 攻击原理

要达到防御此类攻击目的，首先要了解该类攻击的原理。SYN Flood 攻击所利用的是 TCP 存在的漏洞，那么 TCP 的漏洞在哪里呢？原来 TCP 是面向连接的，在每次发送数据之前，都会在服务器与客户端之间先虚拟出一条路线，称 TCP 连接，以后的各数据通信都经由该路线进行，直到本 TCP 连接结束。而 UDP 则是无连接的协议，基于 UDP 的通信，各数据报并不经由相同的路线。在整个 TCP 连接中需要经过三次协商，俗称"**三次握手**"来完成。

第一次：客户端发送一个带有 SYN 标记的 TCP 报文到服务端，正式开始 TCP 连接请求。在发送的报文中指定了自己所用的端口号以及 TCP 连接初始序号等信息。

第二次：服务器端在接收到来自客户端的请求之后，返回一个带有 SYN + ACK 标记的报文，表示接受连接，并将 TCP 序号加 1。

第三次：客户端接收到来自服务器端的确认信息后，也返回一个带有 ACK 标记的报文，表示已经接收到来自服务器端的确认信息。服务器端在得到该数据报文后，一个 TCP 连接才算真正建立起来。

在以上三次握手中，当客户端发送一个 TCP 连接请求给服务器端，服务器也发出相应的响应数据报文之后，可能由于某些原因（如客户端突然死机或断网等），客户端不能接收到来自服务器端的确认数据报，这就造成了以上三次连接中的第一次和第二次握手的 TCP **半连接**（并不是完全不连接，连接并未完全中断）。由于服务器端发出了带 SYN + ACK 标记的报文，却没有得到客户端返回相应的 ACK 报文，于是服务器就进入等待状态，并定期反

259

复进行 SYN + ACK 报文重发，直到客户端确认收到为止。这样，服务器端就会一直处于等待状态，并且由于不断发送 SYN + ACK 报文，使得 CPU 及其他资源严重消耗，还因大量报文使得网络出现堵塞，这样不仅服务器可能崩溃，而且网络也可能处于瘫痪。

SYN Flood 攻击正是利用了 TCP 连接的这样一个漏洞来实现攻击的目的。当恶意的客户端构造出大量的这种 TCP 半连接发送到服务器端时，服务器端就会一直陷入等待的过程中，并且耗用大量的 CPU 资源和内存资源来进行 SYN + ACK 报文的重发，最终使得服务器端崩溃。

2. 用防火墙防御 SYN Flood 攻击

使用防火墙是防御 SYN Flood 攻击的最有效的方法之一。但是常见的硬件防火墙有多种，在了解配置防火墙防御 SYN Flood 攻击之前，首先介绍一下包过滤型和应用代理型防火墙防御 SYN Flood 攻击的原理。

（1）两种主要类型防火墙的防御原理

应用代理型防火墙的防御方法是客户端要与服务器建立 TCP 连接的三次握手。因为它位于客户端与服务器端（通常分别位于外、内部网络）中间，充当代理角色，这样客户端要与服务器端建立一个 TCP 连接，就必须先与防火墙进行三次 TCP 握手，当客户端和防火墙三次握手成功之后，再由防火墙与客户端进行三次 TCP 握手，完成后再进行一个 TCP 连接的三次握手。一个成功的 TCP 连接所经历的两个三次握手过程（先是客户端到防火墙的三次握手，再是防火墙到服务器端的三次握手），如图 9-16 所示。

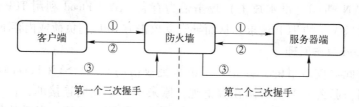

图 9-16　两个三次握手过程

从整个过程可以看出，由于所有的报文都是通过防火墙转发，而且未同防火墙建立起 TCP 连接就无法同服务器端建立连接，所以使用这种防火墙就相当于起到一种隔离保护作用，安全性较高。当外界对内部网络中的服务器端进行 SYN Flood 攻击时，实际上遭受攻击的不是服务器，而是防火墙。而防火墙自身则又是具有抗攻击能力的，可以通过规则设置，拒绝外界客户端不断发送的 SYN + ACK 报文。

但是采用这种防火墙有一个很大的缺点，那就是当客户端和服务器端建立一个 TCP 连接，防火墙就进行六次握手，可见防火墙的工作量是非常之大的。因此，采用这种防火墙时，要求该防火墙要有较大的处理能力以及内存。代理应用型防火墙通常不适合于访问流量大的服务器或者网络。

包过滤型防火墙是工作于 IP 层或者 IP 层之下，对于外来的数据报文，它只是起一个过滤的作用。当数据包合法时，它就直接将其转发给服务器，起到转发作用。

在包过滤型防火墙中，客户端同服务器的三次握手直接进行，并不需要通过防火墙来代理进行。包过滤型防火墙效率比网关型防火墙高，允许数据流量大。但是，这种防火墙如果配置不当，会让攻击者绕过防火墙而直接攻击到服务器，而且允许数据量大会更有利于

SYN Flood 攻击。这种防火墙适合于大流量的服务器，但是需要设置妥当才能保证服务器具有较高的安全性和稳定性。

（2）防御 SYN Flood 攻击的防火墙设置

除了可以直接采用以上两种不同类型的防火墙进行 SYN Flood 防御外，还可通过一些特殊的防火墙设置来达到目的。针对 SYN Flood 攻击，防火墙通常有 3 种防护方式：SYN 网关、被动式 SYN 网关和 SYN 中继。

1）SYN 网关。在这种方式中，防火墙收到客户端的 SYN 包时，直接转发给服务器；防火墙收到服务器的 SYN/ACK 包后，一方面将 SYN/ACK 包转发给客户端，另一方面以客户端的名义给服务器回送一个 ACK 包，完成一个完整的 TCP 三次握手，让服务器端由半连接状态进入连接状态。当客户端真正的 ACK 包到达时，有数据则转发给服务器，否则丢弃该包。由于服务器在连接状态要比在半连接状态能承受得更多，所以这种方法能有效地减轻对服务器的攻击。

2）被动式 SYN 网关。在这种方式中，设置防火墙的 SYN 请求超时参数，让它远小于服务器的超时期限。防火墙负责转发客户端发往服务器的 SYN 包，包括服务器发往客户端的 SYN/ACK 包和客户端发往服务器的 ACK 包。这样，如果客户端在防火墙计时器到期时还没有发送 ACK 包，防火墙将往服务器发送 RST 包，以使服务器从队列中删去该半连接。由于防火墙的超时参数远小于服务器的超时期限，因此，这样也能有效防止 SYN Flood 攻击。

3）SYN 中继。在这种方式中，防火墙在收到客户端的 SYN 包后，并不向服务器转发，而是记录该状态信息，然后主动给客户端回送 SYN/ACK 包。如果收到客户端的 ACK 包，表明是正常访问，由防火墙向服务器发送 SYN 包并完成三次握手。这样，由防火墙作为代理来实现客户端和服务器端的连接，可以完全过滤发往服务器的不可用连接。

📖 讨论思考：

1）为什么将企业网络划分为 3 个区域？外围网络有什么用处？
2）冗余容错技术主要有哪些？增加冗余后为什么安全性会有所提高？
3）SYN Flood 攻击利用了什么漏洞？
4）DDoS 是如何实现的？常用的攻击手段除了 SYN Flood 以外还有哪些？

9.4 防火墙安全应用实验

防火墙安全应用实验可以通过具体操作，进一步加深对防火墙的基本工作原理和基本概念的理解，更好地掌握防火墙的下载、安装及设置和使用。

9.4.1 实验目的与要求

1）理解防火墙的基本工作原理和基本概念。
2）掌握天网防火墙的下载、安装以及安装设置向导。
3）掌握天网防火墙的使用和设置。

9.4.2 实验环境

Microsoft Windows XP 及以上版本 、天网个人防火墙。

9.4.3　实验内容和步骤

（1）天网防火墙的下载、安装以及安装设置向导

1）到 http://www.sky.net.cn 上下载天网防火墙的个人试用版，并且在天网上注册一个用户，获得天网的注册使用码。

2）运行安装程序。

3）利用安装的设置向导进行天网的基本设置。

4）重新启动计算机。

（2）天网防火墙的使用和设置

1）输入申请的用户名和注册码。

2）双击"日志"按钮查看异常访问情况。

3）运行 QQ，查看天网的审核机制。

4）单击"应用程序访问规则"功能按钮，查看和设置当前的应用程序使用网络。

5）单击"系统设置"按钮，选择"开机后自动启动防火墙"，选择"允许所有的应用程序访问网络，并在规则中记录这些程序"。

6）单击"应用程序网络使用情况"按钮，查看使用 TCP、UDP 的应用程序的使用情况。如果发现有异常的程序访问网络，可以单击"×"按钮结束应用程序。

7）单击"IP 规则管理"按钮，查看天网 IP 规则设置。

（3）防范"震荡波"病毒

公司内的某台计算机中了"震荡波"病毒，系统运行缓慢并且不停地进行倒计时重启。在该计算机上配置天网个人防火墙，防范"震荡波"病毒，震荡波使用 TCP，监听端口为 1068 和 5554。

1）设置防火墙安全级别为"自定义"安全级别。

2）增加自定义规则，禁止端口 1068 访问本机。

"名称"为"防范震荡波规则 1"；

"说明"为"防范震荡波，禁止端口 1068 访问本机"；

"数据包方向："设置为_____；

"对方 IP 地址"设置为_____；

"数据包协议类型："切换书签到_____；

"本地端口"设置为"从_____到_____"；

"当满足上面条件时"选择"_____"。

3）增加自定义规则，禁止端口 5554 访问本机。

"名称"为"防范震荡波规则 2"；

"说明"为"防范震荡波，禁止端口 5554 访问本机"；

"数据包方向："设置为_____；

"对方 IP 地址"设置为_____；

"数据包协议类型："切换书签到_____；

"本地端口"设置为"从_____到_____"；

"当满足上面条件时"选择"_____"。

4) 填写表9 – 3。

表9 – 3 防范"震荡波"病毒相关内容

项 目	问 题	回 答 区 域	
准备情况	"震荡波"病毒使用的协议是		
	列举"震荡波"病毒监听的端口号		
	列举防火墙的安全级别		
实验记录	设置防火墙的安全级别为		
	"数据包方向:"设置为		
	"对方 IP 地址"设置为		
	"数据包协议类型:"设置为		
	"本地端口"设置为		
实验结果	是否拦截"震荡波"病毒	是□	否□
	是否掌握配置防火墙防范"震荡波"病毒	是□	否□

9.5 本章小结

本章简要介绍了防火墙的相关知识,通过深入了解防火墙的分类以及各种防火墙类型的优缺点,有助于更好地分析配置各种防火墙策略。重点阐述了企业防火墙的体系结构及配置策略,同时通过对 SYN Flood 攻击方式的分析,给出了解决此类攻击的一般性原理。

9.6 练习与实践

1. 选择题

(1) 拒绝服务攻击的一个基本思想是( )。

　　A. 不断发送垃圾邮件工作站　　　　B. 迫使服务器的缓冲区占满

　　C. 工作站和服务器停止工作　　　　D. 服务器停止工作

(2) TCP 采用三次握手形式建立连接,在( )时候开始发送数据。

　　A. 第一步　　　B. 第二步　　　C. 第三步之后　　　D. 第三步

(3) 驻留在多个网络设备上的程序在短时间内产生大量的请求信息冲击某 Web 服务器,导致该服务器不堪重负,无法正常响应其他合法用户的请求,这属于( )。

　　A. 上网冲浪　　　B. 中间人攻击　　　C. DDoS 攻击　　　D. MAC 攻击

(4) 关于防火墙,以下( )说法是错误的。

　　A. 防火墙能隐藏内部 IP 地址

　　B. 防火墙能控制进出内网的信息流向和信息包

　　C. 防火墙能提供 VPN 功能

　　D. 防火墙能阻止来自内部的威胁

(5) 以下说法正确的是( )。

　　A. 防火墙能够抵御一切网络攻击

B. 防火墙是一种主动安全策略执行设备

C. 防火墙本身不需要提供防护

D. 防火墙如果配置不当，会导致更大的安全风险

2. 填空题

（1）防火墙隔离了内外部网络，是内外部网络通信的_____途径，能够根据制定的访问规则对流经它的信息进行监控和审查，从而保护内部网络不受外界的非法访问和攻击。

（2）防火墙是一种_____设备，即对于新的未知攻击或者策略配置有误，防火墙就无能为力了。

（3）从防火墙的软、硬件形式来分，防火墙可以分为_____防火墙和硬件防火墙以及_____防火墙。

（4）包过滤型防火墙工作在 OSI 网络参考模型的_____和_____。

（5）第一代应用网关型防火墙的核心技术是_____。

（6）单一主机防火墙独立于其他网络设备，它位于_____。

（7）组织的雇员，可以是要到外围区域或 Internet 的内部用户、外部用户（如分支办事处工作人员）、远程用户或在家中办公的用户等，被称为内部防火墙的_____。

（8）_____是位于外围网络中的服务器，向内部和外部用户提供服务。

（9）_____是利用 TCP 设计上的缺陷，通过特定方式发送大量的 TCP 请求，从而导致受攻击方 CPU 超负荷或内存不足的一种攻击方式。

（10）针对 SYN Flood 攻击，防火墙通常有 3 种防护方式：_____、被动式 SYN 网关和_____。

3. 简答题

（1）防火墙是什么？

（2）简述防火墙的分类及主要技术。

（3）正确配置防火墙以后，是否能够必然保证网络安全？如果不是，试简述防火墙的缺点。

（4）防火墙的基本结构是怎样的？如何起到"防火墙"的作用？

（5）SYN Flood 攻击的原理是什么？

（6）防火墙如何阻止 SYN Flood 攻击？

4. 实践题

（1）Linux 防火墙配置（上机完成）。

假定一个内部网络通过一个 Linux 防火墙接入外部网络，要求实现两点要求：

1）Linux 防火墙通过 NAT 屏蔽内部网络拓扑结构，让内网可以访问外网。

2）限制内网用户只能通过 80 端口访问外网的 WWW 服务器，而外网不能向内网发送任何连接请求。

具体实现中，可以使用 3 台计算机完成实验要求。其中一台作为 Linux 防火墙，一台作为内网计算机模拟整个内部网络，一台作为外网计算机模拟外部网络。

（2）选择一款个人防火墙产品，如天网防火墙、瑞星防火墙等，进行配置，说明配置的策略，并对其安全性进行评估。

第 10 章　操作系统及站点安全

随着 IT 技术的快速发展和计算机网络的广泛应用，网络操作系统及网站安全的重要性更加突出。操作系统是网络系统资源统一管理控制的核心，是实现计算机和网络各项服务的关键和基础，所以，操作系统本身和其提供服务的安全性是信息安全管理的重要内容，其安全性主要体现在操作系统本身提供的安全功能和安全服务上，并且针对各种常用的操作系统，可以进行相关配置，使之能正确应对和防御各种入侵。

> 📖 **教学目标**
> - 理解网络操作系统安全面临的威胁及脆弱性。
> - 掌握网络操作系统安全的概念和内容。
> - 掌握网络站点安全技术的相关概念。

10.1　Windows 操作系统的安全

【案例 10-1】中国自主研发操作系统解决安全问题。中国科学院软件研究所与上海联彤网络通信技术有限公司在北京钓鱼台国宾馆联合发布了具有自主知识产权的操作系统 COS（China Operating System）。意在打破国外在基础软件领域的垄断，引领并开发具有中国自主知识产权和中国特色的操作系统，更好地解决有关的安全问题。

目前基于开源的操作系统在安全性上存在很多问题，无论是乌班图还是安卓，都已经出现很多公开的安全缺陷和漏洞，随时可以控制个人设备，引发大面积的安全问题。而且，基于开源的或国外公司主导的操作系统普遍存在"水土不服"问题，如操作界面、输入法、语言识别、云服务稳定性、防骚扰、应用下载和支持等，问题层出不穷。COS 可以解决安全性和易用性问题，广泛应用于个人计算机、智能掌上终端、机顶盒、智能家电等领域，拥有界面友好、支持多种终端、可运行多种类型应用、安全快速等优势。

10.1.1　Windows 系统的安全性

目前，常用的网络操作系统有 Windows NT/2000 Server、Windows Server 2003、Windows Server 2008、Windows Server 2012（开发代号 Windows Server 8）、UNIX 和 Linux 等，其安全性对整个网络系统极为重要。

1. Windows 系统

自微软公司在 1993 年推出了 Windows NT 3.1 后，相继又推出了 Windows NT 3.5 和 Windows NT 4.0，以性能强、方便管理的突出优势很快被用户所接受。Windows 系列中，从 Windows NT 3.5 版本开始都有 Windows NT Workstation（NTWS）和 Windows NT Server（NTS）两个产品，分别用于工作站和网络服务器，Windows NT 具有健全的安全保护能力和独特的支持多用户平台的能力，在操作系统中内置了容错技术，可以在应用软件和系统硬件故障时保证系统正常可靠地工作；提供了相当多的易于实施的网络管理及网络安全功能。

Windows 2000 是微软公司在 Windows NT 之后推出的网络操作系统，其应用、界面和安全性都做了很大的改动，是 Windows 操作系统发展过程中巨大的革新和飞跃。针对不同的用户和环境，Windows 2000 系列操作系统有 4 个产品，分别是 Windows NT 的升级产品。Windows 2000 最重要的改进是在"活动目录"目录服务技术的基础上，建立了一套全面的、分布式的底层服务。此外，对最新硬件和设备的良好支持、集成式终端服务、内建虚拟专用网络（VPN）支持等。

Windows Server 2003 是微软公司发布的一款应用于网络和服务器的操作系统。该操作系统延续微软的经典视窗界面，同时作为网络操作系统或服务器操作系统，力求高性能、高可靠性和高安全性，尤其是日趋复杂的企业应用和 Internet 应用，对其提出了更高的要求。微软的企业级操作系统中，如果说 Windows 2000 全面继承了 NT 技术，那么 Windows Server 2003 则是依据 .NET 架构对 NT 技术做了重要发展和实质性改进。

Windows Server 2008 是建立在 Windows Server 2003 版本之上，具有先进的网络、应用程序和 Web 服务功能的服务器操作系统，为用户提供高度安全的网络基础架构，超高的技术效率与应用价值。Windows Server 2008 发行了多种版本，以支持各种规模的企业对服务器不断变化的需求。

Windows Server 2012（开发代号：Windows Server 8）是微软的一个服务器系统。这是 Windows 8 的服务器版本，并且是 Windows Server 2008 R2 的继任者。该操作系统已经在 2012 年 8 月 1 日完成编译 RTM 版。

Windows Server 2012 有 4 个版本：Foundation，Essentials，Standard 和 Datacentero Windows Server 2012 Essentials 面向中小企业，用户限定在 25 位以内，该版本简化了界面，预先配置云服务连接，不支持虚拟化。其标准版提供完整的 Windows Server 功能，限制使用两台虚拟主机。Windows Server 2012 数据中心版提供完整的 Windows Server 功能，不限制虚拟主机数量。Windows Server 2012 Foundation 版本仅提供给 OEM 厂商，限定用户 15 位，提供通用服务器功能，不支持虚拟化。4 个版本的区别见表 10-1。

表 10-1　Windows Server 2012 的 4 个版本的区别

版　　本	Foundation	Essentials	Standard	Datacenter
授权方式	仅限 OEM	OEM、零售、VOL	OEM、零售、VOL	OEM、零售、VOL
处理器上限	1	2	64	64
授权用户限制	15	25	无限	无限
文件服务限制	1 个独立 DFS 根目录	1 个独立 DFS 根目录	无限	无限
网络策略和访问控制	50 个 RRAS 连接及 1 个 IAS 连接	RRAS 连接、IAS 连级及服务组	无限	无限
远程桌面服务限制	20 个连接	250 个连接	无限	无限
虚拟化	无	无	2 个虚拟机	无限
DHCP 角色	有	有	有	有
DNS 服务器角色	有	有	有	有

版　　本	Foundation	Essentials	Standard	Datacenter
传真服务器角色	有	有	有	有
UDDI 服务	有	有	有	有
文档和打印服务器	有	有	有	有
Web 服务器（IIS）	有	有	有	有
Windows 部署服务	有	有	有	有
Windows 服务器更新服务	有	有	有	有
Active Directory 轻型目录服务	有	有	有	有
Active Directory 权限管理服务	有	有	有	有
应用程序服务器角色	有	有	有	有
服务器管理器	有	有	有	有
Windows PowerShell	有	有	有	有
Active Directory 域服务	有限制	有限制	有	有
Active Directory 证书服务	只作为颁发机构	只作为颁发机构	有	有
Active Directory 联合服务	有	无	有	有
服务器核心模式	无	无	有	有
Hyper - V	无	无	有	有

2. Windows 系统安全

（1）Windows NT 文件系统

NTFS（Windows NT File System）是 Windows NT 采用的新型文件系统，它建立在保护文件和目录数据的基础上，可提供安全存取控制及容错能力，同时节省存储资源、减少磁盘占用量。在大容量磁盘上，它的效率比 FAT 高。

（2）工作组

工作组（Workgroup）方式的网络也称为"**对等网**"，在工作组的范围里，每台计算机既可以充当服务器的角色，也可以充当工作站的角色，彼此之间是平等关系，每台计算机上的管理员能够完全实现对自己计算机上资源和账户的管理，每个用户只能在为他创建了账户的计算机上登录。

（3）域

域（Domain）是一组由网络连接而成的计算机群组，是 Windows NT 中数据安全和集中管理的基本单位。域中各计算机是一种不平等的关系，可以将计算机内的资源共享给域中的其他用户访问。域内所有计算机和用户共享一个集中控制的活动目录数据库，目录数据库中包括了域内所有计算机的用户账户等对象的安全信息，这个目录数据库存在于域控制器中。当计算机联入网络时，域控制器首先要鉴别用户使用的登录账号是否存在、密码是否正确。如果以上信息不正确，域控制器就拒绝登录，用户就不能访问服务器上有权限保护的资源，只能以对等网用户的方式访问 Windows 共享的资源，这样就一定程度上保护了网络上的资源。一个网络中，可以包含一个或多个域，通过设置将多个域设置成活动目录树。

（4）用户和用户组

在 Windows NT 中，用户账号中包含用户的名称与密码、用户所属的组、用户的权力和用户的权限等相关数据。当安装工作组或独立的服务器系统时，系统会默认创建一批内置的本地用户和本地用户组，存放在本地计算机的 SAM 数据库中；而当安装成为域控制器的时候，系统则会创建一批域组账号。组是用户或计算机账户的集合，可将权限分配给一组用户而不是单个账户，从而简化系统和网络管理。当将权限分配给组时，组的所有成员都将继承那些权限。除用户账户外，还可将其他组、联系人和计算机添加到组中。将组添加到其他组可创建合并组权限并减少需要分配权限的次数。

用户账户通过用户名和密码进行标识，用户名是账户的文本标签，密码则是账户的身份验证字符串。虽然 Windows 通过用户名来区别不同的账户，但真正区别不同账户的是**安全标识符**（Security Identifiers，SID），SID 是被系统用来唯一标识安全主体的，安全主体既可以是系统用户，也可以是系统内的组，甚至是域。当系统中创建一个用户或一个用户组的时候，系统就会分配给该用户或组一个唯一的 SID，是独立于用户名的，是由系统及用户的相关信息生成的一个字符串，如 S - 1 - 5 - 21 - 310440588 - 250036847 - 580389505 - 500。因此，更改用户名时，系统将特定的 SID 重新映射到新的用户名上，这样就不会使原先设置的用户控制权限丢失；当删除账户时，即使重新创建相同的用户名，新账户也不会具有相同的访问权限，因为新账户分配一个新的 SID。

安装 Windows 系统后，系统会自动建立两个账号，一个是系统管理员账户 Administrator，对系统操作及安全规则有完全的控制权；另一个是提供来宾访问网络中资源的 Guest 账户，由于安全原因，通常建议 Guest 账户设置为禁用状态。这两个账户均可以改名，但都不能删除。除了用户账户外，Windows 还有一些内置的用户组，**每个组都被赋予特殊的权限**。

1）Administrators（管理员）：具有所有的权力，同时 Administrators 组可以执行任何和所有操作系统提供的功能。也自动拥有对于磁盘上所有文件和文件夹的权限。

2）Users（用户）：该组成员可以登录和运行应用程序，也可以关闭和锁定操作系统，但是不能安装应用程序。如果用户有本地登录到机器的权限，则也有创建本地组和管理所创建的组的权限。

3）Power User（超级用户）：在系统访问权限方面介于管理员和用户之间，Power User 能够在每一台机器上执行应用程序的安装和卸载，但必须要求这些应用程序不需要安装系统服务；定义系统范围内的资源（如系统时间、显示设置、共享、电源管理、打印机及其他）。但 Power User 无权访问其他用户存储在 NTFS 分区中的数据。

4）Guests（来宾用户）：该组成员可以登录和运行应用程序，也可以关闭操作系统，但是其功能比 Users 有更多的限制。

5）Replicators（复制员）：该组成员被严格地用于目录复制，可以设置一个账户用于执行复制器服务。

6）Backup Operators（备份操作员）：该组的成员具有备份和恢复文件的权限，无论是否有访问这些文件的权限。

除了以上标准用户组以外，还有域用户组 Domain Admins（域管理员）、Domain Users（域用户）、Domain Guests（域来宾组）、Account Operators（账户操作员）、Print Operators（打印操作员）和 Server Operators（服务器操作员）。

（5）身份验证

身份验证是实现系统及网络合法访问的关键一步，Windows 2000 的身份验证包括两个部分：交互式登录过程和网络身份验证过程。交互式登录要求用户登录到域账户或者本地计算机账户，而网络身份验证则是向特定的网络服务提供对身份的证明。

Windows 2000 及以上系统支持大量的验证协议，其中 Kerberos v5 主要用于交互式登录到域和网络身份验证，向下兼容 Windows NT 4.0 中 NTLM（NT LAN Manager）所提供的验证协议，为了保护 Web 服务器而进行双向的身份验证，提供了基于公私钥技术的安全套接字层（SSL）和传输层安全（TLS）协议。此外，Windows 2000 还支持把硬件令牌用于身份验证。如使用智能卡将密钥存储在硬件设备中，并用个人身份号码（PIN）或口令进行保护，从而降低了密钥的脆弱性。这样在进行身份验证的时候，除了必须提供正确的 PIN 之外，还必须实际持有硬件令牌，更有效地抵抗了网络假冒攻击。

（6）访问控制

访问控制是加强操作系统安全的重要手段，系统管理一般使用访问控制来达到对系统敏感资源进行保护的目的。按照授权方式，分为自主访问控制和强制访问控制。

自主访问控制是保护计算机资源不被非法访问的有效手段，也是最常用的访问控制机制，是通过使用访问控制列表授予主体对客体的访问权限。自主访问控制具有较大的灵活性，能够方便地进行授权，但有"强制性"不足的缺点，由于拥有客体的主体能够随意为其他主体分配对该客体的访问控制权限，因此不能防范特洛伊木马等攻击。

强制访问控制是一种更具有"强制性"的访问控制方法，它要求安全管理员或者操作系统强制为系统中的主体、客体赋予特定的安全属性，通过主、客体安全属性以及确定其访问关系的策略来确定主体是否有访问客体的权限。通常使用安全等级来描述主、客体的权限，当且仅当主体的安全级别大于或等于客体的安全级别时，该主体才能访问客体。用户或代表用户的进程不能修改安全属性，即使用户拥有某个客体也不能修改该客体的安全性。相对于自主访问控制而言，"强制性"很强，但灵活性较差。

一般采用自主访问控制和强制访问控制相结合的方式为系统提供安全保障，例如，在系统中，自主访问控制通过访问控制列表控制对文件的访问，而强制访问控制则提供某些进程的控制和防火墙功能。

Windows 自带的自主访问控制系统是利用 Windows 安全子系统组件，包括安全标识符、访问控制令牌、安全描述符、访问控制列表、访问控制项等，对文件、文件夹、打印机、I/O 设备、窗口、线程、进程和内存等系统资源进行访问控制。

（7）组策略

注册表是 Windows 系统中保存系统、应用软件配置的数据库，随着 Windows 的功能越来越丰富，注册表里的配置项目也越来越多，很多配置可以自定义设置，但这些配置发布在注册表的各个角落，如果是手工配置，则非常困难和繁杂。组策略则将系统重要的配置功能汇集成各种配置模块，供管理人员直接使用，从而达到方便管理计算机的目的。组策略由 Windows NT 的系统策略发展而来，具有更多的管理模板和更灵活的设置对象及更多的功能，应用于 Windows 2000 以后的版本中。

10.1.2　Windows 安全配置

Windows Server 2003 是比较成熟的网络服务器平台，安全性相对有很大的提高，但是其默认的安全配置不一定适合用户需要，所以，需要根据实际情况对 Windows Server 2003 进行全面安全配置，以提高服务器的安全性。

1. 设置和管理账户

1）更改默认的管理员账户名（Administrator）和描述，口令最好采用数字、大小写字母、数字的组合，长度最好不少于 14 位。

2）新建一个名为 Administrator 的陷阱账户，为其设置最小的权限，然后随便输入组合的、最好不低于 20 位的口令。

3）将 Guest 账户禁用，并更改名称和描述，然后输入一个复杂的密码。

4）在"运行"窗口中输入 gpedit. msc 命令，在打开的"组策略编辑器"窗口中，按照树形结构依次选择"计算机配置"、"Windows 设置"、"安全设置"、"账户策略"、"账户锁定策略"，在右侧子窗口中将"账户锁定策略"的 3 种属性分别进行设置："账户锁定阈值"设为"3 次无效登录"、"账户锁定时间"设为 30 min、"复位账户锁定计数器"设为 30 min。

5）同样，在"组策略编辑器"窗口中，依次选择"计算机配置"→"Windows 设置"→"安全设置"→"本地策略"→"安全选项"，在右侧子窗口中"登录屏幕上不要显示上次登录的用户名"设置为"启用"。

6）在"组策略编辑器"窗口中，依次选择"计算机配置"→"Windows 设置"→"安全设置"→"本地策略"→"用户权利分配"，在右侧子窗口中"从网络访问此计算机"下只保留"Internet 来宾账户"、"启动 IIS 进程账户"。如果使用 ASP. net，需要保留"Asp-net 账户"。

7）创建一个 User 账户，运行系统，如果要运行特权命令使用 Runas 命令。该命令允许用户以其他权限运行指定的工具和程序，而不是当前登录用户所提供的权限。

2. 删除所有网络资源共享

单击"开始"→"设置"→"控制面板"→"管理工具"→"计算机管理"→"共享文件夹"，然后把里面的所有默认共享都停止。但是 IPC 共享服务器每启动一次都会打开，需要重新停止。限制 IPC $ 缺省共享可以修改注册表"HKEY_LOCAL_MACHINE \SYSTEM \CurrentControlSet \Services \lanmanserver \parameters"，在右侧子窗口中新建名称为"restrictanonymous"、类型为 REG_DWORD 的键，值设为"1"。

3. 关闭不需要的服务

选中"我的电脑"并右击，在弹出的快捷菜单中选择"管理"，在"计算机管理"窗口中的左侧选择"服务和应用程序"→"服务"，在右侧窗口中将出现所有服务。建议按照如下规则进行**设置**：

- Computer Browser：维护网络计算机更新，禁用。
- Error Reporting Service：发送错误报告，禁用。
- Remote Registry：远程修改注册表，禁用。
- Remote Desktop Help Session Manager：远程协助，禁用。
- Distributed File System：局域网管理共享文件，不需要禁用。
- Distributed Link Tracking Client：用于局域网更新连接信息，不需要禁用。
- NT LM Security Support Provider：用于 Telnet 和 Microsoft Search，不需要禁用。
- Microsoft Search：提供快速的单词搜索，根据需要设置。

- Print Spooler：管理打印队列和打印工作，无打印机可禁用。

4. 打开相应的审核策略

单击"开始"菜单，选择"运行"，输入"gpedit. msc"并按〈Enter〉键。在打开的"组策略编辑器"窗口中，按照树形结构依次选择"计算机配置"→"Windows 设置"→"安全设置"→"审核策略"。建议**审核项目的相关操作**如下。

- 审核策略更改：成功和失败。
- 审核登录事件：成功和失败。
- 审核对象访问：失败。
- 审核目录服务访问：失败。
- 审核特权使用：失败。
- 审核系统事件：成功和失败。
- 审核账户登录事件：成功和失败 。

🔔**【注意】**在创建审核项目时，如果审核项目太多，生成的事件也越多，则要发现严重的事件也就越难。如果审核的项目太少，也会影响发现严重的事件，用户需要根据情况在审核项目数量上做出选择。

5. 安全管理网络服务

（1）禁用自动播放功能

Windows 操作系统的自动播放功能不仅对光驱起作用，而且对其他驱动器也起作用，这样的功能很容易被攻击者利用来执行攻击程序。关闭该功能的具体步骤："运行"窗口中输入"gpedit. msc"并按〈Enter〉键，在打开的"组策略编辑器"窗口中依次展开"计算机配置"、"管理模板"、"系统"，选中"系统"，在右侧子窗口中找到"关闭自动播放"选项并双击，在打开的对话框中选择"已启用"，然后在"关闭自动播放"的下拉菜单中选择"所有驱动器"，按"确定"即可生效。

（2）禁用资源共享

局域网中，Windows 系统提供了文件和打印共享功能，但在享受该功能带来便利的同时，也会向黑客暴露不少漏洞，从而给系统带来很大的不安全性。用户可以在网络连接的"属性"中禁止"microsoft 网络文件和打印机共享"。

6. 清除页面交换文件

Windows Server 2003 操作系统即使在正常工作情况下，也有可能会向攻击者或者其他访问者泄露重要秘密信息，特别是一些重要的账户信息。Windows Server 2012 操作系统中的页面交换文件实际上隐藏有不少重要隐私信息，并且这些信息全部是动态产生，如果不及时清除，很可能成为攻击者入侵的突破口。为此，用户必须在 Windows Server 2012 操作系统关闭时自动将系统工作时产生的页面文件全部删除掉，按照如下方法可以实现。

在"开始"菜单中选择"运行"，在弹出的"运行"对话框中输入"Regedit"命令打开注册表编辑窗口。在注册表编辑窗口中，按照树形结构依次展开"HKEY_local_machine"→"system"→"currentcontrolset"→"control"→"sessionmanager"→"memory management"，在右侧子窗口中，用鼠标双击"ClearPageFileAtShutdown"键值，在弹出的参数设置窗口中，将其数值设置为"1"。完成设置后，退出注册表编辑窗口，并重新启动计算机系统，则设置生效。

7. 文件和文件夹加密

在 NTFS 文件系统格式下，打开 "Windows 资源管理器"，在任何需要加密的文件和文件夹上右击，在弹出的快捷菜单中选择 "属性" 选项，然后在弹出的 "属性" 窗口的 "常规" 选项卡中单击 "高级" 按钮，选中 "加密内容以便保护数据" 复选框即可。最后，在 "属性" 窗口中单击 "确定" 按钮。

📖 讨论思考：

1）微软在 Windows Server 2012 中采用什么文件系统？主要满足什么需求？

2）Windows Server 2012 在安全和身份标识管理方面新增和改进了哪些功能？

10.2   UNIX 操作系统的安全

UNIX 是一个强大的多用户、多任务操作系统，支持多种处理器架构。最早由 Ken Thompson、Dennis Ritchie 和 Douglas Mcllroy 于 1969 年在 AT&T 的贝尔实验室开发。经过长期的发展和完善，已成长为一种主流的操作系统技术和基于这种技术的产品大家族。由于 UNIX 具有技术成熟、可靠性高、网络和数据库功能强、伸缩性突出和开放性好等特点，可满足各行各业的实际需要，特别能满足企业重要业务的需要，已经成为主要的工作站平台和重要的企业操作平台。

10.2.1   UNIX 系统的安全性

UNIX 操作系统的安全性是众所周知的，从理论上讲，UNIX 本身的设计并没有什么重大的安全缺陷。多年来，绝大多数在 UNIX 操作系统上发现的安全问题主要存在于个别程序中，并且大部分 UNIX 厂商都声称有能力解决这些问题，提供安全的 UNIX 操作系统。但是，任何一种复杂的操作系统时间越久，人们认识的也就越深入，安全性也就越差。所以，必须时刻警惕安全缺陷，防患于未然。下面就从 UNIX 的安全基础入手，分析存在的不安全因素，最后提出一些安全措施。

1. UNIX 安全基础

UNIX 系统不仅因为其精炼、高效的内核和丰富的核外程序而著称，而且在防止非授权访问和防止信息泄密方面也很成功。**UNIX 系统设置了 3 道安全屏障** 用于防止非授权访问。首先，必须通过口令认证，确认用户身份合法后才能允许访问系统；但是，对系统内任何资源的访问还必须越过第二道屏障，即必须获得相应的访问权限；对系统中的重要信息，UNIX 系统提供第三道屏障：文件加密。

（1）标识和口令

UNIX 系统通过注册用户和口令对用户身份进行认证。因此，设置安全的账户并确定其安全性是系统管理的一项重要工作。在 UNIX 操作系统中，与标识和口令有关的信息存储在 /etc/passwd 文件中。每个用户的信息占一行，并且系统正常工作必需的标准系统标识等同于用户。文件中每行的**一般格式为**：

LOGNAME:PASSWORD:UID:GID:USERINFO:HOME:SHELL

每行包含若干项，各项之间用冒号（:）分割。第一项是用户名，第二项是加密后的口令，第三项是用户标识，第四项是用户组标识，第五项是系统管理员设置的用户扩展信息，第六项是用户工作主目录，最后一项是用户登录后将执行的 shell 全路径（若为空格，则默认为/bin/sh）。

其中，系统使用第三项的用户标识 UID 而不是第一项的用户名来区别用户。第二项的口令采用 DES 算法进行加密处理，即使非法用户获得/etc/passwd 文件，也无法从密文得到用户口令。查看一口令文件的内容需要用到 UNIX 的 cat 命令，具体**命令执行格式及口令文件内容**为：

```
% cat /etc/passwd
root:xyDfccTrt180x:0:1:'[ ]':/:/bin/sh
daemon: * :1:1::/:
sys: * :2:2::/:/bin/sh
bin: * :4:8::/var/spool/binpublic:
news: * :6:6::/var/spool/news:/bin/sh
pat:xmotTVoyumjls:349:349:patrolman:/usr/pat:/bin/sh
+::0:0:::
```

（2）文件权限

文件系统是整个 UNIX 系统的"物质基础"。UNIX 以文件形式管理计算机上的存储资源，并且以文件形式组织各种硬件存储设备，如硬盘、CD – ROM、USB 盘等。这些硬件设备存放在/dev 以及/dev/disk 目录下，是设备的特殊文件。文件系统中对硬件存储设备的操作只涉及"逻辑设备"（物理设备的一种抽象，基础是物理设备上的一个个存储区），而与物理设备"无关"，可以说，一个文件系统就是一个逻辑上的设备。所以，文件的安全是操作系统安全最重要的部分。

UNIX 系统对每个文件属性设置一系列控制信息，以此决定用户对文件的访问权限，即谁能存取或执行该文件。系统中，可通过 UNIX 命令 ls – l 列出详细文件及控制信息。

（3）文件加密

文件权限的正确设置在一定程度上可以限制非法用户的访问，但是，对于一些高明的入侵者和超级用户仍然不能完全限制读取文件。UNIX 系统提供文件加密的方式来增强文件保护，常用的加密算法有 crypt（最早的加密工具）、DES（目前最常用的）、IDEA（国际数据加密算法）、RC4、Blowfish（简单高效的 DES）、RSA。

crypt 命令给用户提供对文件加密的工具。使用一个关键词将标准输入的信息编码为不可读的杂乱字符串，送到标准输出设备。再次使用此命令，用同一关键词作用于加密后的文件，可恢复文件内容。此外，UNIX 系统中的一些应用程序也提供文件加解密功能，如 ed、vi 和 emacs。这类编辑器提供 – x 选项，具有生成并加密文件的能力：在文件加载时对文件解密，回写时重新进行加密。

但是，由于人们对 UNIX 所使用的加密算法做过深入研究，可以通过分析普通英语文本和加密文件中字符出现的频率来破解加密，并且 crypt 程序经常被做成特洛伊木马，所以现有的加密机制不能再直接用于文件加密，同时不能用口令作为关键词。最好在加密前用 pack 或 compress 命令对文件进行压缩后再加密。

【案例 10-2】利用 pack 压缩并加密文件。

```
% pack example. txt
% cat example. txt. z | crypt > out. file
```

解密时要对文件进行扩张（Unpack），此外，压缩后通常可节约原文件20% ~40%的空间。

```
% cat out. file | crypt > example. txt. z
% unpack example. txt. z
```

一般来说，在文件加密后，应删除原始文件，以免原始文件被攻击者获取，并妥善保管存储在存储介质上的加密后的版本，且不能忘记加密关键词。

2. 不安全因素

尽管 UNIX 系统有比较完整的安全体系结构，但仍然存在很多不安全的因素，**主要表现在以下几个方面。**

（1）口令

由于 UNIX 允许用户不设置口令，因而非法用户可以通过查看/etc/passwd 文件获得未设置口令的用户（或虽然设置口令但是泄露），并借合法用户名进入系统，读取或破坏文件。此外，攻击者通常使用口令猜测程序获取口令。攻击者通过暴力破解的方式不断试验可能的口令，并将加密后口令与/etc/passwd 文件中口令密文进行比较。由于用户在选择口令方面的局限性，通常暴力破解成为获取口令的最有效方式。

（2）文件权限

某些文件权限（尤其是写权限）的设置不当将增加文件的不安全因素，对目录和使用调整位的文件来说更是危险。

UNIX 系统有一个/dev/kmem 的设备文件，是一个字符设备文件，存储核心程序要访问的数据，包括用户口令。所以，该文件不能给普通用户读写，权限设为：

```
cr - - r - - - - - 1 root system 2, 1 May 25 1998 kmem
```

但 ps 等程序却需要读该文件，而 ps 的权限设置如下：

```
- r - xr - sr - x 1 bin system 59346 Apr 05 1998 ps
```

通过文件控制信息可以知道，文件设置了 SGID。并且，任何用户都可以执行 ps 文件，同时 bin 和 root 同属 system 组。所以，一般用户执行 ps，就会获得 system 组用户的权限，而文件 kmem 的同组用户的权限是可读，所以一般用户执行 ps 时可以读取设备文件 kmem 的内容。由于 ps 的用户是 bin，不是 root，所以不能通过设置 SUID 来访问 kmem。

（3）设备特殊文件

UNIX 系统的两类设备（块设备和字符设备）被看做文件，存放在/dev 目录下。对于这类特别文件的访问，实际上是在访问物理设备，所以，这些**特别文件是系统安全的一个重要方面。**

1）内存。对物理内存和系统虚空间，System V 提供了相应的文件/dev/mem 和/dev/kmem。其中，mem 是内存映像的一个特别文件，可以通过该文件检验（甚至修补）系统。若用户可改写该文件，则用户也可在其中植入特洛伊木马或通过读取和改写主存内容而窃取系统特权。

2）块设备。UNIX System V 对块设备的管理分为 3 层，其中，最高层是与文件系统的接口，包括块设备的各种读写操作。例如磁盘，如果对磁盘有写权限，用户就可以修改其上的文件。UNIX 允许安装不同的存储设备作为文件系统，非法用户可以安装特殊处理的软盘作为文件系统，而软盘上有经过修改的系统文件，如一些属于 root 的 setuid 程序。这样的操作使得用户可以执行非法 setuid 程序，获取更高的特权。

3）字符设备。在 UNIX 中，终端设备就是字符设备。每个用户都通过终端进入系统，用户对其操作终端有读写权限。一般来说，UNIX 只在打开操作（open 系统调用）时对文件的权限进行检查，后续操作将不再检查权限，因此，非法用户进入系统后可以编写程序，读取其他后续用户录入该终端的所有信息，包括敏感和秘密信息。

（4）网络系统

在各种 UNIX 版本中，UUCP（UNIX to UNIX Copy）是唯一都可用的标准网络系统，并且是最便宜、广泛使用的网络实用系统。UUCP 可以在 UNIX 系统之间完成文件传输、执行系统之间的命令、维护系统使用情况的统计、保护安全。但是，由于历史原因，UUCP 也可能是 UNIX 系统中最不安全的部分。

UUCP 系统未设置限制，允许任何 UUCP 系统外的用户执行任何命令和复制进/出 UUCP 用户可读/写的任何文件。这样，用户可以远程复制计算机上的/etc/passwd 文件。同时，在 UUCP 机制中，未加密的远程 UUCP 账户/口令存储在一个普通系统文件/usr/lib/uucp/L. sys 中，非法用户在窃取 root 权限后通过读取该文件即可获得 UUCP 账号/口令。此外，UNIX 系统中，一些大型系统软件通常由多人共同协作完成开发，因此无法准确预测系统内每个部分之间的相互衔接。例如，/bin/login 可接收其他一些程序的非法参数，从而可使普通用户成为超级用户。另一方面，系统软件配置的复杂性，以至简单的配置错误都可能导致不易觉察的安全问题。

10. 2. 2　UNIX 系统安全配置

1. 设定较高的安全级

UNIX 系统共有 4 种**安全级别**：High（高级）；Improved（改进）；Traditional（一般）；Low（低级），安全性由高到低。High 级别安全性大于美国国家 C2 级标准，Improved 级别安全性接近于 C2 级。因此，为保证系统具有较高的安全性，最好将 UNIX 系统级别定为 High 级。在安装 UNIX 系统过程中，通过选项可以设置系统级别。同时，级别越高，对参数的要求越高，安全性越好，但对用户的要求也越高，限制也越多。所以，用户需要根据实际情况进行设定。如果在安装时用户设定的级别过高或较低，可在系统中使用 relax 命令进行**安全级别设定**：用#sysadmsh→system→configure→Security→Relax，进行级别设定。

2. 强化用户口令管理

超级用户口令必须加密，而且要经常更换口令，如发现口令泄密需要及时更换。其他用户账户也要求口令加密，做到及时更换。用户账户登录及口令的管理信息默认存放在/etc/default/passwd 和/etc/default/login 文件中，系统通过两个文件进行账户及口令的管理。在两个文件中，系统管理员可以设定口令的最大长度、最小长度、口令的最长生存周数、最小生存周数、允许用户连续登录失败的次数、要求口令注册情况（是否要口令注册）等。系统管理员可以对这些参数进行合理化配置，以此完善或增强系统管理。

3. 设立自启动终端

UNIX 是一个多用户系统，一般用户对系统的使用是通过用户注册进入的。用户进入系统后便有删除、修改操作系统和应用系统的程序或数据的可能性，这样不利于操作系统或应用系统程序或数据的安全。通过建立自启动终端的方式，可以避免操作系统或应用系统的程序或数据被破坏。具体方法如下：

修改/etc/inittab 文件，将相应终端号状态由 off 改为 respawn。这样，开机后系统自动执行相应的应用程序，终端无需用户登录，用户也无法在 login 状态下登录。这样，在一定程度上保障了系统的安全。

4. 建立封闭的用户系统

自启动终端的方法固然安全，但不利于系统资源的充分利用，如果用户想在终端上运行其他应用程序，该方式无法完成。但是，可以建立不同的封闭用户系统，即建立不同的封闭用户账户，自动运行不同的应用系统。当然，封闭用户系统的用户无法用命令（〈Ctrl + C〉或〈Ctrl + Backspace〉）进入系统的 SHELL 状态。

建立封闭账户的方法是：修改相应账户的 . profile 文件。在 . profile 文件中运行相应的应用程序，在 . profile 文件的前面再加上中断屏蔽命令，命令格式为 trap " " 1 2 3 15，在 . profile 文件末尾再加上一条 exit 命令。这样，系统运行结束退回 login 状态。使用 trap 命令的目的就是防止用户在使用过程中使用〈Ctrl + C〉或〈Ctrl + Backspace〉命令中止系统程序，退回 SHELL 状态。为避免用户修改自己的 . profile 文件，还需要修改 . profile 的文件权限，权限为 640，用户属性为 root，用户组为 root。通过上述操作便可以建立封闭账户。

5. 撤销不用的账户

在系统使用过程中，根据需要可以建立不同权限的账户。但是，有些账户随着情况的变化不再使用，这时最好将账户撤销。

具体撤销方法是：# sysadmsh→Account→Users→Retire→输入计划撤销的账户名称即可。

6. 限制注册终端功能

对于多用户系统 UNIX 而言，可设有多个终端，终端可放在不同的地理位置、不同的部门。为防止其他部门非法使用应用程序，可限定某些应用程序在限定的终端使用。

具体的方法是：在相应账户的 . profile 文件中增加识别终端的语句。例如：

```
trap " " 1 2 3 15
case ' tty in / dev/ tty21[a – d]        # 如终端非/ dev/tty21[a – d],则无法执行
clear
echo "非法终端！"
exit
esac
banking —em —b4461                        # 执行应用程序
exit
```

7. 锁定暂不用终端

有些终端暂不使用，可用命令进行锁定，避免其他人在此终端上使用。

具体锁定方法是：# sysadmsh→Accounts→Terminal→Lock →输入要锁定的终端号。

如果需要解锁，方法是：# sysadmsh→Accounts→Terminal→Unlock→输入要解锁的终端号。

📖 **讨论思考：**

1）UNIX 的不安全因素有哪些？体现在什么方面？

2）如何对 UNIX 进行安全配置，以使 UNIX 操作系统更加安全？

10.3 Linux 操作系统的安全

Linux 操作系统的安全主要涉及 Linux 系统的安全性、安全配置方法等方面。

10.3.1 Linux 系统的安全性

Linux 虽然说是一种类 UNIX 的操作系统，但 Linux 又有些不同：不属于某一家厂商，没有厂商宣称对它提供安全保证，因此用户只有自己解决安全问题。

作为开放式操作系统，Linux 不可避免地存在一些安全隐患。如何解决这些隐患，为应用提供一个安全的操作平台？如果关心 Linux 的安全性，可以从网络上找到许多现有的程序和工具，这既方便了用户，也方便了攻击者，因为攻击者也能很容易地找到程序和工具来潜入 Linux 系统，或者盗取 Linux 系统上的重要信息。不过，只要用户仔细地设定 Linux 的各种系统功能，并采取必要的安全措施，就能让攻击者无机可乘。

1. 权限提升类漏洞

一般来说，利用系统上一些程序的逻辑缺陷或缓冲区溢出的手段，攻击者很容易在本地获得 Linux 服务器上的管理员 root 权限；在一些远程的情况下，攻击者会利用一些以 root 身份执行的有缺陷的系统守护进程来取得 root 权限，或利用有缺陷的服务进程漏洞来取得普通用户权限用以远程登录服务器。

【案例 10-3】do_brk（）漏洞在 2003 年 9 月被 Linux 内核开发人员发现，并在 9 月底发布的 Linux kernel 2.6.0 - test6 中对其进行了修补。brk 系统调用可以对用户进程堆的大小进行操作，使堆扩展或者缩小。而 brk 内部就是直接使用 do_brk（）函数来做具体操作，do_brk（）函数在调整进程堆的大小时既没有对参数 len 进行任何检查（不检查大小也不检查正负），也没有对 addr + len 是否超过 TASK_SIZE 进行检查，使用户进程的大小任意改变，以至可以超过 TASK_SIZE 的限制，使系统认为内核范围的内存空间也是可以被用户访问的，这样的话，普通用户就可以访问到内核的内存区域。通过一定的操作，攻击者就可以获得管理员权限。

此漏洞的发现提出了一种新的漏洞概念，即通过扩展用户的内存空间到系统内核的内存空间来提升权限。

2. 拒绝服务类漏洞

拒绝服务攻击是目前比较流行的攻击方式，该攻击方式并不取得服务器权限，而是使服务器崩溃或失去响应。对 Linux 的拒绝服务大多数都无需登录即可对系统发起拒绝服务攻击，使系统或相关的应用程序崩溃或失去响应能力，这种方式属于利用系统本身漏洞或其守护进程缺陷及不正确设置进行攻击。

另外一种情况，攻击者登录到 Linux 系统后，利用这类漏洞，也可以使系统本身或应用程序崩溃。这种漏洞主要由程序对意外情况的处理失误引起，比如写临时文件之前不检查文件是否存在，盲目跟随链接等。

3. Linux 内核中的整数溢出漏洞

Linux Kernel 2.4 NFSv3 XDR 处理器例程远程拒绝服务漏洞在 2003 年 7 月 29 日公布，

影响 Linux Kernel 2.4.21 以下的所有 Linux 内核版本。

该漏洞存在于 XDR 处理器例程中，相关内核源代码文件为 nfs3xdr.c。此漏洞是由一个整型漏洞引起（正数/负数不匹配）。攻击者可以构造一个特殊的 XDR 头（通过设置变量 int size 为负数）发送给 Linux 系统即可触发此漏洞。当 Linux 系统的 NFSv3 XDR 处理程序收到这个被特殊构造的包时，程序中的检测语句会错误地判断包的大小，从而在内核中复制巨大的内存，导致内核数据被破坏，进而致使 Linux 系统崩溃。

4. IP 地址欺骗类漏洞

由于 TCP/IP 本身的缺陷，导致很多操作系统都存在 TCP/IP 堆栈漏洞，使攻击者非常容易实现 IP 地址欺骗，Linux 也不例外。虽然 IP 地址欺骗不会对 Linux 服务器本身造成很严重的影响，但是对很多利用 Linux 为操作系统的防火墙和 IDS 产品来说，这个漏洞却是致命的。

IP 地址欺骗是很多攻击的基础。IP 协议依据 IP 包头中的目的地址发送 IP 数据包。如果目的地址是本地网络内的地址，该 IP 包就被直接发送到目的地。如果目的地址不在本地网络内，该 IP 包就会被发送到网关，再由网关决定将其发送到何处，这是 IP 路由 IP 包的方法。IP 路由 IP 包时对 IP 头中提供的 IP 源地址不作任何检查，认为 IP 头中的 IP 源地址即为发送该包的机器的 IP 地址。当接收到该包的目的主机要与源主机进行通信时，系统以接收到的 IP 包头中 IP 源地址作为其发送的 IP 包的目的地址，并与源主机进行通信。这种数据通信方式虽然非常简单和高效，但同时也是 IP 协议的一个安全隐患，很多网络安全事故都是由 IP 协议的这个缺陷而引发的。

10.3.2 Linux 系统的安全配置

通常，对 Linux 系统的安全设定包括取消不必要的服务、限制远程存取、隐藏重要资料、修补安全漏洞、采用安全工具以及经常性的安全检查等。下面简单介绍几种安全设定方法。

1. 取消不必要的服务

早期 UNIX 版本中，每一个不同的网络服务都有一个服务程序在后台运行，后续版本用统一的/etc/inetd 服务器程序担此重任。这里，inetd 是 internetdaemon 的缩写，该程序同时监视多个网络端口，一旦接收到外界连接信息，便执行相应的 TCP 或 UDP 网络服务。

由于受 inetd 的统一指挥，Linux 中的大部分 TCP 或 UDP 服务都是在/etc/inetd.conf 文件中设定。所以，首先检查/etc/inetd.conf 文件，在不要的服务前加上 "#" 号进行注释。一般来说，除了 http、smtp、telnet 和 ftp 之外，其他服务都应该取消，比如简单文件传输协议（TFTP）、网络邮件存储及接收所用的 imap/ipop 传输协议、寻找和搜索资料用的 gopher 以及用于时间同步的 daytime 和 time 等。还有一些报告系统状态的服务，如 finger、efinger、systat 和 netstat 等，虽然对系统查错和寻找用户非常有用，但也给攻击者提供了方便。例如，攻击者可以利用 finger 服务查找用户电话、使用目录以及其他重要信息。因此，将这些服务全部取消或部分取消，以增强系统的安全性。

其次，inetd 利用/etc/services 文件查找各项服务所使用的端口。因此，用户必须仔细检查该文件中各端口的设定，以免有安全上的漏洞。在 Linux 中有两种不同的服务形态：一种是仅在有需要时才执行的服务，如 finger 服务；另一种是一直在执行的服务。后一类服务在系统启动时就开始执行，因此不能靠修改 inetd 来停止其服务，而只能通过修改/etc/rc. d/rc [n]. d/文件或用 Run level editor 去修改。提供文件服务的 NFS 服务器和提供 NNTP 新闻服务的 news 都属于这类服务，如果没有必要，最好取消这些服务。

2. 限制系统的出入

在进入 Linux 系统之前，所有用户都需要登录，即用户需要输入用户账号和口令，只有通过系统验证之后，用户才能进入系统。

与其他 UNIX 操作系统一样，Linux 一般将口令加密之后存放在/etc/passwd 文件中。Linux 系统上的所有用户都可以读到/etc/passwd 文件，虽然文件中保存的口令已经经过加密，但仍然不太安全。一般的用户可以利用现成的密码破译工具，以穷举法猜测出口令。比较安全的方法是设定影子文件/etc/shadow，只允许有特殊权限的用户阅读该文件。

在 Linux 系统中，如果要采用影子文件，必须将所有的公用程序重新编译。比较简便的方法是采用插入式验证模块（Pluggable Authentication Modules，PAM）。很多 Linux 系统都带有 Linux 工具程序 PAM，PAM 是一种身份验证机制，可以用来动态地改变身份验证的方法和要求，而不需要重新编译其他公用程序。这是因为 PAM 采用封闭包的方式，将所有与身份验证有关的逻辑全部隐藏在模块内。

3. 保持最新的系统核心

由于 Linux 流通渠道很多，而且经常有更新的程序和系统补丁出现，因此，为了加强系统安全，一定要经常更新系统内核。

Kernel 是 Linux 操作系统的核心，常驻内存，用于加载操作系统的其他部分，并实现操作系统的基本功能。由于 Kernel 控制计算机和网络的各种功能，因此，其安全性对整个系统安全至关重要。早期的 Kernel 版本存在许多众所周知的安全漏洞，而且不太稳定，只有 2. 0. x 以上的版本才比较稳定和安全，新版本的运行效率也有很大改观。在设定 Kernel 的功能时，只选择必要的功能，千万不要所有功能全部安装，否则会使 Kernel 变得很大，既占用系统资源，也给攻击者留下可乘之机。

4. 检查登录密码

设定登录密码是一项非常重要的安全措施，如果用户的密码设定不合适，就很容易被破译，尤其是拥有超级用户使用权限的用户，如果没有良好的密码，将给系统造成很大的安全漏洞。

在多用户系统中，如果强迫每个用户选择不易猜出的密码，将大大提高系统的安全性。但如果 passwd 程序无法强迫每个上机用户使用恰当的密码，要确保密码的安全度，就只能依靠密码破解程序。

实际上，密码破解程序是黑客工具箱中的一种工具，在使用中将常用的密码或者是英文字典中所有可能用来作密码的字符全部用程序加密成密码字，然后将其与 Linux 系统的/etc/passwd 密码文件或/etc/shadow 影子文件相比较，如果发现有吻合的密码，就可以获得密码明文。

在网络上可以找到很多密码破解程序，比较出名的破解程序是 crack。用户可以自己先执行密码破解程序，找出容易被黑客破解的密码，先行修改总比被黑客破解要有利。

📖 **讨论思考：**

1）Linux 在发展过程中发布过哪些对系统造成安全影响的漏洞？

2）对 Linux 系统的安全设定包括哪些方面？

10.4 Web 站点的安全

Web 站点的安全是整个网络安全的重要组成部分，在此主要概述 Web 网站应该从全方位实施安全措施和 Web 站点的安全策略。

10.4.1 Web 站点安全简介

Web 站点采用浏览器/服务器（B/S）架构，通过超文本传送协议（Hypertext Transfer Protocol，HTTP）提供 Web 服务器和客户端之间的通信，这种结构也称为 Web 架构。随着 Web 2.0 的发展，出现了数据与服务处理分离、服务与数据分布式等变化，其交互性能增强，称为浏览器/服务器/数据库（B/S/D）三层结构。

通常，**浏览器和 Web 站点通信包括 4 个步骤**。

1）连接：Web 浏览器与 Web 服务器建立连接，打开一个称为 socket（套接字）的虚拟文件，此文件的建立标志着连接建立成功。

2）请求：Web 浏览器通过 socket 向 Web 服务器提交请求。

3）应答：Web 浏览器提交请求后，通过 HTTP 协议传送给 Web 服务器，Web 服务器接到后进行事务处理，处理结果又通过 HTTP 协议回传给 Web 浏览器，从而在 Web 浏览器上显示出所请求的页面。

4）关闭连接：当应答结束后，Web 浏览器与 Web 服务器必须断开，以保证其他 Web 浏览器能够与 Web 服务器建立连接。

Web 通过这样的方式实现 Web 网站服务，实现网页浏览、信息检索、网上购物、甚至是网络游戏和网络办公等一系列功能。

早期的 Web 服务没有考虑安全问题，也几乎没有网络安全问题，但随着网络应用的多样化，Web 安全问题日益突出。Web 生成环境包括计算机硬件、操作系统、计算机网络、许多的网络服务和应用，所有这些都存在着安全隐患，最终威胁到 Web 能否安全有效地提供服务。在分析 Web 服务器的安全性时，一定要考虑到各个方面，因为它们是相互联系的，每个方面都会影响到 Web 服务器的安全性，并且遵循木桶原则，安全性最差的决定了给定服务器的安全级别。因此，**一个 Web 网站应该从全方位实施安全措施**：

1）硬件安全是不容忽视的问题，所存在的环境不应该存在对硬件有损伤和威胁的因素，如温湿度的不适宜、过多的灰尘和电磁干扰、水火隐患的威胁等。

2）增强服务器操作系统的安全，密切关注并及时安装系统及软件的最新补丁；建立良好的账号管理制度，使用足够安全的口令，并正确设置用户访问权限。

3）恰当地配置 Web 服务器，只保留必要的服务，删除和关闭无用的或不必要的服务。

4）对服务器进行远程管理时，使用如 SSL 等安全协议，避免使用 Telnet、FTP 等程序，明文传输。

5）及时升级病毒库和防火墙安全策略表。

6）做好系统审计功能的设置，定期对各种日志进行整理和分析。

7）制定相应的符合本部门情况的系统软硬件访问制度。

10.4.2　Web 站点的安全策略

Web 站点管理的核心是 Web 服务器系统和 IIS 安全的双重安全，所以保护 IIS 安全的第一步就是确保 Windows 系统的安全，并且其管理是一个长期的维护和积累过程，尤其是对于安全问题。

1. 系统安全策略的配置

（1）限制匿名访问本机用户

选择"开始"→"程序"→"管理工具"→"本地安全策略"→"本地策略"→"安全选项"→ 双击"对匿名连接的额外限制"，在下拉菜单中选择"不允许枚举 SAM 账号和共享"，单击"确定"按钮完成设置。

（2）限制远程用户对光驱或软驱的访问

选择"开始"→"程序"→"管理工具"→"本地安全策略"→"本地策略"→"安全选项"→ 双击"只有本地登录用户才能访问软盘"，选择"已启用（E）"单选按钮，单击"确定"按钮完成设置。

（3）限制远程用户对 NetMeeting 的共享

选择"开始"→"运行"→在弹出的对话框中输入"gpedit. msc"→"计算机配置"→"管理模板"→"Windows 组件"→"NetMeeting"→"禁用远程桌面共享"→右击后选择"启用（E）"选项，最后单击"确定"按钮完成设置。

（4）限制用户执行 Windows 安装任务

这个策略可以防止用户在系统上安装软件。设置方法与（3）相同。

2. IIS 安全策略的应用

在 Web 服务器建设及管理过程中，系统会有一些默认设置，这些参数都是众所周知的，如果采用默认设置，将大大降低攻击难度，因此在配置 Internet 信息服务（Internet Information Services，IIS）时，一般不使用默认的 Web 站点，以避免外界对网站的攻击，**具体做法**如下。

（1）停止默认的 Web 站点

选择"开始"→"程序"→"管理工具"→"Internet 服务管理器"→"计算机名称"→选择"默认 Web 站点"并右击，在弹出的对话框中单击"停止"按钮完成设置。

（2）删除不必要的虚拟目录

选择"开始"→"程序"→"管理工具"→"Internet 服务管理器"→"计算机名称"→ 选择"默认 Web 站点"→ 选择 scripts→右击，在弹出的对话框中单击"删除"按钮完成更改。

（3）分类设置站点资源访问权限

对于 Web 中的虚拟目录和文件，右击"属性"选择适当的权限。一般情况下，静态文件允许读，拒绝写；脚本文件、exe 文件等可以执行程序，对允许的执行操作设置为拒绝读、写；通常不开放写权限，此外，所有的文件和目录将 Everyone 用户组的权限设置为只读权限。

（4）修改端口值

选择相应站点的属性，在"Web 站点"选项卡中修改 Web 服务器默认端口值。Web 服务器默认端口值为 80，给攻击者扫描端口和攻击网站带来便利，根据需要可以改变默认端口值，以增强其站点的安全性。

3. 审核日志策略的配置

通过系统日志可以了解故障发生前系统的运行情况，在默认情况下安全审核是关闭的，因此，一般需要对常用的 3 种日志（用户登录日志、HTTP 和 FTP）进行**配置**。

（1）设置登录审核日志

选择"开始"→"程序"→"管理工具"→"本地安全策略"→"本地策略"→"审核策略"→双击"审核账户登录事件"，选择"成功（S），失败（F）"复选框。

审核事件分为成功事件和失败事件。成功事件表示一个用户成功地获得了访问某种资源的权限，而失败事件则表明用户的尝试失败。过多的失败事件可解释为攻击行为，但成功事件解释起来就比较困难。尽管大多数成功的审核事件仅表明活动是正常的，但获得访问权的攻击者也会生成一个成功事件。例如，一系列失败事件后面跟着一个成功事件可能表示企图进行的攻击最后是成功的。如果对登录事件进行审核，那么每次用户在计算机上登录或注销时，都会在安全日志中生成一个事件。可以**使用事件 ID 对登录情况进行判断**。

1）本地登录尝试失败：下列事件 ID 都说明登录失败：529、530、531、532、533、534 和 537。如果一个攻击者试图使用本地账户的用户名和密码但未成功，会有 529 和 534 事件发生。

2）账户误用：事件 530、531、532 和 533 表示账户误用。

3）账户锁定：事件 539 表示账户被锁定。

4）终端服务攻击：事件 683 表示用户没有从"终端服务"会话注销，事件 682 表示用户连接到先前断开的连接中。

（2）设置 HTTP 审核日志

1）设置日志的属性，具体方法如下：选择"开始"→"程序"→"管理工具"→"Internet 服务管理器"→"计算机名称"→选择站点名称→右击→在弹出的快捷菜单中选择"属性"，然后在 Web 选项卡中选择"W3C 扩充日志文件格式"的"属性"→对"常规属性"和"扩充的属性"进行设置。

2）修改日志的存放位置。HTTP 审核日志的默认位置在安装目录的 \ system32 \ LogFile 下，建议与 Web 主目录文件放在不同的分区，防止攻击者恶意篡改日志，具体方法如下：

操作与 1）类似，但是，在"常规属性"选项卡中，选择"日志文件目录（L）:"的"浏览"，并指定一个新目录，单击"确定"按钮完成设置。

📖 **讨论思考：**

1）Web 安全包含哪些方面？

2）如何通过日志观察 Web 是否遭到攻击？

10.5 系统的恢复

随着计算机及其网络应用普及率的不断提高，越来越多的企业、商家、政府机关和个人通过计算机来获取信息、处理信息，将重要的信息以数据文件的形式保存在计算机中。但是，由于网络安全、计算机犯罪等问题不断出现，使得用户经常需要做一些恢复系统和数据的工作，为此本节介绍必要的系统恢复知识。

10.5.1 系统恢复和数据恢复

数据恢复技术在 20 世纪 90 年开始流行。目前，国内外已有许多好的修复方法和工具，常用的有数据备份、数据恢复和数据分析等。

数据恢复是指通过技术手段，将受到病毒攻击、人为损坏或硬件损坏的电子数据进行恢复的一门技术。数据恢复的方式可分为软件恢复方式与硬件修复方式，如图 10-1 所示。

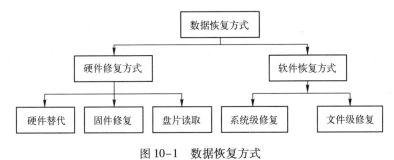

图 10-1　数据恢复方式

1. 硬件修复

硬件修复方式可分为硬件替代、固件修复、盘片读取 3 种。

（1）硬件替代

硬件替代是指用同型号的好硬件替代坏硬件达到恢复数据的目的，简称"替代法"。如果 BIOS 不能找到硬盘，则基本可以判断是硬件损坏，需使用硬件替代。如硬盘电路板的替代、闪存盘控制芯片的更换等。

（2）固件修复

固件是硬盘厂家写在硬盘中的初始化程序，一般工具是访问不了的。固件修复就是用硬盘专用修复工具修复硬盘固件，从而恢复硬盘数据。最流行的数据恢复工具有俄罗斯著名硬盘实验室 ACE Laboratory 研究开发的商用的专业修复硬盘综合工具 PC3000 、HRT – 2.0、数据恢复机 Hardware Info Extractor HRT – 200 等。PC3000 和 HRT – 200 可以对硬盘坏扇区进行修复，可以更改硬盘的固件程序。这些工具的特点是都用硬件加密，必须购买。

（3）盘片读取

盘片读取是较为高级的技术，就是在 100 级的超净工作间内对硬盘进行开盘，取出盘片，然后用专门的数据恢复设备对其扫描，读出盘片上的数据。这些设备的恢复原理是用激光束对盘片表面进行扫描，因为盘面上的磁信号其实是数字信号（0 和 1），所以相应地反映到激光束发射的信号上也是不同的。这些仪器通过这样的扫描一丝不漏地把整个硬盘的原始信号记录在仪器附带的计算机里面，然后再通过专门的软件分析来进行数据恢复。这种设备对位于物理坏道上面的数据也能恢复，数据恢复率惊人。由于多种信息的缺失而无法找出准确的数据值的情况也可以通过大量的运算在多种可能的数据值之间进行逐一替代，结合其他相关扇区的数据信息，进行逻辑合理性校验，从而找出逻辑上最符合的真值。这些设备只有加拿大和美国生产，由于受有关法律的限制，进口非常困难。目前，国内少数数据恢复中心采用了变通的办法，建立一个 100 级的超净实验室，然后对于盘腔损坏的硬盘，在此超净实验室中开盘，取下盘片，安装到同型号的好硬盘上，同样可达到数据恢复的目的。

除了以上这些数据恢复的方式外，数据恢复的难易程度还与设备和操作系统有关。单机的硬盘和 Windows 操作系统的数据恢复相对简单。而服务器的磁盘阵列和 UNIX 等网络操作系统数据恢复就比较复杂。

2. 软件恢复

软件恢复可分为系统级恢复与文件级恢复。系统恢复是指在系统无法正常运作的情况下，通过调用已经备份好的系统资料或系统数据、使用恢复工具等，使系统按照备份时的部分或全部正常启动运行的数值特征来进行运作。常见的文件系统故障有误删除、误格式化、误 GHOST、分区出错等。目前，可以**恢复的操作系统的数据**如下。

DOS、Windows 95/98/2000/NT 等；UNIX 系统类；SCO UNIX、Solaris 等；Linux；IBM OS/2；Novell Netware；Apple MAC 系统。

Linux、UNIX 系统的数据恢复难度非常大，主要原因是 Linux、UNIX 系统下的数据恢复工具非常少。系统恢复作用很多，也很重要。例如，在系统注册表被破坏时，通过将注册表备份中的正常数据代替被破坏和篡改的数据，从而使系统得以正常运行。系统恢复的另外一个作用在于发现并修补系统漏洞，去除后门和木马等。

【案例 10-4】 主引导记录损坏后的恢复。一块 40 GB 的 IBM 台式机硬盘，在运行中突然断电，重启计算机后无法启动进入系统。通过使用 WinHex 工具打开硬盘，发现其 MBR 扇区已经被完全破坏。根据 MBR 扇区不随操作系统的不同而不同，具有公共引导的特性，故采用复制引导代码将其恢复。MBR 主引导扇区位于整个硬盘的 0 柱面 0 磁道 1 扇区，共占用了 63 个扇区，但实际使用了 1 个扇区（512 B）。在总共 512 B 的主引导记录中，MBR 又可分为 3 部分：第一部分：引导代码，占用了 446 B；第二部分：分区表，占用了 64 B；第三部分：55AA，结束标志，占用了 2 B。

引导代码的作用就是让硬盘具备可以引导的功能。如果引导代码丢失，分区表还在，那么这个硬盘作为从盘，所有分区数据都还在，只是这个硬盘不能用来启动进系统了。如果要恢复引导代码，可以用 DOS 下的命令：FDISK /MBR；这个命令只是用来恢复引导代码，不会引起分区改变，丢失数据。另外，也可以用工具软件，比如 Diskgen、Winhex 等。

恢复操作如下：

首先，用 WinHex 到别的系统盘把引导代码复制过来。单击"磁盘编辑器"按钮，弹出"编辑磁盘"对话框。选择"HD0 WDC WD400EB－－－00CPF0"，单击"确定"按钮，打开系统盘的分区表（**注意**：现在是打开了两个窗口，当前的窗口是"硬盘 0"，在标题栏上有显示。另外，打开窗口菜单也能看出来，当前窗口被打上一个勾，如果想切换回原来的窗口，就单击"硬盘 1"）。选中系统盘的引导代码。在选区中单击鼠标右键，在弹出的快捷菜单中选择"编辑"，又弹出一个菜单；选择"复制选块"→"正常"；切换回"硬盘 1"窗口，在 0 扇区的第一个字节处单击鼠标右键，在弹出的快捷菜单中选择"编辑"→"剪贴板数据"→"写入……"；出现一个窗口提示，单击"确定"按钮。这样，就把一个正常系统盘上的引导代码复制过来了。

其次，恢复分区表即可。

3. 数据恢复

数据恢复是指将丢失或被篡改的数据进行恢复。丢失和篡改数据可能是因为攻击者的入侵，也可能是由自然灾害、系统故障以及误操作等造成的。一般来说，数据恢复就是从存储介质、备份和归档数据中将丢失数据恢复。

数据恢复的原理。从技术层面上，各种数据记录载体（硬盘、软盘）中的数据删除时只是设定一个标记（识别码），而并没有从载体中绝对删除。使用过程中，遇到标记时，系统对这些数据不作读取处理，并在写入其他数据的时候将其当作空白区域。所以，这些被删除的数据在没有被其他数据写入前，依然完好地保留在磁盘中。不过，读取这些数据需要专门的软件，如 EasyRecovary、WinHex 等。当其他数据写入时，这些原来的数据就被覆盖（全部或部分），此时，数据只能部分恢复了。目前，常见的有 IDE、SCSI、SATA、SAS 硬盘、光盘、U 盘、数码卡的数据恢复；服务器 RAID 重组及 SQL \ Oracle 数据库、邮件等文件修复。

4. 几种数据恢复工具

（1）EasyRecovery

EasyRecovery 是数据恢复公司 Ontrack 的产品，功能十分强大，主要功能是数据恢复，还有磁盘诊断和文件修复功能。EasyRecovery 能够对 FAT 和 NTFS 分区中的文件删除、格式化分区进行数据恢复，也能对没有文件系统结构信息即 FAT 表和目录区被破坏后的数据恢复，是一款威力非常强大的硬盘数据恢复工具。EasyRecovery 不会向原始驱动器写入任何东西，而是在内存中镜像文件的 FAT 表和目录表，避免因再次写硬盘而造成新的数据破坏。该软件可以恢复大于 8.4GB 的硬盘，支持长文件名。

（2）WinHex

WinHex 是一个专门用来应对各种日常紧急情况的小工具。WinHex 可以用来检查和修复各种文件、恢复删除文件、硬盘损坏造成的数据丢失等，可以让用户看到其他程序隐藏起来的文件和数据。应用平台：Windows 95/98/NT/2000。

（3）EnCase

EnCase 是由美国 Guidance Software 公司开发的一款电子数据取证软件。它能提供实时预览、分析与获取功能，符合美国联邦证据法 911A 等相关司法规范，受到美国各州司法机构的推崇。全球 90% 的司法机构、政府机构都使用 EnCase，EnCase 在我国市场的占有率也达到了 99%。

EnCase 软件有许多同类软件所不具备的功能，它的最大亮点也可以说它的最突出的功能就是可以搜索未分配空间和文件残留区，这是取证软件所能达到的最高境界。例如，震惊全国的"马加爵"案中，技术人员就是通过 EnCase 的这个功能在他的计算机中找到了关键线索。EnCase 还具有脚本编辑和二次开发功能，这在同类软件中是独一无二的。

10.5.2 系统恢复的过程

通常，在发现系统入侵后，需要将入侵事故通知管理人员，以便系统管理员在处理与恢复系统过程中得到相关部门的配合。如果涉及法律问题，在开始恢复之前，需要报警以便公安机关作相关的法律调查。系统管理员应严格按照既定安全策略，执行系统恢复过程中的所有步骤。需要注意：最好记录下恢复过程中采取的措施和操作步骤。恢复一个被入侵的系统是很麻烦的事，要耗费大量的时间。因此，要保持清醒的头脑，以免做出草率的决定；记录的资料可以留作以后的参考。进行**系统恢复**工作，重新获取系统控制权，需要按照如下**步骤及过程**展开。

1. 断开网络

为了夺回对被入侵系统的控制权，需要首先将被入侵的系统从网络上断开，这里包括一切网络连接，如无线、蓝牙、拨号连接等。因为在系统恢复过程中，如果没有断开被侵入系统的网络连接，那么在恢复过程中，入侵者可能继续连接到被入侵主机，进而破坏恢复工作。

断开网络后，可以将系统管理权限集中，如通过单用户模式进入 UNIX 系统或者以本地管理者（Local Administrator）模式登录 NT。当然，重启或者切换到单用户/本地管理者模式的操作，将会使得一些有用信息丢失，因为在操作过程中，被入侵系统当前运行的所有进程都会被杀死，入侵现场将被破坏。因此，需要检查被入侵系统是否有网络嗅探器或木马程序正在运行。在进行系统恢复的过程中，如果系统已经处于 UNIX 单用户模式下，系统会阻止合法用户、入侵者和入侵进程等对系统的访问或者阻止切换主机的运行状态。

2. 备份

在进行后续步骤之前，建议备份被入侵的系统。这样可以分析被入侵的系统，及时发现系统的漏洞，进行相应的升级与更新，防范类似的入侵或攻击。**备份分为复制镜像和文件数据的备份。**

备份可使得系统恢复到入侵前的状态，有时备份对法律调查有帮助。记录下备份的卷标、标志和日期，然后保存到一个安全的地方以保持数据的完整性。

如果有一个相同大小和类型的硬盘，在 UNIX/Linux 系统下可使用 dd 命令将被入侵系统进行全盘复制。例如，一个有两个 SCSI 硬盘的 Linux 系统，以下命令将在相同大小和类型的备份硬盘（/dev/sdb）上复制被侵入系统（在/dev/sda 盘上）的一个精确拷贝。

> # dd if = /dev/sda of = /dev/sdb

该命令更详细的信息可以通过阅读 dd 命令的手册获得。

还有其他方法可备份被入侵的系统。如在 Windows NT 系统中，可以使用第三方程序复制被入侵系统的整个硬盘镜像；还可以使用工具进行备份。

3. 入侵分析

备份被入侵的系统后，首先对日志文件和系统配置文件进行审查，还需要注意检测被修改的数据，及时发现入侵留下的工具和数据，以便发现入侵的蛛丝马迹、入侵者对系统的修改以及系统配置的脆弱性。

（1）系统软件和配置文件审查。

1）系统二进制文件的审查。通常情况下，被入侵系统的网络和系统程序以及共享库文件等存在被修改的可能，应该彻底检查所有的系统二进制文件，将其与原始发布版本作比较。在检查入侵者对系统软件和配置文件是否修改时，一定要使用一个可信任的内核来启动系统，并且使用的分析和校验工具是干净的，即没有被修改和篡改过。

2）校验系统配置文件。

在 UNIX/Liunx 系统中，应该检查如下文件：/etc/passwd 文件中是否有可疑的用户；/etc/inet. conf 文件是否被修改过；新的 SUID 和 SGID 文件；如果系统允许使用 r 命令，如 rlogin、rsh、rexec，需要检查/etc/hosts. equiv 或者 . rhosts 文件。对于 Windows NT 系统，需要进行如下检查：检查不明身份的用户和组成员；检查启动登录或者服务的程序的注册表入口是否被修改；检查 net share 命令和服务器管理工具共有的非验证隐藏文件；检查 pulist. exe 程序无法识别的进程。

（2）检测被修改的数据

入侵者经常会修改系统中的数据，建议对 Web 页面文件、FTP 存档文件、用户目录下的文件以及其他文件进行校验。

（3）查看入侵者留下的工具和数据

入侵者通常会在系统中安装一些工具，以便继续监视被侵入的系统。通常需注意以下文件。

1）网络嗅探器。网络嗅探器是监视和记录网络行动的工具程序。入侵者通常会使用网络嗅探器获得在网络上以明文传输的用户名和口令。判断系统是否被安装嗅探器，首先检查当前是否有进程使网络接口处于混杂模式（Promiscuous Mode）。在 Linux/UNIX 下使用 ifconfig（#/ifconfig – a）命令可以知道系统网络接口是否处于混杂模式。网络上也有一些工具可以帮助检测系统内的嗅探器程序。一旦发现网络嗅探器程序，检查嗅探器程序的输出文件，确定哪些主机受到攻击者威胁。嗅探器在 UNIX 系统中更为常见。

注意：如果重新启动系统或者在单用户模式下，传统命令和工具的正确操作仍然可能无法检测到混杂模式。同时，需要特别注意，一些合法的网络监视程序和协议分析程序也会把网络接口设置为混杂模式，这里需要进行严格区分。

2）特洛伊木马程序。特洛伊木马程序能够在表面上执行某种功能，而实际上执行另外的功能。因此，入侵者可以使用特洛伊木马程序隐藏自己的行为，获得用户名和口令数据，建立系统后门以便将来对被侵入系统再次访问。

3）后门。后门程序将自己隐藏在被侵入的系统中，入侵者通过后门能够避开正常的系统验证，不必使用安全缺陷攻击程序就可以进入系统。

4）安全缺陷攻击程序。系统运行存在安全缺陷的软件是其被侵入的一个主要原因。入侵者经常会使用一些针对已知安全缺陷的攻击工具，以此获得对系统的非法访问权限。这些工具通常会留在系统中，保存在一个隐蔽的目录里。

（4）审查系统日志文件

详细地审查系统日志文件，可以了解系统是如何被侵入的，入侵过程中攻击者执行了哪些操作，以及哪些远程主机访问过被侵入主机。审查日志，最基本的一条就是检查异常现象。需要注意的是，系统中的任何日志文件都可能被入侵者改动过。

对于 UNIX 系统，需要查看/etc/syslog. conf 文件，确定日志信息文件在哪些位置。Windows NT 系统通常使用 3 个日志文件，记录所有的 NT 事件，每个 NT 事件都会被记录到其中的一个文件中。可以使用 Event Viewer 查看日志文件。一些 NT 应用程序将日志放到其他地方，如 IIS 服务器默认的日志目录是 c:winnt/system32/logfiles。

（5）检查网络上的其他系统

除了已知被侵入的系统外，还应该对局域网络内所有的系统进行检查。主要检查和被侵入主机共享网络服务（例如 NIX、NFS）或者通过一些机制（例如 hosts. equiv、. rhosts 文件，或者 Kerberos 服务器）和被侵入主机相互信任的系统。建议使用计算机安全应急响应组（Computer Emergency Response Team，CERT）的入侵检测检查列表进行检查。

（6）检查涉及的或者受到威胁的远程站点

在审查日志文件、入侵程序的输出文件和系统被侵入以来被修改的和新建立的文件时，要注意哪些站点可能会连接到被侵入的系统。根据经验，那些连接到被侵入主机的站点通常已经被侵入，所以要尽快找出其他可能遭到入侵的系统，并通知其管理人员。

📖 讨论思考：

1）被删除的数据可以恢复吗？

2）系统恢复遵循什么步骤？

3）如何分析被入侵的系统？

10.6 Windows Server 2012 安全配置实验

与传统操作系统相比，Windows Server 2012 系统有着超强的安全功能。利用这些新增的安全功能，用户可以轻松地对本地系统进行全方位、立体式防护。不过，这并不意味着 Windows Server 2012 系统的安全性能无懈可击。通常情况下，默认的设置只是提供最基本的保障，一些细节因素仍然可以威胁 Windows Server 2012 系统的安全。如果要增强系统的安全性，必须要进行安全的配置，并且在系统遭到破坏时能恢复原有系统和数据。

10.6.1 实验目的

1）了解 Windows Sever 2012 操作系统的安全功能、缺陷和安全协议。

2）熟悉 Windows Sever 2012 操作系统的安全配置过程及方法。

10.6.2 实验要求

1. 实验设备

本实验以 Windows Sever 2012 操作系统作为实验对象，所以，需要一台计算机并且安装有 Windows Sever 2012 操作系统。

2. 注意事项

（1）预习准备

由于本实验内容是对 Windows Sever 2012 操作系统进行安全配置，因此，需要提前熟悉 Windows Sever 2012 操作系统的相关操作。

（2）注重内容的理解

随着操作系统的不断翻新，本实验是以 Windows Sever 2012 操作系统为实验对象，对于其他操作系统基本都有类似的安全配置，因为配置方法或安全强度会有区别，所以需要理解其原理，做到安全配置及系统恢复"心中有数"。

（3）实验学时

本实验大约需要 2 个学时（90～120 min）完成。

10.6.3 实验内容及步骤

Windows Server 2012 试用版安装后，有一个 180 天的试用期。在 180 天试用期即将结束时，用"Rearm"后，重启计算机，剩余时间又恢复到 180 天。微软官方文档中声明该命令只能重复使用 5 次，这样 Windows Server 2012 试用版至少可用 900 天。

1. 允许在未登录前关机

手动配置：运行"Gpedit. msc［打开组策略编辑器］"→"计算机配置"→"Windows 设置"→"安全设置"→"本地策略"→"安全选项"→"关机"：允许系统在未登录的情况下关闭"已启用"，如图 10-2 所示。

脚本配置：［HKEY_LOCAL_MACHINE\SOFTWARE\Microsoft\Windows\Current Version\policies\system］

"shutdownwithoutlogon" = dword:00000001

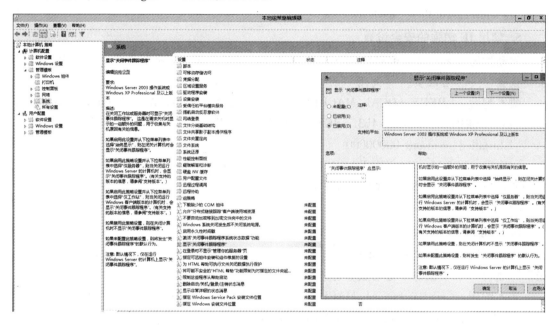

图 10-2　本地策略 - 安全选项 - 关机设置

2. 禁用 Ctrl + Alt + Del

手动配置：运行"Gpedit. msc［打开组策略编辑器］"→"计算机配置"→"Windows 设置"→"安全设置"→"本地策略"→"安全选项"→"交互式登录"：无需按〈Ctrl + Alt + Del〉启用任务管理器。

脚本配置：［HKEY_LOCAL_MACHINE\SOFTWARE\Microsoft\Windows\Current Version\Policies\System］

"DisableCAD" = dword:00000001

3. 关闭事件跟踪程序

手动配置：运行"Gpedit. msc［打开组策略编辑器］"→"计算机配置"→"管理模板"→"系统"→显示"关闭事件跟踪程序"→选择"已禁用"。

脚本配置：［HKEY_LOCAL_MACHINE\SOFTWARE\Policies\Microsoft\Windows NT\Reliability］

"ShutdownreasonOn" = dword:00000000

4. 启用自动登录

手动配置：运行"Control UserPasswords2"→"用户账号"→选择"要使用本计算机，用户必须输入用户名和密码"→输入当前系统的密码即可登录。

脚本配置：[HKEY_LOCAL_MACHINE\SOFTWARE\Microsoft\Windows NT\ Current Version\Winlogon]

"DefaultUserName" = "Administrator"

"AutoAdminLogon" = "1"

;Please Change Your Password

"DefaultPassword" = "MsDevN. com"

5. 禁用 IE 增强的安全设置

手动配置：运行"ServerManager［服务器管理器］"→"本地服务器"→"IE 增强的安全设置"→"管理员"→关闭"用户 – 关闭"。

脚本配置：[HKEY_LOCAL_MACHINE\SOFTWARE\Microsoft\ActiveSetup\Installed Components\{A509B1A7 – 37EF – 4b3f – 8CFC – 4F3A74704073}]

"IsInstalled" = dword:00000000

[HKEY_ LOCAL _ MACHINE \ SOFTWARE \ Microsoft \ ActiveSetup \ Installed Components \ {A509B1A8 – 37EF – 4b3f – 8CFC – 4F3A74704073}]

"IsInstalled" = dword:00000000

6. 在登录时不启动服务器管理器

手动配置：运行"ServerManager［服务器管理器］"→"管理"→"服务器管理器属性"→选择"在登录时不启动服务器管理器"。

脚本配置：[HKEY_LOCAL_MACHINE\Software\Microsoft\ServerManager]

"DoNotOpenServerManagerAtLogon" = dword:00000001

7. 关闭密码必须符合复杂性要求和设置密码长度最小值为 0

手动配置：运行"Gpedit. msc［打开组策略编辑器］"→"计算机配置"→"Windows 设置"→"安全设置"→"账户策略"→"密码策略"→"密码必须符合复杂性要求"→选择"已禁用"。

脚本设置：通过 secedit 命令设置：

MinimumPasswordLength = 0
PasswordComplexity = 0

8. 设置音频服务为自动启动

手动配置：运行"Services. msc［服务］"→"Windows Audio"→"启动类型"→选择"自动"。

脚本配置：PowerShell /Command "&{set – Service "Audiosrv" – startuptype automatic}"

9. 启用桌面体验和无线服务

手动配置：运行"ServerManager［服务器管理器］"→"工具"→"添加角色和功能"→"基于角色或基于功能的安装"→"从服务器池中选择服务器"→"功能"→"无线

290

LAN（WLAN）服务、用户界面和基础结构"。

脚本配置：PowerShell /Command "＆{Import – Module servermanager}"

PowerShell /Command "＆{Add – WindowsFeature Desktop – Experience}"

PowerShell /Command "＆{add – windowsfeature Wireless – Networking}"

10. 默认不启动 Metro 界面

手动配置：运行"Regedit［注册表编辑器］"→导航到。

HKEY_LOCAL_MACHINE＼SOFTWARE＼Microsoft＼Windows NT＼CurrentVersion＼Server

右击"权限"→"高级"→"所有者［更改］"→"高级"→"立即查找"→"选择 Administrators"。

右击"权限"→选中"Administrators"→"完全控制"→"允许"。

双击"修改"→ClientExperienceEnabled→"键值为0"。

关闭注册表编辑器。

脚本配置：SetACL. exe – on "HKLM＼SOFTWARE＼Microsoft＼Windows NT＼Current Version ＼Server" – ot reg – actn setowner – ownr "n:S – 1 – 5 – 32 – 544;s:y" > nulSetACL. exe – on "HKLM＼SOFTWARE＼Microsoft＼Windows NT＼CurrentVersion＼Server" – ot reg – actn ace – ace "n:S – 1 – 5 – 32 – 544;s:y;p:full" > nul reg add "HKLM＼SOFTWARE＼Microsoft＼Windows NT＼CurrentVersion＼Server" /f /v ClientExperienceEnabled /t REG_DWORD /d 0 > nul

11. 禁用 DEP 数据执行保护

手动配置：运行"Sysdm. cpl［系统属性］"→"高级"→"性能"→"数据执行保护"→"仅为基本的 Windows 程序和服务启用 DEP"。

脚本配置：bcdedit /set nx OptIn

12. 设置应用商店

手动配置：运行"Control nusrmgr. cpl［用户账号］"→"管理账户"→"添加用户账号"→"下一步"→"完成"。

选择刚创建的账号→更改账号类型→管理员→更改账号类型。

用刚创建的用户登录→访问应用商店→下载自己喜欢的应用。

13. 设置 Metro IE 为 Metro 界面下的默认浏览器

脚本配置：［HKEY_CURRENT_USER＼SOFTWARE＼Microsoft＼Internet Explorer＼Main］ "ApplicationTileImmersiveActivation" = dword:00000001

14. 更改 Windows Sever 2012 壁纸为 Windows 8 地址

脚本配置：TakeOwn. exe /F %SystemRoot%＼Web＼Wallpaper＼Windows＼img0. jpg

icacls %SystemRoot%＼Web＼Wallpaper＼Windows＼img0. jpg /reset

rename %SystemRoot%＼Web＼Wallpaper＼Windows＼img0. jpg img0. jpg. bak

copy /y Windows＼img0. jpg%SystemRoot%＼Web＼Wallpaper＼Windows＼img0. jpg

10. 7　本章小结

本章主要介绍了操作系统安全及站点安全的相关知识。Windows 操作系统的系统安全性以及安全配置是重点之一。简要介绍了 UNIX 操作系统的安全知识。Linux 是源代码公开的操作系统，本章介绍了 Linux 系统的安全和安全配置等相关内容。本章对 Web 站点的结构及相关概念进行了介绍，并对其安全配置进行了阐述。被入侵后的恢复是一种减少损失的很好方式，可以分为系统恢复与信息恢复，本章重点对系统恢复的过程进行了介绍。

10.8 练习与实践

1. 选择题

（1）攻击者入侵的常用手段之一是试图获得 Administrator 账户的口令。每台计算机至少需要一个账户拥有 Administrator（管理员）权限，但不一定用"Administrator"这个名称，可以是（   ）。

    A. Guest   B. Everyone

    C. Admin   D. LifeMiniator

（2）UNIX 是一个多用户系统，一般用户对系统的使用是通过用户（   ）进入的。用户进入系统后就有了删除、修改操作系统和应用系统的程序或数据的可能性。

    A. 注册   B. 入侵

    C. 选择   D. 指纹

（3）IP 地址欺骗是很多攻击的基础，之所以使用这个方法，是因为 IP 路由 IP 包时对 IP 头中提供的（   ）不作任何检查。

    A. IP 目的地址   B. 源端口

    C. IP 源地址   D. 包大小

（4）Web 站点服务体系结构中的 B/S/D 分别指浏览器、（   ）和数据库。

    A. 服务器   B. 防火墙系统

    C. 入侵检测系统   D. 中间层

（5）系统恢复是指操作系统在系统无法正常运作的情况下，通过调用已经备份好的系统资料或系统数据，使系统按照备份时的部分或全部正常启动运行的（   ）来进行运作。

    A. 状态   B. 数值特征

    C. 时间   D. 用户

（6）入侵者通常会使用网络嗅探器获得在网络上以明文传输的用户名和口令。当判断系统是否被安装嗅探器时，首先要看当前是否有进程使网络接口处于（   ）。

    A. 通信模式   B. 混杂模式

    C. 禁用模式   D. 开放模式

2. 填空题

（1）系统盘保存有操作系统中的核心功能程序，如果被木马程序进行伪装替换，将给系统埋下安全隐患。所以，在权限方面，系统盘只赋予_____和_____权限。

（2）Windows Server 2003 在身份验证方面支持_____登录和_____登录。

（3）UNIX 操作系统中，ls 命令显示为：－rwxr－xr－x 1 foo staff 7734 Apr 05 17：07 demofile，则说明同组用户对该文件具有_____和_____的访问权限。

（4）在 Linux 系统中，采用插入式验证模块（Pluggable Authentication Modules，PAM）

的机制，可以用来_____改变_____的方法和要求，而不要求重新编译其他公用程序。这是因为 PAM 采用封闭包的方式，将所有与身份验证有关的逻辑全部隐藏在模块内。

（5）Web 站点所面临的风险有系统层面的、_____、_____和_____。

（6）软件限制策略可以对_____或_____的软件进行控制。

3. 简答题

（1）Windows 系统采用哪些身份验证机制？

（2）Web 站点中系统安全策略的配置起到关键的作用，其中的安全策略包括哪些？

（3）系统恢复的过程包括一整套的方案，具体包括哪些步骤与内容？

（4）UNIX 操作系统有哪些不安全的因素？

（5）Linux 系统中如何实现系统的安全配置？

4. 实践题

（1）在 Linux 系统下对比 SUID 在设置前后对系统安全的影响。

（2）查找最新的 Web 站点攻击方式，检测其对 Web 站点的影响，并提供防范方法。

（3）尝试恢复从硬盘上删除的文件，并分析其中恢复的原因。

第11章　电子商务安全

随着计算机网络技术的快速发展与广泛应用，电子商务的应用更加普及深入，与此同时，电子商务的安全"瓶颈"问题也变得更为突出。如何创建安全的电子商务应用环境，已经成为电子商务企业与消费者共同关注的热点问题。实际上，解决电子商务安全问题也是网络安全技术的综合应用之一。

📖 **教学目标**
- 了解电子商务安全的概念、安全威胁和风险。
- 理解电子商务的 SSL、SET 安全协议。
- 掌握基于 SSL 协议的 Web 服务器的构建。
- 理解移动电子商务的安全与无线公钥的安全体系 WPKI 技术。
- 掌握数字证书的获取与管理实验。

11.1　电子商务安全概述

电子商务（Electronic Commerce，EC）安全涉及很多因素，不仅与计算机网络系统结构和管理有关，还与电子商务具体应用的环境、人员素质和社会因素有关。

11.1.1　电子商务安全的概念

电子商务的核心是通过信息网络技术来传输商业信息和进行网络交易，电子商务系统是一个计算机系统，**电子商务安全性**是一个系统的概念。

电子商务**对安全的基本要求**如下。

1）授权的合法性：安全管理人员根据权限的分配，管理用户的各种操作。

2）不可抵赖性：不可否认已进行的交易行为，以电子记录或合同代替传统交易方式。

3）信息的保密性：确保对敏感文件、信息加密，保证信用卡的账号和密码不泄露。

4）交易者身份的真实性：双方交换信息之前获取对方的证书，鉴别对方身份。

5）信息的完整性：避免信息在传输过程中出现丢失、次序颠倒等破坏其完整性的行为。

6）存储信息的安全性（机密性、完整性、可用性、可控性和可审查性）。

电子商务的一个重要技术特征是利用 IT 技术来传输和处理商业信息。因此，**电子商务安全**从整体上可分为两大部分：计算机网络安全和商务交易安全。

计算机网络安全的内容包括：计算机网络实体安全、计算机网络系统安全、数据库安全和运行安全等。在前几章曾经介绍过计算机网络安全的内容，其特征是针对计算机网络本身可能存在的安全问题，实施网络安全增强方案，以保证计算机网络自身的安全性为目标、保证信息安全为核心。

商务交易安全则紧紧围绕传统商务在互联网络上应用时产生的各种安全问题，在计算机网络安全的基础上，保障电子商务过程的顺利进行。即实现电子商务的保密性、完整性、可鉴别性、不可伪造性和不可抵赖性。

计算机网络安全与商务交易安全实际上是密不可分的，两者相辅相成，缺一不可。没有计算机网络安全作为基础，商务交易安全就犹如空中楼阁，无从谈起。没有商务交易安全保障，即使计算机网络本身再安全，仍然无法达到电子商务所特有的安全要求。

电子商务安全具体涉及以下5个方面：

1）电子商务系统硬件（物理）安全。硬件安全是指保护计算机系统硬件的安全，包括计算机的物理特性、防电防磁以及计算机网络设备的安全，受到物理保护而免受破坏和损失等，保证其自身的可靠性，并为系统提供基本安全机制。

2）电子商务系统软件安全。软件安全是指保护软件和数据不被篡改、破坏和非法复制。系统软件安全的目标是使计算机系统逻辑上安全，主要是使系统中信息的存取、处理和传输满足系统安全策略的要求。根据计算机软件系统的组成，软件安全可分为操作系统安全、数据库安全、网络软件安全、通信软件安全和应用软件安全。

3）电子商务系统运行安全。运行安全是指保护系统能连续正常地运行。

4）电子商务交易安全。电子商务交易安全是电子商务中同用户直接打交道的方面，它是在网络安全的基础上，随着电子商务在网络中的应用而产生的，主要是为了保障电子商务交易的顺利进行，实现电子商务交易的私有性、完整性、可鉴别性和不可否认性等。

5）电子商务安全立法。电子商务安全立法是对电子商务犯罪的约束，它是利用国家机器，通过安全立法，体现与犯罪斗争的国家意志。

综上所述，电子商务的安全问题是一个复杂的系统问题。

11.1.2　电子商务的安全威胁

电子商务的交易双方都面临着安全威胁。主要包括以下几个方面。

1. 销售企业面临的威胁

1）中央系统安全性被破坏。黑客破坏电子商务系统的安全体制，通过假冒合法用户来修改用户数据（例如用户订单）。

2）竞争者检索商品递送状况。商业竞争者通过非法途径，通过检索等途径获取企业的商品营销递送状况，或以客户的名义订购商品，刺探企业的库存状况等商品信息。

3）客户资料被竞争者获取。恶意的竞争者通过各种非法的手段，获取企业的客户资料等商业机密。

4）被他人假冒而损害公司的信誉。

5）消费者提交订单后不付款。

6）虚假订单或虚假客户信息。

7）获取他人的机密数据。

2. 消费者面临的安全威胁

【案例11-1】2013年7月在婺城区检察院受理的一起特大电信诈骗案中，犯罪嫌疑人毛某伙同其他人，假扮建设银行或建设银行下属信贷公司工作人员，以发放建设银行低息贷款为名，骗取被害人信任，要求被害人开通建设银行网银，并存入贷款金额的30%作为验资金。

之后，将伪装成贷款申请表格的超级网银授权木马程序发送给被害人，该木马程序能在被害人填写完成表格后授权毛某开通超级网银，并通过网上银行将被害人的验资款转走。经查，该案被害人遍布广东、湖南、浙江、上海、陕西、黑龙江等省份，涉案金额高达900多万元。

消费者面临的安全威胁，主要包括：

1）虚假订单。他人以消费者的名义假冒购买商品，而要求消费者付款或返还商品。

2）付款后不能收到商品。销售商中的内部人员截留订单或货款，致使消费者在付款后没有得到商品，或占用消费者钱款迟迟不给予发货。

3）机密性丧失。消费者的信用卡等机密数据被发送给假冒的销售者，或交易数据在传输的过程中被窃取、泄露、篡改或破坏。

4）拒绝服务。黑客向商家的服务器发送大量虚假订单占用资源，致使合法的用户无法得到正常的服务。

3. 电子商务风险及安全问题

从整个电子商务系统着手分析，可以将电子商务的安全问题归结为**4 类风险**：数据传输风险、信用风险、管理风险和法律风险。

电子商务安全问题具有其特殊性，涉及的范围非常广泛，其中包括一些网络安全问题特殊的技术难点，解决这些问题的关键是要保障数据安全，必须采取综合措施才能切实解决安全性问题。**电子商务的安全性**主要包括以下 5 个方面：系统的可靠性、交易的真实性、数据的安全性、数据的完整性、交易的不可抵赖性。

当许多传统的商务方式应用在 Internet 上时，便会带来许多安全方面的问题，如传统的贷款和借款卡支付/保证方案及数据保护方法、电子数据交换系统、对日常信息安全的管理等。电子商务的大规模使用虽然只有几年时间，但不少公司都已经推出了相应的软、硬件产品。由于电子商务的形式多种多样，涉及的安全问题各不相同，但在 Internet 上的电子商务交易过程中，最核心和最关键的问题就是交易的安全性。一般来说，电子商务安全中普遍存在着以下几种安全**风险和隐患**：

（1）窃取信息

由于未采用加密措施，数据信息在网络上以明文形式传送，入侵者在数据包经过的网关或路由器上可以截获传送的信息。通过多次窃取和分析，可以找到信息的规律和格式，进而得到传输信息的内容，造成网上传输信息泄露。

（2）篡改信息

当网络入侵者掌握了信息的格式和规律后，通过各种技术手段和方法，将网络上传输的数据信息在中途进行修改，然后再发向目的地。这种方法屡见不鲜，在网络的路由器或网关上就可以进行篡改数据信息。

（3）假冒

由于攻击者掌握了数据的格式，并可以篡改传输通过的信息，攻击者就可以冒充合法用户身份发送假冒的信息或者主动获取信息，而远端用户通常很难分辨。

（4）恶意破坏

由于攻击者可以接入网络，可能对网络中的信息进行修改，掌握网上的重要信息，甚至可以潜入网络内部，其后果是非常严重的。

电子商务的安全交易，主要需要 4 个方面的保证：

（1）信息保密性

交易中的商务信息均有保密的要求。如信用卡的账号和用户名等不能被他人知悉，因此在信息传播中一般均有加密的要求。

（2）交易者身份的确定性

网上交易的双方很可能素昧平生，相隔千里。要使交易成功，首先要能确认对方的身份，对商家要考虑客户端是不是骗子，而客户也会担心网上的商店是不是一个玩弄欺诈的黑店。因此，能方便而可靠地确认对方身份是交易的前提。

（3）不可否认性

由于商情的千变万化，交易一旦达成一般是不能被否认的，否则必然会损害一方的利益。因此，电子交易通信过程的各个环节都必须是不可否认的。

（4）不可修改性

交易的文件是不可被修改的，否则也必然会损害一方的商业利益。因此，电子交易文件也要做到不可修改，以保障商务交易的严肃和公正。

11.1.3　电子商务的安全要素

1. 电子商务的安全要素

通过对电子商务安全问题的分析，可以将电子商务的**安全要素**概括为 5 个方面。

（1）交易数据的有效性

保证贸易数据在确定的时间、指定的地点为有效的。EC 以电子形式取代了纸张，如何保证这种电子形式贸易信息的有效性则是进行 EC 的前提条件。EC 作为贸易的一种形式，其信息的有效性将直接关系到个人、企业或国家的经济利益和声誉。因此，必须对网络故障、操作错误、应用程序错误、硬件故障、系统软件错误及计算机病毒所产生的潜在威胁加以控制和预防，以保证贸易数据在确定的时刻、指定的地点是有效的。

（2）商业信息的机密性

EC 作为一种贸易的手段，其交易信息直接代表着用户个人、企业或国家的商业机密。传统的纸面贸易都是通过邮寄封装的信件或通过可靠的通信渠道发送商业报文来达到保守机密的目的。EC 是建立在一个开放的网络环境上的，维护商业机密是 EC 全面推广应用的重要保障。因此，必须预防非法的信息存取和信息在传输过程中被非法窃取。

（3）交易数据的完整性

预防对信息的随意生成、篡改和删除，同时要防止数据传输过程中信息的丢失和重复。EC 简化了贸易过程，减少了人为的干预，同时也带来了维护贸易各方商业信息的完整性、一致性的问题。由于数据输入时的意外差错或欺诈行为，可能导致贸易各方信息的差异。此外，数据传输过程中信息的丢失、信息重复或信息传送的次序差异也会导致贸易各方信息的不同。贸易各方信息的完整性将影响到贸易各方的交易和经营策略，保持贸易各方信息的完整性是 EC 应用的基础。因此，要预防对信息的随意生成、修改和删除，同时要防止数据传送过程中重要信息的丢失和重复，并保证信息传输次序的一致。

（4）商务系统的可靠性

商务系统的可靠性主要指交易者身份的确定。EC 可能直接关系到贸易双方的商业交易，如何确定要进行交易的贸易方正是进行交易所期望的贸易方，这一问题则是保证 EC 顺利进行的关键。在传统的纸面贸易中，贸易双方通过在交易合同、契约或贸易单据等书面文件上手写签名或印章来鉴别贸易伙伴，确定合同、契约、单据的可靠性并预防抵赖行为的发生。在无纸化的 EC 方式下，通过手写签名和印章进行贸易方的鉴别已不可能，因此，要在交易信息的传输过程中为参与交易的个人、企业或国家提供可靠的标识。

（5）交易的不可否认性

电子交易的不可否认性也称为不可抵赖性或可审查性，是指确定电子合同、交易和信息的可靠性与可审查性，并预防可能的否认行为的发生。不可抵赖性包括：

1）源点防抵赖，使信息发送者事后无法否认发送了信息。

2）接收防抵赖，使信息接收方无法抵赖接收到了信息。

3）回执防抵赖，使发送责任回执的各个环节均无法推卸其应负的责任。

为了满足电子商务的安全要求，EC 系统必须利用安全技术为其活动参与者提供可靠的安全服务，主要包括：鉴别服务、访问控制服务、机密性服务、不可否认服务等。鉴别服务是对贸易方的身份进行鉴别，为身份的真实性提供保证；访问控制服务通过授权对使用资源的方式进行控制，防止非授权使用资源或控制资源，有助于贸易信息的机密性、完整性和可控性；机密性服务的目标是为 EC 参与者信息在存储、处理和传输过程中提供机密性保证，防止信息被泄露给非授权信息获取者；不可否认服务针对合法用户的威胁，为交易的双方提供不可否认的证据，解决因否认而产生的争议。

2. 电子商务的安全内容

电子商务的安全不仅是狭义上的网络安全，如防病毒、防黑客、入侵检测等，从广义上还包括信息的完整性以及交易双方身份认证的不可抵赖性。从这种意义上来说，电子商务的安全涵盖面比一般的网络安全要广泛得多，从整体上可**分为两大部分**：计算机网络安全和商务交易安全。

电子商务的安全主要包括以下 **4 个方面**。

（1）网络安全技术

网络安全技术主要包括防火墙技术、网络防毒技术、加密技术、密钥管理技术、数字签名、身份认证技术、授权、访问控制和审计等。

（2）安全协议及相关标准规范

电子商务在应用过程中主要的安全协议及相关标准规范，主要包括网络安全交易协议和主要的安全协议标准等。

1）安全超文本传输协议（S – HTTP）：依靠密钥对加密，可以保障 Web 站点间的交易信息传输的安全性。

2）安全套接层（Secure Sockets Layer，SSL）协议：由 Netscape 公司提出的安全交易协议，提供加密、认证服务和报文的完整性。SSL 被用于 Netscape Communicator 和 Microsoft IE 浏览器，以完成需要的安全交易操作。

3）安全交易技术（Secure Transaction Technology，STT）协议：由 Microsoft 公司提出，STT 将认证和解密在浏览器中分开，用以提高安全控制能力。Microsoft 在 Internet Explorer 中采用此项技术。

4）安全电子交易（Secure Electronic Transaction，SET）协议、UN/ EDIFACT 的安全等。

（3）大力加强安全交易监督检查，建立健全各项规章制度和机制

建立交易的安全制度、交易安全的实时监控、提供实时改变安全策略的能力、对现有的安全系统漏洞的检查以及安全教育等。

（4）强化社会的法律政策与法律保障机制

通过健全法律制度和完善法律体系来保证合法网上交易的权益，同时对破坏合法网上交易权益的行为进行立法严惩。

11.1.4 电子商务的安全体系

电子商务的安全体系包括 4 个部分：服务器端、银行端、客户端与认证机构。

服务器端主要包括：服务端安全代理、数据库管理系统、审计信息管理系统、Web 服务器系统等。

银行端主要包括：银行端安全代理、数据库管理系统、审计信息管理系统、业务系统等。服务器端与客户端、银行端进行通信，实现服务器与客户的身份认证机制，以保证电子商务交易安全进行。

电子商务用户通过计算机与因特网连接，客户端除了安装有 WWW 浏览器软件之外，还需要有客户安全代理软件。客户安全代理负责对客户的敏感信息进行加密、解密与数字签名，使用经过加密的信息与服务商或银行进行通信，并通过服务器端、银行端安全代理与认证中心实现用户的身份认证机制。

为了确保电子商务交易安全，认证机构是必不可少的组成部分。网上交易的买卖双方在进行每笔交易时，都需要鉴别对方是否是可以信任的。认证中心就是为了保证电子商务交易安全，签发数字证书并确认用户身份的机构。认证机构是电子商务中的**关键**，认证机构的服务器通常包括 5 个部分：用户注册机构、证书管理机构、数据库系统、证书管理中心与密钥恢复中心。

根据电子商务的安全要求，可以构建**电子商务的安全体系**，如图 11-1 所示。

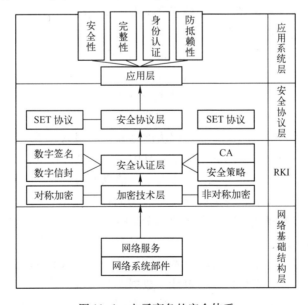

图 11-1 电子商务的安全体系

一个完整的电子商务安全体系由网络基础结构层、PKI体系结构层、安全协议层、应用系统层4部分**组成**。其中，下层是上层的基础，为上层提供相应的技术支持。上层是下层的扩展与递进，各层次之间相互依赖、相互关联构成统一整体。通过不同的安全控制技术，实现各层的安全策略，保证电子商务系统的安全。

网络基础结构层包括各厂商的计算机网络业务服务系统和一般的网络通信系统，由此可以构成一种安全的、面向交易以及面向关系的通信网络联结。网络服务包括策略管理软件、地址管理软件、安全和网络管理软件。网络系统部件包括局域网、交换机、安全的虚拟专用网、负载平衡、缓冲、网关、数据与电话服务器、广域网接入设备、路由器、应用服务器以及数据存储服务器。

📖 讨论思考：

1）什么是电子商务？其安全威胁主要有哪些？

2）电子商务的安全主要与哪些因素有关？

3）电子商务的安全体系主要包括哪些方面？

11.2 电子商务的安全技术和交易

随着网络和电子商务的广泛应用，网络安全技术和交易安全也不断得到发展完善，特别是近几年多次出现的安全事故引起了国内外的高度重视，计算机网络安全技术得到大力加强和提高。安全核心系统、VPN安全隧道、身份认证、网络底层数据加密和网络入侵监测等技术得到快速的发展，可以从不同层面加强计算机网络的整体安全性。

11.2.1 电子商务的安全技术

网络安全核心系统在实现一个完整或较完整的安全体系的同时，也能与传统网络协议保持一致，它以密码核心系统为基础，支持不同类型的安全硬件产品，屏蔽安全硬件的变化对上层应用的影响，实现多种网络安全协议，并以此为基础提供各种安全的商务业务和应用。

在前几章介绍过的网络安全包括：数据报文的安全性、服务器安全性以及网络访问安全性等。网络安全的隐患是多方面的，包括计算机系统方面、通信设备方面、技术方面、管理和应用方面，以及内部和外部等方面。涉及国家政治、国防、经济、金融机密，以及本企业、本部门的商业机密，都将面临网络安全的严峻考验。欺骗、窃听、病毒和非法入侵都在威胁着电子商务的交易安全。因此，必须解决网络安全的问题，要求网络能够提供一种端到端的安全解决方案，一个全方位的安全体系。其中，一个全方位的计算机网络安全体系结构包含网络的物理安全、访问控制安全、用户安全、信息加密、安全传输和管理安全等。充分利用各种先进的主机安全技术、身份认证技术、访问控制技术、密码技术、黑客跟踪技术，在攻击者和受保护的资源间建立多道严密的安全防线，可以极大地提高恶意攻击的难度，并通过审核信息量，对入侵者进行跟踪。

常用的安全技术包括电子安全交易技术、防火墙技术、硬件隔离技术、数据加密技术、认证技术、安全技术协议、安全检测与审计、数据安全技术、计算机病毒防范技术以及网络商务安全管理技术等。其中，涉及网络安全技术方面的内容，前面已经进行了介绍，下面重点介绍网上交易安全协议和网络安全电子交易等电子商务安全技术。

11.2.2 网上交易安全协议

电子商务应用的**核心和关键问题**是交易的安全性。由于因特网本身的开放性，使得网上交易面临着各种危险，需要提出相应的安全控制要求。最近几年，信息技术行业与金融行业联合制定了几种安全交易标准，主要包括 SSL 标准和 SET 标准等。在此先介绍 SSL 标准，关于 SET 标准将在 11.2.3 节介绍。

1. 安全套接层协议

安全套接层（Secure Sockets Layer，SSL）协议为一种传输层技术，主要用于实现浏览器和 Web 服务器之间的安全通信。SSL 协议是目前网上购物网站中经常使用的一种安全协议。使用它在于确保信息在网际网络上流通的安全性，让浏览器和 Web 服务器能够安全地进行沟通。其实，SSL 就是在和另一方通信前约定的一套方法，能够在它们之间建立一个电子商务的安全性秘密信道，确保电子商务的安全性。SSL 为快速架设商业网站提供了比较可靠的安全保障，并且成本低廉，容易架设。Microsoft 和 Netscape 的浏览器都支持 SSL，很多 Web 服务器也支持 SSL。SSL 使用的是 RSA 数字签名算法，可以支持 X.509 证书和多种保密密钥加密算法，例如 DES 等。

2. SSL 提供的服务

SSL 标准主要提供了**3 种服务**：数据加密服务、认证服务与数据完整性服务。首先，SSL 标准要提供数据加密服务。SSL 标准采用的是对称加密技术与公开密钥加密技术。SSL 客户机与服务器进行数据交换之前，首先需要交换 SSL 初始握手信息，在 SSL 握手时采用加密技术进行加密，以保证数据在传输过程中不被截获与篡改。其次，SSL 标准要提供用户身份认证服务。SSL 客户机与服务器都有各自的识别号，这些识别号使用公开密钥进行加密。在客户机与服务器进行数据交换时，SSL 握手需要交换各自的识别号，以保证数据被发送到正确的客户机或服务器上。最后，SSL 标准要提供数据完整性服务。它采用散列函数和机密共享的方法提供完整信息性的服务，在客户机与服务器之间建立安全通道，以保证数据在传输中完整地到达目的地。

3. SSL 工作流程及原理

SSL 标准的工作流程主要包括以下几步：SSL 客户机向 SSL 服务器发出连接建立请求，SSL 服务器响应 SSL 客户机的请求；SSL 客户机与 SSL 服务器交换双方认可的密码，一般采用的加密算法是 RSA 算法；检验 SSL 服务器得到的密码是否正确，并验证 SSL 客户机的可信程度；SSL 客户机与 SSL 服务器交换结束的信息。图 11-2 所示是 SSL 标准的**工作原理**。

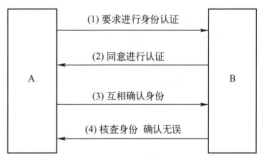

(1) 要求进行身份认证
(2) 同意进行认证
(3) 互相确认身份
(4) 核查身份 确认无误

图 11-2　SSL 工作原理

在完成以上交互过程后，SSL 客户机与 SSL 服务器之间传送的信息都是加密的。在电子商务交易过程中，由于有银行参与交易过程，客户购买的信息首先发往商家，商家再将这些信息转发给银行，银行验证客户信息的合法性后，通知商家付款成功，商家再通知客户购买成功，然后将商品送到客户手中。

SSL 安全协议也有其**缺点**，主要包括：不能自动更新证书；认证机构编码困难；浏览器的口令具有随意性；不能自动检测证书撤销表；用户的密钥信息在服务器上是以明文方式存储的。另外，SSL 虽然提供了信息传递过程中的安全性保障，但是信用卡的相关数据应该是银行才能看到，然而这些数据到了商店端都被解密，客户的数据都完全暴露在商家的面前。SSL 安全协议虽然存在着弱点，但由于它操作容易、成本低，而且又在不断改进，所以在欧美等商业网站的应用非常广泛。

11.2.3 网络安全电子交易

网络安全电子交易（Secure Electronic Transaction，SET）是一个通过 Internet 等开放网络进行安全交易的技术标准，1996 年由两大信用卡国际组织 VISA 和 MasterCard 共同发起制定并联合推出。由于得到了 IBM、HP、Microsoft 和 RSA 等大公司的协作与支持，已成为事实上的工业标准，并得到了认可。SET 协议围绕客户、商家等交易各方相互之间身份的确认，采用了电子证书等技术，以保障电子交易的安全。SET 向基于信用卡进行电子化交易的应用，提供了实现安全措施的规则。SET 主要由 3 个文件**组成**，分别是 SET 业务描述、SET 程序员指南和 SET 协议描述。SET 规范**涉及的范围**有：加密算法的应用（如 RSA 和 DES），证书信息和对象格式，购买信息和对象格式，确认信息和对象格式；划账信息和对象格式，对话实体之间消息的传输协议。

在电子商务的交易过程中，先是交流信息和确定需求，进行磋商；接着是交换单证；最后是电子支付。特别是电子支付涉及资金、账户、信用卡、银行等一系列对货币最敏感的部门，因此对安全有着非常高的要求。SET 在保留对客户信用卡认证的前提下，又增加了对商家身份的认证，这对于需要支付货币的交易来讲事关重大。SET 是一种以信用卡为基础的、在因特网上交易的付款协议书，是授权业务信息传输安全的标准，采用 RSA 密码算法，利用公钥体系对通信双方进行认证，用 DES 等标准加密算法对信息加密传输，并用散列函数来鉴别信息的完整性。SET 提供了一套既安全又方便的交易模式，并采用开放式的结构以期支持各种信用卡的交易。在每个交易环节中都加入电子商务的安全性认证过程。在 SET 的交易环境中，比现实社会中多一个电子商务的安全性认证中心——电子商务的安全性 CA 参与其中，在 SET 交易中认证是关键。

1. SET 的主要目标

SET 安全协议的主要目标有 5 个。

1）信息传输的安全性：信息在因特网上安全传输，保证网上传输的数据不被外部或内部窃取。

2）信息的相互隔离：订单信息和个人账号信息的隔离，当包含持卡人账号信息的订单送到商家时，商家只能看到订货信息，而看不到持卡人的账户信息。

3）多方认证的解决：要对消费者的信用卡进行认证；要对网上商店进行认证；消费者、商店与银行之间的认证。

4）效仿 EDI 贸易形式，要求软件遵循相同协议和报文格式，使不同厂家开发的软件具有兼容和互操作功能，并且可以运行在不同的硬件和操作系统平台上。

5）交易的实时性：所有的支付过程都是在线的。

2. SET 的交易成员

SET 支付系统中的交易成员（组成），主要如下。

1）持卡人——消费者：持信用卡购买商品的人，包括个人消费者和团体消费者，按照网上商店的表单填写，通过发卡银行发行的信用卡进行付费。

2）网上商家：在网上的符合 SET 规格的电子商店，提供商品或服务；它必须是具备相应电子货币使用的条件，从事商业交易的公司组织。

3）收单银行：通过支付网关处理持卡人和商店之间的交易付款问题事务。接受来自商店端送来的交易付款数据，向发卡银行验证无误后，取得信用卡付款授权以供商店清算。

4）支付网关：这是由支付者或指定的第三方完成的功能。为了实现授权或支付功能，支付网关将 SET 和现有的银行卡支付的网络系统作为接口。在因特网上，商家与支付网关交换 SET 信息，而支付网关与支付者的财务处理系统具有一定的直接连接或网络连接。

5）发卡银行——电子货币发行公司或兼有电子货币发行的银行：发行信用卡给持卡人的银行机构。在交易过程开始前，发卡银行负责查验持卡人的数据，如果查验有效，整个交易才能成立。在交易过程中发卡银行负责处理电子货币的审核和支付工作。

6）认证中心（CA）——可信赖、公正的组织：接受持卡人、商店、银行以及支付网关的数字认证申请书，并管理数字证书的相关事宜，如制定核发准则，发行和注销数字证书等。负责对交易双方的身份确认，对厂商的信誉和消费者的支付手段和支付能力进行认证。

SET 支付系统中的交易成员如图 11-3 所示。

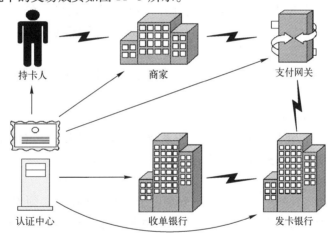

图 11-3　SET 支付系统中的交易成员

3. SET 的技术范围

SET 的技术范围包括以下几方面：加密算法、证书信息和对象格式、购买信息和对象格式、认可信息和对象格式、划账信息和对象格式、对话实体之间消息的传输协议。

4. SET 系统的组成

SET 系统的操作是通过 4 个软件来完成的，包括电子钱包、商店服务器、支付网关和认证中心软件。这 4 个软件分别存储在持卡人、网上商店、银行以及认证中心的服务器中，相互运作来完成整个 SET 交易服务。

【案例 11-2】安全电子交易（SET）系统的一般模型如图 11-4 所示。

1）持卡人。持卡人是发行者发行的支付卡（例如 MasterCard 和 VISA）的授权持有者。

2）商家。商家是有货物或服务出售给持卡人的个人或组织。通常，这些货物或服务可以通过 Web 站点或电子邮件提供给消费者。

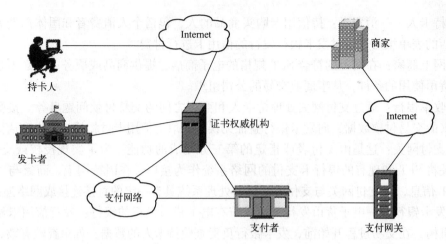

图 11-4 安全电子商务组成

3）支付者。建立商家的账户并实现支付卡授权和支付的金融组织。支付者为商家验证给定的信用卡账户是能用的；支付者也对商家账户提供了支付的电子转账。

4）支付网关。支付网关是由支付者或指定的第三方完成的功能。为了实现授权或支付功能，支付网关将 SET 和现有的银行卡支付的网络系统作为接口。在 Internet 上，商家与支付网关交换 SET 信息，而支付网关与支付者的财务处理系统具有一定的直接连接或网络连接。

5）证书权威机构。证书权威机构是为持卡人、商家和支付网关发行 X. 509v3 公共密码证书的可信实体。

5. SET 的认证过程

【案例 11-3】基于 SET 协议的电子商务系统可分为注册登记、申请数字证书、动态认证和商业机构的处理 4 个业务认证过程。

（1）注册登记

一个机构如要加入到基于 SET 协议的安全电子商务系统中，必须先上网申请注册登记，申请数字证书。每个在认证中心进行了注册登记的用户都会得到双钥密码体制的一对密钥、一个公钥和一个私钥。公钥用于提供对方解密和加密回馈的信息内容。私钥用于解密对方的信息和加密发出的信息。

密钥在加解密处理过程的作用如下。

1）对持卡人购买者的作用：用私钥解密回函；用商家公钥填发订单；用银行公钥填发付款单和数字签名等。

2）对银行的作用：用私钥解密付款及金融数据；用商家公钥加密购买者的付款通知。

3）对商家供应商的作用：用私钥解密订单和付款通知；用购买者公钥发出付款通知和代理银行公钥。

（2）申请数字证书

SET 数字证书申请工作的具体步骤如图 11-5 所示。

（3）动态认证

注册成功以后，便可以在网络上进行电子商务活动。在从事电子商务交易时，SET 系统

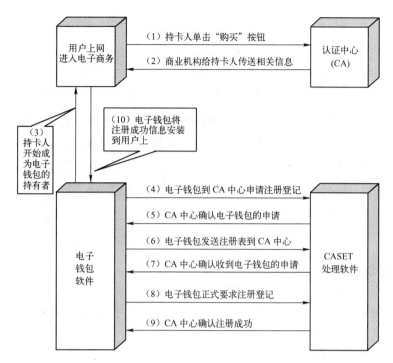

图 11-5　SET 数字证书申请工作的具体步骤

的动态认证工作步骤如图 11-6 所示。

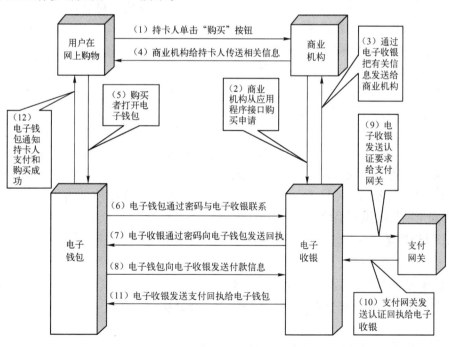

图 11-6　SET 系统的动态认证工作步骤

（4）商业机构的处理

商业机构的处理工作步骤如图 11-7 所示。

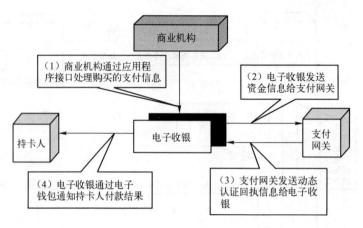

图 11-7　SET 系统的商业机构的处理工作步骤

6. SET 协议的安全技术

SET 在不断地完善和发展变化。SET 有一个开放工具 SET Toolkit，任何电子商务系统都可以利用它来处理操作过程中的安全和保密问题。其中支付和认证是 SET Toolkit 向系统开始者提供的两大主要功能。

目前，**主要安全保障**有以下 3 个方面：

1）用双钥密码体制加密文件。

2）增加密钥的公钥和私钥的字长。

3）采用联机动态的授权和认证检查，以确保交易过程的安全可靠。

这些安全保障措施的**技术基础**有 4 个：

1）利用加密方式确保信息机密性。

2）以数字化签名确保数据的完整性。

3）使用数字化签名和商家认证，确保交易各方身份的真实性。

4）通过特殊的协议和消息形式确保动态交互式系统的可操作性。通常，网站上标明所采用的是 SSL 或 SET 付款系统。VISA 和 MasterCard 公司为了确保 SET 软件符合规范要求，在 SET 发表后，成立了 SET Secure Eiectronic Transaction LLC 或称 SET Co。它对 SET 软件建立了一套测试的准则，如测试通过后就可获取 SET 特约商标。所以，真正的 SET 网站必须经过专门的测试和鉴别，并给予一个 SET 特约商店的商标。检查 SET 商店的商标就成为到 SET 商店安全购物的重要手段。

📖 讨论思考：

1）电子商务安全技术具体有哪些？

2）怎样理解网上交易安全协议的重要性？

3）什么是网络安全电子交易？概述 SET 的认证过程。

11.3　构建基于 SSL 的 Web 安全站点

构建基于 SSL 的 Web 安全站点包括：基于 Web 信息安全通道的构建过程及方法，以及数字证书服务的安装与管理。

11.3.1 基于 Web 信息安全通道的构建

安全套接层（SSL）协议是一种在两台计算机之间提供安全通道的协议，具有保护传输数据以及识别通信机器的功能。在协议栈中，SSL 协议位于应用层之下，TCP 层之上，并且整个 SSL 协议 API 和微软提供的套接字层的 API 极为相似。因为很多协议都在 TCP 上运行，而 SSL 连接与 TCP 连接非常相似，所以通过 SSL 上附加现有协议来保证其安全是一项非常好的设计方案。目前，SSL 之上的协议有 HTTP、NNTP、SMTP、Telnet 和 FTP，另外，国内外的软件厂商开始用 SSL 保护自己的专有协议。目前，人们最常用的是 OpenSSL 开发工具包，用户可以调用其中 API 实现数据传输的加解密以及身份识别。Microsoft 的 IIS 服务器也提供了对 SSL 协议的支持。

1. 配置 DNS、Active Directory 及 CA 服务

建立一个 CA 认证服务器需要 Windows Server 上有 DNS 和 Active Directory 服务，并需要进行配置。用户只要按照"管理工具"中的"配置服务器"向导操作即可。另外，为了操作方便，认证中心（CA）的颁发策略要设置成"始终颁发"。

2. 服务器端证书的获取与安装

1）获取 Web 站点数字证书。

2）安装 Web 站点数字证书。

3）设置"安全通信"属性。

3. 客户端证书的获取与安装

客户端如果想通过信息安全通道访问需要安全认证的网站，必须具有此网站信任的 CA 颁发的客户端证书以及 CA 的证书链。申请客户端证书步骤：

1）申请客户端证书。

2）安装证书链或 CRLC。

4. 通过安全通道访问 Web 网站

客户端安装了证书和证书链后，就可以访问需要客户端认证的网站了，但是必须保证客户端证书和服务器端证书是同一个 CA 颁发的。在浏览器中输入以下网址 https：//Web 服务器地址：SSL 端口/index.htm，其中 https 表示浏览器要通过安全信息通道（即 SSL）访问 Web 站点，并且如果服务器的 SSL 端口不是默认的 443 端口，那么在访问的时候要指明 SSL 端口。在连接刚建立时浏览器会弹出一个安全警报对话框，这是浏览器在建立 SSL 通道之前对服务器端证书的分析，用户单击"确定"按钮以后，浏览器把客户端目前已有的用户证书全部列出来，供用户选择，选择正确的证书后，单击"确定"按钮。

5. 通过安全通道访问 Web 站点

目前，Internet 上的绝大部分信息是明文传送的，用户的各种敏感信息通过某些嗅探软件（如 snort）都可以轻而易举地得到，网络用户没有办法保护自己的合法权益，网络不能充分发挥其方便快捷、安全高效的效能，阻碍了我国电子商务、电子政务的建设，阻碍了 B/S 系统软件的推广。

通过研究国外的各种网络安全解决方案，认为采用最新的 SSL 技术来构建安全信息通道是一种在安全性、稳定性、可靠性方面考虑都很全面的解决方案。

以上是在一种较为简单的网络环境中实现了基于 SSL 的安全信息通道的构建，IIS 这种

Web 服务器只能实现 128 位的加密，这对于有更高安全性的需求的用户是远远不够的。用户可以根据自己的需要选择 Web 服务器软件以及 CA 认证软件，目前最实用的是 OpenSSL 自带的安全认证组件，它能实现更高位数的加密，能满足用户各种安全级别的需求。

【案例 11-4】我国第一个安全电子商务系统"东方航空公司网上订票与支付系统"经过半年试运行后，于 1999 年 8 月 8 日正式投入运行，由上海市政府商业委员会、上海市邮电管理局、中国东方航空股份有限公司、中国工商银行上海市分行、上海市电子商务安全证书管理中心有限公司等共同发起、投资与开发。

该网上订票与支付系统由 4 个子系统组成：商户子系统、客户子系统、银行支付网关子系统、数字证书授权与认证子系统。

商户子系统的第一个应用是用来购买飞机票的中国东方航空公司网站。客户子系统是安装于 PC 上的电子钱包软件，是信用卡持有人进行网上消费的支付工具。电子钱包中加入客户的信用卡信息与数字证书之后，方可进行网上消费。

支付网关子系统通常是指由收款银行运行的一套设备，用来处理商户的付款信息以及持卡人发出的付款指令。

数字证书授权与认证子系统为交易各方生成一个数字证书作为交易方身份的验证工具。

其技术特点是采用 IBM 的电子商务框架结构、嵌入经国家密码管理委员会认可的加解密用软硬件产品。电子商务系统具有如下安全交易特点：

1）遵循 SET 国际标准、具有 SET 标准规定的安全机制，是目前国际互联网上运行的比较安全的电子商务系统。

2）兼顾国内信用卡/储蓄卡与国际信用卡的业务特点，具有一定的中国特色。

3）具有开放特性，可与经 SET Co 国际组织认证的任何电子商务系统进行互操作。

11.3.2 证书服务的安装与管理

对于构建基于 SSL 的 Web 站点，首先，需要下载数字证书并进行数字证书的安装与管理。实现电子商务安全的重要内容是电子商务的交易安全。只有使用具有 SSL 及 SET 的网站，才能真正实现网上安全交易。SSL 是对会话的保护，SSL 最为普遍的应用是实现浏览器和 WWW 服务器之间的安全 HTTP 通信。SSL 所提供的安全业务有实体认证、完整性、保密性，还可以通过数字签名提供不可否认性。

【案例 11-5】为保证电子商务的安全，国家制定颁布了《中华人民共和国电子签名法》，大力推进电子签名、电子认证、数字证书等安全技术手段的广泛应用。对于一些电子商务的安全问题。可以通过"中国数字证书体验中心网 www. cachina. info"进行数字证书安全保护。数字证书服务的安装与管理可以通过以下方式进行操作。

1）打开 Windows 控制面板，单击"添加/删除程序"按钮，再单击"添加/删除 Windows 组件"按钮，弹出"Windows 组件向导"对话框，选中"证书服务"复选框，如图 11-8 所示。

在 Windows Server 控制面板，单击"更改安全设置"，出现"Internet 属性"对话框（或在 IE 浏览器中选择"工具"中的"Internet 选项"），如图 11-9 所示。

单击"内容"选项卡中的"证书"按钮，出现"证书"对话框。单击"高级选项"按钮，会出现如图 11-10 所示的"高级选项"对话框。

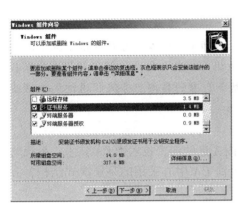

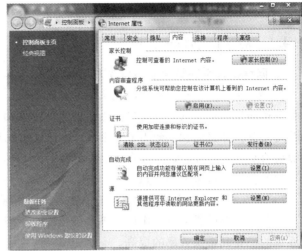

图 11-8 "Windows 组件向导"对话框　　　　图 11-9　Windows 控制面板

　　如果单击"证书"对话框中左下角的"证书"链接，会出现"证书帮助"对话框。可以通过选项进行查找有关内容的使用帮助。

　　2）在"Windows 组件向导"对话框中单击"下一步"按钮，弹出提示信息对话框，提示安装证书服务后，计算机名称和域成员身份将不可再改变，单击"是"按钮，如图 11-11 所示。

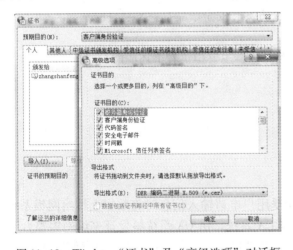

图 11-10　Windows"证书"及"高级选项"对话框　　图 11-11　安装证书服务的提示信息对话框

　　📖 讨论思考：

　　1）如何进行基于 Web 信息安全通道的构建？

　　2）证书服务的安装与管理过程主要有哪些？

11.4　电子商务安全解决方案

　　电子商务安全解决方案主要通过银行等实际应用的案例，概述数字证书解决方案、智能卡在 WPKI 中的应用，以及电子商务安全技术发展趋势等。

11.4.1 数字证书解决方案

1. 网络银行系统数字证书解决方案

【案例 11-6】鉴于网络银行的需求与实际情况，上海市 CA 中心推荐在网银系统中采用网银系统和证书申请 RA 功能整合的方案，该方案由上海 CA 中心向网络银行提供 CA 证书的签发业务，并提供相应的 RA 功能接口，网银系统结合自身的具体业务流程通过调用这些接口将 RA 的功能结合到网银系统中去。

（1）方案在技术上的优点

1）本方案依托成熟的上海 CA 证书体系，采用国内先进的加密技术和 CA 技术，系统的功能完善，安全可靠；方案中网银系统的 RA 功能与上海 CA 中心采用的是层次式结构，方便系统的扩充和系统效率的提高。

2）网络银行本身具有开户功能，需要用户输入基本的用户信息，而证书申请时需要的用户信息与之基本吻合，因此可在网银系统开户的同时结合 RA 功能为用户申请数字证书。

3）网络银行具有自身的权限系统，而将证书申请、更新、废除等功能和网银系统结合，则可以在用户进行证书申请、更新等操作的同时，进行对应的权限分配和管理。

4）网银系统可以根据银行业务的特性在上海 CA CPS 所规定的范围内简化证书申请的流程和步骤，方便用户安全便捷地使用网络银行业务。

5）该方案采用的技术标准和接口规范都符合国际标准，从而在很大程度上缩短了开发周期，同时也为在网银系统中采用更多的安全方案和安全产品打下了良好的基础。

（2）系统结构框架

银行 RA 以及其他的 RA 居于结构图的第二级，主要担负着下述职能：

1）审核用户提交的证书申请信息。

2）审核用户提交的证书废除信息。

3）进行证书代理申请。

4）证书代理更新功能。

5）批量申请信息导入功能。

（3）RA 体系

本方案中网银系统下属的柜面终端在接受用户申请输入信息时将数据上传给网银系统，网银整合 RA 系统直接通过 Internet 网络连接 CA 系统，由 CA 系统签发证书给网银整合 RA 系统，该系统一方面将证书发放给柜面，使用户获取，另一方面将证书信息存储进证书存储服务器。同时，该系统还提供证书的查询、更新、废除等功能。

RA 证书申请、更新与废除过程如下。

1）RA 证书申请。由银行的柜面系统录入用户信息，上传至网银系统和 RA 系统，再由其将信息传送给用户管理系统保存及传送给上海 CA，由 CA 签发证书，证书信息回送网银系统和 RA 系统，由其将证书信息存储于用户管理系统并将其发送给柜面系统，发放给实际用户。网银系统和 RA 系统证书申请，如图 11-12 所示。

2）RA 证书更新。证书更新时，由用户提交给柜面系统，柜面系统将更新请求传送给网银系统和 RA 系统，由其在用户管理系统中查询到其信息，然后上传至上海 CA，由 CA 重

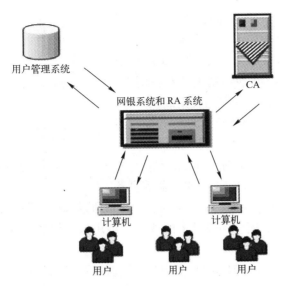

图 11-12　网银系统和 RA 系统证书申请

新签发证书，回送至网银系统和 RA 系统，再由其将证书信息保存至用户管理及发放系统。

　　3）RA 证书废除。证书废除时，由用户向柜面提起请求或从网银系统和 RA 系统处查询到证书过期，将该证书废除，然后由网银系统和 RA 系统将信息保存至用户管理系统。

2. 移动电子商务安全解决方案

　　随着国内外现代移动通信技术的迅速发展，人们可以借助移动电脑和移动手机等终端设备随时随地地接入网络进行交易和数据交换，如股票及证券交易、网上浏览及购物、电子转账等，极大地促进了移动电子商务的广泛发展。移动电子商务作为移动通信应用的一个主要发展方向，其与 Internet 上的在线交易相比有着许多优点，因此日益受到人们的关注，而移动交易系统的安全是推广移动电子商务必须解决的关键问题。

　　银行移动证书的申请过程见《网络安全技术及应用实践教程》第 11 章的具体介绍。

11.4.2　智能卡在 WPKI 中的应用

1. WPKI 的基本结构

　　在有线计算机网络环境中，基于公钥的安全体系 PKI 是网络安全建设的基础与核心，是电子商务安全实施的基本保障。而在无线通信网络中，由于带宽、终端处理能力等方面的限制，使得 PKI 不能引入无线网络。为了满足无线通信安全需求而研发的**无线公钥的安全体系 WPKI**（Wireless PKI），可以应用于手机、个人数字助理（PDA）等无线装置，为用户提供身份认证、访问控制和授权、传输保密、资料完整性、不可否认性等安全服务。智能卡拥有优秀的安全性，可以作为 WPKI 体系当中网络安全客户端很好的接入载体。智能卡有自己的处理器，因而能够在卡内实现密码算法和数字签名，并且能够安全地存储私钥。目前，智能卡已经逐渐应用于公安系统警务查询、税务部门查询、企业移动应用、移动电子商务、移动电子银行等领域，其中包括了基于 PKI 体系的密钥 USB Key 以及利用手机短信进行移动业务处理的 STK 卡等。

　　WPKI 由终端、PKI 门户、CA、PKI 目录库、内容服务器等部分组成。在 WPKI 的应用中，还可以设计 WAP 网关和数据提供服务器等服务设备。WPKI 的**基本结构**如图 11-13 所示。

WPKI 中定义了一个 PKI 中没有的 PKI 门户组件，它主要用于处理来自终端和网关的各种请求，PKI 门户一般代表 RA 并且通常和网关集成在一起。RA 是连接终端和网关之间的桥梁，它负责接收终端和网关的注册请求，并向 CA 注册证书，CA 一方面需要把生成的证书放到证书 PKI 目录库（如 LDAP 服务器），供需要时（如网关和服务器等设备

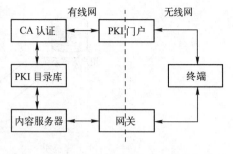

图 11-13 WPKI 的基本结构

在需要进行验证时）各实体查询；另一方面要将证书通过 RA 发送到终端和网关。终端包括手机、PDA 等 WAP 设备，而应用于其上的智能卡则用来存储数字证书、密钥等机密信息，实现加解密及进行数字签名的功能。

一般的**智能卡**主要由微处理器（CPU）和存储器以及固化在卡上的操作系统构成，是具有存储能力和计算能力的集成电路芯片卡，这种 PKI 智能卡是将 PKI 技术应用于智能卡的产品。在 PKI 体系中，私有密钥以及第三方认证机构所颁发的数字证书可以存储在极为安全的智能卡上。由于智能卡所携带的微处理器可实现存储、加解密、卡内生成密钥对等功能，因此数字签名可以利用存储在智能卡上的私钥自动计算生成。整个签名过程都是由卡内自动完成，并且签名密钥不可出卡，所以 PKI 智能卡可以有效确保私钥安全和签名的有效性。

2. 智能卡在 WPKI 中的主要应用

WPKI 应用系统的安全性取决于系统的多个方面。将智能卡应用于 WPKI 时，其在客户端的安全中扮演了重要的角色。WPKI 体系根据无线环境与有线网络的各种区别，对 PKI 进行了优化，而将智能卡应用于其中时，由于智能卡有特殊的环境要求，因此尚需解决一些特殊问题。在智能卡应用系统中，终端可以支持多个应用系统，终端上的智能卡需要保存所有被其支持的应用系统 CA 公钥，产生密钥并进行加解密运算、数字签名、存储数字证书等，因此，智能卡上的密钥的安全存储是要解决的重要问题。在智能卡与终端的交互中，还需要进行相应的信息鉴别，保存交互的信息，以保证智能卡和终端的合法性。

另外，智能卡作为一些机密信息的载体，其自身的安全性也是关乎整个系统安全的关键因素，因此，在智能卡的设计和选择上需要相应安全策略和安全组件以达到一定的安全级别。

（1）智能卡密钥管理策略

公钥密码技术已成为现代网络安全保密技术的基石，目前居于核心位置的公钥密码算法有两种，即 RSA 算法和椭圆曲线（ECC）算法。智能卡应用于 WPKI 时，不仅要选择计算简单且安全性高的算法，而且对于密钥的管理也非常重要。

1）算法选择。基于 PKI 的应用中，密钥算法的安全程度也是非常重要的一个环节。目前智能卡芯片通常提供 DES 甚至 Triple—DES 的加解密计算能力。DES 算法是一种公开的算法，尽管能破译，但计算既不经济又不实用。例如，采用差分分析对一个 16 轮 DES 的最佳攻击需要很多的明文，即使采用最佳线性攻击平均也需要 245 个已知明文。

RSA 算法的优点在于简单易用，缺点是随着安全性要求提高，其所需的密钥长度几乎是成倍增加。

2）密钥存储。无线识别模块（Wireless Identity Module，WIM）用于存储 WPKI 公钥和用户私钥等密钥信息及相关证书信息，以完成无线传输安全层（WTLS）、传输安全层（TLS）和应用层的安全功能。在对 WIM 的实现中，最基本的要求就是其载体的抗攻击性，也就是有某种物理保护措施，使得任何从 WIM 模块中非法提取和修改信息的操作都不可能成功，智能卡就是一个很好的此类安全载体。目前，普遍使用 SIM 卡来实现此模块，而且智能卡有自带的处理器进行加解密和数字签名，也节省了手机等终端设备的资源。一般，公钥具有两类用途：数字签名验证和数据加密。因此，终端智能卡需要配置签名密钥对和加密密钥对。这两类密钥对于密钥管理有不同的要求。

- 签名密钥对：由终端智能卡生成，公钥发送给 CA，由 CA 制作证书后再发给用户管理；私钥则保存在智能卡中，不能由 WAP 终端设备读取，也不能备份。

- 加密密钥对：通常情况下，用户端加密密钥由 CA 生成，生成后公钥用户签发证书，解密时要由 CA 加密保存，即作备份处理。在智能卡个人化时，解密私钥以加密方式写入卡中，同时完成加密证书的灌制。

（2）证书存储

在无线环境中，由于网络带宽窄、稳定性差，以及终端设备受存储能力和处理能力的限制，要将智能卡应用于 WPKI 体系，必然对证书大小有严格的要求。

在 PKI 应用中，当智能卡插入到终端以后，可以自动将卡中的用户个人证书导入到终端系统的证书存储区，这样系统终端就可以使用用户证书进行身份验证和接入应用了。当智能卡从终端拔出时，终端需要将证书存储区中的证书信息删除以保证安全性。在证书导入或导出的过程中，需要验证此用户是否为合法经授权的用户，因此，可以结合用户的个人密码来提高使用的安全性。

（3）智能卡安全

智能卡中存储了 WPKI 所需的证书、密钥等机密信息，这些信息不仅在使用时确保其安全性，在存储时也要确保防盗、防篡改。通常，智能卡的安全在硬件方面可以通过添加部分安全组件的方式予以保证，在软件方面包括构造安全的卡片操作系统、安全的应用程序和相应的文件结构等。

1）智能卡安全组件。智能卡应用于 WPKI 时需保证存储于其中的信息的安全，因此卡自身的安全变得非常重要，为智能卡添加安全组件则是常用的一些方法，主要有硬件加解密、随机数发生器、内存管理单元以及安全检测与防护等模块。

- 安全的身份认证：智能卡采用 PIN 码进行保护，持卡人只有同时具备卡和其 PIN 码才可正常使用。卡与终端采用互认证，即不仅终端要验证卡的身份，而且卡也要验证终端的身份，以避免潜在的攻击、信息外泄。

- 卡片抵御攻击能力：智能卡在设计阶段就应采取有针对性的安全检测和防护手段。通过优化或增加一些硬件保护组件抵御入侵式或者非入侵式的硬件攻击，如通过产生干扰信号、抵御 SPAE2J 等攻击手段。卡片操作系统的良好设计也能避免被植入木马等程序而导致密钥等机密信息泄露的情形发生。

- 硬件加解密：密钥和加解密算法是系统中非常机密的信息，由于采用软件进行加解密操作有被盗取信息的可能性，而采用硬件实现则将机密信息屏蔽，外界很难探测到重要信息，具有更高的安全性。对于用来生成密钥的随机数来说，更是需要采用硬件随机数发生器（白噪声技术）来提高安全性。

- 安全的内存管理：实现逻辑地址的分区管理以及物理地址与逻辑地址的映射，保证用户程序代码和数据在存储区中的不连续存放。这样，即使芯片被解剖分析，攻击者也无法读出正确的数据。

2）智能卡安全访问权限。智能卡中存储了一些重要的机密信息，在智能卡正式使用之前，必须对智能卡进行应用规划：建立相关的文件结构、建立相应的访问权限、写入相关数据和密钥等。在公钥算法中的签名私钥则只能在卡内生成，并且私钥只允许设置修改权和使用权，不能带到智能卡之外进行保存或管理。用户的私钥、证书、PIN 码等私有信息由用户密码进行保护，并且设置密码的错误次数上限，一般限制为 3 次，即密码核实 3 次出错，如果出现卡片锁死，则只能到指定地点进行解锁。

11.4.3 电子商务安全技术发展趋势

电子商务是一个商贸发展机遇和安全风险挑战共存的新领域，这种挑战不仅来源于传统的生活和工作习惯，以及计划体制和市场体制的变革，更来源于对网络安全技术的信赖和相关法制建设的完善。随着下一代互联网、新一代移动通信、无线射频识别（RFID）等关键技术的应用和普及，电子商务的技术支持手段更趋完善，将进一步降低电子商务的进入门槛和经营成本，丰富电子商务的形式和内容，拓展电子商务的发展模式与创新空间，推动各类电子商务运营企业依托更先进的网络基础设施，提供高效、便捷、人性化的新型电子商务服务。未来电子商务安全技术的**发展趋势**主要体现在以下 6 个方面。

1. 构建电子商务信用服务体系

在诚信体系建设整体框架内，探索建立电子商务信用服务数据共享机制。以医药、汽配、食品等行业的电子商务信用服务为试点，鼓励行业电子商务平台运营企业建立内部交易信用管理制度，鼓励行业协会探索建立行业交易信用服务系统并逐步加以完善。倡导电子商务交易的实名登记制度，推广信用产品在电子商务交易活动中的应用，防范交易风险。

2. 健全电子商务安全保障体系

在信息安全保障体系框架内，积极引导电子商务企业强化安全防范意识，健全信息安全管理制度与评估机制，加强网络与信息安全防护，提高电子商务系统的应急响应、灾难备份、数据恢复、风险监控等能力，确保业务和服务的连续性与稳定性。完善数字认证、密钥管理等电子商务安全服务功能，进一步规范电子认证服务，促进异地认证、交叉认证，推广数字证书、数字签名的应用。按照信息安全等级保护的要求，加强重点领域电子商务应用的安全监管，以及重要系统的风险评估和安全测评。

3. 加强电子商务市场监管

发挥公安、工商、税务、文化、信息化、通信管理等政府部门在电子商务活动中的监管职能，研究制定电子商务监督管理规范，建立协同监管机制，加强对电子商务从业人员、企业、相关机构的管理，加大对网络经济活动的监管力度，维护电子商务活动的正常秩序。

4. 加强电子商务政策法规的配套完善

积极开展电子凭证、电子合同、交易安全、信用服务、规范经营等方面相关政策法规的研究、制定工作，探索建立电子商务发展状况评估体系，完善电子商务统计制度。

促进制定应用信息技术改造提升传统产业的扶持政策，经认定符合条件的电子商务运营企业，可享受鼓励软件产业和高新技术企业发展的相关扶持政策；加大在电子商务应用关键环节和重点领域的投入，保障对重点引导工程的资金支持；鼓励和吸引境内外投资机构加大对电子商务运营企业的投资力度，拓宽电子商务投融资渠道。

5. 加大电子商务标准体系建设

鼓励企业、相关行业组织、高校及科研机构积极参与国际、国内标准的制定，加强在线支付、安全认证、电子单证、现代物流等电子商务配套技术地方标准和行业规范的研究、制定工作，建立标准符合性测试和评估机制，加大标准和规范的应用推广力度。

6. 安全技术体系完善与发展

一个完善的电子商务系统在保证其计算机网络硬件平台和系统软件平台安全的基础上，还应该具备安全技术特点：强大的加密保证、使用者和数据的识别与鉴别、存储和加密数据的保密、联网交易和支付的可靠、方便的密钥管理、数据的完整和防止抵赖等。

电子商务对计算机网络安全与商务安全的双重要求，使电子商务安全的复杂程度比大多数计算机网络更高，因此电子商务安全应作为安全工程，采取综合保障措施进行实施。除了前几章介绍的加密技术、身份鉴别技术、数字认证技术、数据存储安全技术和网络安全管理技术等安全技术的发展趋势以外，常用的还包括如下。

（1）防火墙技术发展趋势

在混合攻击面前，单一功能的防火墙远不能满足业务的需要，而具备多种安全功能，基于应用协议层防御、低误报率检测、高可靠高性能平台和统一组件化管理的技术的优势将得到越来越多的体现，统一威胁管理（UTM）技术应运而生。

（2）入侵检测技术发展趋势

从简单的事件报警逐步向趋势预测和深入的行为分析方向过渡。入侵管理系统（IMS）具有大规模部署、入侵预警、精确定位以及监管结合四大典型特征，将逐步成为安全检测技术的发展方向。IMS体系的一个核心技术就是对漏洞生命周期和机理的研究，在配合安全域良好划分和规模化部署的条件下，IMS将可以实现快速的入侵检测和预警，进行精确定位和快速响应，从而建立起完整的安全监管体系，实现更快、更准、更全面的安全检测和事件预防。

（3）防病毒技术发展趋势

内网安全未来的趋势是安全合规性管理（SCM）。从被动响应到主动合规、从日志协议到业务行为审计、从单一系统到异构平台、从各自为政到整体运维是SCM的四大特点。精细化的内网管理可以使现有的内网安全达到真正的"可信"。

1）从被动响应到主动合规。通过规范网络终端行为，可以避免很多由未知行为造成的损害，使IT管理部门能够将精力放在策略的制定和维护上，避免被动响应造成人力、物力的浪费和服务质量的降低。

2）从日志协议审计到业务行为审计。传统的审计概念主要用于事后分析，而没有办法对业务行为的内容进行控制，SCM审计要求在合规行为下实现对业务内容的控制，实现对业务行为的认证、控制和审计。

3）对于内网，尽管Windows应用很广泛，但是随着业务的发展，UNIX、Linux等平台也越来越多地出现在企业的信息化解决方案中，这就要求内网安全管理实现从单一系统到异构平台的过渡，从而避免由异构平台的不可管理引起的安全盲点。

目前，内网安全的需求有两大趋势：一是终端的合规性管理，即终端安全策略、文件策略和系统补丁的统一管理；二是内网的业务行为审计，即从传统的安全审计或网络审计，向对业务行为审计的发展，这两个方面都非常重要。

安全技术和安全管理不可分割，它们必须同步推进。因为即便有了好的安全设备和系统，如果没有好的安全管理方法并贯彻实施，就不会有真正的安全。

📖 **讨论思考：**

1）数字证书解决方案主要包括哪些？

2）举例说明智能卡在 WPKI 中的应用。

3）电子商务安全技术的发展趋势是什么？

11.5　数字证书的获取与管理实验

在掌握数字证书原理的基础上，通过实践掌握数字证书的获取和管理方法。通常发行证书要向正式的 CA 提出申请，由 CA 发行取得。但是一些公司内部的 Web 系统或邮件系统，仅限于公司内部使用，完全可以利用免费的资源自建 CA 发行证书，而不使用收费的认证服务，既提高了证书发行效率，又增加了证书管理的灵活性。

11.5.1　实验目的

本节就在理解证书的生成过程的同时，自己动手建立一个 CA，通过这个 CA 发放证书。本实验的主要目的有以下 3 个：

1）利用开源软件建立自我认证中心、发行客户端证书和发行服务器端证书的过程。

2）了解 Win 32 OpenSSL‐1.0.1e、ActivePerl‐5.16.3 等开源或免费软件的安装和使用。

3）掌握电子商务网站中使用证书认证时的配置方式。

11.5.2　实验要求及方法

1. 实验设备

本实验使用一台安装有Windows 7 操作系统的计算机，在网上下载并事先安装下列软件：Web 服务器 Tomcat8.0.0，JDK7，发行证书用的 Win 32 OpenSSL‐1.0.1e。另外为了在 Win 32 下运行 Perl 脚本，还需要安装 ActivePerl‐5.16.3。

2. 注意事项

（1）预习准备

由于本实验中使用的一些软件大家可能不太熟悉，可以提前对这些软件的功能和使用方式进行了解，以便对实验内容更好地理解。

（2）注意弄懂实验原理、理解各步骤的含义

对于操作的每一步要着重理解其原理，对于证书制作过程中的各种中间文件、最终生成的证书、证书导入操作等要充分理解其作用和含义。

实验用时：3 学时（120～150 min）。

11.5.3　实验内容及步骤

证书的发行管理及使用需要如下步骤：建立 CA、发行服务器端证书、发行客户端证书、修改 Tomcat 设置、向浏览器导入证书和使用证书访问网站。在以下的内容中将分步骤进行详细的说明。准备工作：首先在 C 盘下建立一个 C：/web/ssl 目录，所有证书发行工作都将在这个目录下进行。

1. 建立 CA

OpenSSL 是 SSL/TLS 协议的一套开源实装程序，提供了包括证书发行需要的所有功能在内的 SSL 协议的所有内容，这里就使用这些功能来完成证书的发行工作。首先把 OpenSSL 的 bin 目录中的 CA. pl、openssl. cfg 文件复制到 C：/web/ssl 下，并把 CA. pl 中的 $ CATOP 和 openssl. cfg 文件中 [CA_default] 下的 dir 变量分别作如下修改：

> $ CATOP = ". /myCA" ;
>
> 　dir = . /myCA

修改完成后，执行下面的 Perl 脚本命令：

> SET SSLEAY_CONFIG = − config C：\web\ssl\openssl. cfg
>
> CA. pl − newca

按照提示依次输入国名、省市名称、公司部门名称等信息，如图 11-14 所示。

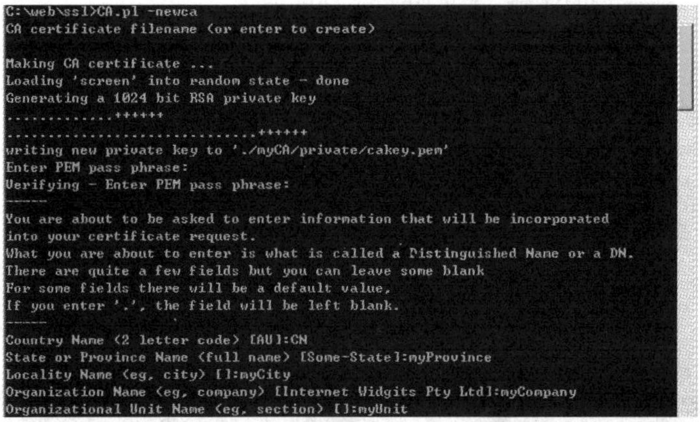

图 11-14　CA 注册信息（部分截图）

上述命令执行完后会在 C：/web/ssl/myCA 下生成一系列文件和目录，其中 cacert. pem 是 CA 的证书，private 目录下的文件 cakey. pem 是 CA 的私钥。

2. 发行服务器端证书

生成服务器端密钥，文件名为 server. key：

> openssl genrsa − out server. key 1024

建立证书发行申请，文件名为 serverreq. csr：

> openssl req − new − key server. key − out serverreq. csr − sha1

如图 11-15 所示为服务器端证书发行申请。

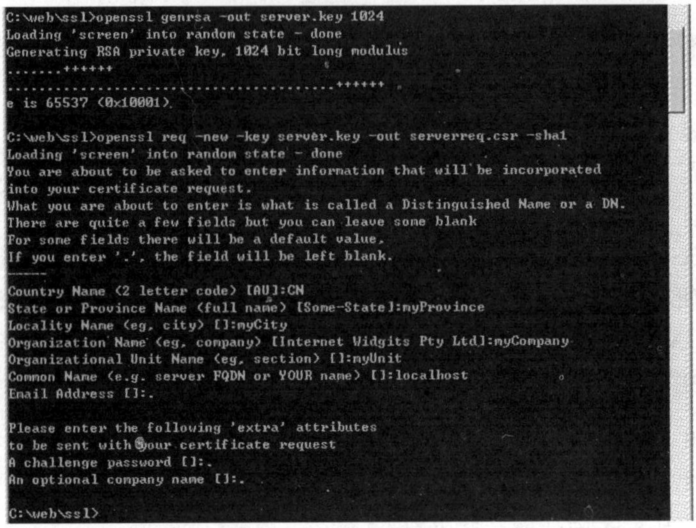

```
C:\web\ssl>openssl genrsa -out server.key 1024
Loading 'screen' into random state - done
Generating RSA private key, 1024 bit long modulus
.......++++++
.................................++++++
e is 65537 (0x10001).

C:\web\ssl>openssl req -new -key server.key -out serverreq.csr -sha1
Loading 'screen' into random state - done
You are about to be asked to enter information that will be incorporated
into your certificate request.
What you are about to enter is what is called a Distinguished Name or a DN.
There are quite a few fields but you can leave some blank
For some fields there will be a default value.
If you enter '.', the field will be left blank.
-----
Country Name (2 letter code) [AU]:CN
State or Province Name (full name) [Some-State]:myProvince
Locality Name (eg, city) []:myCity
Organization Name (eg, company) [Internet Widgits Pty Ltd]:myCompany
Organizational Unit Name (eg, section) []:myUnit
Common Name (e.g. server FQDN or YOUR name) []:localhost
Email Address []:.

Please enter the following 'extra' attributes
to be sent with your certificate request
A challenge password []:.
An optional company name []:.

C:\web\ssl>
```

图 11-15　服务器端证书发行申请

利用上面生成的申请来发行 CA 署名的证书，证书文件名为 server. pem。这里使用的 openssl_server. cfg 是配置文件，把 CA 使用的 openssl. cfg 复制后命名为 openssl_ server. cfg，去掉 nsCertType = server 行的注释，然后执行下面的命令：

openssl ca – config openssl_server. cfg – in serverreq. csr – out server. pem

如图 11-16 所示为服务器端证书的生成。

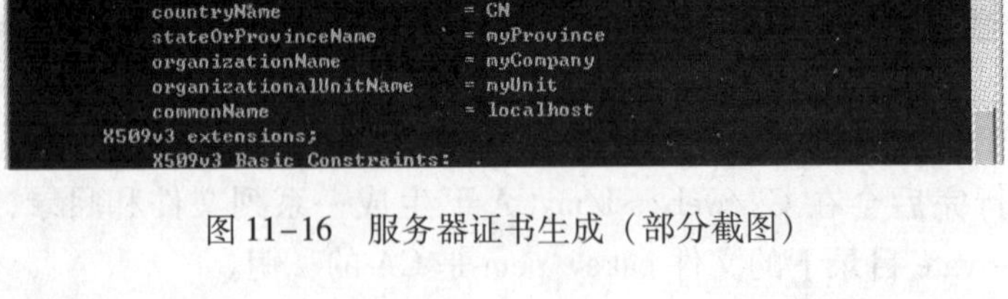

```
C:\web\ssl>openssl ca -config openssl_server.cfg -in serverreq.csr -out server.p
em
Using configuration from openssl_server.cfg
Loading 'screen' into random state - done
Enter pass phrase for ./myCA/private/cakey.pem:
Check that the request matches the signature
Signature ok
Certificate Details:
        Serial Number:
            f4:86:04:e7:d0:e9:72:d1
        Validity
            Not Before: Aug 29 14:10:35 2013 GMT
            Not After : Aug 29 14:10:35 2014 GMT
        Subject:
            countryName               = CN
            stateOrProvinceName       = myProvince
            organizationName          = myCompany
            organizationalUnitName    = myUnit
            commonName                = localhost
        X509v3 extensions:
            X509v3 Basic Constraints:
```

图 11-16　服务器证书生成（部分截图）

3. 发行客户端证书

和发行服务器端证书类似，首先把 openssl. cfg 复制后命名为 openssl_client. cfg，然后去掉 nsCertType = client，email 行的注释。

生成客户端用密钥，文件名为 client. key：

openssl genrsa　– out client. key 1024

生成客户端证书要求，文件名为 clientreq. pem：

openssl req – new – days 365 – key client. key – out clientreq. pem

回答完类似图 11-15 的国别、城市等注册信息后，生成客户端证书请求，然后利用该请求生成证书并署名，文件名为 client. pem：

openssl ca – config openssl_client. cfg – in clientreq. pem – out client. pem

客户端证书转换成浏览器可用的 PKCS12 格式，文件名为 client. p12：

openssl pkcs12 – export – in client. pem – inkey client. key – certfilemyCA/cacert. pem – out client. p12

如图 11-17 所示为客户端证书转换。

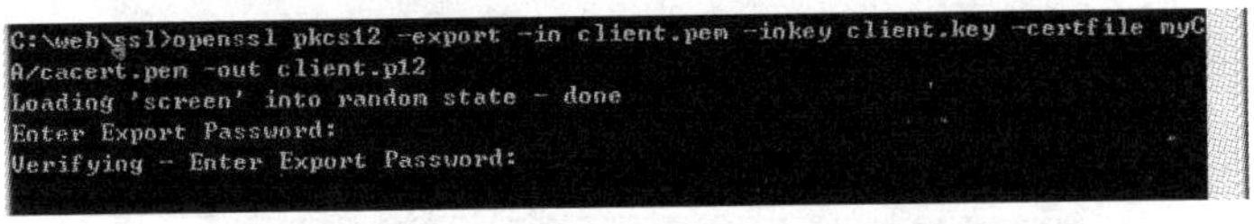

图 11-17 客户端证书转换

4. 修改 Tomcat 设置

Tomcat 下实现 SSL 有 JSSE 方式和 APR 方式两种。这里采用 APR 方式，注意安装 Tomcat 时不要漏掉安装 APR Native library。

Tomcat 配置文件 server. xml 中关于 SSL 的配置，设置成下面所示的内容：

```
< Connector
  protocol = "HTTP/1. 1"
  port = "443"  maxThreads = "200"
  scheme = "https"  secure = "true"  SSLEnabled = "true"
  SSLCACertificateFile = "c:\web\ssl\myCA\cacert. pem"
  SSLCertificateFile = "c:\web\ssl\server. pem"
  SSLCertificateKeyFile = "c:\web\ssl\server. key"
  SSLVerifyClient = "require"  SSLProtocol = "all"/ >
```

其中，SSLVerifyClient = "require"是指定必须要求客户端证书，SSLCACertificateFile 指定根 CA 的证书，SSLCertificateFile 是服务器端证书，SSLCertificateKeyFile 指定服务器端私钥。

5. 向浏览器中导入证书

向浏览器中导入证书，先要从 CA 开始，因为这里用的 CA 是自己建立的 CA，如果事先不导入到浏览器中，每次使用该 CA 署名的证书都会弹出警告，提示该 CA 是未经认证的 CA。

这里以 IE10 为例说明导入证明书的方法。

首先选择浏览器中的"工具"→"选项"→"内容"→"证书"→"受信任的根证书颁发机构"→"导入"功能，导入上面生成的 CA 的证书 cacert. pem，这样这个 CA 发行的所有证书就都被认为是安全的。导入后显示如图 11-18 所示。

然后用同样的方法选择 IE 的"工具"→"选项"→"内容"→"证书"→"个人"→"导入"功能，导入客户端 client. p12 证书，如图 11-19 所示。

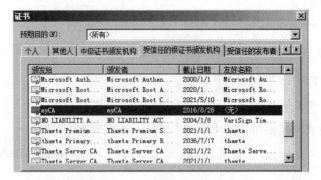

图 11-18　受信任的根证书

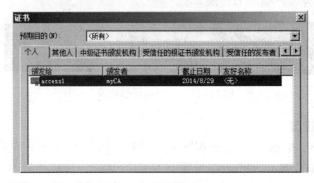

图 11-19　导入客户端证书

6. 使用证书访问服务器

在完成上面所有准备工作后，打开浏览器，启动后，访问服务器就可以浏览了，在浏览器的地址栏里输入 https://localhost/，会跳出一个窗口让选择客户端证书，指定刚才导入的证书，就会出现大家熟悉的 Tomcat 初始画面，注意地址栏使用的协议 HTTPS 和旁边的加密用的小锁头标志，如图 11-20 所示。可以试着使用另一个没有导入证书的浏览器，用同样的方式访问服务器，观察将会出现何种现象。

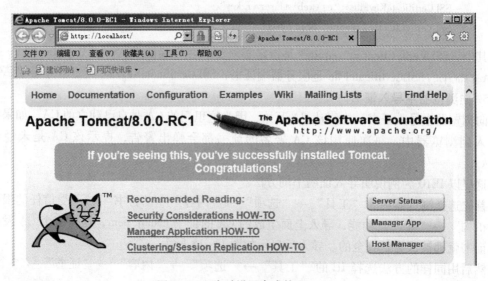

图 11-20　启动设置完成的 Tomcat

11.6 本章小结

本章主要介绍了电子商务安全的概念、电子商务的安全问题、电子商务的安全要求、电子商务的安全体系，由此产生了电子商务安全需求。着重介绍了保障电子商务的安全技术、网上购物安全协议（SSL）、安全电子交易（SET）；并介绍了电子商务身份认证证书服务的安装与管理、Web 服务器数字证书的获取、Web 服务器的 SSL 设置、浏览器数字证书的获取与管理、浏览器的 SSL 设置及访问等；最后介绍了电子商务安全解决方案，包括 WPKI 的基本结构、智能卡在 WPKI 中的应用、电子商务安全技术的发展趋势。

11.7 练习与实践

1. 选择题

（1）电子商务对安全的基本要求不包括（　　）。

    A. 存储信息的安全性和不可抵赖性　　　　B. 信息的保密性和信息的完整性

    C. 交易者身份的真实性和授权的合法性　　D. 信息的安全性和授权的完整性

（2）在 Internet 上的电子商务交易过程中，最核心和最关键的问题是（　　）。

    A. 信息的准确性　　　　　　　　　　　　B. 交易的不可抵赖性

    C. 交易的安全性　　　　　　　　　　　　D. 系统的可靠性

（3）电子商务以电子形式取代了纸张，在它的安全要素中，（　　）是进行电子商务的前提条件。

    A. 交易数据的完整性　　　　　　　　　　B. 交易数据的有效性

    C. 交易的不可否认性　　　　　　　　　　D. 商务系统的可靠性

（4）应用在电子商务过程中的各类安全协议，（　　）提供了加密、认证服务，并可以实现报文的完整性，以完成需要的安全交易操作。

    A. 安全超文本传输协议（S‑HTTP））　　B. 安全交易技术协议（STT）

    C. 安全套接层协议（SSL）　　　　　　　D. 安全电子交易协议（SET）

（5）（　　）将 SET 和现有的银行卡支付的网络系统作为接口，实现授权功能。

    A. 支付网关　　　　　　　　　　　　　　B. 网上商家

    C. 电子货币银行　　　　　　　　　　　　D. 认证中心（CA）

2. 填空题

（1）电子商务的安全要素主要包括 5 个方面，它们是＿＿＿＿、＿＿＿＿、＿＿＿＿、＿＿＿＿、＿＿＿＿。

（2）一个完整的电子商务安全体系由＿＿＿＿、＿＿＿＿、＿＿＿＿、＿＿＿＿4 部分组成。

（3）安全套接层协议是一种＿＿＿＿技术，主要用于实现＿＿＿＿和＿＿＿＿之间的安全通信。＿＿＿＿是目前网上购物网站中经常使用的一种安全协议。

（4）安全电子交易（SET）是一种以＿＿＿＿为基础的、在因特网上交易的＿＿＿＿，既保留了＿＿＿＿，又增加了＿＿＿＿。

3. 简答题

（1）什么是电子商务安全？

（2）在电子商务过程中，商务安全存在哪些风险和隐患？

（3）安全电子交易（SET）的主要目标是什么？交易成员有哪些？

（4）简述 SET 协议的安全保障及技术要求。

（5）SET 如何保护在因特网上付款的交易安全？

（6）基于 SET 协议的电子商务系统的业务过程有哪几个？

（7）什么是移动证书？与浏览器证书的区别是什么？

（8）简述 SSL 的工作原理和步骤。

（9）电子商务安全体系是什么？

（10）SSL 加密协议的用途是什么？

4. 实践题

（1）安全地进行网上购物，如何识别基于 SSL 的安全性商业网站？

（2）浏览一个银行提供的移动证书，查看与浏览器证书的区别。

（3）什么是 WPKI？尝试到一些 WPKI 提供商处，申请无线应用证书。

（4）查看一个电子商务网站的安全解决方案等情况，并提出整改意见。

第 12 章　网络安全解决方案

网络安全解决方案是对各种网络系统安全问题的综合技术、策略和方法的具体实际运用，也是综合解决网络安全问题的具体措施的体现。通过前面各章的学习，可以基本比较完整地掌握网络安全技术及应用的主要内容。为了更加全面、系统、综合地运用网络安全技术，更好地解决实际应用问题，本章通过实际案例概述网络安全工程中，对网络安全解决方案的分析、设计、实施和编写等内容。

> 📖 **教学目标**
> * 了解网络安全方案的概念和内容。
> * 理解安全方案的目标及设计原则和质量标准。
> * 理解安全方案的需求分析和主要任务。
> * 掌握安全方案的分析与设计、安全解决方案案例。
> * 掌握实施方案与技术支持、检测报告与方案编写。

12.1　网络安全解决方案概述

网络安全解决方案涉及网络安全技术、网络安全策略和网络安全管理等诸多方面。网络安全解决方案的制定，将会直接影响到整个网络系统安全工程建设的质量，关系到企事业单位网络系统的安危，以及企事业用户的信息安全，其意义重大。

12.1.1　网络安全解决方案的概念

1. 网络安全解决方案的含义

网络安全解决方案是网络安全工程实施中，为解决网络安全整体问题，在网络系统的分析、设计和具体实施过程中，采用的各种安全技术、方法、策略、措施、安排和管理文档等。网络安全解决方案具有整体性、动态性和相对性的特征，在整个网络安全解决方案项目的可行性论证、计划、立项、分析、设计和施行的过程中，只有整体和动态地把握项目的内容、要求和变化，才能真正达到网络安全工程的建设目标。

高质量的网络安全解决方案**主要体现**在安全技术、安全策略和安全管理**3 个方面**。安全技术是基础，安全策略是核心，安全管理是保证。

2. 安全方案准备及编写

在确定网络安全解决方案前，一定要深入调研企事业用户网络系统的实际运行环境，进行认真的安全需求分析，并对可能出现的安全风险和威胁进行预测、量化和评估，在此基础上才能设计出完善的安全解决方案，并写出一份客观的、高质量的解决方案。这也是安全项目的重要组成部分和项目实施的依据。

（1）网络安全解决方案的动态性

网络安全解决方案的动态性是指在设计安全方案时，不仅要考虑到企事业网络安全的现状，也要考虑到将来的业务应用和系统的变化与更新的需要；用一种动态的方式来考虑，做到项目的实施既能考虑到现在的情况，也能很好地适应以后网络系统的升级，预留升级接口。动态性是设计方案时一个很重要的概念，也是网络安全解决方案与其他项目的最大区别。

（2）网络安全的相对性

网络和任何其他事物一样，只有相对的安全，没有绝对的安全。在设计网络安全解决方案时，必须以一种客观、真实的"实事求是"的态度来进行安全分析、设计和实施。由于时间和空间的不断变化，不管是分析设计还是实施，都根本无法达到绝对安全。所以，在方案中应该告诉用户，只能做到避免风险，消除风险的根源，降低由于风险所带来的隐患和损失，而不能做到完全消灭风险。

在网络安全中，动态性和相对性非常重要，可以从系统、人员和管理3个方面来考虑。网络系统和网络安全技术是重要基础，设计实施和管理的人员是核心，管理是保证。从项目实现角度来看，这3个方面是项目质量的保证。操作系统是一个很复杂、很庞大的体系，在设计和实施时，考虑安全的因素可能相对比较少，往往都要存在一些人为错误，这些错误的直接后果就是带来安全方面的风险和损失。

📖 **拓展阅读：** 在项目设计中，设计人员本身的技术水平、思想行为和心理素质等都会影响到项目的质量，包括认真程度、习惯方式等。管理是关键，系统的安全配置、动态跟踪和人员的有效管理，都要依靠管理来保证。

12.1.2　网络安全解决方案的内容

安全解决方案的框架（内容）可以概括为6个方面，在实际应用中可以根据企事业用户的实际需求进行适当优化选取和调整。

1. 安全风险概要分析

目前，对企事业用户现有的安全风险和威胁，首先需要做出一个安全评估和安全需求概要分析，并能够突出用户所在的行业，结合其业务的特点、网络环境和应用系统等要求进行概要分析。同时，要有针对性，如政府行业、金融行业、电力行业等，应当体现很强的行业特点，使用户感受到真实可靠、具有针对性、便于理解接受。

2. 实际安全风险分析

对实际安全风险的分析，通常可以从4个方面进行：网络风险分析、系统风险分析、应用安全分析、对网络系统和应用的安全分析。

（1）网络风险分析

对企事业用户当前的网络结构进行详细分析，找出产生安全隐患和问题的关键，并使之图形化，指出风险和威胁所带来的危害，对这些风险和威胁如果不消除会产生的隐患和后果，需要做出一个翔实的分析报告，并提出具体的意见、建议和解决方法。

（2）系统风险分析

对企事业用户所有的网络系统都要进行一次具体翔实的风险评估，分析所存在的具体风险和威胁，并根据实际业务应用，指出存在的隐患和后果。对当前现行网络系统所面临的安全风险和威胁，结合用户的实际业务系统，提出具体的意见、建议和解决方法。

（3）应用安全分析

对实际业务系统和应用的安全是企业信息化安全的关键，也是安全解决方案中最终确定要保护的具体部位和对象，同时由于应用的复杂性和相关性，分析时要根据具体情况进行综合而全面的认真分析和研究。

（4）对网络系统和应用的安全分析

尽全力帮助企事业用户分析、发现网络系统和实际应用中存在的安全隐患，并帮助用户找出网络系统中需要保护的重点部位和具体对象，提出实际采用的安全产品和安全技术解决的具体方式方法。

3. 网络系统的安全原则

网络系统的安全原则主要体现在5个方面：动态性、唯一性、整体性、专业性和严密性。

（1）动态性

动态性是安全问题的一个重要的原则，不应当将安全问题静态化。网络、系统和应用将会不断出现新的风险和威胁，这就决定了网络系统安全动态的重要特性。

（2）唯一性

由于安全问题的动态性和重要性，决定了安全问题的唯一性，针对每个网络系统安全的解决方法，都应该是独一无二的选择，不能模棱两可。

（3）整体性

应当从整体来分析和把握网络系统所遇到的风险和威胁，不能像"补漏洞"一样，哪里有问题就补哪里，应当做到全面的保护和评估。

（4）专业性

对于用户的网络系统和实际业务应用，应当从专业的角度来分析和把握，不能采用那种大致、基本可行的做法，使用户觉得不够专业、难以信任。

（5）严密性

在整个解决方案过程中，都应当以一种很强的严谨性进行工作，不应当给人一种不实的感觉，在设计方案的时候，需要从多方面对方案进行论证。

4. 主要安全技术

常用的安全产品和安全技术有5种：防火墙、防病毒、身份认证、传输加密和入侵检测。结合用户的网络、系统和应用的实际情况，对安全产品和安全技术作比较和分析，分析应当客观、结果要中肯，帮助用户选择最能解决实际问题的产品，不应当刻意求新、求好、求全或求大。

（1）防火墙技术

对包过滤技术、代理技术和状态检测技术的防火墙，都作一个概括和比较，结合用户网络系统的特点，帮助用户选择一种安全产品，对于选择的产品，一定要从中立的角度来说明。

（2）防病毒软件

针对用户的系统和应用的特点，对桌面防病毒、服务器防病毒和网关防病毒作一个概括和比较，详细指出用户必须如何做，否则就会带来什么样的安全威胁，一定要中肯、合适，不要夸大和缩小。

（3）身份认证技术

从用户的系统和用户的认证情况进行详细的分析，指出网络和应用本身的认证方法会出现哪些风险，结合相关的产品和技术，通过部署这些产品和采用相关的安全技术，能够帮助用户解决那些用系统和应用的传统认证方式所带来的风险和威胁。

（4）传输加密技术

要用加密技术来分析，指出明文传输的巨大危害，通过结合相关的加密产品和技术能够指出用户的现存危害和风险。

（5）入侵检测系统

应当对入侵检测系统有一个具体翔实的介绍，指出其在用户的网络和系统安装一个相关产品后，对现有的安全状况将会产生的影响进行翔实的分析，并结合相关的产品及其技术，指出对用户的系统和网络会带来的具体益处，指出其必要性和重要性，以及将会带来的后果、风险和影响等。

5. 风险评估

风险评估是对现有网络系统安全状况，利用安全检测工具和实用安全技术手段进行的测评和估计，通过综合评估掌握具体安全状况和隐患，可以有针对性地采取有效措施，同时也给用户一种很实际的感觉，愿意接受提出的具体安全解决方案。

6. 安全管理与服务

安全管理与服务是通过技术向用户提供的持久支持，对于不断变化更新的安全技术、安全风险和安全威胁，安全管理与服务的作用更为突出。

（1）网络拓扑安全

根据网络系统存在的安全风险和威胁，详细分析用户的网络拓扑结构，并根据其结构的特点、功能和性能，指出现在或将来可能存在的安全风险和威胁，并采用相关的安全产品和技术，帮助企事业用户彻底消除产生安全风险和隐患的根源。

（2）评估及系统安全加固

通过具体的安全风险评估和分析，找出企事业用户的相关系统已经存在或是将来可能存在的风险和威胁，并用相关的安全产品和安全技术，加固用户的系统安全。

（3）业务应用安全

根据企事业用户的业务应用程序和相关支持系统，通过相应的风险评估和认真分析，找出企事业用户和相关应用已经存在或是将来可能会存在的漏洞、风险及隐患，并运用相关的安全产品、措施手段和技术，防范现有系统的应用安全。

（4）备份及灾难恢复

针对企事业用户的网络、系统和应用安全的深入调研，通过翔实的分析、可能出现的突发事件和灾难隐患，制定出一份具体详细的恢复方案，如系统还原、数据备份等应急措施，将可能出现的突发情况所带来的风险降到最低，具有一个合适的应对方案。

（5）意外紧急响应

对于意外突发的安全事件，需要采取相关的紧急处理预案和处理流程，如突然发生地震、雷击、服务器死机、突然断电等，立即执行相应的紧急处理预案，避免遭受重大损失。

（6）网络安全管理规范

完善的安全管理规范是制定安全方案的重要组成部分，如银行证券部门的安全管理规范需要具体规定固定 IP 地址、暂时离开计算机时需要锁定等。结合实际分成多套方案，如系统管理员安全规范、网络管理员安全规范、高层领导的安全规范、普通员工的管理规范、设备使用规范和安全环境规范等。

（7）服务体系和培训体系

提供售前和售后服务，并提供安全产品和技术的相关培训与技术咨询等。

📖 讨论思考：

1）什么是网络安全解决方案？

2）网络安全解决方案的内容主要有哪些？

12.2　网络安全解决方案目标及标准

实际上，在制定网络安全解决方案之前，需要具体明确制定网络安全解决方案的目标、设计原则和质量评价标准。

12.2.1　网络安全解决方案目标及设计原则

1. 网络安全解决方案的目标

为保证网络系统信息的安全，应用网络安全技术设计网络安全解决方案的目标：

1）各部门、各单位局域网的安全保护。

2）与 Internet 相连的安全保护。

3）关键信息的加密传输与存储。

4）应用业务系统的安全。

5）安全网的监控与审计。

6）最终目标：机密性、完整性、可用性、可控性与可审查性。

通过对网络系统的风险分析及需要解决的安全问题的研究，对照目标要求，可以制定切实可行的安全策略及方案，以确保网络系统信息的最终目标（机密性、完整性、可用性、可控性与可审查性）的实现。

1）机密性：确保信息不暴露给未授权的实体或进程。

2）完整性：只有得到允许的人员才能修改数据，并且能够判别出数据是否已被篡改。

3）可用性：得到授权的实体在需要时可访问数据，即攻击者不能占用所有的资源而阻碍授权者的工作。

4）可控性：可以控制授权范围内的信息流向及行为方式。

5）可审查性：对出现的网络安全问题提供调查的依据和手段。

具体的安全策略及方案主要包括以下 3 个方面。

1）访问控制：需要利用防火墙将内部网络与外部不可信任的网络进行隔离，对与外部网络交换数据的内部网络及其主机、所交换的数据需要进行严格的访问控制。同样，对内部网络，由于不同的应用业务以及不同的安全级别，也需要使用防火墙将不同的 LAN 或网段进行隔离，并实现相互间的访问控制。

2）数据加密：数据加密是重要数据在网络系统传输、存储过程中，防止数据被非法窃取、篡改的有效手段。

3）安全审计：是识别与防止网络攻击行为、追查网络泄密行为的重要措施之一。具体包括两方面的内容：一是采用网络监控与入侵防范系统，识别网络各种违规操作与攻击行为，即时响应（如报警）并进行阻断；二是对信息内容的审计，可以防止内部机密或敏感信息的非法泄露。

2. 网络安全解决方案设计原则

针对网络系统的实际运行情况，首先需要解决网络的安全保密问题，兼顾系统特点、技术难度及经费等因素，设计时应遵循如下原则：

1）努力提高系统的安全性和保密性。

2）保持网络原有的性能特点，对网络的协议和传输具有很好的透明性。

3）易于操作、维护，并便于自动化管理，而不增加或少增加附加操作。

4）尽量不影响原网络拓扑结构，同时便于系统及系统功能的扩展。

5）安全保密系统具有较好的性能价格比，一次性投资，可以长期使用。

6）安全与密码产品具有合法性，即经过国家有关管理部门的认可或认证。

7）分步实施。对于网络安全综合解决方案，需要采取几个阶段进行分步实施、分段验收，确保总体质量。

根据上述设计原则，可以制定出具体的网络安全综合解决方案，并分别对各层次安全措施进行解释和实施。

12.2.2　网络安全解决方案的质量评价标准

在实际工作中，在把握重点关键环节的基础上，明确评价安全方案的质量标准、具体的安全需求和安全实施过程，就可以设计出高质量的安全方案。评价安全方案的质量标准，主要包括以下 8 个方面。

1）确切唯一性是评估安全解决方案最重要的标准之一。由于网络系统和安全性要求相对特殊和复杂，所以在实际工作中，对每一项具体指标的要求都应当是确切唯一的，不能模棱两可，以便根据实际情况需要来进行具体实现。

2）综合把握和理解现实中的安全技术和安全风险，并具有一定的预见性，包括现在和将来可能出现的所有安全问题和风险等。

3）对用户的网络系统可能遇到的安全风险和安全威胁，结合现有的安全技术和安全隐患，应当给出一个具体、合适、实际准确的评估结果和建议。

4）有针对性。针对企事业用户系统安全问题，利用先进的安全产品、安全技术和管理手段，降低用户的网络系统可能遇到的风险和威胁，消除风险和隐患，增强整个网络系统防范安全风险和威胁的能力。

5）切实体现对用户的服务支持，将所有的安全产品、安全技术和管理手段，都体现在具体的安全服务中，以优质的安全服务保证网络安全工程的质量，提高安全水平。

6）在整个方案设计过程中，应当清楚网络系统安全是一个动态的、整体的、专业的工程，需要分步实施，不能一步到位，彻底解决用户所有的安全问题。

7）以网络安全工程的思想和方式组织实施，在解决方案起草过程和完成后，都应当经常与企事业用户进行沟通，以便及时征求用户对网络系统在安全方面的实际需求、期望和所遇到的具体安全问题。

8）具体方案中所采用的安全产品、安全技术和具体安全措施，都应当经得起验证、推敲和论证实施，应当有实际的理论依据和基础。

将上述 8 个方面的质量标准要求综合运用，经过不断探索和实践，完全可以写出高质量的实用安全解决方案。好的解决方案不仅要求运用合适的安全技术措施，还应当综合各方面的技术和特点，切实解决具体的实际问题。

📖 **讨论思考：**

1）网络安全解决方案的目标及设计原则有哪些？

2）网络安全解决方案评价的质量标准是什么？

12.3 网络安全解决方案的要求及任务

在明确制定网络安全解决方案的目标、设计原则和质量评价标准以后，还需要进一步确定网络安全解决方案的要求和具体实际任务。

12.3.1 网络安全解决方案的要求

1. 网络安全解决方案要求

对网络安全解决方案的要求也是安全需求分析的要点，主要包括以下5项。

（1）安全性要求

网络安全解决方案能够全面有效地保护企业网络系统的安全，保护计算机硬件、软件、数据、网络不因偶然的或恶意破坏的原因遭到更改、泄露和丢失，确保数据的完整性、保密性、可靠性和其他安全的具体要求。

（2）可控性和可管理性要求

主要通过自动和手动操作方式查看网络安全状况，并及时进行状况分析，适时检测并及时发现和记录潜在的安全威胁。制定安全策略、及时报警，并阻断和记录各种入侵与攻击行为，使系统具有很强的可控性和管理性。

（3）可用性及恢复性要求

当网络系统个别部位出现意外的安全问题时，不影响企业信息系统整体的正常运行，使系统具有很强的整体可用性和及时恢复性。

（4）可扩展性要求

系统可以满足金融、电子交易等业务实际应用的需求和企业可持续发展的要求，具有很强的升级更新、可扩展性和柔韧性。

（5）合法性要求

使用的安全设备和技术具有我国安全产品管理部门的合法认证，达到规定标准要求。

2. 网络安全需求分析

由于安全需求、安全技术的广泛性和复杂性，以及安全工程与其他工程学科之间的复杂关系，使得安全产品、系统和服务的开发、评估和改进工作异常困难和复杂。这就需要一种全面、综合的系统级安全工程体系结构，以此对安全工程实践进行指导、评估和改进。

（1）需求分析要点

需求分析必须注重以下6个方面。

1）安全体系：必须从系统工程的高度来设计安全系统，在网络各层次都应该有相应的安全措施，同时还要注意到内部安全管理在安全系统中的重要作用。

2）可靠性：安全系统本身必须能够保证独立正常运行，不能因为安全系统出现故障导致整个网络出现瘫痪。

3）安全性：系统既要保证网络和应用的安全，又要保证自身的安全。

4）开放性：必须保证安全系统的开放性，以保证不同厂家的不同产品能够集成到安全系统中来，并保证安全系统以及各种应用的安全可靠运行。

5）可伸缩性：安全系统必须是可伸缩的，以适应网络规模的变化。

6）易于管理：包括两方面的含义，一方面，安全系统本身必须是易于管理的；另一方面，安全系统对其管理对象的管理必须是方便的、简单的。

（2）需求分析案例

1）初步分析。

【案例12-1】某企业机构信息网络包括总部和若干个基层单位，按地域位置分为A地区以内和A地区以外两部分，也可分别称为本地网和远程网。由于该网主要为单位间信息通信服务，网上运行大量敏感信息，因此，入网站点物理上不与Internet连接。从安全角度考虑，本地网用户地理位置相对集中，又完全处于独立使用和内部管理的封闭环境下，物理上不与外界有联系，具有一定的安全性。而远程网的连接由于是通过PSTN公共交换网实现，比起本地网安全性要差。网络安全解决方案模型如图12-1所示。

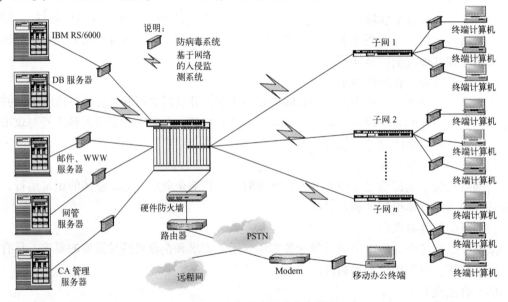

图12-1　网络安全解决方案模型

2）安全需求分析。

① **物理层安全需求**：各企事业单位主机房都有不同程度的电磁辐射，考虑到网络现阶段的建设情况，A地区中心机房需要电磁干扰器作防护措施，对可能产生的电磁干扰加以防范，避免发生泄密。

A地区中心机房需要安装采用IC卡和磁卡及指纹等进行身份鉴别的门控系统，并安装相关的监视系统。

② **网络层安全需求**：A地区以外的单位通过宽带与A地区网联系，存在的安全隐患比较突出。因此，应为A地区以外的各单位配备一台加密机，另外，为实现远程网与本地网之间数据的过滤和控制，需要在它们之间的路由器后面加设防火墙。

根据部分企事业单位人员需远程通信和移动办公的实际要求，应为部分便携机配备加密机或加密卡实现信道加密，以保证移动办公安全。由于本地网经常传输一些敏感文件或邮件，因而为保证数据在传输过程中及本地存放的安全性，需要对文件及邮件附件进行加密操作。

为实现对交换机、路由器、计算机设备和网络的管理，需要采用网管软件、设备管理软件及划分 VLAN 等手段。

在网络开放环境下的服务器、客户端计算机以及交换机、路由器等，由于这些设备全部依托于操作系统的安全，而任何操作系统目前都有已知和未知隐含的漏洞，必然会存在对这些设备的恶意攻击和破坏行为，为了有效地进行准确预警、记录和追踪攻击行为，需要在重要部位安装入侵检测系统和安全审计系统。

③ **系统层安全需求**：在系统层必须使用安全性较高的操作系统和数据库管理系统，并及时进行漏洞修补和安全维护。虽然操作系统存在许多漏洞，但是可以通过下载补丁、进行安全管理的设置等手段减少或消除漏洞隐患。另外，可以使用安全扫描软件帮助管理员有效地检查主机的安全隐患和漏洞，并给出基本的处理提示。为提供数据及系统意外损坏或人为破坏时的恢复，需要进行数据和系统备份。

④ **应用层安全需求**：建立一套 CA 认证管理机制，在基于公钥体系的密码系统中建立密钥管理机制，对密钥证书进行统一管理和分发，实现身份认证、信息加密、数字签名等功能，从而达到保证信息的隐秘性、完整性和防止抵赖的目的。

安装企业级的防病毒软件，实现所有客户端设置定义与服务器端的自动同步，确保网络防病毒安全的实际需求。

为监控客户机的非法 Internet 访问，应当安装网络实时监控系统以监视客户非法操作。

结合 CA 开发网络用户数据库，通过非对称加密手段确保用户的真实身份。

⑤ **管理层安全需求**：制定有利于网络运行和网络安全需要的各种管理规范和机制，并进行认真贯彻落实。

12.3.2 网络安全解决方案的任务

网络安全解决方案的**主要任务**有 4 个方面。

（1）调研用户计算机网络系统

调研用户计算机网络系统，包括各级机构，基层生产单位和移动用户的广域网的运行情况，也包括网络结构、性能、信息点数量、采取的安全措施等。对网络面临的威胁及可能承担的风险进行定性与定量的分析和评估。

（2）分析评估用户的计算机网络系统

主要包括服务器操作系统、客户端操作系统的运行情况，如操作系统的版本、提供的用户的权限分配策略等。在操作系统最新发展趋势的基础上，对操作系统本身的缺陷及可能承担的风险进行定性和定量的分析和评估。

（3）分析评估用户的计算机应用系统

主要包括信息管理系统、办公自动化系统、电网实时管理系统、地理信息系统和 Internet/ Intranet 信息发布系统等的运行情况，如应用体系结构、开发工具、数据库软件和用户权限分配等。在满足各级管理人员、业务操作人员的业务需求的基础上，对应用系统存在的问题、面临的威胁及可能承担的风险进行定性与定量的分析和评估。

（4）制定用户计算机网络系统的安全策略和解决方案

根据上述定性和定量评估，结合用户的需求和国内外网络安全的最新发展趋势，有针对性地制定出企事业用户计算机网络系统具体的安全策略和解决方案，确保该公司计算机网络信息系统安全可靠地运行。

📖 **讨论思考：**

1）网络安全解决方案的具体要求有哪些？

2）结合实例说明如何进行网络安全解决方案的需求分析。

3）网络安全解决方案的主要任务具体有哪些？

12.4 网络安全解决方案的分析与设计

【案例12-2】上海XX信息技术公司通过网络安全建设项目的招标，以65万元人民币取得该项目的建设权。其中，网络系统安全解决方案主要包括8项内容：信息化现状分析、安全风险分析、完整网络安全实施方案的设计、实施方案计划、技术支持和服务、项目安全产品、检测验收报告和安全技术培训。

12.4.1 网络安全解决方案分析与设计

在金融业日益现代化、国际化的今天，我国的各大银行注重服务手段进步和金融创新，不仅依靠信息化建设实现了城市间的资金汇划、消费结算、储蓄存取款、信用卡交易电子化、开办了电话银行等多种服务，而且以资金清算系统、信用卡异地交易系统形成了全国性的网络化服务。此外，许多银行开通了环球同业银行金融电信协会或环球银行间金融通信协会（Society for Worldwide Interbank Financial Telecommunications，SWIFT）系统，并与海外银行建立了代理行关系，各种国际结算业务往来的电文可在境内外瞬间完成接收与发送，为企业国际投资、贸易和其他交往以及个人汇入/汇出境外汇款，提供了便捷的金融服务。

1. 金融系统信息化现状分析

金融行业信息化系统经过多年的发展建设，目前信息化程度已达到了较高水平。信息技术在提高管理水平、促进业务创新、提升企业竞争力方面发挥着日益重要的作用。随着银行信息化的深入发展，银行业务系统对信息技术的高度依赖，银行业网络信息安全问题也日益严重，新的安全威胁不断涌现，并且由于其数据的特殊性和重要性，更成为黑客攻击的重要对象，针对金融信息网络的计算机犯罪案件呈逐年上升趋势，特别是银行全面进入业务系统整合、数据大集中的新的发展阶段，以及银行卡、网上银行、电子商务、网上证券交易等新的产品和新一代业务系统的迅速发展，现在不少银行开始将部分业务放到互联网上，今后几年内将迅速形成一个以基于TCP/IP的复杂的、全国性的网络应用环境，来自外部和内部的信息安全风险将不断增加，这就对金融系统的安全性提出了更高的要求，金融信息安全对金融行业稳定运行、客户权益乃至国家经济金融安全、社会稳定都具有越来越重要的意义。金融业迫切需要建设主动的、深层的、立体的信息安全保障体系，保障业务系统的正常运转以及企业经营使命的顺利实现。

某金融行业典型网络拓扑结构如图12-2所示，通常为一个多级层次化的互联广域网体系结构。

2. 网络系统面临的风险

随着我国金融改革的进行，各个银行纷纷将竞争的焦点集中到服务手段上，不断加大电子化建设投入，扩大计算机网络规模和应用范围。但是，应该看到，电子化在给银行带来利益的同时，也给银行带来了新的安全问题，并且这个问题现在显得越来越紧迫。

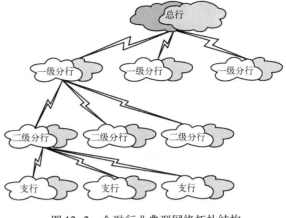

图 12-2 金融行业典型网络拓扑结构

（1）安全风险的主要原因

安全风险的主要原因有 3 个：

1）伴随我国经济体制改革，特别是金融体制改革的深入、对外开放的扩大，金融风险迅速增大。防范和化解金融风险成了各级政府和金融部门非常关注的问题。

2）计算机网络的快速发展和广泛应用，系统的安全漏洞也随之增加。多年以来，银行迫于竞争的压力，不断扩大电子化网点、推出电子化新品种，忽略了计算机管理制度和安全措施的建设，使计算机安全问题日益突出。

3）金融网络系统正在向国际化方向发展，计算机技术日益普及，网络威胁和隐患也在不断增加，利用计算机犯罪的案件呈逐年上升趋势，这也迫切要求银行信息系统具有更高的安全防范体系和措施。

（2）金融行业网络系统的风险

金融行业网络系统面临的内部和外部风险复杂多样，主要风险有 3 个方面：

1）组织方面的风险。缺乏统一的安全规划和安全职责部门。

2）技术方面的风险。安全保护措施不充分。尽管已经采用了一些安全技术和安全产品，但是目前安全技术的采用是不足的，存在大量的风险和漏洞。

3）管理方面的风险。安全管理有待提高，安全意识培训、安全策略和业务连续性计划都需要完善和加强。

【案例 12-3】上海 XX 信息技术公司于 1992 年成立并通过 ISO 9001 认证，注册资本 5600 万元人民币。公司主要提供网络安全产品和网络安全解决方案，公司的安全理念是网络安全解决方案 PPDRRM，PPDRRM 将给用户带来稳定安全的网络环境，PPDRRM 策略覆盖了安全项目中的产品、技术、服务、管理和策略等内容，是一个完善、严密、整体和动态的安全理念。

网络安全解决方案 PPDRRM 如图 12-3 所示。

（1）综合的网络安全策略

综合的网络安全策略（Policy）是安全解决方案的第一个 P，主要根据企事业用户的网络系统实际状况，通过具体的安全需求调研、分析、论证等方式，确定出切实可行的综合的网络安全策略进行实施，包括环境安全策略、系统

图 12-3 网络安全解决
方案 PPDRRM

安全策略、网络安全策略等。

（2）全面的网络安全保护

全面的网络安全保护（Protect）是安全解决方案中的第二个 P，主要提供全面的保护措施，包括安全产品和技术，应当结合用户网络系统的实际情况来制定，内容包括防火墙保护、防病毒保护、身份验证保护、入侵检测保护等。

（3）连续的安全风险检测

连续的安全风险检测（Detect）是安全解决方案中的 D，主要通过评估工具、漏洞技术和安全人员，对用户的网络、系统和应用中可能存在的安全风险和威胁隐患，连续地进行全面的安全风险检测和评估。

（4）及时的安全事故响应

及时的安全事故响应（Response）是安全解决方案中的第一个 R，主要是指对企事业用户的网络、系统和应用可能遇到的安全入侵事件，及时做出快速的响应和处理。

（5）迅速的安全灾难恢复

迅速的安全灾难恢复（Recovery）是安全解决方案中的第二个 R，主要是指当网络系统中的网页、文件、数据库、网络和系统等遇到意外破坏时，可以采用迅速恢复技术。

（6）优质的安全管理服务

优质的安全管理服务（Management）是安全解决方案中的 M，主要是指在安全项目中，安全管理是项目有效实施过程中的重要保证。

3. 安全风险分析内容

安全风险分析主要包括对网络物理结构、网络系统和实际应用进行的各种安全风险和隐患的具体分析。

（1）现有网络物理结构安全分析

现有网络物理结构安全分析，主要是详细具体地分析该银行与各分行的网络结构，包括内部网、外部网和远程网的物理结构。

（2）网络系统安全分析

网络系统安全分析，主要是详细分析该银行与各分行网络的实际连接，操作系统的使用和维护情况、Internet 的浏览访问使用情况、桌面系统的使用情况和主机系统的使用情况，找出可能存在的安全风险和隐患。

（3）网络应用的安全分析

网络应用的安全分析主要是详细分析该银行与各分行的所有服务系统及应用系统，找出可能存在的安全风险。

4. 安全解决方案设计

1）公司技术实力。

2）公司人员结构。XX 信息技术公司现有管理人员 23 名，技术人员 210 名，销售人员 382 名。其中具有中级以上职称的工程技术人员有 87 名，教授级高级工程师或者高级工程师有 22 名，工程师 65 人，硕士学位以上人员占所有人员的 63%，是一个知识技术型的高科技公司。

3）成功的案例。主要介绍公司历年的主要安全工程的成功案例，特别是要指出与企事业用户项目相近的重大安全工程项目，可使用户确信公司的工程经验和可信度。

4）产品的许可证或服务的认证。安全产品的许可证是必不可少的资料，在国内只有取得了许可证的安全产品，才允许在国内销售和使用。现在的网络安全工程项目属于提供服务的公司，通过国际认证有利于得到良好的信誉。

5）实施网络安全意义。实施网络安全意义部分主要结合当前的安全风险和威胁来分析，写出安全工程项目实施完成以后，企事业用户的网络系统的信息安全能够达到一个怎样的安全保护标准、防范能力水平和解决信息安全的重要性。

12.4.2 网络安全解决方案案例

1. 金融系统安全体系结构

【案例12-4】某银行构建的安全解决方案，坚持信息系统安全性总原则。

实际上，银行信息系统安全性总原则包括：制度防内，技术防外。"制度防内"是指建立健全严密的安全管理规章制度、运行规程，形成内部各层人员、各职能部门、各应用系统的相互制约关系，杜绝内部作案和操作失误的可能性，并建立良好的故障处理反应机制，保障银行信息系统的安全正常运行。"技术防外"主要是指从技术手段上加强安全措施，防止外部黑客的入侵。在不影响银行正常业务与应用的基础上，建立银行的安全防护体系，从而满足银行网络系统的环境要求。

针对以上网络系统的安全分析，以满足金融行业的机密性、完整性、可用性、可控性、不可否认性等安全需求作为其建设目标；以扩展性、前瞻性、先进性、整体性、标准性、主动性、投资保护、法律法规符合性等作为其建设原则。构建一个主动防御、深层防御、立体防御的安全技术保障平台。通过综合采用世界领先的技术和产品，加强对风险的控制和管理，将保护对象分成网络基础设施、网络边界、终端计算环境以及支撑性基础设施等多个防御领域，在这些领域上综合实现预警、保护、检测、响应、恢复等多个安全环节，从而为网络及信息系统提供全方位、多层次的防护。即使在攻击者成功破坏某个保护机制的情况下，其他保护机制依然能够提供附加的保护，达到"进不来、拿不走、改不了、看不懂、跑不了、可审查"的效果。

对于金融系统而言，构建一个安全网络环境的重要性不言而喻，可以从网络安全、系统安全、访问安全、应用安全、内容安全、管理安全几个方面综合考虑。

（1）网络安全问题

防火墙系统：如同企事业机构的围墙大门一样阻断来自外部的威胁，防火墙是不同网络或网络安全域之间信息的唯一出入口，防止外部的非法入侵，可以根据网络的安全政策控制（允许、拒绝、监测）。

VPN系统：如同隐蔽通道一样防止外人进入，起到了防止外部攻击、加密传输数据等作用，构成一个相对稳固独立的安全系统。

（2）系统安全问题

入侵监测系统：如同警卫一样发现并阻挡危险情况，为网络安全提供实时的入侵检测及采取相应的防护手段，如记录证据用于跟踪、恢复、断开网络连接等。

漏洞扫描系统：定期检查内部网络和系统的安全隐患，并进行修补。

（3）访问控制安全问题

身份认证系统：对网络用户的身份进行认证，保证内部任何访问的合法性。

（4）应用安全问题

主机监控与审计系统：相当于计算机管理员，可以控制不同用户对主机的使用权限。加强主机本身的安全，对主机进行安全监督。

服务器群组防护系统：服务器群组保护系统为服务器群组提供全方位访问控制和入侵检测，严密监视服务器的访问及运行情况，保障内部数据资源的安全。

防病毒系统：对网络进行全方位病毒保护。

（5）内容安全问题

信息审计系统：如同摄像机一样记录人员的各种行为、网络中的通信数据，按照设定规则对数据进行还原、实时扫描、实时阻断等，最大限度地提供对企业敏感信息的保护。

（6）管理安全问题

网络运行监管系统：对整个网络和单个主机的运行状况进行监测分析，实现全方位的网络流量统计、蠕虫后门监测定位、报警、自动生成拓扑等功能。

2. 技术实施策略及安全方案

实施策略需要从 8 个方面进行阐述。

（1）网络结构安全

通过以上的风险分析，找出网络结构可能存在的问题，采用相关的安全产品和技术，解决网络拓扑结构的安全风险和威胁。

（2）主机安全加固

通过以上的风险分析，找出网络结构可能存在的问题，采用安全产品和技术，解决企事业机构主机系统的安全风险和威胁。

（3）病毒检测和防范

阐述如何实施桌面防病毒、服务器防病毒、邮件防病毒及统一的防病毒解决方案。

（4）访问控制

基本的访问控制技术包括路由器过滤访问控制技术、防火墙访问控制技术和主机自身访问控制技术。

（5）传输加密

通过采用相关的加密产品和技术，保护某银行的信息传输安全，实现信息传输的机密性、完整性和可用性。

（6）身份认证

通过采用相关的身份认证产品和技术，保护重要应用系统的身份认证，实现信息使用的加密性和可用性。

（7）入侵检测技术

通过采用相关的入侵检测产品技术，对网络和重要主机系统进行实时监控。

（8）风险评估

通过采用相关的风险评估工具和技术，对网络和重要的主机系统进行连续的风险和威胁分析。

3. 安全管理工具

需要对安全项目中所使用的安全产品和技术进行集中、统一、安全的科学管理和教育培训。

4. 紧急响应

制订详细的紧急响应计划，及时响应用户的网络、系统和应用可能会遇到的意外或破坏，并进行应急处理和记录等。

5. 灾难恢复

制订翔实的灾难恢复计划，及时地把企事业用户所遇到的网络、系统和应用的意外或破坏恢复到正常状态，同时消除产生的安全风险和隐患威胁。

6. 具体安全解决方案

具体的安全解决方案主要包括 4 个方面。

（1）物理安全解决方案

保证网络系统各种设备的物理安全是整个计算机信息系统安全的前提和重要基础。

在前面介绍过，物理安全是保护计算机网络设备、设施以及其他媒体免遭地震、水灾、火灾等环境事故，以及人为操作失误或错误及各种计算机犯罪行为导致的破坏过程。它主要包括 3 个方面。

1）环境安全：对系统所在环境的安全保护，如区域保护和灾难保护。

2）设备安全：设备安全主要包括设备的防盗、防毁、防电磁辐射、防信息泄露、抗电磁干扰及电源保护等。

3）媒体安全：主要包括媒体数据的安全及媒体本身的安全。

为保证信息网络系统的物理安全，还要防止系统信息在空间的扩散。通常是在物理上采取一定的防护措施，减少或干扰扩散出去的空间信号。这是政府、军队、金融机构在兴建信息中心时首要的设置条件。

为保证网络的正常运行，在物理安全方面应采取以下措施。

1）产品保障方面：主要指产品采购、运输、安装等方面的安全措施。

2）运行安全方面：网络系统中的各种设备，特别是安全类产品在使用过程中，必须能够从生产厂家或供货单位得到迅速的技术支持方面的服务。对一些关键的安全设备、重要的数据和系统，应设置备份应急系统。

3）防电磁辐射方面：所有重要涉密的设备都需安装防电磁辐射产品，如辐射干扰机。

4）保安方面：主要是防盗、防火等，还包括网络系统中所有的网络设备、计算机、安全设备的安全防护。

（2）链路安全解决方案

链路安全主要解决网络系统中链路及点对点公用信道上的安全。

在网络系统中，采用 DDN 专线连接企事业机关内部网与各地市局域网。因此，在公共链路上采用一定的安全手段可以保证信息传输的安全，对抗通信链路上的窃听、篡改、重放、流量分析等攻击。

链路加密是解决链路安全的主要手段，而链路加密主要依靠链路加密机实现，如 DDN链路加密机。

（3）网络安全解决方案

网络系统是一个广域网络系统，具有如下特点。

● 作为专用的网络，主要为下属各级部门提供数据库服务、日常办公及管理服务及往来文电信息的处理、传输与存储等业务。

● 通过与 Internet 或国内其他网络互连，可以使工作人员利用、访问国内外各种信息资源，并进一步加强国内国际合作，加强同上级主管部门及地方政府之间的相互联系。

基于网络的这些特点，本方案主要从网络层次考虑，将网络系统设计成一个支持各级别用户或用户群的安全网络，该网络在保证系统内部网络安全的同时，还实现与 Internet 或国内其他网络的安全互连。具体而言，采用下面的安全措施实现网络系统的安全。

1）网络系统内各局域网边界的安全，可使用防火墙的访问控制功能来完成。同时，如果使用支持多网段划分的防火墙，可同时实现局域网内部各网段的隔离与相互的访问控制。

2）网络与其他网络如因特网互连的安全，可使用防火墙来实现二者的隔离与访问控制。同时，建议网络系统的重要主机或服务器的地址使用 Internet 保留地址，并用统一的地址和域名分配办法，这样，一方面解决合法 IP 不足的问题，另一方面，利用 Internet 无法对保留地址进行路由的特点，杜绝与 Internet 直接互连。

3）网络系统内部各局域网之间信息传输的安全。主要考虑省局域网与各地市局域网的通信安全。可以通过使用防火墙的 VPN 功能或 VPN 专用设备等措施，重点实现信息的机密性与完整性保护。

4）网络用户的接入安全问题。使用防火墙等一次性口令认证机制，可以实现对网络接入用户的强身份鉴别和认证。

5）网络监控与入侵防范。入侵检测是实时网络违规自动识别和响应系统。入侵检测系统与防火墙的结合使用，可以形成主动性的防护体系。

6）网络安全检测，主要目的是增强网络安全性，具体包括对网络设备、防火墙、服务器、主机、操作系统等方面的安全检测。使用网络安全检测工具，一般采用对实际运行的网络系统进行实践性监测的方法，对网络系统进行扫描检测分析，检查报告系统存在的弱点和漏洞隐患，建议采取补救措施和安全策略。

（4）信息安全解决方案

信息安全解决方案主要是指用户身份鉴别、信息传输的安全、信息存储的安全以及对网络传输信息内容的审计等几方面。信息安全具体涉及：信息传输安全（动态安全）、数据加密、数据完整性鉴别、防抵赖、信息存储安全（静态安全）、数据库安全、终端安全、信息的防泄密、信息内容审计、用户鉴别与授权等。

1）信息传输安全。对于在网络系统内信息传输的安全，根据其实际需求与安全强度的不同，可以有多种解决方案。如链路层加密方案、IP 层加密方案、应用层加密解决方案等。

2）信息存储安全。在网络系统中存储的信息主要包括企事业用户进行业务实际应用的纯粹数据信息和系统运行中的各种功能信息两大类。对纯粹数据信息的安全保护，以数据库信息的保护最为典型。而对各种功能文件的保护，终端安全很重要。为了确保这些数据的安全，在网络信息安全系统的设计中必须包括以下 8 项内容。

- 数据备份和恢复工具。
- 数据访问控制措施。
- 用户的身份鉴别与权限控制。
- 数据机密性保护措施，如密文存储。
- 数据完整性保护措施。
- 防止非法软盘复制和硬盘启动。
- 防病毒和恶意软件的办法。
- 备份数据的安全保护。

3）信息审计与安全审计。针对网络系统，在系统内容纳了很多敏感或涉密信息。如果这些信息被有意或无意中泄露出去，将会产生严重的后果。另外，由于与 Internet 的互连，不可避免地使一些不良信息流入。为防止与追查网上机密信息的泄露行为，并防止不良信息的流入，可在网络系统与 Internet 的连接处，对进出网络的信息流实施内容审计。

安全审计是一个安全的系统网络必须支持的功能特性。审计是记录用户使用计算机网络系统进行所有活动的过程，它是提高安全性的重要工具。通过安全审计，不仅可以识别访问者的有关情况，还能够进行操作记录和跟踪。

12.4.3 网络安全实施方案与技术支持

1. 网络安全实施方案

安全工程的实施方案主要包括：项目管理和项目质量保证。

（1）项目管理

项目管理主要包括：项目流程、项目管理制度和项目进度。

1）项目流程：需要详细写出项目的实施流程，以保证项目的顺利实施。

2）项目管理制度：写出项目的管理制度，主要是保证项目的质量。项目管理主要包括对项目人员的管理、产品的管理和技术的管理。

3）项目进度：主要是项目实施的进度表，作为项目实施的时间标准，要全面考虑完成项目所需要的物质条件，计划出一个比较合理的时间进度安排表。

（2）项目质量保证

项目质量保证包括：执行人员的质量职责、项目质量的保证措施和项目验收。

1）执行人员的质量职责：规定项目实施相关人员的职责，如项目经理、技术负责人、技术工程师、后勤人员等，以保证整个项目的安全顺利实施。

2）项目质量的保证措施：严格制定出保证项目质量的措施，主要的内容涉及参与项目的相关人员、项目中所涉及的安全产品和技术、用户派出支持该项目的相关人员的管理。

3）项目验收：根据项目的具体情况，与用户确定项目验收的详细事项，包括安全产品和技术、完成情况、达到的安全目的等。

2. 技术支持

技术支持主要包括技术支持的内容和技术支持的方式。

（1）技术支持的内容

主要包括安全项目中所包括的产品和技术的服务，包括以下内容：

1）安装调试项目中所涉及的全部产品和技术。

2）安全产品及技术文档。

3）提供安全产品和技术的最新信息。

4）服务期内免费产品升级。

（2）技术支持方式

安全项目完成以后提供的技术支持服务，包括以下内容：

1）客户现场 24 小时技术支持服务。

2）客户技术支持中心热线电话。

3）客户技术支持中心 E - mail 服务。

4）客户技术支持中心 Web 服务。

3. 项目安全产品

（1）安全产品报价

项目涉及的所有安全产品和服务的具体报价。

（2）安全产品介绍

项目中涉及的所有安全产品介绍，主要是使用户清楚所选择的具体安全产品的种类、功能、性能和特点等，需要描述清楚准确，但不用太详细。

12.4.4 项目检测报告与培训

1. 项目检测报告

通常是由一个中立的具有较高的安全检测评价资格的第三方检测机构，对初步实施完成的网络安全构架进行安全扫描与安全检测，并提供相关的检测报告。可以为网络安全工程项目的检测评价、检查验收和有针对性地实施安全管理等提供重要依据。

2. 安全技术培训

（1）管理人员的安全培训

对企事业用户非技术的管理人员进行的培训，主要培训内容包括介绍网络安全的重要性和安全技术及管理的意义，重点是提高对系统安全性的重视，目的是进一步加强网络安全管理。主要培训内容包括 4 个方面。

1）网络系统安全在企业信息系统中的重要性。

2）安全技术能够带来的好处。

3）安全管理能够带来的好处。

4）安全集成和网络系统集成的区别。

（2）安全技术基础培训

针对网络系统管理员、安全管理相关人员的技术培训，主要目的是使其增强安全意识，并了解基本的安全技术，能够分辨出网络、系统和可能存在的安全问题，并且能够采用相应的安全技术、产品或服务进行防范。培训的内容包括 7 个方面。

1）系统安全、网络安全和应用安全的概述。

2）系统安全的风险、威胁和漏洞的详细分析。

3）网络安全的风险、威胁和漏洞的详细分析。

4）应用安全的风险，威胁和漏洞的详细分析。

5）安全防范措施的技术和管理。

6）安全产品功能的简单分类。

7）黑客进攻技术、原理和步骤。

（3）安全攻防技术培训

对网络系统管理员进行黑客进攻的手段、原理和方法等方面的培训，主要目的是使其掌握黑客进攻的防范技术，并能运用到实际的工作中，有能力来保护网络、系统和应用的安全。培训的主要内容包括 7 个方面。

1）网络安全及黑客技术的概念、网络安全的威胁及隐患等。

2）黑客常用的进攻技术、网络漏洞及扫描方法。

3）黑客攻击手段和方法演示。

4）黑客具体网络攻击方法实验。

5）常用的黑客防范技术。

6）防范手段和常用工具的使用方法演示。

7）安全防范措施及操作实验。

（4）系统安全管理培训

对网络管理员和系统管理员的系统安全技术培训，主要目的是使网络或系统管理员能够独立配置安全系统，独立维护操作系统的安全。主要培训操作系统的安全风险、安全威胁和安全漏洞等。培训内容包括5个方面。

1）操作系统的安全基础。

2）操作系统的安全配置与应用。

3）操作系统网络安全的配置与应用。

4）操作系统的安全风险和威胁。

5）操作系统上流行的安全工具的使用。

（5）安全产品的培训

主要针对安全项目中所采用的安全产品，向相关人员提供具体的培训，目的是使其掌握安全产品的类型、功能、特点、原理、使用和维护方法等。

培训的内容一般包括4个方面，可以根据具体实际情况进行调整。

1）安全产品的功能分类，如防火墙、防病毒、入侵检测等。

2）安全产品的基本概念和原理，如防火墙技术、防病毒技术、入侵检测技术等。

3）各种安全产品在安全项目中的作用、重要性和局限性。

4）安全产品的使用、维护和安全。

📖 讨论思考：

1）金融网络安全解决方案分析与设计的主要内容是什么？

2）网络安全解决方案如何实施与技术支持？

3）怎样进行网络安全项目检测报告和培训？

12.5 本章小结

本章主要概述了在网络安全工程建设项目的实施过程中，主要涉及的网络安全解决方案的基本概念、方案的内容、安全目标及标准、需求分析、主要任务等，并且通过结合实际的案例具体介绍了网络安全解决方案分析与设计、网络安全解决方案案例、实施方案与技术支持、检测报告与培训等，同时讨论了如何根据企事业用户的实际安全需求进行调研分析和设计，要求能够写出一份完整的网络安全的解决方案。

12.6 练习与实践

1. 选择题

（1）在设计网络安全解决方案中，系统是基础、（   ）是核心、管理是保证。

    A. 系统管理员   B. 安全策略

C. 人   D. 领导

（2）得到授权的实体在需要时可访问数据，即攻击者不能占用所有的资源而阻碍授权者的工作，以上是实现安全方案的（   ）目标。

    A. 可审查性   B. 可控性

    C. 机密性   D. 可用性

（3）在设计编写网络方案时，（   ）是网络安全解决方案与其他项目的最大区别。

    A. 网络方案的相对性   B. 网络方案的动态性

    C. 网络方案的完整性   D. 网络方案的真实性

（4）在网络系统某部分出现问题时，不影响企业信息系统的正常运行，是网络方案设计中的（   ）需求。

    A. 可控性和可管理性   B. 可持续发展

    C. 系统的可用性   D. 安全性和合法性

（5）在网络安全需求分析中，安全系统必须具有（   ），以适应网络规模的变化。

    A. 可伸缩性   B. 安全体系

    C. 易于管理   D. 开放性

2. 填空题

（1）高质量的网络安全解决方案主要体现在_____、_____和_____3 个方面，其中_____是基础、_____是核心、_____是保证。

（2）_____是识别与防止网络攻击行为、追查网络泄密行为的重要措施之一。

（3）网络系统的安全原则体现在_____、_____、_____、_____和_____5 个方面。

（4）在网络安全设计方案中，只能做到_____和_____，不能做到_____。

（5）常用的安全产品主要有 5 种：_____、_____、_____、_____和_____。

3. 简答题

（1）网络安全解决方案的主要内容有哪些？

（2）网络安全的目标及设计原则是什么？

（3）评价网络安全解决方案的质量标准有哪些？

（4）简述网络安全解决方案的需求分析。

（5）网络安全解决方案框架包含哪些内容？编写时需要注意什么？

（6）网络安全的具体解决方案包括哪些内容？

4. 实践题（课程设计）

（1）通过进行校园网调查，分析现有的网络安全解决方案，并提出解决办法。

（2）对企事业网站进行社会实践调查，编写一份完整的网络安全解决方案。

附　　录

附录A　练习与实践部分习题答案

第1章

1. 选择题

(1) A　　　(2) C　　　(3) D　　　(4) C

(5) B　　　(6) A　　　(7) B　　　(8) D

2. 填空题

(1) 计算机科学、网络技术、信息安全技术

(2) 保密性、完整性、可用性、可控性、不可否认性

(3) 实体安全、运行安全 、系统安全、应用安全、管理安全

(4) 对抗

(5) 身份认证、访问管理、加密、防恶意代码、加固、监控、审核跟踪、备份恢复

(6) 多维主动、综合性、智能化、全方位防御

(7) 偶然和恶意

(8) 网络安全体系和结构、描述和研究

第2章

1. 选择题

(1) D　　　(2) A　　　(3) B

(4) B　　　(5) D　　　(6) D

2. 填空题

(1) 保密性、可靠性、SSL 协商层、记录层

(2) 物理层、数据链路层、传输层、网络层、会话层、表示层、应用层

(3) 有效性、保密性、完整性、可靠性、不可否认性

(4) 网络层、操作系统、数据库

(5) 网络接口层、网络层、传输层、应用层

(6) 客户机、隧道、服务器

(7) 安全保障、服务质量保证、可扩充性和灵活性、可管理性

第3章

1. 选择题

(1) D　　　(2) D　　　(3) C

(4) A　　　(5) B　　　(6) C

2. 填空题

（1）信息安全战略、信息安全政策和标准、信息安全运作、信息安全管理、信息安全技术。

（2）分层安全管理、安全服务与机制（身份认证、访问控制、数据完整性、抗抵赖性、可用性及可控性、可审计性）、系统安全管理（终端系统安全、网络系统安全、应用系统安全）。

（3）信息安全管理体系、多层防护、认知宣传教育、组织管理控制、审计监督

（4）一致性、可靠性、可控性、先进性

（5）安全立法、安全管理、安全技术

（6）信息安全策略、信息安全管理、信息安全运作、信息安全技术

（7）安全政策、可说明性、安全保障

（8）网络安全隐患、安全漏洞、网络系统的抗攻击能力

（9）环境安全、设备安全、媒体安全

（10）应用服务器模式、软件老化

第 4 章

1. 选择题

（1）A　　　　（2）D　　　　（3）C　　　　（4）C　　　　（5）B

2. 填空题

（1）隐藏 IP、踩点扫描、获得特权、种植后门、隐身退出

（2）系统"加固"、屏蔽出现扫描症状的端口、关闭闲置及有潜在危险的端口

（3）盗窃资料、攻击网站、进行恶作剧

（4）分布式拒绝服务攻击

（5）基于主机、基于网络、分布式（混合型）

3. 简答题

（1）答：对网络流量的跟踪与分析功能；对已知攻击特征的识别功能；对异常行为的分析、统计与响应功能；特征库的在线升级功能；数据文件的完整性检验功能；自定义特征的响应功能；系统漏洞的预报警功能。

（2）答：按端口号分布可分为 3 段：公认端口（0～1023），又称常用端口，是为已经公认定义或将要公认定义的软件保留的。这些端口紧密绑定一些服务且明确表示了某种服务协议，如 80 端口表示 HTTP 协议。注册端口（1024～49151），又称保留端口，这些端口松散绑定一些服务。动态/私有端口（49152～65535），理论上不应为服务器分配这些端口。

（3）答：统一威胁管理（Unified Threat Management，UTM），2004 年 9 月，全球著名市场咨询顾问机构——IDC（国际数据公司），首度提出"统一威胁管理"的概念，即将防病毒、入侵检测和防火墙安全设备划归为统一威胁管理。IDC 将防病毒、防火墙和入侵检测等概念融合到被称为统一威胁管理的新类别中，该概念引起了业界的广泛重视，并推动了以整合式安全设备为代表的市场细分的诞生。目前，UTM 常定义为由硬件、软件和网络技术组成的具有专门用途的设备，它主要提供一项或多项安全功能，同时将多种安全特性集成于一个硬件设备里，形成标准的统一威胁管理平台。UTM 设备应该具备的基本功能包括网络防火墙、网络入侵检测/防御和网关防病毒功能。目前 UTM 已经替代了传统的防火墙，成为主

要的网络边界安全防护设备，大大提高了网络抵御外来威胁的能力。UTM 重要特点：建一个更高、更强、更可靠的防火墙，除了传统的访问控制之外，防火墙还应该对防范黑客攻击、拒绝服务、垃圾邮件等外部威胁进行检测和防御；要有高检测技术来降低误报；要有高可靠、高性能的硬件平台支撑。

（4）答：异常检测（Anomaly Detection）的假设是入侵者活动异常于正常主体的活动。根据这一理念建立主体正常活动的"活动简档"，将当前主体的活动状况与"活动简档"相比较，当违反其统计模型时，认为该活动可能是"入侵"行为。异常检测的难题在于如何建立"活动简档"以及如何设计统计模型，从而不把正常操作作为"入侵"或忽略真正"入侵"行为。

特征检测是对已知的攻击或入侵的方式做出确定性的描述，形成相应的事件模式。当被审计的事件与已知的入侵事件模式相匹配时，即报警。检测方法上与计算机病毒的检测方式类似。目前，基于对包特征描述的模式匹配应用较为广泛。该方法的优点是误报少，局限是它只能发现已知的攻击，对未知的攻击无能为力，同时由于新的攻击方法不断产生、新漏洞不断发现，攻击特征库如果不能及时更新也将造成 IDS 漏报。

第 5 章

1. 选择题
（1）B　　　（2）C　　　（3）A　　　（4）D　　　（5）C

2. 填空题
（1）保护级别、真实、合法、唯一
（2）私钥、加密、特殊数字串、真实性、完整性、防抵赖性
（3）主体、客体、控制策略、认证、控制策略实现、审计
（4）自主访问控制（DAC）、强制访问控制（MAC）、基本角色的访问控制（RBAC）
（5）安全策略、记录及分析、检查、审查、检验

第 6 章

1. 选择题
（1）C　　　（2）A　　　（3）B　　　（4）D　　　（5）C

2. 填空题
（1）明文、明文、密文、密文、明文
（2）密码技术、核心技术
（3）相同、不相同、无法
（4）对称、二进制、分组、单钥
（5）代码加密、替换加密、变位加密、一次性加密

第 7 章

1. 选择题
（1）B　　　（2）C　　　（3）B
（4）C　　　（5）A　　　（6）D

2. 填空题
（1）Windows 验证模式、混合模式

（2）认证与鉴别、存取控制、数据库加密

（3）原子性、一致性、隔离性

（4）主机 – 终端结构、分层结构

（5）数据库登录权限类、资源管理权限类、数据库管理员权限类

（6）表级、列级

第8章

1. 选择题

（1）C　　　（2）C　　　（3）D　　　（4）B　　　（5）A

2. 填空题

（1）计算机程序、自我复制、程序代码

（2）前后缀、病毒的种类、病毒的名称、病毒的变种特征

（3）引导型病毒、文件型病毒、混合型病毒

（4）引导模块、传播模块、表现模块

（5）感染、潜伏、可触发、破坏、感染、破坏性、可触发性

第9章

1. 选择题

（1）B　　　（2）C　　　（3）C　　　（4）D　　　（5）D

2. 填空题

（1）唯一　　　　　　　　　（2）被动安全策略执行

（3）软件、芯片级　　　　　（4）网络层、传输层

（5）代理服务器技术　　　　（6）网络边界

（7）完全信任用户　　　　　（8）堡垒主机

（9）SYN Flood 攻击　　　　（10）SYN 网关、SYN 中继

3. 简答题

（1）答：一种用来加强网络之间访问控制、防止外部网络用户以非法手段通过外部网络进入内部网络、访问内部网络资源，保护内部网络操作环境的特殊网络互连设备。

（2）答：根据物理特性，防火墙分为两大类，硬件防火墙和软件防火墙；按过滤机制的演化历史，可分为过滤防火墙、应用代理网关防火墙和状态检测防火墙 3 种类型；按处理能力，可分为百兆级防火墙、千兆防火墙；按部署方式，可分为终端（单机）防火墙和网络防火墙。防火墙的主要技术有：包过滤技术、应用代理技术及状态检测技术。

（3）答：不行。由于传统防火墙严格依赖于网络拓扑结构且基于这样一个假设基础：防火墙把在受控实体点内部，即防火墙保护的内部连接认为是可靠和安全的；而把在受控实体点的另外一边，即来自防火墙外部的每一个访问都看做是带有攻击性的，或者说至少是有潜在攻击危险的，因而产生了其自身无法克服的缺陷，例如，无法消灭攻击源、无法防御病毒攻击、无法阻止内部攻击、自身设计漏洞和牺牲有用服务等。

（4）答：目前主要有 4 种常见的防火墙体系结构：屏蔽路由器、双宿主机网关、被屏蔽主机网关和被屏蔽子网。屏蔽路由器上安装有 IP 层的包过滤软件，可以进行简单的数据包过滤；双宿主主机的防火墙可以分别与网络内外用户通信，但是这些系统不能直接互相通

信；对于被屏蔽主机网关，主要通过数据包过滤实现安全；被屏蔽子网体系结构添加额外的安全层到被屏蔽主机体系结构，即通过添加周边网络，更进一步地把内部网络与Internet隔离开。

（5）答：SYN Flood攻击是一种很简单但又很有效的进攻方式，能够利用合理的服务请求来占用过多的服务资源，从而使合法用户无法得到服务。

（6）答：针对SYN Flood攻击，防火墙通常有3种防护方式：SYN网关、被动式SYN网关和SYN中继。SYN网关中，防火墙收到客户端的SYN包时，直接转发给服务器；服务器返还SYN/ACK包后，一方面将SYN/ACK包转发给客户端，另一方面以客户端的名义给服务器回送一个ACK包，完成一个完整的TCP三次握手，让服务器端由半连接状态进入连接状态。当客户端真正ACK包到达时，有数据则转发给服务器，否则丢弃该包。被动式SYN网关中，设置防火墙的SYN请求超时参数，让它远小于服务器的超时期限。防火墙负责转发客户端发往服务器的SYN包，包括服务器发往客户端的SYN/ACK包和客户端发往服务器的ACK包。如果客户端在防火墙计时器到期时还没有发送ACK包，防火墙将往服务器发送RST包，以使服务器从队列中删去该半连接。由于防火墙超时参数远小于服务器的超时期限，因此也能有效防止SYN Flood攻击。SYN中继中，防火墙收到客户端的SYN包后，并不向服务器转发，而是记录该状态信息，然后主动给客户端回送SYN/ACK包。如果收到客户端的ACK包，表明是正常访问，由防火墙向服务器发送SYN包并完成三次握手。这样由防火墙作为代理来实现客户端和服务器端连接，可以完全过滤发往服务器的不可用连接。

第10章

1. 选择题

（1）D　　　　（2）A　　　　（3）C

（4）A　　　　（5）B　　　　（6）B

2. 填空题

（1）Administrator、System

（2）智能卡、单点

（3）读、执行

（4）动态、身份验证

（5）应用层面的、网络层面的、业务层面的

（6）未知、不被信任

第11章

1. 选择题

（1）D　　　（2）C　　　（3）B　　　（4）C　　　（5）A

2. 填空题

（1）商务系统的可靠性、交易数据的有效性、商业信息的机密性、交易数据的完整性、交易的不可抵赖性（可审查性）

（2）服务器端、银行端、客户端、认证机构

（3）传输层、浏览器、Web服务器、SSL协议

（4）信用卡、付款协议书、对客户信用卡认证、对商家身份的认证

第 12 章

1. 选择题

(1) C　　　(2) D　　　(3) B　　　(4) C　　　(5) A

2. 填空题

(1) 安全技术、安全策略、安全管理、安全技术、安全策略、安全管理

(2) 动态性、唯一性、整体性、专业性、严密性

(3) 安全审计

(4) 避免风险、消除风险的根源、完全消灭风险

(5) 防火墙、防病毒、身份认证、传输加密、入侵检测

附录 B　网络安全相关政策法规网址

1. 中国计算机信息网络政策法规

   http://www.cnnic.net.cn/index/OF/index.htm

2. 2005 年 9 月 27 日互联网新闻信息服务管理规定

   http://www.cnnic.net.cn./html/Dir/2005/09/27/3184.htm

3. 互联网著作权行政保护办法

   http://www.cnnic.net.cn/html/Dir/2005/05/25/2962.htm

4. 电子认证服务管理办法

   http://www.cnnic.net.cn/html/Dir/2005/02/25/2784.htm

5. 互联网 IP 地址备案管理办法

   http://www.cnnic.net.cn/html/Dir/2005/02/25/2783.htm

6. 非经营性互联网信息服务备案管理办法

   http://www.cnnic.net.cn/html/Dir/2005/02/25/2782.htm

7. 中国互联网络域名管理办法

   http://www.cnnic.net.cn/html/Dir/2004/11/25/2592.htm

8. 信息产业部关于从事域名注册服务经营者应具备条件法律适用解释的通告

   http://www.clinic.net.cn/html/Dir/2004/08/02/2431.htm

9. 中华人民共和国信息产业部关于加强我国互联网络域名管理工作的公告

   http://www.cnnlc.net.cn/html/Dir/2004/08/02/2432.htm

10. 中国互联网络信息、中心域名注册服务机构变更办法

    http://www.clinic.net.cn/html/Dir 2004/08/02/433.htm

11. 中国互联网络信息中心域名争议解决办法程序规则

    http://www.clinic.net.cn/html/Dir/2003/10/29/1103.htm

12. 中国互联网络信息中心域名注册实施细则

    http://www.clinic.net.cn/mil/Dit/2003/10/29/1105.htm

13. 中国互联网络信息中心域名争议解决办法

    http://www.clinic.net.cnhtml/Dir/2003/10/29/1104.htm

14. 中国互联网络信息中心域名注册服务机构认证办法

http://www.cnnic.net.cn/html/Dir/2003/10/30/1115.htm

15. 计算机信息网络国际联网安全保护管理办法
    http://www.cnnic.net.cn/html/Dir/1997/12/11/0650.htm

16. 中华人民共和国计算机信息网络国际联网管理暂行规定实施办法
    http://www.cnnic.net.cn/html Dir/1997/12/08/0649.htm

17. 中国互联网络域名注册实施细则
    http://www.cnnic.net.cn/html/Dir/1997/06/15/0648.htm

18. 中国互联网络域名注册暂行管理办法
    http://www.cnnic.net.cnAtml/Dir/1997/05/30/0647.htm

19. 中华人民共和国计算机信息网络国际联网管理暂行规定
    http://www.cnnic.net.cn/html/Dir/1997/05/20/0646.htm

20. 关于加强计算机信息系统国际联网备案管理的通告
    http://www.cnnic.net.cn/html/Dir/1996/02/16/0645.htm

21. 中华人民共和国计算机信息系统安全保护条例
    http://www.cnnic.net.cn/html/Dir/1994/02/18/0644.htm

附录 C　常用网络安全相关网站

1. 国家互联网应急中心
   http://www.cert.org.cn/publish/main/index.html
2. 国家计算机病毒应急处理中心，公安部计算机病毒防治产品检验中心
   http://www.antivirus-china.org.cn/
3. 中国信息安全网
   http://www.cninfosec.com
4. 中国信息安全测评中心
   http://www.itsec.gov.cn/
5. 中国信息安全产品检测中心
   http://www.itsec.gov.cn/webportal.po
6. 中国信息安全认证中心
   http://www.isccc.gov.cn/
7. 中国互联网信息中心
   http://www.cnnic.net.cn
8. 国家计算机网络入侵防范中心
   http://www.nipc.org.cn/resources/index.php
9. 国家计算机网络应急技术处理协调中心
   http://www.cert.org.cn/index.shtml
10. 公安部信息安全等级保护评估中心
    http://www.cspec.gov.cn/web/
11. 国家信息安全工程技术研究中心

http://www.nisec.cn/

12. 网络安全平台

http://www.Inns.net/

13. 天天安全网

http://www.ttian.net/

14. 中华安全网

http://www.safechina.net/index.php

15. 20CN 网络安全小组

http://www.20cn.net/

16. 网络安全技术介绍

http://www.linuxaid.com.cn/article/1/0/1023395915.shtml

17. 中国黑色海岸线联盟网络安全资讯站

http://www.thysea.com/

18. 北京市公安局信息、网络安全报警服务网站

http//www.bj.cyberpolice.cn/index.lztm

19. 上海市信息安全测评认证中心

http://www.shtec.gov.cn/

20. 如何追踪黑客

http://www.linuxaid.com.cn/articles/1/1/112411541.shtml

21. 红客联盟

http://www.chinahonker.com/

22. 中国反垃圾邮件联盟

http://www.anti – spam.org.cn/

23. RHC 安全技术小组中国黑客网络安全联盟

http://www.realhack.org/

24. 绿盟科技——中联绿盟信息技术

http://www.nsfocus.net/

25. 黑客——反黑客培训学院——网络安全第八军团

http://www.juntuan.net/

附录 D　本书参考资料主要网站

1.	IT 专家网	http://security.ctocio.com.cn/
2.	中国 IT 实验室	http://download.chinaitlab.com/
3.	安全中国	http://www.anqn.com/jiamijiemi/
4.	中国计算机安全	http://www.infosec.org.cn/
5.	51CTO 技术论坛	http://www.51cto.com/html/
6.	毒霸信息安全网	http://news.duba.net/secure/2006/06/07/84794.shtml
7.	金山客户服务中心	http://kefu.xoyo.com/index.php? game = duba

8. 中国安全网　　　　　　　http://www.securitycn.net/

9. 中国电信网　　　　　　　http://tech.c114.net/169/a148711.html

10. 誉天 IT 网站　　　　　　http://51chongdian.net/

11. 中国教育网络　　　　　　http://www.media.edu.cn

12. 中山大学酷 6 专辑

　　　　　　http://www.ku6.com/special/show_2086163/OdGOMP7maEYargV8.html

13. CSDN.NET.IT 社区　　　http://news.csdn.net/

14. 计算机充电网　　　　　　http://www.72598.com/htmls/20060207/07106311.html

15. 硅谷动力

　　　　　　http://www.enet.com.cn/article/2005/1206/A20051206480112.shtml

16. 赛迪网 IT 技术　　　　　http://tech.ccidnet.com/security/

17. 休闲居.安全防御　　　　http://www.xxju.net/list/16/index.htm

18. 中国制造业信息化门户　　http://articles.e-works.net.cn/

19. 太平洋电脑网

　　　　　　http://pcedu.pconline.com.cn/softnews/bingdu/0805/1312046.html

20. 月光技术文摘　　　　　　http://www.williamlong.info/info/archives/53.html

21. IT 安全世界　　　　　　http://www.itcso.com/

22. 315 安全网　　　　　　　http://www.315safe.com/index.shtml

23. 宽讯时代　　　　　　　　http://www.abovecable.com/solution/solution_sup_11.html

24. 20CN 网络安全小组　　　http://www.20cn.net/

25. 天极网——安全频道　　　http://soft.yesky.com/security/

26. 天天安全网　　　　　　　http://www.ttian.net/

27. 网络安全 110　　　　　　http://www.lib.szu.edu.cn/szulibhtm/

28. 思科无线网络　　　　　　http://www.systron.com.cn/zs2/cisco2-31.htm

29. 信息网络安全报警网

　　　　　　http://www.cyberpolice.cn/infoCategoryListAction.do? act=init

30. Microsoft TechNet

　　　　　　http://www.microsoft.com/china/technet/security/guidance/secmod155.mspx

31. 交大捷普网站　　　　　　http://www.jump.net.cn/index.asp

32. 四招提高 Linux 系统的安全性

　　　　　　http://safe.csdn.net/n/20090410/1064.html

参 考 文 献

[1] 贾铁军，等．网络安全实用技术［M］．北京：清华大学出版社，2010.

[2] Joseph Migga Kizza．计算机网络安全概论［M］．陈向阳，等译．北京：电子工业出版社，2012.

[3] 田俊峰，等．网络攻防原理与实践［M］．北京：高等教育出版社，2012.

[4] 周世杰，陈伟，罗绪成，等．计算机系统与网络安全技术［M］．北京：高等教育出版社，2011.

[5] 吴克河，等．电力信息系统安全防御体系及关键技术［M］．北京：科学出版社，2011.

[6] 程庆梅，徐雪鹏，等．网络安全高级工程师［M］．北京：机械工业出版社，2012.

[7] 程庆梅，徐雪鹏，等．网络安全工程师［M］．北京：机械工业出版社，2012.

[8] 贾铁军，等．网络安全管理及实用技术［M］．北京：机械工业出版社，2011.

[9] 贾铁军，等．网络安全技术及应用［M］．北京：机械工业出版社，2009.

[10] 贾铁军，等．网络安全技术及应用实践教程［M］．北京：机械工业出版社，2009.

[11] 赵美惠，部绍海，冯伯虎．计算机网络安全技术［M］．北京：清华大学出版社，2014.

[12] 王煜林，等．网络安全技术与实践［M］．北京：清华大学出版社，2013.

[13] 田立勤，等．网络安全的特征、机制与评价［M］．北京：清华大学出版社，2013.

[14] 彭飞，等．计算机网络安全技术［M］．北京：清华大学出版社，2013.

[15] 黄波，等．信息网络安全管理［M］．北京：清华大学出版社，2013.

[16] 李红娇，等．信息安全概论［M］．北京：中国电力出版社，2012.

[17] 吴金龙，洪家军．网络安全［M］．2版．北京：高等教育出版社，2009.

[18] 鲁立．计算机网络安全［M］．北京：机械工业出版社，2011.

[19] 唐笑林．网络安全与病毒防护［M］．北京：高等教育出版社，2012.

[20] 彭飞，龙敏．计算机网络安全［M］．北京：清华大学出版社，2013.

[21] 杨云江，曾湘黔，任新，曾劼，刘毅．网络安全技术［M］．北京：清华大学出版社，2012.

[22] 胡道元，闵京华．网络安全［M］．2版．北京：清华大学出版社，2008.

[23] 刘建伟，王育民．网络安全——技术与实践［M］．2版．北京：清华大学出版社，2011.

[24] 刘建伟，张卫东，刘培顺，等．网络安全实验教程［M］．北京：清华大学出版社，2007.

[25] 石志国，薛为民，尹浩．计算机网络安全教程［M］．2版．北京：清华大学出版社，北京交通大学出版社，2011.

[26] 蔡立军．网络安全技术［M］．北京：清华大学出版社，北京交通大学出版社，2006.

[27] 陈红松．网络安全与管理［M］．北京：清华大学出版社，2010.

[28] 马利，姚永雷．计算机网络安全［M］．北京：清华大学出版社，2010.

[29] 耿杰，王俊，白悍东，彭庆红，张卫．计算机网络安全技术［M］．北京：清华大学出版社，2013.

[30] 贾铁军．数据库原理应用与实践［M］．北京：科学出版社，2013.

[31] 贾铁军．数据库原理及应用学习与实践指导［M］．北京：电子工业出版社，2013.

[32] 贾铁军．软件工程与实践［M］．北京：清华大学出版社，2012.